北京市高等教育精品教材立项项目

植物组织培养教程

（第3版）

李浚明　朱登云　编译

中国农业大学出版社

图书在版编目(CIP)数据

植物组织培养教程/李浚明,朱登云编译.—3版.—北京:中国农业大学出版社,2005.9(2023.1重印)

北京市高等教育精品教材立项项目

ISBN 978-7-81066-890-3

Ⅰ.植… Ⅱ.李… Ⅲ.朱… Ⅳ.植物-组织培养-高等学校-教材
Ⅴ.Q943.1

中国版本图书馆CIP数据核字(2005)第057494号

书　　名　植物组织培养教程(第3版)

作　　者　李浚明　朱登云　编译

策划编辑　赵　艳　宋俊果　王笃利　　**责任编辑**　杨建民　高　欣

封面设计　郑　川

出版发行　中国农业大学出版社

社　　址　北京市海淀区圆明园西路2号　　**邮政编码**　100193

电　　话　发行部 010-62818525,8625　　读者服务部 010-62732336

　　　　　　编辑部 010-62732617,2618　　出　版　部 010-62733440

网　　址　http://www.cau.edu.cn/caup　　**E-mail**　caup@public.bta.net.cn

经　　销　新华书店

印　　刷　涿州市星河印刷有限公司

版　　次　2005年9月第3版　　2023年1月第10次印刷

规　　格　787×980　　16开本　　23.75印张　　432千字

定　　价　50.00元

内容简介

本书是1992年首次问世、2002年再版的《植物组织培养教程》一书的第3版。它系统地反映了过去一个世纪国内外植物组织培养的研究成果，全面地展现了在新世纪里植物组织培养的发展和应用前景。全书除绪论外分为两个部分，第1部分讲述了植物组织培养的原理和方法，内容包括对植物细胞、组织、器官和原生质体等的培养，以及对体细胞遗传学的介绍，借以给读者一把入门钥匙，从而使读者可以一步步迈入这个在细胞全能性基础上建立起来的奇妙王国。第2部分列出了21个植物组织培养的经典实验。本书可作为农林和生物类各专业大学生的基本教材，也可供研究生及具有中等以上文化程度的实际工作者参考。

第三版前言

本书自 1992 年第一版首次问世以来，先后两版 10 次印刷共发行了 50 000 余册，这确是我们始料未及的。读者的厚爱更激励了我们心中的责任感，为了能更好地适应教学需要，在北京市教委的鼓励和支持下，我们这次对第二版又进行了比较全面的修订。修订的内容，一是改正了个别错误；二是对若干章节进行了“吐故纳新”；三是在体例上做了一些改变，特别是将教学实验部分独立出来，汇总成全书的第二部分。在这部分的选题过程中，我们既考虑到了每个实验的典型性和实用性，也考虑到了它们在教学条件下的可行性，以及在不同地区和不同季节取材的方便性。当然，书中给出的实验数目显然超出了教学时数的承受份量，我们这样做是为了给指导教师留下一定的选择空间。

在进入 21 世纪以来的短短几年中，国内以各种不同书名出版的有关植物组织培养的教科书已有十余种甚至更多，这些同类教科书给了我们不少启迪，对我们此次修订有很大帮助，我们谨在此向它们的作者们表示衷心的感谢。同时我们还要感谢余炳生教授，感谢他在植物学方面对我们的指导和帮助。

最后，我们期待着大家对本书的批评和指正。

李浚明　朱登云

2005 年 2 月

第二版前言

去年末，出版社要求我把1992年出版、后又几经重印的那个"编译本"修订再版。有这个必要吗？我原以为，进入新世纪后，那个编译本早该寿终正寝、销声匿迹了。所以我当时没有给予肯定的答复。思索了几天，觉得，第一，出版社可能有出版社的道理；第二，那个编译本中的缺憾正好可借机弥补一下；第三，当时正值冬闲，田里也无活可干，于是就答应了下来。

增补修订，我的理解是：内容上，要与时俱进；形式上，要推陈出新。为了实现这两个目标，我当然自己首先要学习，于是每逢图书馆开馆(正值寒假，不是每天开馆)，就去里面翻书。虽然我完全没有把握是否翻遍了所有新书(有些书可能借出去了，有些可能根本没有买)，但无论如何我找到了不少好书(见参考书目)，对这次修订帮助很大，中文的如孙敬三和桂耀林所编《植物细胞工程实验技术》等，英文的如Razdan的《植物组织培养导论》，Pierik的《高等植物离体培养》，以及Hall主编的《植物细胞培养方法》等。除了书之外，我还参阅了一些中英文的原始文献，包括论文和综述，以及一些研究生的学位论文，其中凡是引用了的我都在本书中注明了出处，但在参考文献中恕未能一一列出。请允许我向所有这些作者以及在这次修订中给了我各种形式帮助的朋友表示我的深深的谢意。

在大地回春的时刻，我终于完成了出版社的嘱托，交稿之后，又要回到田间去劳作了。限于我的水平，也限于我的时间，尽管我尽了很大努力，书中肯定还会有不妥之处，遗漏之处，甚至错误之处，我诚恳地期待着读者和专家们的批评指正，并预向你们致以衷心的感谢。

李浚明

2002年3月5日

编译者的话

组织培养是植物生物技术的主要分支之一。20世纪80年代，国内外出版了大量的有关书籍，只是其中多数都是学术会议文集，或是由不同作者分别撰写的综述汇编，适合作教材者为数极少，唯独两位印度学者S. S. Bhojwani和M. K. Razdan所著"Plant Tissue Culture: Theory and Practice"一书（Elsevier，1983）则完全是出于教学需要编写的，内容全面，编排系统，既讲方法，又讲原理，因此在该书问世后不久，同样是出于教学需要，我们就将它全部译成了中文，遗憾的是当时没能找到出版的机会。

若干年过去了，在此期间植物组织培养的某些领域又有了重要进展，因此在此次出版之前，我们对原书的一些章节做了若干增补和删改，如第1章"绪论"是由编译者重新编写的，第2章和第3章则根据我国有关实验室的设备现状和实际工作需要做了少量变动，如删掉了对手套箱的介绍，增补了对一些化学药品溶剂的介绍等，第6章增加了"人工种子"1节，第7章增加了我国近几年来发表的几种培养基配方等，第9章增加了体细胞遗传学内容，第12章关于禾谷类植物原生质体培养一节和第13章关于电融合及外源DNA摄入两节重写，资料增补到1990年。此外，对若干章的附录也做了一些删减或补充，如在第12章中增加了细胞筛孔径与"目"换算表及离心机转数与离心力的列线图等。

在本书出版准备过程中，编译者得到了北京农业大学外国农业教材中心朱湄副主任的支持和帮助，得到了本实验室研究生张宏同志和助理实验师田慧琴同志的多方协助，在本书完稿之后，又承韩碧文教授在百忙中惠予审阅并提出宝贵的修改意见，编译者谨向他们致以由衷的谢意。

最后，编译者诚恳地期待着专家和读者对本编译本的疵漏之处的批评指正。

李浚明

1991年2月

植物组织培养常用缩略语

ABA	abscisic acid	脱落酸
AC	activated charcol	活性炭
BA	6-benzyladenine	6-苄基腺嘌呤
BAP	6-benzylaminopurine	6-苄氨基嘌呤
CCC	chlorocholine chloride	氯化氯胆碱(矮壮素)
CH	casein hydrolysate	水解酪蛋白
CM	coconut milk	椰子汁
CPW	cell-protoplast washing(solution)	细胞-原生质体清洗液
2,4-D	2,4-dichlorophenoxyacetic acid	2,4-二氯苯氧乙酸
DMSO	dimethylsulfoxide	二甲基亚砜
EDTA	ethylenediaminetetraacetate	乙二胺四乙酸盐
FDA	fluorescein diacetate	荧光素双醋酸酯
GA_3	gibberellic acid	赤霉素
IAA	indole-3-acetic acid	吲哚乙酸
IBA	indole-3-butyric acid	吲哚丁酸
in vitro		离体
in vivo		活体
2-iP	6-(γ,γ-dimethylallylamino)purine 或 2-isopentenyladenine	二甲基丙烯嘌呤或异戊烯腺嘌呤
KT	kinetin	激动素
LH	lactalbumin hydrolysate	水解乳蛋白
LN	liquid nitrogen	液氮
lx	lux	勒克司(照度单位)
$\mu E/m^2 s$		微爱因斯坦/平方米·秒(光通密度单位)
ME	malt extract	麦芽浸出物
mol	mole	摩尔

NAA	α-naphthaleneacetic acid	萘乙酸
NOA	naphthoxyacetic acid	萘氧乙酸
PCV	packed cell volume	细胞密实体积
PEG	polyethylene glycol	聚乙二醇
PG	phloroglucinol	间苯三酚
PP_{333}	paclobutrazol	多效唑
PVP	polyvinylpyrrolidone	聚乙烯吡咯烷酮
r/min	rotation per minute	每分钟转数
TDZ	thidiazuron	(一种细胞分裂素类物质)
TIBA	2,3,5-triiodobenzoic acid	三碘苯甲酸
UV	ultraviolet (light)	紫外光
V/V	volume/volume(concentration)	容积/容积(浓度)
W/V	weight/volume(concentration)	重量/容积(浓度)
YE	yeast extract	酵母浸提物
ZT	zeatin	玉米素

简要目录

详细目录

绪论

绪论/1 植物组织培养的一般概念

广义的组织培养，不仅包括在无菌条件下利用人工培养基对植物组织的培养，而且包括对原生质体、悬浮细胞和植物器官的培养。组织培养的这一涵义具体表现在以下几个方面：

1. 组织培养的主要过程都是在无菌条件下进行的，外植体、培养基和培养容器等都须经过灭菌处理，各项操作都须在无菌环境中进行。

2. 组织培养在多数情况下是利用成分完全确定的人工培养基进行的，除了少数特殊情况（例如进行营养缺陷型突变细胞的筛选），培养基中包含了植物生长所需的水分和一切大量元素、微量元素、有机物和植物激素。培养基的 pH 和渗透压也是人为设定的。因此，在组织培养中的植物材料不须依靠自身的光合作用制造养分，而是处于异养状态。

3. 组织培养的起始材料可以是植物的器官、组织，也可以是单个的细胞，它们都是处于离体状态下。

4. 组织培养的目的是最终实现细胞的全能性。全能性不仅表现在二倍体细胞，也表现在单倍体细胞（如小孢子）和三倍体细胞（胚乳），即使是去掉了细胞壁的细胞（原生质体），在组织培养条件下也能再生完整植株。

5. 组织培养物通过连续继代培养可以不断增殖，形成克隆；通过改变培养基成分，特别是其中激素的种类和配比，还可调控培养物的状态和发育方向，达到不同的实验目的。因此，植物激素或植物生长调节物质在组织培养中起着至关重要的作用。

6. 组织培养是在封闭的容器中进行的，容器内气体和环境气体通过瓶塞或其他封口材料可以进行交换，但水分不易散失，容器内的相对湿度通常情况下几乎是 100%，因此组培苗叶片表面一般都缺乏角质层或蜡质层，而且气孔保卫细胞不具正常功能，气孔始终都是张开的。

7. 组织培养中的环境温度、光照强度和光照时间等都是人工设定的，找出这些物理因素的最适参数对于组织培养的成功也很重要。

在实践中,根据所培养的植物材料的不同,可以把组织培养分为5种类型,即愈伤组织培养、悬浮细胞培养、器官培养(胚、花药、子房、根和茎的培养等)、茎尖分生组织培养和原生质体培养。这5种培养类型虽然各有特点,但又互有联系。例如,愈伤组织常常是悬浮细胞和原生质体的来源,但是很多情况下,悬浮细胞和原生质体最终又要通过形成愈伤组织才能产生再生植株。再如,花药培养属于器官培养范畴,花粉粒培养属于单细胞培养范畴,但这两种培养类型殊途同归,最终结果都是产生单倍体。

绪论/2 植物组织培养的发展简史

植物组织培养技术的整个历史可以追溯到19世纪末和20世纪初。在从那时起到现在的一个多世纪中,组织培养的发展过程大致可以分为3个阶段:

绪论/2.1 探索阶段(20世纪初至20世纪30年代中)

20世纪初,在Schleiden和Schwann所发展起来的细胞学说的推动下,德国植物生理学家Haberlandt提出了高等植物的器官和组织可以不断分割,直至分到单个细胞而不影响细胞增殖的观点,并设想离体细胞具有再生完整植株的潜力。为了论证这一设想,他在加入了蔗糖的Knop溶液中培养单个离体细胞,所选用的材料是小野芝麻和凤眼兰的栅栏组织和虎眼万年青属植物的表皮细胞等。遗憾的是,虽然在栅栏细胞中他明显看到了细胞的生长、细胞壁的加厚和淀粉的形成等,但没有一个细胞在培养中能够发生分裂。Haberlandt实验失败的原因,现在看来主要在于两点:第一,他所选用的实验材料都是已经高度分化了的细胞;第二,所用的培养基过于简单,特别是培养基中没有包含诱导成熟细胞分裂所必需的生长激素,这是因为生长激素在当时还没有发现。然而,作为植物组织培养的先驱者,Haberlandt的贡献不仅在于首次进行了离体细胞培养的实验,而且在其1902年发表的"植物离体细胞培养实验"的报告中,还提出了胚囊液在组织培养中的作用和看护培养法等科学的预见。

自Haberlandt的实验之后,直到1934年White培养番茄离体根尖的成功,在其间的32年时间里,植物组织培养技术在总体上处于探索之中,进展不大,但在以下两个方面取得了有深远意义的结果:一个方面是胚培养的实验。1904年Hannig在无机盐和蔗糖溶液中培养了萝卜和辣根菜的胚,并使这些胚在离体条件下长到成熟。后来，Laibach(1925，1929)把由亚麻种间杂交形成的不能成活的种子中的胚剖出，在人工培养基上培养至成熟，从而证明了胚培养在植物远缘杂交中利用的可能性。另一方面是根培养的实验，1922年，美国的Robbins和德国的Kotte(他是Haberlandt的学生)分别报道培养离体根尖获得某些成功，这是有关在无菌条件下进行器官培养的最早的实验。

绪论/2.2　奠基阶段(20世纪30年代中至60年代末)

到了20世纪30年代中期，在植物组织培养领域里出现了两个重要的发现，其一是，认识了B族维生素对植物生长的重要意义；二是发现了生长素是一种天然的生长调节物质。导致这两个发现的主要是White和Gautheret的实验。1934年，White由番茄根建立了第一个活跃生长的无性系，使根的离体培养实验首次获得了真正的成功。起初，他在实验中使用的培养基包含无机盐、酵母浸出液和蔗糖。后来(1937)，他用3种B族维生素，即吡哆醇、硫胺素和烟酸，取代酵母浸出液获得成功。在这个以后被称为White培养基的合成培养基上，他把某些于1934年建立起来的根培养物一直保存到1968年他逝世前不久。与此同时，Gautheret(1934)在山毛柳和黑杨等形成层组织的培养中发现，虽然在含有葡萄糖和盐酸半胱氨酸的Knop溶液中，这些组织也可以不断增殖几个月，但只有在培养基中加入了B族维生素和IAA以后，山毛柳形成层组织的生长才能显著加快。由于这些实验揭示了B族维生素和生长素的重要意义，又直接导致了1939年Gautheret连续培养胡萝卜根形成层获得首次成功。同年，White由烟草种间杂种的瘤组织，Nobecourt由胡萝卜，也建立了类似的连续生长的组织培养物。因此，Gautheret，White和Nobecourt一起被誉为植物组织培养的奠基人。我们现在所用的若干培养方法和培养基，原则上都是这3位作者在1939年所建立的方法和培养基演变的结果。不过，虽然连续生长的组织培养是在1939年建立的，但当时这3位作者所使用的组织都包含了分生细胞。诱导成熟和业已分化的细胞发生分裂，则直到后来发现了细胞分裂素之后才成为可能。

20世纪40年代和50年代初期，活跃在植物组织培养领域里的研究者以Skoog为代表，研究的主要内容是利用嘌呤类物质处理烟草髓愈伤组织以控制组织的生长和芽的形成。Skoog(1944)以及Skoog和崔澂等(1951)发现，腺嘌呤或腺苷不但可以促进愈伤组织的生长，而且还能解除培养基中生长素(IAA)对芽形成的抑制作用，诱导芽的形成，从而确定了腺嘌呤与生长素的比例是控制芽和根形成的主要条件之一。这些实验结果导致了激动素的发现和以后利用激动素和生长素在组织培养中控制器官分化工作的开展。

在20世纪40年代,组织培养技术的另一项发展是Overbeek等(1941)首次把椰子汁作为补加物引入到培养基中,使曼陀罗的心形期幼胚能够离体培养至成熟。到20世纪50年代初,由于Steward等在胡萝卜组织培养中也使用了这一物质,从而使椰子汁在组织培养的各个领域中都得到了广泛应用。

20世纪50年代开始以后,植物组织培养的研究日趋繁荣,到60年代中期,引人注目的进展就有以下9项:

1952年,Morel和Martin首次证实,通过茎尖分生组织的离体培养,可以由已受病毒侵染的大丽花中获得无病毒植株。

1953－1954年,Muir进行单细胞培养获得初步成功。方法是把万寿菊(*Tagetes erecta*)和烟草的愈伤组织转移到液体培养基中,放在摇床上振荡,使组织破碎,形成由单细胞和细胞聚集体组成的细胞悬浮液,然后通过继代培养进行繁殖。Muir等还用机械方法由细胞悬浮液和容易散碎的愈伤组织中分离得到单细胞,把它们置于一张铺在愈伤组织上面的滤纸上培养,使细胞发生了分裂。这种"看护培养"技术揭示了实现Haberlandt培养单细胞这一设想的可能性。

1955年,Miller等由鲱鱼精子DNA中分离出一种首次为人所知的细胞分裂素,并把它定名为激动素(kinetin)。现在,具有和激动素类似活性的合成的或天然的化合物已有多种,它们总称为细胞分裂素(cytokinin)。应用这类物质,我们就有可能诱导已经成熟和高度分化的组织(如叶肉和干种子胚乳)的细胞进行分裂。

1957年,Skoog和Miller提出了有关植物激素控制器官形成的概念,指出在烟草髓组织培养中,根和茎的分化是生长素对细胞分裂素比率的函数,通过改变培养基中这两类生长调节物质的相对浓度可以控制器官的分化:这一比率高时促进生根,低时促进茎芽的分化,二者浓度相等时,组织则倾向于以一种无结构的方式生长。后来证明,激素可调控器官发生的概念对于多数物种都可适用,只是由于在不同组织中这些激素的内生水平不同,因而对于某一具体的形态发生过程来说,它们所要求的外源激素的水平也会有所不同。

1958年,Steward等以胡萝卜为材料,首次通过实验证实了Haberlandt关于细胞全能性的设想,成为了植物组织培养研究历史中的一个里程碑。1965年,Vasil和Hildebrandt用一种化学成分确定的培养基,由分隔培养的烟草单细胞获得了完整的再生植株,进一步证实了植物细胞的全能性(绪论/图1)。

同是1958年,Wickson和Thimann指出,应用外源细胞分裂素可促成在顶芽存在的情况下处于休眠状态的腋芽的生长。这意味着,当把茎尖接种在含有细胞分裂素的培养基上以后,将可使侧芽解除休眠状态,而且,能够从顶端优势下解脱出来的不只是那些既存于原来茎尖上的腋芽，此外，还有由原来的茎尖在培养中长成的侧枝上的腋芽，结果就会形成一个郁郁葱葱的结构，里面包含了数目很多的小枝条，其中每个小枝条又可取出来重复上述过程，于是在相当短的时间内，就可以得到成千上万的小枝条。当把这些小枝条转移到另外一种培养基上诱导生根以后，即可移植于土壤中。后来，Murashige 发展了这一方法，制定了一系列标准程序，把这一方法广泛用于由蕨类植物到花卉和果树的快速繁殖上。

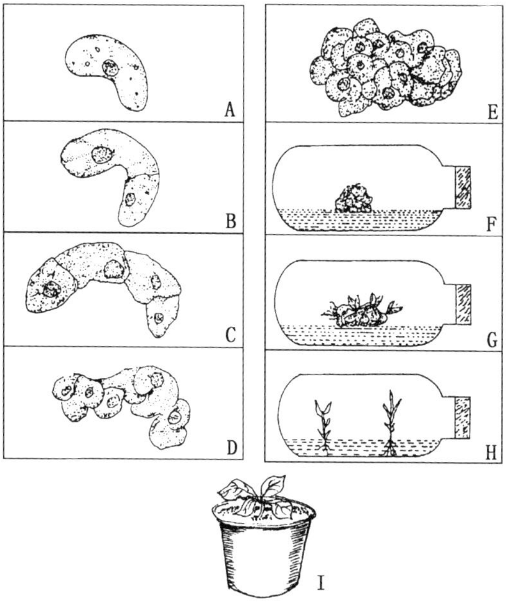

绪论/图 1　由一个单细胞再生完整植株

A. 培养中的一个离体单细胞；B～E. 单细胞不断增殖形成愈伤组织；F. 将愈伤组织在琼脂固化培养基上继代；G. 将愈伤组织培养在细胞分裂素含量较高的培养基上，促进茎芽的分化和增殖；H. 将茎芽转到无激素培养基上，诱导生根；I. 将再生植株栽入花盆土中(据 Vasil 和 Hildebrandt 1965 年的工作绘制，引自 Razdan，2003)

1958—1959 年，Reinert 和 Steward 分别报道，在胡萝卜愈伤组织培养中形成了体细胞胚。这是一种不同于通过芽和根的分化而形成植株的再生方式。现在知道有很多物种都能形成体细胞胚。在有些植物如胡萝卜和毛茛中，事实上由植物体的任何部分都可以得到体细胞胚。

1960 年，Cocking 等人用真菌纤维素酶分离植物原生质体获得成功，大大激发了人们对原生质体培养的热情。

1964 年，Guha 和 Maheshwari 报道，在毛曼陀罗中通过离体花药培养由小孢子直接发育成胚。1967 年，Bourgin 和 Nitsch 通过花药培养获得了完整的烟草植株。

综上所述，在这一发展阶段中，通过对培养条件和培养基成分的广泛研究，特别是对B族维生素、生长素和细胞分裂素在组织培养中作用的研究，已经实现了对离体细胞生长和分化的控制，从而初步确立了组织培养的技术体系，并首次用实验证明了细胞全能性的设想，为以后的发展奠定了基础。

绪论/2.3 迅速发展和逐步实用化阶段(20世纪70年代至现在)

据罗士韦[①]统计，在20世纪60年代初期，全世界还只有十几个国家的少数实验室从事组织培养研究，但到了20世纪70年代，组织培养领域仍然空白的国家已经屈指可数。20世纪60年代以后组织培养技术所以得到了迅速发展，一方面是由于有了前60年建立的理论和技术基础；另一方面是由于这项技术开始走出了植物学家和植物生理学家的实验室，通过与常规育种、良种繁育和转基因技术相结合，在植物改良中发挥了重要的作用，并且在若干方面已经取得了可观的经济效益。20世纪70年代以来组织培养技术的发展，概括起来可以分为5个方面：

1. 原生质体培养取得重大突破：在Cocking等(1960)用真菌纤维素酶分离植物原生质体成功后11年，Takebe等(1971)在烟草上首次由原生质体获得了再生植株，这不但在理论上证明了除体细胞和生殖细胞以外，无壁的原生质体同样具有全能性，而且在实践上可以为外源基因的导入提供理想的受体材料。继烟草原生质体成株之后，表现这种潜力的物种名单不断增加，但在1980年以前，作为粮食和饲料主要来源的禾谷类植物的原生质体培养鲜有突破，只是以后10年间，水稻、玉米、小麦、高粱、谷子和大麦等的原生质体培养才相继告捷。在这方面，中国学者做出了重要贡献。

2. 细胞融合技术应运而生：原生质体培养的成功，促进了体细胞融合技术的发展。1972年，Carlson等通过两个烟草物种之间原生质体的融合，获得了第一个体细胞杂种；1978年，Melchers等获得了马铃薯和番茄的体细胞杂种。后来在有性亲合及有性不亲合的亲本之间，不同作者又获得了若干其他的体细胞杂种。在这方面，高国楠等建立的通过PEG处理促进细胞融合的方法得到了广泛的应用。

3. 花药培养取得显著成绩：由于单倍体在突变选择和加速杂合体纯合化过程中的重要作用，在Guha和Maheshwari(1964)的开创性工作之后，花药培养

① 罗士韦.植物组织与细胞培养研究工作的进展及其应用，植物生理学报，1978，4(1)：91～112。

的研究在20世纪70年代得到了迅速发展,获得成功的物种数目不断增加,其中包括了很多种重要的栽培物种。烟草、水稻和小麦等的花培育种在中国取得了引人注目的成就。

4.离体快繁和脱毒技术得到广泛应用:Morel(1960)提出的离体无性繁殖兰花的方法很快被兰花生产者所采用,迅速建立起"兰花工业"。进入70年代以后,用这种方法繁殖的兰花至少已有35个属150余种。除兰花外,在其他很多观赏植物和经济作物(如甘蔗、香蕉、马铃薯和草莓等)以及在林木、果树和蔬菜中,离体快繁也已达到了工厂化的生产规模,在若干作物中与通过茎尖培养进行脱毒相结合,产生了可观的经济效益。

5.与分子生物学联姻,产生了转基因育种技术:作为组织培养和分子生物学结合的产物,在20世纪70年代中期诞生了转基因育种技术,从而为根据人类需要定向地改变植物遗传性开辟了一条崭新的途径,成为了当今植物遗传改良领域的研究热点。现在,转基因抗虫棉、抗虫玉米、抗除草剂大豆和抗虫油菜等已在生产上大面积推广。据2000年统计,全世界转基因农作物的种植面积已占农作物种植总面积的16%,取得了巨大的经济效益。在其中,组织培养技术的应用功不可没。

常用的转基因方法有农杆菌介导法和DNA直接转化法两类。但无论采用哪类转化方法,外植体的种类和培养条件都会显著影响转化效果。目前,在农杆菌介导法中,叶盘法和共培养法已得到了广泛的应用;而在直接转化法中,愈伤组织培养、器官培养和原生质体培养等起着重要作用。

在整个组织培养发展的历史中,我国学者曾经做出过多方面的贡献。除了前面提到过的崔澂的工作以外,1933年李继侗等关于银杏胚胎培养的工作,1935—1942年间罗宗洛等关于玉米等植物离体根尖培养的工作,以及后来罗士韦关于幼胚和茎尖培养的工作,李正理等关于离体胚培养中形态发生及离体茎尖培养的工作,王伏雄等关于幼胚培养的工作等,都是组织培养各有关领域里的有价值的文献。20世纪70年代以来,我国组织培养研究出现了新的局面,发展速度较快,在某些方面已经做出了举世公认的重要成绩,尤其是在花药培养和原生质体培养方面,我国学者的工作已经受到世界各国同行的普遍重视和赞赏。

从上述组织培养发展简史我们可以看到,像任何其他科学领域一样,组织培养在开始时也只是一种纯学术性的研究,用以回答有关植物生长和发育的某些理论问题。但其发展的结果,却显示出巨大的应用价值,某些技术已经在农业生产中直接或间接地产生了显著的经济效益,并且肯定将会产生更大的经济效益。

绪论/3 组织培养与农业的关系

组织培养一方面可为转基因育种提供理想的受体材料，另一方面又可为常规的植物改良程序提供一种新的手段，从而使很多用传统方法难以解决的问题迎刃而解，更多更快更好地创造出各种农作物和园艺植物的新品种、新类型和新种质。概括地说，组织培养在农业中的应用可以有以下10个方面：

——组织培养是转基因技术不可或缺的组成部分，无论是转基因受体的提供，还是转化细胞的筛选和再生，都需要有组织培养技术作为支撑。

——在自花授粉作物杂交育种中，或在异花授粉作物自交系选育过程中，采用花药培养技术可缩短杂合体纯合化所需的时间。

——在某些雌雄异株植物（如石刁柏）中，若把花药培养技术包括到制种程序中去，在后代就有可能得到均匀一致的单性群体，这在有些情况下，可以显著提高经济效益。

——在远缘杂交中，通过离体授粉或原生质体融合有可能克服受精前障碍，通过幼龄合子胚培养可以克服受精后障碍，通过体细胞融合还有可能制造出细胞质杂种。

——对于无药可治的病毒病，可通过茎尖培养消除病毒，这对解决马铃薯种薯退化问题能发挥重要的作用，在其他很多植物中也可用以建立无毒原种。

——通过离体诱导不定芽或促进腋芽生枝，可对很多重要的园艺植物和名贵花卉、树种进行快速繁殖。

——应用在细胞水平上进行突变体选择的技术，可以在一定程度上使高等植物的育种程序微生物化，从而大大提高选择效率，节省时间和土地面积，并且不受季节的限制。

——体细胞无性系变异是除有性杂交和理化诱变之外的第三个变异来源，这种变异在育种中的利用价值已经引起人们的广泛注意。

——通过用人工种皮包被体细胞胚制造人工种子，为某些稀有和珍贵物种的繁殖提供了一种高效的手段。

——特别是在无性繁殖植物中，通过对茎尖分生组织等离体材料进行超低温保存，不但可以大大节省空间，而且还不致受到病虫害的侵袭，并便于无毒种质的国际交换。

以上列举的是组织培养方法可能在农业上应用的几个主要方面，此外，在工业中，利用细胞大规模培养技术生产植物次生代谢产物，如抗菌化合物、抗瘤生物碱、食品调味剂、甜味剂、维生素、杀虫剂和各种酶等，也展现了诱人的前景。当然，就目前的技术发展水平来说，上述每一方面都还存在着或多或少的限制因素，不过总起来看，组织培养方法已经在植物改良中发挥了重要的作用，而且随着培养技术的不断进步，必将能发挥更大的作用。

第 1 部分

植物组织培养的原理和方法

1 实验室的基本设备和一般技术

1.1 引言

一个组织培养实验室的面积大小和装备程度取决于两个因素：一是所要进行的实验的性质；二是所能得到的经费的多少。然而，一个标准的组织培养实验室应当具备进行下列工作所必需的设施：①玻璃器皿、塑料器皿和其他实验器皿的清洗和贮存；②培养基的制备、灭菌和贮存；③植物材料的无菌操作；④将培养物保持在温度、光照、可能时还有湿度的可控条件下；⑤培养物的观察。为此至少需要有两个隔开的房间：一间用于玻璃器皿的清洗和贮存，以及培养基的制备（培养基制备室），第二间用于放置培养物（培养室）。培养室内应放一张桌子，上置体视显微镜和所需的光源，以便对培养物进行镜检。取决于本单位的条件，超净工作台可置于培养室中，也可置于一个普通研究实验室内僻静的一角，当然最好是置于一个专门设计的无菌操作室内。此外，还需要有一间温室，以供试管苗移栽之需，这一般可与其他实验室共用。

1.2 设备

1.2.1 培养基制备室

在培养基制备室中，清洗区应备有各种大小和形状的毛刷，一个大水槽，冷热水源，可能时还要备有一个洗濯机。此外，还应备有塑料桶，用以浸泡需要清洗的实验室器皿；鼓风干燥箱，用以干燥洗过的器皿；防尘橱，用以贮存干净的器皿。如果培养基的制备和器皿的清洗是在同一个房间内进行，应特别注意不要因清洗干扰培养基的制备，严格防止肥皂水溅入培养基内。为达到这个目的，可以在两个区域之间临时竖立一块挡板，如果没有这种可能，则应把清洗时间和配制培养基时间彼此错开。

配制培养基所需的一般设备包括：①工作台——其高度应适合于站着工作；②低温冰箱——用以贮存贮备液和椰子汁等；若无低温冰箱，在普通冰箱内也可短期贮存;③普通冰箱——用以贮存化学药品、植物材料和短期贮存贮备液等;④大塑料瓶——用以贮存蒸馏水;⑤天平;⑥电热磁力搅拌器——用以溶解化学药品;⑦酸度计;⑧真空泵——用以辅助过滤灭菌;⑨恒温水浴或电炉——用以融化琼脂;10高压灭菌锅或家用压力锅——用以进行培养基灭菌。在上述各项设备中,冰箱和低温冰箱可置于走廊中,或置于靠近培养基制备室的另外一个实验室中。天平则绝不应当置于培养基制备室中。

1.2.2 无菌操作室(区)

近年来多数实验室都使用各种类型的超净工作台进行无菌操作,因此超净工作台就构成了无菌操作室的主要设备。每架超净工作台内都装有一个小电动机,它带动风扇鼓动空气先穿过一个粗过滤器,在那里把大的尘埃滤掉,进而再穿过一个称做高效过滤器的细过滤器,把大于 0.3 μm 的颗粒滤掉,然后这种不带真菌和细菌的超净空气吹过台面上的整个工作区域。由高效过滤器吹出来的空气的速度大约是(27±3) m/min,这个气流速度足以阻止工作区被坐在工作台前面的操作人员所污染,所有的污染物都会被这种超净气流吹跑。只要超净工作台不停地运转,在台面上即可保持一个完全无菌的环境,而这种气流却不会妨碍在台面上使用酒精灯或本生灯(图 1.1)。

图 1.1 超净工作台的外观

为了延长过滤器的使用寿命,超净工作台绝不应安装在尘埃太多的地方。

否则过滤器将会很快堵塞，失去过滤的作用，这常常是造成接种或继代的材料大批污染的一个重要原因。因此，定期地检查超净工作台台面上的风速是很有必要的。

1.2.3 培养室

培养室的温度应当是可控的，一般是用空调或热风机使温度保持在 25℃±2℃。若要求更高或更低的温度，可使用装有荧光灯的培养箱。培养箱可安装在培养室之外任何方便和安全的地方。

培养一般是在散射光下进行的，但有些情况下也需要较强的光照或完全黑暗，设备上对此应当有所准备。光源的开闭可由自动定时开关控制。暗培养一般是在特制的木橱里进行的。

当培养室的相对湿度降到 50%以下时，应采取措施增加湿度，以免培养基变干。如果湿度太大，棉塞发潮，培养物污染的机会增加。

在培养室内应设有若干培养架以放置培养物(图 1.2)。在每层培养架上或是安装平板玻璃，或是安装刚硬的铁丝网，以使顶层的灯光能透射到下层的培养物上。培养架通常是由角钢制成的，每层分别装有日光灯管。灯管和上一层架子之间装有隔热层，以免上层培养物的底部受热。为了防止灯光造成的热气在培养架各层间聚集，在每层顶面的一端可安装一个小风扇，把风吹入架在两端之间的塑料管中，塑料管两侧隔一定距离钻上一个小孔，使空气沿塑料管的全长均匀流动。但这项设施并不是非有不可的。

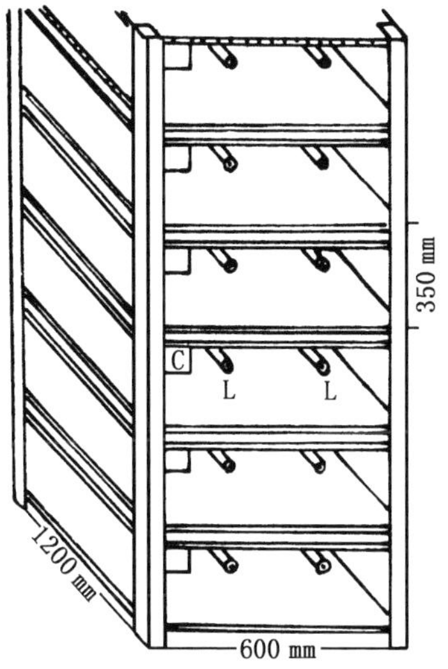

图 1.2 特制的培养架
C. 电源开关；L. 光源

虽然三角瓶、玻璃罐或培养皿都可直接置于培养架上，或先置于大小合适的盘子上，再将盘子置于培养架上，但所用的容器若为试管，就需要有试管架支持。试管架可用铁丝制作，每个能装 20 或 24 个试管。在试管架的一侧挂上标签，注明实验细节(植物名称、外植体、培养基、培养时间等)。

如果要进行悬浮培养，培养室内还应设有摇床，可以是平动式的，也可以是旋转式的。必要时也可购置温光可控式摇床。

若有条件,最好设置一台备用发电机,以便在停电时使用。

1.2.4 培养容器

各种不同类型的容器都可用来培养植物材料。在有些情况下,容器的选择取决于实验性质;在另外一些情况下,则是取决于是否方便以及研究工作者的爱好。在一般的组织和细胞培养工作中,玻璃试管是广泛应用的容器。各种大小的广口玻璃瓶,有时甚至牛奶瓶和罐头瓶也都可以利用,特别在快速繁殖时更是如此。不过在组织培养中只应使用硼硅酸盐玻璃器皿,钠玻璃对某些组织可能是有毒的,重复使用时毒害会更明显。

现在在很多实验室内,玻璃培养容器和制备培养基所需的其他玻璃器皿都已被塑料器皿所取代。有些塑料容器可以进行高温灭菌。另外有些塑料容器,特别是那些用于原生质体、细胞、组织和器官培养的容器,在出厂时即是无菌的。这种一次性消耗品在国外已得到普遍应用,在国内也已有生产。

在培养中如果使用一次性塑料容器或带螺丝帽的玻璃瓶,方便之处是无须另外配盖。若使用试管或三角瓶,传统的封口办法是用棉塞,有时在棉塞外层再包上一层纱布。不过,若觉得这种封口办法费时费事,还可以有很多别的办法,如可从市场上购买塑料(聚丙烯)或金属(铝或不锈钢)瓶盖或试管帽,其中有些是可以进行高温消毒的。近些年流行一种新型的聚丙烯塑料试管帽:透明,可进行高温灭菌,盖顶有一层薄膜,它可以阻止试管内水分的丢失,但不影响内外的空气交换。此外,利用耐高温高压的聚丙烯透明塑料膜封口,以橡皮圈箍扎,也不失为一种经济有效的办法。不过,重要的是必须保证瓶盖不至于抑制培养的植物材料的正常生长。

1.3 技术

本节讨论除有关培养基制备(见第 2 章)以外的各项技术,但不包括在细胞、组织和器官培养等各个领域中的专门技术,这些专门技术将在各有关章节中分别介绍。

1.3.1 玻璃器皿和塑料器皿的清洗

新玻璃器皿只有在彻底清洗之后才能应用。清洗玻璃器皿的传统办法是用洗液(重铬酸钾和浓硫酸混合液)浸泡约 4 h,然后用自来水彻底冲洗,直到不留任何酸的残迹。不过现在都使用特制的洗涤剂。把器皿在洗涤液中浸泡足够的时间(最好过夜)以后,先以自来水彻底冲洗,然后再以蒸馏水漂洗。如果用过的玻璃器皿在管壁上或瓶壁上粘固着干掉了的琼脂,最好将它们置于高压灭菌锅中在较低的温度下先使其融化。若要重新利用曾装有污染组织或培养基的玻璃器皿,极重要的一环是不开盖即把它们放入高压锅中灭菌,这样做可以把所有污染微生物杀死。即使带有污染物的培养容器是一次性消耗品,在把它们丢弃之前也应先进行高温灭菌,以尽量减少细菌和真菌在实验室中的扩散。将洗净的器皿置于烘箱内在大约75℃下干燥后,贮存于防尘橱中。在进行干燥的时候,各种玻璃容器如三角瓶和烧杯等都应口朝下放,以使里面的水能很快流尽。如果要同时干燥各种器械或易碎和较小的物件,应在烘箱的架子上放上滤纸,将它们置于纸上。

1.3.2　灭菌

植物组织培养基由于含有高浓度蔗糖,能供养很多微生物如细菌和真菌的生长。一旦接触培养基,这些微生物的生长速度一般都比培养的组织快得多,最终将把组织全部杀死。这些污染微生物还可能排泄对植物组织有毒的代谢废物。因此,在培养容器内部必须保持一个完全无菌的环境。为达到这个目的,有两点必须注意:①不要与微生物工作者或病理工作者共用组织培养工作区;②一经发现,立即将污染的培养物拿出培养室进行处理。

培养基的污染有几个可能的来源:①培养容器;②培养基本身;③外植体;④接种室的环境;⑤在接种和继代时用以操作植物材料的器械;⑥培养室的环境。下面讨论防止由这些来源造成污染的各种措施,其中所用的灭菌方法包括干热灭菌法、湿热灭菌法、过滤灭菌法、化学灭菌法和紫外灯辐射等。

1.3.2.1　培养基

微生物污染是由一开始就在培养基中存在的。为了杀死这些微生物,装有培养基瓶子的瓶口要用一种合适的防菌棉塞等塞严,置于高压灭菌锅中,由培养基达到要求温度的时刻算起,在1.06 kg/cm^2(0.105 MPa)的压力下(121℃)消毒15～40 min。灭菌作用取决于温度,而不是直接取决于压力。所需的时间随着要进行消毒的液体的容积而变化(见表1.1)。Monnier(1976)报道,对于荠属植物的幼胚来说,加热到120℃会降低培养基的营养价值,最好是将培养基在100℃下灭菌20 min。如果没有高压灭菌锅,可用家用压力锅代替。当冷却被消毒的溶液时必须十分当心,如果压力急速下降,超过了温度下降的速率,就会使液体滚沸,从培养容器中溢出。另外,只有当高压灭菌锅的压力表指针回到零(温度不高于50℃)时,才能打开灭菌锅。

表 1.1 培养基蒸汽灭菌所需的最少时间

容积(mL)	在 121℃下所需的最少灭菌时间(min)
1～200	15
200～1 000	30
1 000～2 000	40

某些植物激素(如 GA_3)、维生素(如泛酸钙)和酶等,遇热时容易分解或失活,不能进行高温灭菌。当使用这类化合物时,可将除这种遇热分解的化合物之外的全部培养基装于一个三角瓶中进行高温灭菌,然后置于超净工作台上的无菌条件下使之冷却。热分解化合物溶液的灭菌是通过滤膜过滤进行的,然后再将之加入高温灭菌过的培养基中。如果是要制备一种半固态培养基,须待培养基冷却到大约 40℃时(即恰在琼脂凝固之前)再加入这种无菌的热分解化合物;如果是要制备一种液体培养基,则要待培养基冷却到室温后再加。在进行溶液过滤消毒时,可使用孔径为 0.45 μm 或更小的(0.22 μm)细菌滤膜。将滤膜安在适当大小的支座上,用铝箔包裹起来,或装入一个大小合适的有螺丝盖的玻璃瓶内,进行高温灭菌。过滤器的灭菌温度非常重要,不应超过 121℃。把一个装有需要灭菌的溶液的带刻度注射器(不必消毒)安到已灭过菌的过滤器组件的一端(见图 1.3),缓慢地推动溶液使之穿越安在这个过滤器组件中间的细菌滤膜,

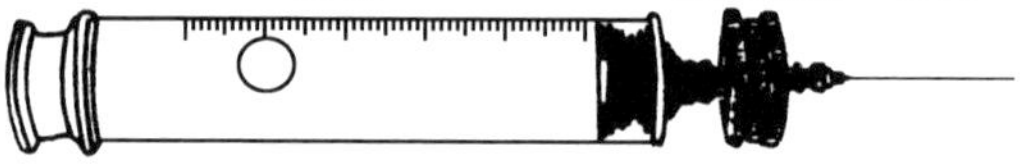

图 1.3 用以进行小量液体灭菌的一种微孔过滤器组件。在有些情况下并不需要针头

过滤后的溶液由过滤器组件的另一端滴下来,直接加入培养基中,或收集到一个灭过菌的玻璃瓶内,然后再用一个灭过菌的刻度移液管加到培养基中。如要对大量溶液进行过滤消毒,则可采用真空过滤灭菌器(图 1.4)。不过,在进行上述

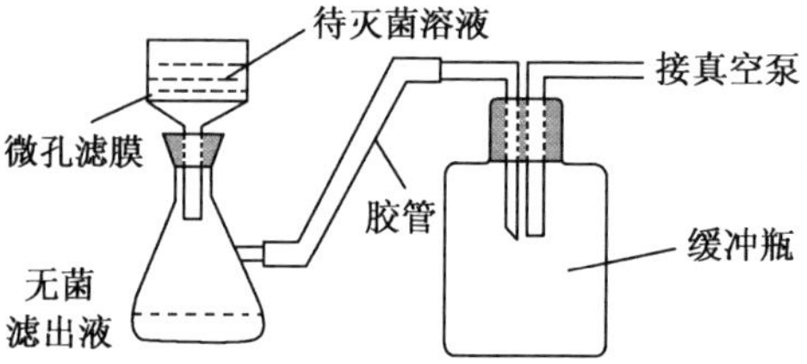

图 1.4 真空过滤灭菌器

操作之前，首先应澄清要进行过滤灭菌的溶液，方法是先用一个 0.65 μm 的滤膜进行初滤，这样即可减少 0.45 μm 滤膜过滤器微孔的堵塞，从而使过滤灭菌进行得比较通畅。

1.3.2.2 玻璃器皿、塑料器皿和器械

玻璃培养容器常常与培养基一起灭菌。若培养基已先灭菌，而只须单独进行容器灭菌时，可采用高压蒸汽灭菌法，也可将它们置于烘箱中在 160～180℃下干热处理 3 h。干热灭菌的缺点是热空气循环不良和穿透很慢。因此不应把玻璃容器在烘箱内放得太挤。灭菌后须待烘箱冷却下来后再取出玻璃容器。如果尚未足够冷却即急于取出，外部的冷空气就会被吸入烘箱，因此有可能使里面的玻璃器皿受到微生物污染，甚至有发生炸裂的危险。

有些类型的塑料器皿也可进行高温消毒。聚丙烯、聚甲基戊烯、同质异晶聚合物等可在 121℃下反复进行高压蒸汽灭菌。聚碳酸盐经反复的高压蒸汽灭菌之后机械强度会有所下降，因此每次灭菌的时间不应超过 20 min。

对于无菌操作所用的各种器械，如镊子、解剖刀、解剖针和扁头小铲等，一般的消毒办法是把它们先在 95%酒精中浸一下，然后再置火焰上灼烧，待冷却后使用。这些器械不但在每次操作开始前要这样消毒，在操作期间也还要再消毒几次。De Fossard(1976)建议使用 70%的酒精消毒，因为 95%和 100%酒精的杀菌效果反而不好；不过，对于这些器械的火焰灭菌来说，95%酒精的效果是完全令人满意的。

1.3.2.3 植物材料

植株各部分的表面携带着各种污染微生物。为了消灭这种污染源，在把植物组织接种到培养基上之前必须进行彻底的表面消毒；内部已受到真菌或细菌侵染的组织在组织培养研究中一般都淘汰不用。

有若干种灭菌剂可用来进行植物组织消毒(表 1.2)，其中次氯酸钠或次氯酸钙溶液在多数情况下都很有效。例如，用 0.3%～0.6%次氯酸钠溶液处理可使大多数组织得到消毒。不过必须注意，表面消毒剂对于植物组织也是有毒的。因此，应当正确选择消毒剂的浓度和处理时间，以尽量减少组织的死亡。

对某些植物组织也可用乙醇或异丙醇进行表面消毒(不要使用甲醇)。把材料在其中浸上数秒钟后，或者放在超净工作台上使乙醇或异丙醇蒸发掉，或者，如果经受得住的话，置火焰上烧掉。

一般来说，如果外植体较硬较大，容易操作，可直接用灭菌剂进行处理。例如，在大戟属植物成熟种子或成熟胚乳的培养中，即是分别消毒整个种子或去皮

表 1.2 一些表面消毒剂的消毒效果①

消毒剂	使用浓度	消毒时间(min)	消毒效果
次氯酸钙	5%～10%	5～30	很好
次氯酸钠	2%②	5～30	很好
过氧化氢	10%～12%	5～15	好
溴　水	1%～2%	2～10	很好
硝酸银	1%	5～30	好
氯化汞	0.1%～1%	2～10	满意
抗生素	4～50 mg/L	30～60	相当好

①如果植物受到了微生物的周身侵染，则其组织在以消毒剂处理之后，还应浸于抗生素溶液(4～50 mg/L)中 30～60 min。

②可用市售消毒液如 Chlorox 或龙安 84 配制，其中次氯酸钠含量为 5%～6%，使用时一般稀释 5～10 倍。文献中不同作者的使用浓度很不一致，不过在最终配成的消毒液中，NaOCl 含量应不低于 0.5%。次氯酸钠消毒液在贮存期间氯气不断散逸，消毒效果逐渐下降。此外，其消毒效果还与 pH 有关，当 pH 超过 8 时，由于完全解离，消毒效果很差，而在 pH 为 6 的缓冲液中，消毒效果最好。

种子。然而，如果要培养未成熟胚珠、胚或胚乳，习惯上的办法是分别把子房或胚珠进行表面消毒，然后在无菌条件下把外植体解剖出来，这样做就可以使柔软的接种组织不至于受到杀菌剂的毒害。同样，若要培养柔嫩的茎尖或花粉粒，须分别把茎芽或花蕾进行表面消毒，然后在无菌条件下取出外植体。这类外植体一般都不带污染微生物。在用杀菌剂处理之前先把植物材料在 70%酒精中浸 30 s，或在消毒溶液里加上几滴表面活化剂，如 Tween-80，会提高杀菌的效果。在进行茎尖培养时，只要在解剖时十分当心，即使不对茎芽进行表面消毒处理，也能得到频率很高的不受侵染的培养物。不过应避免解剖湿材料。在表面消毒处理之后，必须在无菌蒸馏水中把材料漂洗 3～4 次，以除掉所有残留的杀菌剂，但若是用酒精消毒，之后则不必漂洗。

如果外植体表面污染很严重，须先用流水冲洗 1 h 或更长的时间，或者先通过种子培养得到无菌种苗，然后再用其各个部分，如根段、茎段和叶片等建立组织培养。

1.3.2.4 无菌操作区

最后必须特别强调的一点是，无论是接种还是继代，当培养容器敞着口的时候，必须从各方面注意防止任何污染物进入容器，为此操作间的所有门窗应当关严，超净台的工作面要用酒精棉擦拭消毒，操作人员的双手和两臂必须彻底洗净，而且千万不要让手和手臂越过敞着口的无菌容器的上方，所有敞口的无菌表面都应当尽可能放在超净台的远后方。此外，在每次操作之前，要把实验材料和在操作中必须使用的各种器械、药品等先放入台内，不要中途拿进，同时，台面上放置的东西也不宜太多，特别注意不要把东西迎面堆得太高，以致挡住气流。

1.3.2.5 灭菌过程中健康损伤的防护

在灭菌过程中，如果粗心大意，防护不当，有可能造成健康损伤。例如在进行表面消毒时常用氯化汞作为消毒剂，但它是一种剧毒化合物，而且在室温下具有轻微的挥发性，有可能导致实验室工作人员发生汞中毒。次氯酸钠是另一种常用的化学消毒剂，接触皮肤会造成伤害，若是在开着紫外灯的情况下使用次氯酸钠，由于这时次氯酸钠会释放出游离氯气，更会严重损害健康。

紫外辐射是组织培养实验室常用的一种物理杀菌手段，但一定不能用肉眼直视开着的紫外灯，否则眼会被灼伤，引起光化性角膜炎，虽然不难康复，但十分疼痛。紫外辐射也能伤害皮肤，所以在没有采取保护措施的条件下，不要把手伸入开着紫外灯的超净台内。紫外辐射造成的另一个问题，是由于和大气中的氧发生光化学反应而形成臭氧（O_3），这种气体是一种很强的氧化剂，高浓度时可以严重伤害呼吸道和眼睛。

酒精十分易燃，操作过程中须注意不要把酒精洒在火焰附近，否则很容易引起火灾。

附录 1.1 植物组织无菌培养的一般步骤

1. 将植物组织块置于一个有螺丝盖的玻璃瓶中，注入含有几滴活化剂的浓度适当的消毒液，使材料完全浸没在消毒液中，盖上盖，把玻璃瓶置入超净工作台上。在消毒期间须把玻璃瓶摇动 2～3 次。

2. 消毒处理后，将瓶盖打开，将消毒液倒出，注入适量的无菌蒸馏水，再盖上盖，摇动数次，将水倒掉，如此重复 3～4 次。

3. 将材料取出，置于一个已经灭过菌的培养皿中。

4. 在对植物材料进行消毒处理的同时，对所要使用的器械进行消毒，方法是把它们蘸入 95%酒精中，取出后再置酒精灯火焰上灼烧，待冷却后即可使用。所有操作器械往往需要在每次使用前消毒一次。

5. 使用这些消过毒的器械（如解剖刀、解剖针、打孔器、剪刀、体视显微镜等）由已经过表面消毒的材料切取适当的外植体。

6.将培养容器的盖或塞子打开,将外植体接种到培养基上,如果使用的是玻璃培养容器,把瓶口置酒精灯火焰上烘烤数秒钟,然后迅速用瓶盖或瓶塞封严。

附录1.2 组织培养工作所需的各种用具

1.三角瓶或烧杯(100 mL,250 mL,500 mL,1 L)。

2.容量瓶(100 mL,500 mL,1 L)。

3.量筒(25 mL,50 mL,100 mL,500 mL,1 L)。

4.刻度移液管(1 mL,2 mL,5 mL,10 mL)或连续可调移液器。

5.吸管和上面的橡皮头。

6.各种大小和形状的培养容器(如试管、三角瓶、培养皿和玻璃瓶等)。

7.塑料桶——用以浸泡待洗的实验室器皿。

8.烘箱——用以烘干洗过的器皿和对玻璃器皿进行干热消毒。

9.铁丝筐——用以盛放小玻璃瓶以便连瓶灭菌培养基,或用以盛放刚洗过的器皿以使之淋干。

10.制蒸馏水或无离子水装置。

11.塑料大桶(10 L或20 L),以贮存蒸馏水。

12.药物天平和分析天平。

13.电热磁搅拌器——以溶解化学药品。

14.真空泵——用于过滤灭菌。

15.各种大小的塑料瓶——以贮存和低温冷藏各种溶液。

16.冰箱——以贮存化学药品、培养基贮备液和植物材料等。

17.低温冰箱——以长期贮存培养基贮备液、某些酶和椰子汁等。

18.恒温水浴或微波炉——以溶解琼脂或融化培养基。

19.酸度计或pH试纸——以测定培养基或溶液的pH值。

20.电热高压灭菌锅或家用压力锅——对培养基和用具进行蒸汽消毒。

21.电炉或可调式电炉和不锈钢锅,或分体式电火锅——用于融化琼脂。

22.细菌滤膜及其支座——用以对溶液进行过滤灭菌。

23.皮下注射器——用以对溶液进行过滤灭菌。

24.室内小推车——用以运送培养物、培养基和各种器皿用具。

25.超净工作台——用以进行无菌操作。

26.酒精灯或本生灯——用以灼烧各种金属用具。

27.手持喷雾器——用以在超净工作台内喷洒酒精进行消毒。

28.带盖螺口玻璃瓶——用以对植物材料进行表面消毒。

29.器械架——用以在无菌操作期间置放消过毒的各种用具。

30.大的钝头镊子——用以进行接种和继代。

31.尖头镊子——用以撕掉叶片表皮。

32.细解剖针——用以进行解剖。

33.解剖刀——用以切割植物组织。

34.扁头小铲——用以继代易散碎的愈伤组织。

35.瓶塞打孔器——用以切取标准大小的圆柱形植物组织。

36.体视显微镜——用以剖取很小的外植体。

37.空调——用以保持培养室温度。

38.摇床——用以进行细胞悬浮培养。

39.各种孔径的不锈钢筛网——用以分离大小不同的细胞团。

40.低速台式离心机——用以沉淀细胞以便确定沉积细胞的总体积或清洗原生质体。

41.血球计数器——用于细胞计数。

42.凹穴载片——用以进行悬滴培养。

43.载玻片和盖玻片——用以制作细胞和组织的显微制片。

44.显微镜——用以观察细胞和组织。

2 培养基

2.1 引言

在离体培养条件下，不同种植物的组织对营养有不同的要求，甚至同一种植物不同部分的组织对营养的要求也不相同，只有满足了它们各自的特殊要求，它们的生长才能尽如人意。因此，没有任何一种培养基能够适合一切类型的植物组织和器官，在建立一项新的培养系统的时候，首先必须找到一种能满足该组织特殊需要的培养基。在过去半个多世纪中，为了满足培养各种组织和器官的需要，已经出现了若干种培养基配方(表 2.1)。

一些早期的植物组织培养基，如 White(1943)提出的根培养基和 Gautheret (1939)提出的愈伤组织培养基，都是由先前用于整体植物栽培的营养液发展而来的。White 培养基是 Uspenski 和 Uspenskaia(1925)的藻类培养基演化的结果，Gautheret 的培养基则是建立在 Knop 营养液(1865)基础上的。而以后所有的各种培养基又都是建立在 White 培养基和 Gautheret 培养基基础上的。

虽然某些愈伤组织(如胡萝卜组织、黑莓组织和多数瘤组织)能够在简单培养基上生长，其中只含有各种无机盐和一种能被利用的糖；但对多数其他愈伤组织来说，培养基中则必须补加若干性质不同和数量不等的维生素、氨基酸和生长调节物质。此外，在植物组织培养基中还常常加入复杂的营养物质混合物，如酵母浸出物等。一种只含有化学成分已知的化合物的培养基叫做"合成培养基"。不过，甚至在一种合成培养基中，我们所知道的也只是已经加入了什么化合物，而某些化合物如蔗糖和维生素等在高温灭菌过程中可能会发生分解，不同化学组分之间在培养基制备过程中也可能发生互作，这些都会导致培养基最终成分的变化，对此我们却知之甚少。

在有关组织培养的文献中，培养基中的无机成分和有机成分的浓度一般都是以质量表示的(mg/L，其含义和 ppm 相同，但现在只有前者是通用的)。在表 2.1 中我们即使用了这个被普遍接受的单位。不过，国际植物生理协会则建议使用摩尔(mole)值。摩尔等于在一种物质的分子式中以克表示的各个原子质量的总和。1 L 含有 1 mol 的某种物质的溶液可以称做该种物质的 1 mol/L 溶液。

表 2.1 一些植物组织培养基的成分①

成 分	培 养 基(单位:mg/L)②						
	White③	Heller④	MS⑤	ER⑥	$B_5$⑦	Nitsch⑧	$N_6$⑨
无机物							
NH_4NO_3	—	—	1 650	1 200	—	720	—
KNO_3	80	—	1 900	1 900	2527.5	950	2 830
$CaCl_2 \cdot 2H_2O$	—	75	440	440	150	—	166
$CaCl_2$	—	—	—	—	—	166	—
$MgSO_4 \cdot 7H_2O$	750	250	370	370	246.5	185	185
KH_2PO_4	—	—	170	340	—	68	400
$(NH_4)_2SO_4$	—	—	—	—	134	—	463
$Ca(NO_3)_2 \cdot 4H_2O$	300	—	—	—	—	—	—
$NaNO_3$	—	600	—	—	—	—	—
Na_2SO_4	200	—	—	—	—	—	—
$NaH_2PO_4 \cdot H_2O$	19	125	—	—	150	—	—
KCl	65	750	—	—	—	—	—
KI	0.75	0.01	0.83	—	0.75	—	0.8
H_3BO_3	1.5	1	6.2	0.63	3	10	1.6
$MnSO_4 \cdot 4H_2O$	5	0.1	22.3	2.23	—	25	4.4
$MnSO_4 \cdot H_2O$	—	—	—	—	10	—	—
$ZnSO_4 \cdot 7H_2O$	3	1	8.6	—	2	10	1.5
$Zn \cdot Na_2 \cdot EDTA$	—	—	—	15	—	—	—
$Na_2MoO_4 \cdot 2H_2O$	—	—	0.25	0.025	0.25	0.25	—
MoO_3	0.001	—	—	—	—	—	—
$CuSO_4 \cdot 5H_2O$	0.01	0.03	0.025	0.002 5	0.025	0.025	—
$CoCl_2 \cdot 6H_2O$	—	—	0.025	0.002 5	0.025	—	—
$AlCl_3$	—	0.03	—	—	—	—	—
$NiCl_2 \cdot 6H_2O$	—	0.03	—	—	—	—	—
$FeCl_3 \cdot 6H_2O$	—	1	—	—	—	—	—
$Fe_2(SO_4)_3$	2.5	—	—	—	—	—	—
$FeSO_4 \cdot 7H_2O$	—	—	27.8	27.8	—	27.8	27.8
$Na_2 \cdot EDTA \cdot 2H_2O$	—	—	37.3	37.3	—	37.3	37.3
$NaFe \cdot EDTA$	—	—	—	—	28	—	—
有机物							
肌醇	—	—	100	—	100	100	—
烟酸	0.05	—	0.5	0.5	1	5	0.5
盐酸吡哆醇	0.01	—	0.5	0.5	1	0.5	0.5
盐酸硫胺素	0.01	—	0.1	0.5	10	0.5	1
甘氨酸	3	—	2	2	—	2	2
叶酸	—	—	—	—	—	0.5	—
生物素	—	—	—	—	—	0.05	—
蔗糖	2%	—	3%	4%	2%	2%	5%

①本表不包括生长调节物质和各种复杂的天然提取物;为进行特殊的组织和器官培养所用的培养基成分将在各有关章节中介绍。

②蔗糖的浓度是以百分数表示的。

③White(1963);④Heller(1953);⑤Murashige and Skoog(1962);⑥Eriksson(1965);⑦Gamborg *et al*.(1968);⑧Nitsch(1969);⑨朱至清等(1974)。

(1 mol/L=1 000 或 10^3 mmol/L=1 000 000 或 10^6 μmol/L)。按照国际植物生理协会的建议,应当用 mmol/L 表示植物组织培养基中大量元素和有机物质的浓度,而用 μmol/L 来表示微量元素、激素、维生素和其他有机组分的浓度。使用摩尔值的一个好处是,对于所有化合物来说,每摩尔中的分子数都是恒定的,因而在按照一种已发表的配方配制培养基的时候,即可利用原来的摩尔值,而无须理会在该无机盐样品中的水分子数。如果浓度是以质量表示的,就不可能这样做。

2.2 培养基成分

2.2.1 无机营养成分

无机元素在植物生活中非常重要,例如,镁是叶绿素分子的一部分,钙是细胞壁的组分之一,氮是各种氨基酸、维生素、蛋白质和核酸的重要组成部分。与此类似,铁、锌和钼是某些酶的组成部分。除了 C,H 和 O 外,已知还有 12 种元素对于植物的生长是必需的,它们是氮、磷、硫、钙、钾、镁、铁、锰、铜、锌、硼和钼。实质上,对于整株植物生长有重要作用的这 15 种元素,对于组织培养来说也是必需的。在研究了表 2.1 和表 2.2 之后即可看出,各种常用培养基之间在组分上的主要差别,即在于各种盐或离子数量上的不同。由质上来看,各种植物组织所需要的无机营养是相当一致的。

当无机盐在水中溶解的时候,它们发生解离,形成离子。培养基中的活性因子即是这些离子,而不是它们的化合物。一种类型的离子可由一种以上的盐提供。例如,在 MS 培养基中,NO_3^- 离子既由 NH_4NO_3 提供,也由 KNO_3 提供,而 K^+ 离子既由 KNO_3 提供,也由 KH_2PO_4 提供。因此,通过对两种培养基中各种类型离子的总浓度的分析,可以在这两种培养基之间得到一个有用的比较。表 2.2 指出了在表 2.1 中所列的 7 种培养基中各种离子的浓度比较。

根据国际植物生理协会的建议,在上述各种元素中,植物的需求浓度大于 0.5 mmol/L 的称为大量元素,小于 0.5 mmol/L 的称为微量元素。现将这 2 类元素分述如下:

2.2.1.1 大量元素

以盐的形式加在培养基中的大量元素有 6 种,即氮(N)、磷(P)、钾(K)、钙(Ca)、镁(Mg)和硫(S),它们对植物细胞和组织的生长都是必不可少的。

在培养基中无机氮的供应可以有两种形式，一种是硝酸盐；另一种是铵盐。当作为唯一的氮源时，硝酸盐的作用要比铵盐好得多，但在单独使用硝酸盐时，培养基的 pH 值会向碱性方向漂移。若与硝酸盐一起加入少量铵盐，或任何其他还原态氮源，则会阻止这种漂移。因此，有好几种培养基都既含有硝酸盐，也含有铵盐。

表 2.2 表 2.1 所列 7 种培养基中离子浓度的比较

离子	单位	培养基						
		White	Heller	MS	ER	B_5	Nitsch	N_6
NO_3	mmol/L	3.33	7.05	39.41	33.79	25.00	18.40	27.99
NH_4		—	—	20.62	15.00	2.00	9.00	7.01
总 N		3.33	7.05	60.03	48.79	27.03	27.40	35.00
P		0.138	0.90	1.25	2.50	1.08	0.50	2.94
K		1.66	10.05	20.05	21.29	25.00	9.90	30.93
Ca		1.27	0.51	2.99	2.99	1.02	1.49	1.13
Mg		3.04	1.01	1.50	1.50	1.00	0.75	0.75
Cl		0.87	11.08	5.98	5.98	2.04	2.99	2.26
Fe	μmol/L	12.50	3.70	100.00	100.00	50.10	100.00	100.00
S		4 502.00	1 013.50	1 730.00	1 610.00	2 079.90	996.80	4 379.13
Na		2 958.00	7 966.00	202.00	237.20	1 089.00	202.00	202.00
B		24.20	16.00	100.00	10.00	48.50	161.80	25.88
Mn		22.40	0.40	100.00	10.00	59.20	112.00	19.73
Zn		10.40	3.40	30.00	37.30	7.00	34.70	5.22
Cu		0.04	0.10	0.10	0.01	0.10	0.10	—
Mo		0.007	—	1.00	0.10	1.00	1.00	—
Co		—	—	0.10	0.01	0.10	—	—
I		4.50	0.06	5.00	—	4.50	—	4.82
Al		—	0.20	—	—	—	—	—
Ni		—	0.10	—	—	—	—	—

2.2.1.2 微量元素

对于植物细胞和组织的生长必不可少但需要量较少的 6 种元素称为微量元素，它们是：铁(Fe)、锰(Mn)、锌(Zn)、硼(B)、铜(Cu)和钼(Mo)。

在这 6 种元素中，铁看来更为关键。在 White(1943)原来的培养基中，铁是以 $Fe_2(SO_4)_3$ 的形式加入的，但 Street 及其合作者在根培养中以 $FeCl_2$ 代替了 $Fe_2(SO_4)_3$，这是因为在 $Fe_2(SO_4)_3$ 中含有 Mn 和某些其他金属离子杂质。然而 $FeCl_2$ 看来也并不是一个完全令人满意的铁盐。以这种形式存在的铁只有在

pH 5.2 左右时才能被组织所利用。已知在根的培养中，接种后 1 周之内培养基的 pH 值即会由原来的 4.9～5.0 上升到 5.8～6.0，于是根开始表现缺铁症状。为了解决这个问题，现在在多数培养基中铁是以一种螯合形式，即 Fe·EDTA（EDTA 为 ethylene diamine tetra-acetic acid 之缩写，意为乙二胺四乙酸）的形式提供的。以这种形式提供的铁直到 pH 7.6～8.0 仍然可以被植物组织所利用。附带说一下，与根不同，愈伤组织培养物直到 pH 为 6.0 时仍可利用 $FeCl_2$，这是因为愈伤组织能分泌自然的螯合剂，而螯合剂可与铁相结合。如实验 1/表 1 所介绍的，Fe·EDTA 可使用 $FeSO_4 \cdot 7H_2O$ 和 Na_2·EDTA 进行制备，或者，如果可能的话，从市场上直接购买 NaFe·EDTA。

微量元素除上述 6 种以外，Heller(1953)在其培养基中还曾加入了铝和镍，但这两种元素的必要性并未得到证明，因此已被后来的研究者所省略。钠、氯化物和碘化物的必要性迄今也还没有得到证明。

2.2.2 有机营养成分

2.2.2.1 维生素

自然界的植物都能在体内合成维生素，并把它们用作各种代谢过程的催化剂。大多数离体培养的细胞虽然也能合成所有必需的维生素，但数量显著不足，因此在培养基中常常必须补加一种或几种维生素。在组织培养中常用的维生素有硫胺素（维生素 B_1）、烟酸（维生素 B_3）、吡哆醇（维生素 B_6）、泛酸钙（维生素 B_5）和肌醇，其中硫胺素是所有细胞和组织必需的基本维生素，烟酸和吡哆醇虽然也很常用，但在许多种植物中它们对细胞的生长可能并非必需。其他几种维生素，如生物素、叶酸、泛酸、维生素 E（生育素）和核黄素（维生素 B_2）等，植物组织培养物对它们的需要量微乎其微，主要是在极低密度的细胞培养中应用。

维生素在培养基中的添加量一般为 0.1～10.0 mg/L。各种维生素皆溶于水，惟叶酸例外，先要用少量稀氨水溶解，然后加蒸馏水定容。

2.2.2.2 氨基酸

在正常情况下，离体培养的细胞都能合成为各种代谢过程所需要的氨基酸。但尽管如此，对于原生质体培养和细胞系的建立而言，在培养基中添加氨基酸对于刺激细胞生长仍然具有重要意义。与无机氮不同，氨基酸能很快就被植物细胞摄入。水解酪蛋白（0.05%～0.1%）、*L*-谷氨酰胺（8 mmol/L）、*L*-天冬酰胺（100 mmol/L）、*L*-甘氨酸（2 mmol/L）、*L*-精氨酸和半胱氨酸（10 mmol/L）是组织培养中常用的有机氮源,其中除天冬酰胺须用酸或碱溶解外,其他几种皆可水溶。

2.2.2.3 其他有机添加物

为了促进某些愈伤组织和器官的生长,在组织培养中还常使用很多种化学成分不明的复杂的营养混合物,如水解酪蛋白(CH)、椰子汁(CM)、玉米胚乳、麦芽浸出物(ME)、番茄汁(TJ)和酵母浸出物(YE)等。因使用椰子汁(5%～20%)和水解酪蛋白(0.05%～1.0%)而取得实验成功的例子早已广为人知;与此类似,马铃薯浸提液已被证明是一种适用于花药培养的培养基。不过,只要可能,应尽量避免使用这些天然物质。这些物质(特别是果实提取物)在样品间的差异将会影响实验结果的可重复性。这是因为,这类提取物所含的生长促进成分的质和量常因组织的年龄和供体植株的品种而变化。此外,只用一种氨基酸也可能有效地取代这些天然物质。例如,在玉米胚乳愈伤组织培养中,Straus(1960)只用 *L*-天门冬酰胺即取代了酵母浸出液和番茄汁的作用。同样,Risser和 White(1964)证明,*L*-谷氨酰胺可以取代早先 Reinert 和 White(1956)在一种云杉属植物(*Picea glauca*)组织培养中所用过的 18 种氨基酸的混合物。

2.2.3 碳源和能源

Haberlandt(1902)曾试图培养绿色的叶肉细胞,这可能是出自绿色细胞对营养的要求比较简单的想法,但这种想法在实验中并未得到证实。现在我们知道,作为一个规律,起初是绿色的组织在培养中会逐渐失去它们的叶绿素,而只依赖于外界碳源生活。即使是那些在培养期间由于某些突然变化或被置于特殊条件之下而获得了色素的组织,也不是碳素自养的,它们需要外加的碳源来提供能量。如果在培养基中加入一种合适的碳源,就是在培养中已经充分分化了的绿色幼茎也会生长得更好。由此看来,在培养基中加入一种可被利用的碳源是十分必要的。

最常用的碳源是蔗糖,浓度一般为 2%～5%。已知葡萄糖和果糖也能使某些组织生长得很好,Ball(1953,1955)证实,对于红杉属植物(*Sequoia*)愈伤组织的生长来说,经过高温灭菌的蔗糖优于过滤灭菌的蔗糖,看来高温灭菌能使蔗糖水解成为更能被有效利用的糖,例如果糖。一般来说,以蔗糖做碳源时,离体的双子叶植物的根生长得最好。而以右旋糖(葡萄糖)做碳源时,单子叶植物的根生长得最好。矮生苹果(*Malus pumila*,品种 McIntosh)的组织培养物在以山梨醇做碳源和以蔗糖或葡萄糖做碳源时都长得很好。已知植物能够利用的某些其他形式的碳源有麦芽糖、半乳糖、甘露糖和乳糖。红杉属植物和玉米胚乳的组织培养物甚至可以代谢作为唯一碳源的淀粉。

2.2.4 植物激素①

除了营养物质以外，为了促进组织和器官的生长，通常还有必要在培养基中加入一种或一种以上的植物激素，如生长素、细胞分裂素和赤霉素。不过，对这些物质的要求因组织的不同而有很大变化，据信这取决于它们的内生激素水平。

2.2.4.1 生长素

在组织培养中常用的生长素(auxin)有 IAA(吲哚乙酸)、NAA(萘乙酸)、2,4-D(二氯苯氧乙酸)和 IBA(吲哚丁酸)，此外在禾本科植物组织培养中有时也用 2,4,5-T(三氯苯氧乙酸)以诱导愈伤组织的形成。在以上各种生长素中，只有 IAA 是天然的植物激素，其他几种都是人工合成的生长调节物质，图 2.1 是这些生长素的分子结构式。

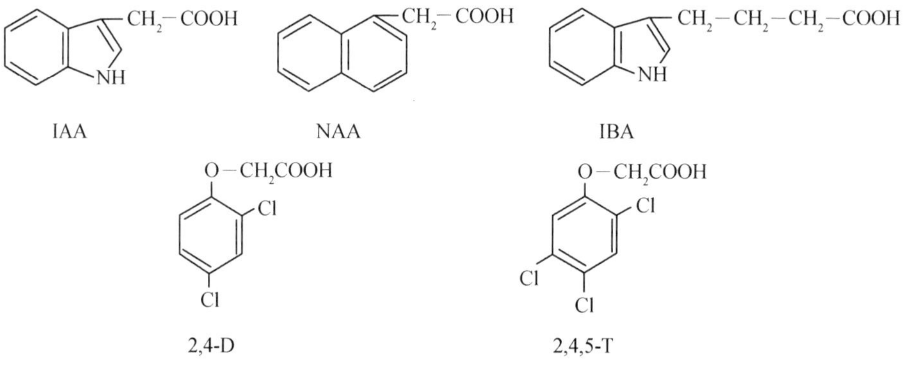

图 2.1 几种生长素的分子结构式

在自然界中，生长素影响到茎和节间的伸长、向性、顶端优势、叶片脱落和生根等现象。在组织培养中，生长素被用于诱导细胞的分裂和根的分化，其中 2,4-D 被广泛用于愈伤组织的诱导，IAA、NAA、特别是 IBA 被广泛用于生根，并能与细胞分裂素互作促进茎芽的增殖。不过在使用生长素时应当注意，如果生长素的相对用量过高，会刺激很多种类的细胞产生乙烯。

IAA、NAA 和 2,4-D 等都具有热稳定性，但 IAA 容易被光降解和被培养组

① 在本书中，植物激素一词涵盖的是一个广义概念，既包括在植物体中合成的天然激素，也包括具有类似化学结构和生理活性的人工合成的生长调节物质。

织中的酶氧化，因此，加在培养基中的 IAA 浓度应当较高（1～30 mg/L）；NAA 不受 IAA 氧化酶的作用，可以较低的浓度加在培养基中（0.1～2.0 mg/L）。2,4-D 常能在没有任何外源细胞分裂素存在的情况下，十分有效地促进愈伤组织的增殖，它的使用浓度一般只有 10^{-7}～10^{-5} mol/L。不过，2,4-D 能够强烈抑制器官发生，因此不应当用于旨在诱导生根和长芽的实验中。

生长素一般溶于 1 mol/L 的 NaOH 或 95%酒精中，2,4-D 还可溶于二甲基亚砜（DMSO）。生长素贮备液的制备方法将在实验 1 中介绍，值得注意的是，IAA 贮备液由于在几天之内即能发生光解，变成粉色，因此必须置于棕色瓶中避光保存，而且贮存时间最好不超过 1 周。

2.2.4.2 细胞分裂素

各种细胞分裂素（cytokinin）都是腺嘌呤的衍生物。在组织培养中常用的细胞分裂素有 KT（激动素）、6-BA（6-苄基嘌呤）、ZT（玉米素）和 2iP（异戊烯腺嘌呤），其中 ZT 和 2iP 是天然的植物激素，KT 和 6-BA 则是人工合成的产物。图 2.2 是这些细胞分裂素的分子结构式。除此之外，在较高的使用浓度下，腺嘌呤也具有类似细胞分裂素的功能，但它并非激素。

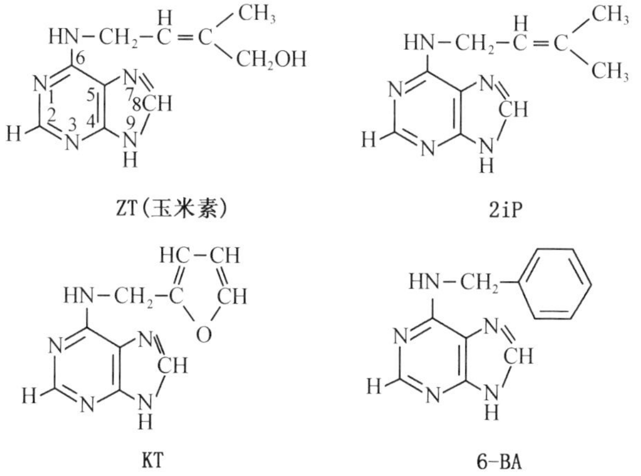

图 2.2 几种细胞分裂素的分子结构式

在自然界中，细胞分裂素影响细胞分裂、顶端优势的变化和茎芽的分化等。在培养基中加入细胞分裂素的目的，主要是为促进细胞分裂和由愈伤组织或器官上分化不定芽。由于这类化合物有助于使腋芽由顶端优势的抑制下解放出来，因此也可用于枝条的增殖。在典型的情况下，当以诱导愈伤组织为目的时，KT 的用量是 0.1 mg/L。

细胞分裂素一般溶于1 mol/L的HCl中。各种细胞分裂素的贮备液可以在冰箱中保存数月而不降解。另外，细胞分裂素具有热稳定性，可以进行高温灭菌。

除了以上介绍的几种细胞分裂素外，近年来又发现了一种人工合成的具有细胞分裂素活性的物质TDZ(Thidiazuron)，其分子式为$C_9H_8N_4OS$，分子量为220.2，化学名称为N-苯基-N'-1,2,3-噻二唑-5-脲，碱溶，耐热。这种物质起初被用作棉花落叶剂，后来Mok等(1982)发现，在培养基中添加低浓度TDZ能促进愈伤组织生长，证明了TDZ具有很强的细胞分裂素活性。在培养基中添加TDZ还可促进侧芽及不定芽发生，促进胚状体形成，但具体效果因使用浓度、与其他植物激素配合的方式以及物种的不同而异。一般来说，TDZ的使用浓度比其他细胞分裂素如BAP，KT和ZT等要低得多，通常在0.002～0.2 mg/L的范围内，但也有些作者使用了较高的浓度。不过，一些作者发现，随着TDZ使用浓度的增加，玻璃化苗出现的频率增加，玻璃化程度加重。

2.2.4.3　赤霉素和脱落酸

赤霉素有20多种，其中在组织培养中所用的是GA_3，图2.3给出了赤霉素的分子结构式。

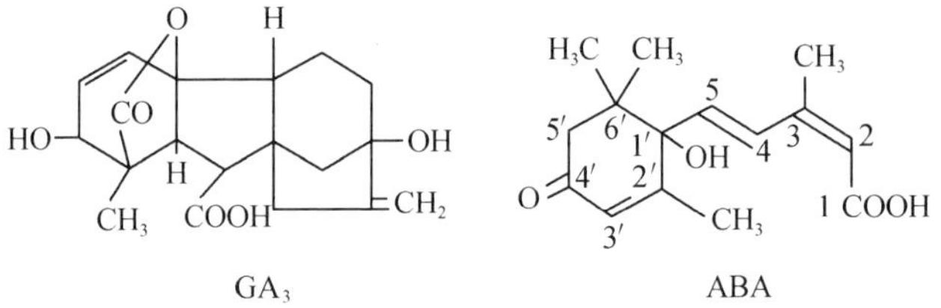

图2.3　赤霉素(GA_3)和脱落酸(ABA)的分子结构式

与生长素和细胞分裂素相比，赤霉素不常使用。据报道，低浓度GA_3能促进矮生小植株茎节伸长，赤霉素还能刺激在培养中形成的不定胚正常发育成小植株。赤霉素易溶于冷水，每升水最多可溶解1 000 mg。GA_3溶于水后不稳定，容易分解，故最好以95%酒精配成母液在冰箱中保存。另外，GA_3溶液不耐热，在114℃下经过20 min，活性就会降低90%以上。因此，对GA_3不能高温灭菌，只能在加入培养基之前进行过滤灭菌。

脱落酸(ABA)在组织培养中很少使用。有些例子表明，加在培养基中的脱落酸，或是能促进愈伤组织的生长，或是能抑制它的生长，其作用因物种而不同。在胚培养中，脱落酸能抑制胚的早熟萌发，促进晚期胚胎的正常成熟。

图2.3给出了脱落酸的分子结构式。脱落酸难溶于水，易溶于$NaHCO_3$溶

液、氯仿或丙酮。脱落酸具有热稳定性,但易发生光解。

2.2.5 其他成分

2.2.5.1 活性炭

在培养基中加入活性炭(AC)主要是为了吸附植物的有害泌出物,但活性炭对物质吸附的选择性很低,它同时也能吸附某些植物必需的化合物。因此迄今有关活性炭在组织培养中的作用的报道常常相互矛盾。如有的报道称,培养基中加入活性炭能刺激兰花、胡萝卜、长春藤和番茄培养物的生长和分化;另有的报道则称,活性炭能抑制烟草、大豆和山茶花的生长。看来,对生长的抑制可归因于活性炭吸附了植物激素,对生长的刺激则可能是由于活性炭吸附了有抑制作用的化合物,或是由于使培养基变暗。活性炭的用量一般为0.5%~3%。在高温灭菌之前加入活性炭会降低培养基的pH值,使琼脂不易凝固,在配制培养基时应予注意。

2.2.5.2 渗压剂

植物细胞对水分的摄入是由液泡液和培养基之间的水势差控制的。在培养基中,影响水分可利用程度的主要因素是琼脂的浓度、蔗糖的含量、以及作为渗压剂加入的非代谢物质。碳水化合物的作用不仅是用作碳源,它们对调节培养基的渗透势也起着重要作用。除蔗糖外,还常常使用几种难于代谢的糖醇,如山梨醇或甘露醇,作为外部渗压剂。在原生质体融合实验及培养物冷冻保存过程中,则常用聚乙二醇(PEG)作为渗压剂。

2.2.5.3 硝酸银

离体培养中的植物组织会产生和散发乙烯,而乙烯在培养容器中的积累会影响培养物的生长和分化,严重时甚至会导致培养物的衰老和落叶。$AgNO_3$中的Ag^+通过竞争性地结合于细胞膜上的乙烯受体蛋白,从而可起到抑制乙烯活性的作用。因此,在培养基中加入适量的$AgNO_3$,无论是在单子叶植物,如小麦和玉米中,还是在双子叶植物,如向日葵、拟南芥以及许多芸苔属植物中,都能起到促进愈伤组织器官发生或体细胞胚胎发生的作用,并能使某些原来再生困难的物种分化出再生植株。据报道,有些培养物在含有各种不同组合的生长素/细胞分裂素的培养基上都不能形成茎芽,但当培养基中加了$AgNO_3$后,则出现了茎芽分化。此外,$AgNO_3$对于克服试管苗玻璃化及早衰和落叶等也有明显效果。

不过，也有些研究者指出，$AgNO_3$ 并非总能阻止乙烯的积累。由于低浓度 $AgNO_3$ 能引起细胞坏死，而这种坏死细胞所产生的乙烯的数量，可能大于同一组织中非坏死细胞由于 $AgNO_3$ 对乙烯生物合成的抑制作用而减少的数量(Liu等,1990)。

据张鹏等(1997)报道，$AgNO_3$ 的使用浓度一般为 1～10 mg/L。使用前过滤灭菌，并须待培养基温度降到 60℃以下时再加入培养基。即便 $AgNO_3$ 浓度适宜，也须注意不要把培养物长期保存在含 $AgNO_3$ 的培养基上，否则会导致再生植株畸形。Sharma 等(1990)的经验是，培养物至少应在含 $AgNO_3$ 的培养基上培养 11 d 方能见效，张鹏和傅爱根等(1997)则认为，$AgNO_3$ 处理时间的长短应取决于原基形成的时间，培养物一旦形成原基即可去掉 $AgNO_3$。

2.2.5.4 抗生素

在培养基中添加抗生素的主要目的，是防止由外植体内生菌造成的污染。不过，在使用抗生素时应注意以下 4 个问题：①不同抗生素能有效抑制的菌种不完全相同，因此必须有针对性地对抗生素的种类进行选择；②在有些情况下，单独使用无论哪一种抗生素对污染皆无效，必须几种抗生素结合使用才能取得较好的效果；③当所用抗生素的浓度高到足以消除内生菌时，有些植物的生长发育往往也同时受到了抑制；④在停用抗生素后，污染率往往显著上升，这可能是原来受抑制的菌类又滋生起来造成的。因此，总体来说，在高等植物离体培养中，特别是在商业性快速繁殖中，应当尽量避免使用抗生素。

常用的抗生素有青霉素、链霉素、土霉素、四环素、氯霉素、利福平、卡那霉素和庆大霉素等，用量一般为 5～20 mg/L。大部分抗生素要求过滤灭菌。

2.2.6 琼脂及其他固化剂

如果使用液体培养基进行静止培养，组织将会沉没并因缺氧而死亡。为了避免这种情况，可用琼脂使培养基凝胶化，然后把组织置于培养基表面。琼脂是一种由海藻得来的多糖类物质，40℃凝固，一般的使用浓度是 0.7%～1%，若浓度太高，培养基就会变得很硬，营养物质就难于扩散到培养的组织中去。由于在这种半固体培养基上所建立的培养物便于保存，而且对于多种目的的实验来说都能得到令人满意的结果，因此琼脂固化培养基得到了广泛的应用。但琼脂并非是培养基中的一种必需成分。单细胞和细胞聚合体可以在含有无机和有机营养以及激素的液体培养基中进行悬浮培养。不过，在悬浮培养中必须定时通气，其方法或是由培养基底部鼓入无菌空气，或是不断轻轻摇动。在原生质体培养中，如果采用浅层液体培养基或小滴液体培养基进行培养，则可保持静止，不必通气。对于某些实验体系来说，液体培养基的效果可能比琼脂固化培养基更好。当进行营养需要研究的时候，应注意不要使用琼脂，因为试剂商店供应的几乎所有各种琼脂都含有杂质，特别是含有 Ca，Mg 和微量元素（见表 2.3）。为了避免使实验复杂化，Heller(1953)在液体培养基表面安放了一个由无灰滤纸制成的纸桥，然后在纸桥上面进行愈伤组织培养。

表 2.3 在植物组织培养中常用的 Difco 琼脂的化学组成

组 分	Bacto 琼脂(%)	Noble 琼脂(%)	纯化琼脂(%)
灰分	4.5	2.6	1.75
钙	0.13	0.23	0.27
钡	0.01	0.01	0.01
二氧化硅	0.19	0.26	0.09
氯化物	0.43	0.18	0.13
硫酸盐	2.54	1.90	1.32
氮	0.17	0.10	0.14
	(mg/L)	(mg/L)	(mg/L)
铁	11.00	11.00	11.00
镁	285.00	260.00	695.00
铜	5.00	7.50	20.00

引自 Pierik，1971。

除了琼脂之外，在组织培养中用作固化剂的还有 Gelrite 和琼脂糖（agarose）等。Gelrite 在 100℃上下融化，30～45℃之间凝固，在 pH 值 4 和 7 之间凝胶强度变化不大。琼脂糖在原生质体培养中用得较多，其凝固温度比琼脂低，将原生质体植板在琼脂糖中，较之培养在薄层液体培养基中对细胞分裂的效果更好。

2.2.7 pH

在灭菌之前培养基的 pH 值一般都是调节到 5.5～6.0 之间，不过 Straus 和 LaRue(1954)观察到，玉米胚乳愈伤组织在 pH 7.0 时鲜重增长最快，在 pH 6.1 时干重增长最快。一般来说，当 pH 值高于 6 时，培养基将会变硬，低于 5 时，琼脂不能很好地凝固。经过高温灭菌后，pH 通常会下降 0.6～1.3 个单位。

2.3 培养基的选择

在建立一个新的实验体系时，为了能研制出一种适合的培养基，最好先由一种已被广泛采用的基本培养基(如 MS 或 B_5,表 2.1)开始。当通过一系列的实验,对这种基本培养基做了某些定性和定量的小变动之后,即有可能得到一种能满足实验需要的新培养基。在改动一种培养基的时候,无机成分和有机成分应当分别处理。

在植物组织培养基中最常改动的因子是生长调节物质,尤其是生长素和细胞分裂素。开始时,可以选择一种基本培养基,以及,比如说,各有 5 种不同浓度(0,0.5,2.5,5,10 μmol/L)的某种生长素(例如 NAA)和某种细胞分裂素(例如 BAP)。这 2 种激素 5 种浓度的所有可能组合,即构成了一个具有 25 项处理的实验(表 2.4)。由这 25 项处理中选出最好的一个,然后在保持浓度不变的情况下,再试验其他种类的生长素和细胞分裂素。当改变细胞分裂素的种类时,保持生长素不变,反之亦然。另外,虽然高浓度盐分培养基对若干实验体系来说都已证明效果很好,但有某些培养物在低浓度盐分培养基上生长得更好,因此就还有必要试验一下在保持生长调节物质最佳组合不变的情况下,1/2 和 1/4 水平的基本培养基盐分的效果。最后,还要进行一系列的实验以确定适合的蔗糖浓度(2%～6%以致更高)。通过以上这些实验,常常就足以研制出一种适合的培养基。不过,为了对这种培养基做进一步的改良,还有很多其他可能性值得探讨。

表 2.4 2 种激素各 5 种浓度的实验组合

		BAP(μmol/L)				
		0	0.5	2.5	5	10
NAA	0	1	2	3	4	5
(μmol/L)	0.5	6	7	8	9	10
	2.5	11	12	13	14	15
	5	16	17	18	19	20
	10	21	22	23	24	25

为了能给一个新的实验体系选出一种适合的培养基,De Fossard 等(1974)介绍了一种“广谱实验法”。和上面介绍的方法相比,这个方法是比较复杂的。然而,如果利用简单的方法解决不了问题,就有必要用这个方法试验一下。在这个广谱实验法中,把培养基中的所有组分分为 4 大类:无机盐、生长素、细胞分裂素和有机营养物质(蔗糖、氨基酸和肌醇等)。对每一类物质再选定 3 个浓度,即低(L)、中(M)和高(H)(表 2.5)。4 类物质各 3 种浓度的各种不同组合即构成了一项包括 81 个处理的实验。在这 81 个处理中最好的一个可用 4 个字母表示。例如,一个包含中等浓度无机盐、低浓度生长素、中等浓度细胞分裂素和高浓度有机营养物质的处理即可表示为 MLMH。 达到这个阶段以后, 即可再试

表 2.5 在 De Fossard 等(1974)广谱实验中无机盐、生长素、细胞分裂素及有机营养物质的成分和浓度

成 分	浓度范围(mmol/L)		
	低	中	高
无机物			
NH_4NO_3	5	10	20
KNO_3	—	10	20
KH_2PO_4	0.1	—	—
NaH_2PO_4	—	1	2
KCl	1.9	—	—
$CaCl_2$	1	2	3
$MgSO_4$	0.5	1.5	3
H_3BO_3	0.01	0.05	0.15
$MnSO_4$	0.01	0.05	0.1
$ZnSO_4$	0.001	0.02	0.04
$CuSO_4$	0.000 01	0.000 1	0.001 5
Na_2MoO_4	0.000 01	0.000 1	0.001
$CoCl_2$	0.000 1	0.000 5	0.001
KI	0.000 5	0.002 5	0.005
$FeSO_4$	0.01	0.05	0.1
Na_2·EDTA	0.01	0.05	0.1
生长素	0.000 1	0.001	0.01
细胞分裂素	0.000 1	0.001	0.01
有机物			
肌醇	0.1	0.3	0.6
烟酸	0.004	0.02	0.04
盐酸吡哆醇	0.000 6	0.003	0.006
盐酸硫胺素	0.000 1	0.002	0.04
生物素	0.000 04	0.000 2	0.001
叶酸	0.000 5	0.001	0.002
D-泛酸钙	0.000 2	0.001	0.005
核黄素	0.000 1	0.001	0.01
抗坏血酸	0.000 1	0.001	0.01
氯化胆碱	0.000 1	0.001	0.01
L-盐酸半胱氨酸	0.01	0.06	0.12
甘氨酸	0.000 5	0.005	0.05
蔗糖	6	60	120

验不同类型的生长素和细胞分裂素，以找到它们的最好类型。有些实验系统对于生长素和细胞分裂素这两类生长物质的具体形式非常敏感。

附录 2.1 植物组织培养基常用化合物相对分子质量

化合物	分子式	相对分子质量
大量元素		
硝酸铵	NH_4NO_3	80.04
硫酸铵	$(NH_4)_2SO_4$	132.15
氯化钙	$CaCl_2 \cdot 2H_2O$	147.02
硝酸钙	$Ca(NO_3)_2 \cdot 4H_2O$	236.16
硫酸镁	$MgSO_4 \cdot 7H_2O$	246.47
氯化钾	KCl	74.55
硝酸钾	KNO_3	101.11
磷酸二氢钾	KH_2PO_4	136.09
磷酸二氢钠	$NaH_2PO_4 \cdot 2H_2O$	156.01
微量元素		
硼酸	H_3BO_3	61.83
氯化钴	$CoCl_2 \cdot 6H_2O$	237.93
硫酸铜	$CuSO_4 \cdot 5H_2O$	249.68
硫酸锰	$MnSO_4 \cdot 4H_2O$	223.01
碘化钾	KI	166.01
钼酸钠	$Na_2MoO_4 \cdot 2H_2O$	241.95
硫酸锌	$ZnSO_4 \cdot 7H_2O$	287.54
乙二胺四乙酸二钠	$Na_2EDTA \cdot 2H_2O$	372.25
硫酸亚铁	$FeSO_4 \cdot 7H_2O$	278.03
乙二胺四乙酸铁钠	$FeNa \cdot EDTA$	367.07
糖和糖醇		
果糖	$C_6H_{12}O_6$	180.15
葡萄糖	$C_6H_{12}O_6$	180.15
甘露醇	$C_6H_{14}O_6$	182.17
山梨醇	$C_6H_{14}O_6$	182.17
蔗糖	$C_{12}H_{22}O_{11}$	342.31
维生素和氨基酸		
抗坏血酸(维生素 C)	$C_6H_8O_6$	176.12
生物素(维生素 H)	$C_{10}H_{16}N_2O_3S$	244.31
泛酸钙(维生素 B_5 之钙盐)	$(C_9H_{16}NO_5)_2Ca$	476.53
维生素 B_{12}	$C_{63}H_{90}CoN_{14}O_{14}P$	1 357.64

续附录 2.1

化合物	分子式	相对分子质量
L-盐酸半胱氨酸	$C_3H_7NO_2S \cdot HCl$	157.63
叶酸(维生素 Bc,维生素 M)	$C_{19}H_{19}N_7O_6$	441.40
肌醇	$C_6H_{12}O_6$	180.16
烟酸(维生素 B_3)	$C_6H_5NO_2$	123.11
盐酸吡哆醇(维生素 B_6)	$C_8H_{11}NO_3 \cdot HCl$	205.64
盐酸硫胺素(维生素 B_1)	$C_{12}H_{17}ClN_4OS \cdot HCl$	337.29
甘氨酸	$C_2H_5NO_2$	75.07
L-谷氨酰胺	$C_5H_{10}N_2O_3$	146.15
激素		
生长素		
p-CPA(*p*-对氯苯氧乙酸)	$C_8H_7O_3Cl$	186.59
2,4-D(2,4-二氯苯氧乙酸)	$C_8H_6O_3Cl_2$	221.04
IAA(吲哚-3-乙酸)	$C_{10}H_9NO_2$	175.18
IBA(3-吲哚丁酸)	$C_{12}H_{13}NO_2$	203.23
NAA(α-萘乙酸)	$C_{12}H_{10}O_2$	186.20
NOA(β-萘氧乙酸)	$C_{12}H_{10}O_3$	202.20
细胞分裂素/嘌呤		
Ad(腺嘌呤)	$C_5H_5N_5 \cdot 3H_2O$	189.13
$AdSO_4$(硫酸腺嘌呤)	$(C_5H_5N_5)_2 \cdot H_2SO_4 \cdot 2H_2O$	404.37
BA 或 BAP(6-苄基腺嘌呤或 6-苄氨基嘌呤)	$C_{12}H_{11}N_5$	225.26
2iP(6-γ,γ-二甲基丙烯嘌呤或 N-异戊烯氨基嘌呤)	$C_{10}H_{13}N_5$	203.25
激动素(6-呋喃甲基腺嘌呤)	$C_{10}H_9N_5O$	215.21
SD8339[6-(苄氨基)-9-(2-四氢吡喃)-H-嘌呤]	$C_{17}H_{19}N_5O$	309.40
玉米素(异戊烯腺嘌呤)	$C_{10}H_{13}N_5O$	219.25
赤霉素		
GA_3(赤霉酸)	$C_{19}H_{22}O_6$	346.37
其他化合物		
脱落酸	$C_{15}H_{20}O_4$	264.31
秋水仙素	$C_{22}H_{25}NO_6$	399.43
间苯三酚	$C_6H_6O_3$	126.11

附录 2.2 相对原子质量

名称	符号	相对原子质量
铝	Al	26.98
硼	B	10.82
钙	Ca	40.08
碳	C	12.011
氯	Cl	35.457
钴	Co	58.94
铜	Cu	63.54
氢	H	1.008
碘	I	126.91
铁	Fe	55.85
镁	Mg	24.32
锰	Mn	54.94
钼	Mo	95.95
镍	Ni	58.71
氮	N	14.008
氧	O	16.00
磷	P	30.975
钾	K	39.10
钠	Na	22.991
硫	S	32.066
锌	Zn	65.38

附录 2.3 常用植物生长激素浓度单位换算表

A. mg/L→μmol/L

mg/L	μmol/L(10^{-3} mmol/L,10^{-6} mol/L)								
	NAA	2,4-D	IAA	IBA	BA	KT	ZT	2iP	GA_3
1	5.371	4.524	5.708	4.921	4.439	4.647	4.561	4.920	2.887
2	10.741	9.048	11.417	9.841	8.879	9.293	9.122	9.840	5.774
3	16.112	13.572	17.125	14.762	13.318	13.940	13.683	14.760	8.661
4	21.482	18.096	22.834	19.682	17.757	18.586	18.244	19.680	11.548

续附录 2.3

mg/L	μmol/L(10^{-3} mmol/L,10^{-6} mol/L)								
	NAA	2,4-D	IAA	IBA	BA	KT	ZT	2iP	GA_3
5	26.853	22.620	28.542	24.603	22.197	23.233	22.805	24.600	14.435
6	32.223	27.144	34.250	29.523	26.636	27.880	27.366	29.520	17.322
7	37.594	31.668	39.959	34.444	31.075	32.526	31.927	34.440	20.210
8	42.964	36.192	45.667	39.364	35.514	37.173	36.488	39.360	23.096
9	48.335	40.716	51.376	44.285	39.954	41.820	41.049	44.280	25.984

B. μmol/L→mg/L

μmol/L	mg/L								
	NAA	2,4-D	IAA	IBA	BA	KT	ZT	2iP	GA_3
1	0.186 2	0.221 0	0.175 2	0.203 2	0.225 3	0.215 2	0.219 2	0.203 2	0.346 4
2	0.372 4	0.442 1	0.350 4	0.406 4	0.450 5	0.430 4	0.438 4	0.406 4	0.692 7
3	0.558 6	0.663 1	0.525 5	0.609 4	0.675 8	0.645 6	0.656 7	0.699 6	1.039 1
4	0.744 8	0.884 2	0.700 8	0.812 8	0.901 0	0.860 8	0.878 8	0.812 8	1.385 5
5	0.931 0	1.105 2	0.875 9	1.016 0	1.126 3	1.076 1	1.096 0	1.016 0	1.731 9
6	1.117 2	1.326 2	1.051 1	1.219 2	1.351 6	1.291 3	1.315 2	1.219 0	2.078 2
7	1.303 4	1.547 3	1.226 3	1.422 4	1.576 8	1.506 5	1.534 4	1.422 4	2.424 6
8	1.489 6	1.768 3	1.401 4	1.625 6	1.802 1	1.721 7	1.753 6	1.625 6	2.771 2
9	1.675 8	1.989 4	1.576 8	1.828 8	2.027 3	1.936 9	1.972 8	1.828 8	3.117 6

附录 2.4 维生素、氨基酸和植物激素的常用溶剂及热稳定性

化合物	常用溶剂	热稳定性	其他
除叶酸外各种维生素	水	稳定	
叶酸	稀氨水	稳定	
水解酪蛋白	水	稳定	
谷氨酰胺	水	稳定	
天冬酰胺	酸或碱	稳定	
甘氨酸	水	稳定	
精氨酸	水	稳定	
半胱氨酸	水	稳定	
各种生长素	1 mol/L NaOH 或 95%酒精	稳定	2,4-D 尚可溶于 DMSO 中;IAA 易光解

续附录 2.4

化合物	常用溶剂	热稳定性	其他
各种细胞分裂素	1 mol/L HCl 或稀薄 NaOH 溶液	稳定	
赤霉素(GA_3)	水或酒精	高温下活性下降	
脱落酸	$NaHCO_3$ 溶液、氯仿或丙酮	稳定	易光解

3 细胞的全能性与器官发生

3.1 引言

动物细胞的分化一般是不可逆的。植物则不同，只要具有一个完整的膜系统和一个有生命力的核，即使是已经高度成熟和分化的细胞，也还保持着回复到分生状态的能力。只有像核业已开始解体的筛管和木质部成分，或细胞壁厚于 2 μm 的纤维细胞（成熟的管胞壁厚达 7 μm），才不能再进行分裂。按照 Gautheret(1966)的看法，一个细胞向分生状态回复过程所能进行的程度，取决于它在原来所处的自然部位上已经达到的细胞和生理状态（图 3.1）。

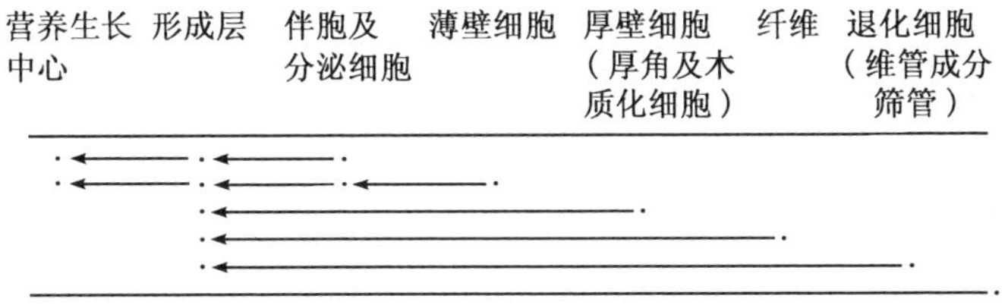

图 3.1 不同类型细胞脱分化过程可能进行的程度
（引自 Gautheret，1966）

如果把已分化组织中不分裂的静止细胞从母体植株上分离下来，置于一种能促进细胞增殖的培养基上培养，细胞内就会发生某些变化，例如在休止期间由于溶酶体的破坏活动而丧失了功能的细胞组分又恢复了功能等，从而使细胞进入分生状态。一个成熟细胞转变为分生状态并形成未分化的愈伤组织（callus）的现象称做“脱分化”（dedifferentiation）。在组织培养中，我们把如上所述由活植物体上切取下来以进行培养的那部分组织或器官叫做外植体（explant）。外植体通常都是多细胞的，并且组成它们的细胞常常包括各种不同的类型，因此由一个外植体所形成的愈伤组织也是异质性的，其中不同的组分细胞具有不同的形成完整植株的能力，即不同的“再分化”（redifferentiation）能力。1958 年以来实验已反复证实，无论是体细胞，还是性细胞，离体之后在一定的培养条件下都有可能像受精卵一样发育成一个完整的植株。一个细胞所具有的产生一个完整植株的固有能力称做细胞的“全能性”(totipotency)。细胞在植物体内即使已进行了最终的分化之后仍有可能保持着这种全能性。一个已分化细胞若要表现其全能性首先要经历脱分化过程,然后再经历再分化过程。再分化有两种方式:一种是器官发生(organogenesis),一种是胚胎发生(embryogenesis)。在大多数情况下,再分化过程是在愈伤组织细胞中发生的,但在有些情况下,再分化可以直接发生于脱分化的细胞中,无须经历愈伤组织阶段。

组织培养技术是一种有力的工具,在理论上,人们不但可用它来研究能调动细胞全能性的各种因素,而且还可用它来研究控制细胞、组织和器官分化的各种因素。

3.2 愈伤组织形成的条件

虽然如我们在上一节中所说的那样,发育和分化过程并不导致细胞全能性的丧失,但是,在一个完整的植物中,每个分化细胞都是某个器官和组织中的一个成员,它只能在与其周围成员相互协调和彼此制约当中,恰如其分地发挥整个植株所赋予它的一定的功能,而不具备施展其全能性的外部条件。然而,这些细胞若是一旦脱离了母体植株,摆脱了原来所受到的遗传上的控制和生理上的制约,在一定的培养条件下,就会发生一种回复变化,从而失去分化状态,变为分生细胞,实现脱分化过程。然后,这些脱分化细胞经过连续的有丝分裂,形成愈伤组织——所谓“愈伤组织”,本是指植物在受伤之后于伤口表面形成的一团薄壁细胞,在组织培养中,则指在人工培养基上由外植体长出来的一团无序生长的薄壁细胞。

大量的研究表明,几乎所有高等植物的各种器官,如根、茎、叶和花等,以及各种组织,如皮层、茎髓和形成层等,离体后在适当条件下都能产生愈伤组织。由此可见,愈伤组织诱导的成败关键主要不是外植体的来源和种类,而是培养条件,其中激素的种类和浓度最为重要。当然,外植体的类型(如木本植物中的幼态或成年态)和外植体原来在植株上所处的位置(它反映了内源激素的水平)对愈伤组织诱导的影响也不能忽视。

诱导愈伤组织常用的生长素是 2,4-D,IAA 和 NAA,常用的细胞分裂素是 KT 和 6-BA。在禾谷类植物中,多数情况下只用 2,4-D 就能成功地诱导愈伤组织,如在小麦未成熟胚培养中,1～2 mg/L 的 2,4-D 通常会产生很好的效果。NAA 和 2,4-D 虽同为生长素类物质,但若以 NAA 代替 2,4-D,上述外植体则只会生根，而不愈伤化。当以烟草茎髓、胡萝卜贮藏根和马铃薯块茎组织作外植体时，诱导愈伤组织则既需要生长素，也需要细胞分裂素。只需要一种细胞分裂素诱导愈伤组织的物种较少，白芜菁是其中之一。

3.3　愈伤组织形成的过程

外植体中已分化的活细胞，在外源激素的诱导下通过脱分化后形成愈伤组织，这一过程被 Yeoman 等(1973)划分为 3 个时期。王凯基等(1981)以离体培养的油橄榄茎段为材料，对其愈伤组织形成过程中各时期的细胞形态和代谢状况的变化做了详细研究，现将他们的结果概述如下(同时参见图 3.2)：

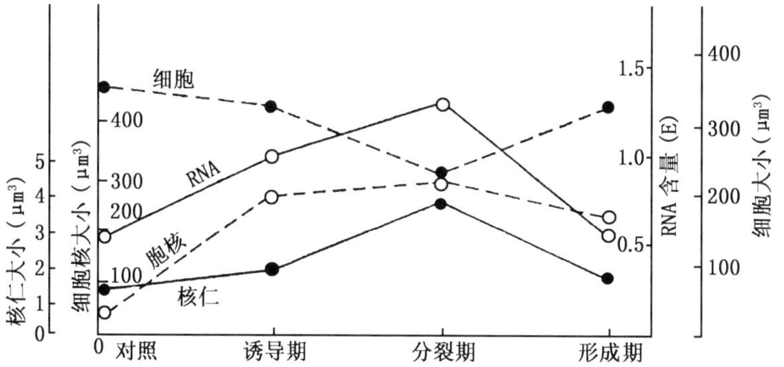

图 3.2　油橄榄愈伤组织形成过程中各期细胞形态和 RNA 含量的变化
(引自王凯基等，1981)

3.3.1　诱导期

诱导期是外植体细胞进行分裂准备的时期。在这一时期外植体细胞大小虽然没有多大变化，但细胞内合成代谢活跃，RNA 含量迅速增加，细胞核体积明显增大。诱导期的长短由一系列内外因素决定，如胡萝卜的诱导期要好几天，新鲜的菊芋块茎则只要 22 h，但菊芋块茎经过 5 个月的贮藏后，诱导期则须延长到 40 h 以上。

3.3.2　分裂期

经过诱导期之后，外植体外层细胞开始迅速分裂，例如一块菊芋外植体在 25℃下 7 d 之内细胞数目可增加 10 倍以上。不过外植体中间部分的细胞不分裂,形成了一个静止的芯。在这一时期由于细胞分裂的速度大大超过了细胞伸展的速率,细胞体积迅速变小,逐渐回复到分生状态。当细胞体积最小,细胞核和核仁最大,细胞内无大液泡,RNA含量最高时,标志着细胞分裂进入了高峰期。外植体细胞由原来的静止状态经过诱导期的分裂准备之后进入分裂高峰,回复为分生状态,这整个过程即为脱分化。

脱分化细胞不断进行分裂,从而形成了愈伤组织。愈伤组织在培养基上生长一段时间以后,由于营养物质枯竭,水分散失,以及代谢产物的积累,必须转移到新鲜培养基上培养。这个过程叫做继代(subculture)。通过继代培养,可使愈伤组织无限期地保持在不分化的增殖状态。然而,如果让愈伤组织留在原来的培养基上继续培养而不继代,它们则不可避免地发生分化。

3.3.3 形成期

形成期是指外植体细胞经过诱导期和分裂期后形成了无序结构的愈伤组织的时期。进入形成期后,细胞的平均大小相对稳定,不再减少,细胞分裂由原来局限在组织外缘的平周分裂转为组织内部较深层局部细胞的分裂,结果形成瘤状或片状的拟分生组织(meristemoid),称做分生组织结节。分生组织结节可以成为愈伤组织的生长中心,或者进一步分化为维管组织结节——由分生组织结节外围的细胞作平周分裂成为形成层状细胞,包围着内部已分化的管胞而成。

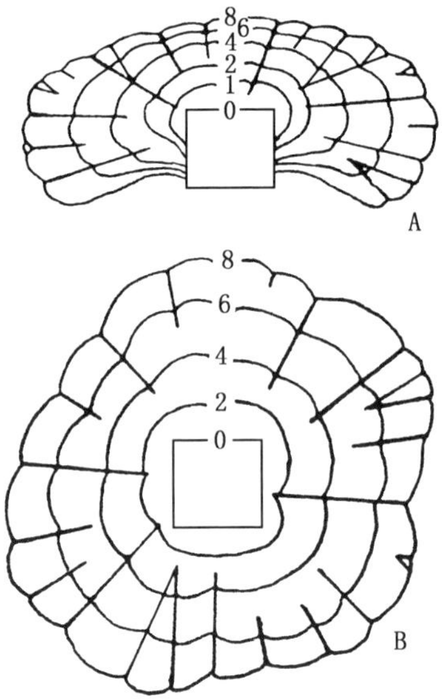

图 3.3 烟草愈伤组织在8周培养期间形态的变化
A是与琼脂培养基垂直方向的切面;
B是平行方向的切面。
图中数字表示培养周数

以上对愈伤组织形成过程的时期的划分并不具有严格的意义,实际上,特别是分裂期和形成期往往可以出现在同一块组织上。另外,如一些研究者曾反复指出的,虽然细胞脱分化的结果在大多数情况下是形成愈伤组织,但这绝不意味着所有的细胞脱分化的结果都必然形成愈伤组织。相反,越来越多的实验证明,一些外植体的细胞脱分化后可直接分化为胚性细胞而形成体细胞胚。

3.4 愈伤组织增殖的方式

为了研究愈伤组织在培养期间的形态变化，Caplin(1947)把已建成的烟草愈伤组织切成小方块，置于琼脂培养基上培养(图 3.3)。结果发现，愈伤组织的生长是发生在不与琼脂培养基接触的表面。由于小方块组织迅速增殖，加之在其表面或近表面瘤状物的生长，数周之后小方块变成了一个表面不规则的菜花状组织。在 8 周的培养期间，小方块愈伤组织的平均重量由原来的 5.8 mg 增加到 93.0 mg，增长了 16 倍。

3.5 愈伤组织状态的调控

来源于不同植物或同一种植物不同部位的愈伤组织，在颜色、结构和生长习性上都可能存在差异。例如它们的颜色可能或是黄或是白；它们的外观可能或是光滑或是粗糙；它们的结构可能或是致密，或是松脆(图 3.4)；它们的遗传生理功能可能或是具有胚性，或是不具胚性。在不同的实验中由于目的的不同，对愈伤组织状态的要求也不完全相同，但优良的愈伤组织通常必须具备以下 4 个特性：

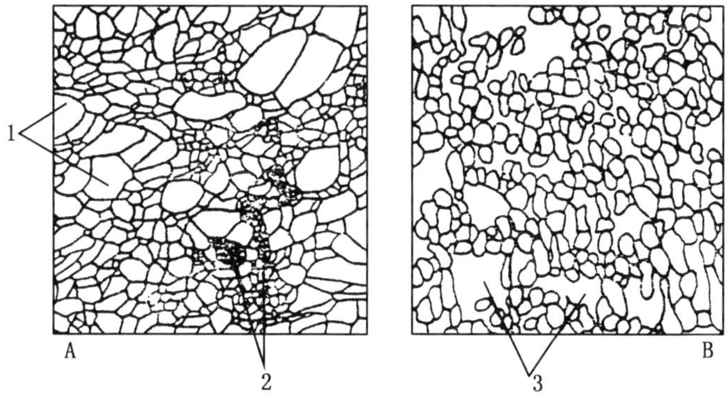

图 3.4 致密愈伤组织(A)与疏松愈伤组织(B)细胞结构的比较

1. 巨大细胞；2. 管状细胞；3. 细胞间隙。

(引自桂耀林，马诚，1985)

1. 旺盛的自我增殖能力，以便用这些愈伤组织建立大规模的愈伤组织无性系。

2.容易散碎，以便用这些愈伤组织建立优良的悬浮系，并且在需要时能从中分离出全能性原生质体。

3.高度的胚性或再分化能力，以便从这些愈伤组织得到再生植株。

4.经过长期继代保存而不丧失胚性，以便有可能对它们进行各种遗传操作。

为了达到以上目的，我们在诱导愈伤组织时通常采取的策略是：

1.选择适当的基因型和适当的外植体。虽然几乎所有高等植物的器官和组织都有可能产生愈伤组织，但同一物种内不同基因型在离体培养中的反应可能不同，同一植株不同部位的细胞在离体培养中的反应也可能不同，例如小麦和其他一些禾谷类植物愈伤组织培养的成功，在很大程度上是由于选择了未成熟胚和幼穗作为外植体，它们的根和幼叶虽然也能形成愈伤组织，但都是非胚性的。

2.选择正确的培养基，特别是正确的植物激素的种类和浓度，以及在需要配合使用生长素和细胞分裂素时，二者之间正确的配比。

3.采用某些特殊的理化因素改变愈伤组织诱导培养基和培养条件。例如在玉米幼胚愈伤组织培养中，一些研究者通过在培养基中添加 5 mg/L 或 10 mg/L $AgNO_3$，抑制组织内乙烯的作用，从而使类型Ⅱ(TypeⅡ)愈伤组织的频率由对照的 4.9%分别提高到 26.9%和 34.0%(Vain 等，1989)。在玉米组织培养中所说的类型Ⅱ愈伤组织，本质上就是符合我们前面所列的优良标准的愈伤组织。

主要根据对小麦、高粱和玉米等禾谷类植物体细胞愈伤组织培养的研究，王海波(1991)将愈伤组织分为 3 种主要类型：类型Ⅰ结构致密，生长较慢，容易分化成苗，称为保守分裂型；类型Ⅱ结构松脆，生长旺盛，色泽鲜艳，增殖很快，称为亢进分裂型；类型Ⅲ结构疏松，生长缓慢，色泽暗淡，称为衰败型。当然，在这 3 种类型之间还存在着许多过渡类型，例如，胚性细胞就是处于类型Ⅰ和类型Ⅱ之间的一种细胞类型。

值得注意的是，类型Ⅰ和类型Ⅱ之间在一定程度上可以相互转变，衰败型细胞在一定程度上也可得到控制。能够促成这种转变和控制的因子有几种，其中最主要的是植物激素和氮源形态。一般来说，生长素是促使细胞进入亢进状态的因子，细胞分裂素是促使细胞进入保守状态的因子。氮源除了供给培养物氮素营养外，还原态氮还具有促进细胞分裂的作用，硝态氮具有抑制细胞分裂的作用。当增大生长素浓度促进细胞分裂的效果不明显时，增加培养基中的氨态氮(或谷氨酰胺、精氨酸、水解酪蛋白等有机形式的还原态氮)可起到明显的促进分裂的作用；当使用细胞分裂素或降低生长素对细胞分裂的抑制效果不显著时，增加培养基中的硝态氮或减少还原态氮，可起到显著的抑制分裂的作用。例如，在小麦成熟胚的离体培养中，王海波等(1989)通过变换使用不同水平的2,4-D或调整培养基中还原态氮的含量，建立了小麦的胚性愈伤组织无性系，随后又从中诱导出适合悬浮培养的松脆愈伤组织，建立了悬浮系，最后，从悬浮细胞游离原生质体并培养成功。他们的做法之一是，根据愈伤组织的状态，每次继代时在0～8 mg/L的范围内变换使用不同浓度的2,4-D。具体地说，就是以继代之前培养基中2,4-D水平为基础，如果愈伤组织状态与期望状态一致，则维持原来的2,4-D水平；如果愈伤组织生长过旺，则降低2,4-D水平(降至1 mg/L或0.5 mg/L)；如果愈伤组织色泽虽然鲜艳，但过于紧实，生长缓慢，易于分化，或色泽暗淡，质地疏松，甚至趋于褐化，都要提高2,4-D水平(增至4～8 mg/L)。

受到上述一系列实验结果的启发，王海波提出了建立植物细胞状态调控数学模型的构想，以期突破组织培养对经验的依赖性，揭示细胞状态变化的规律性，从而增加人们对实验结果的预见性。

3.6 细胞分化：维管组织的分化

由3.1节中关于细胞全能性的介绍不难领悟到，植物细胞分化是植物发育过程中的一个十分重要的基本事件。无论是在离体还是在活体条件下，植物细胞分化的研究重点是维管组织的分化，特别是木质部成分的分化。由于技术上的困难，对韧皮部分化过程的研究较少。在经过离析的植物组织中，导管分子很容易染色，但小而纤细的筛管却不行。导管分子的分化过程现在已成为研究植物组织培养中细胞分化问题的一个模式系统。

在一个完整的植株中，组织分化是以一种固定的方式进行的，这种方式在不同物种和不同器官中各有不同的特征。在某些已知的条件下，愈伤组织培养物可保持纯薄壁组织状态，不具有任何维管成分，这种愈伤组织对研究各种理化因子对维管组织分化过程的影响是一种很有价值的系统。

3.6.1 影响维管组织分化过程的因子

现在已知，生长素和蔗糖是对维管组织分化过程有显著影响的两种物质。它们能从质和量两个方面影响维管组织的分化。某些证据还指出，细胞分裂素和赤霉素也可能与木质部发生过程有关。

3.6.1.1 生长素

法国植物学家Camus(1949)曾把小的营养芽嫁接在一种菊苣属植物根的

组织培养物的上表面，几天之后，在芽下的薄壁组织中分化出了维管束。这些维管束将芽的维管组织与外植体中的维管组织连接在一起。即使在嫁接点上放置一片玻璃纸，切断了愈伤组织和芽之间的直接接触，维管组织的分化依然发生。这个发现后来被 Wetmore 和 Sorokin(1955)所证实。他们利用洋丁香未分化愈伤组织作为实验材料，其中完全不含维管成分。他们把鲜重为 400 mg 的愈伤组织块置于一种培养基上，这种培养基所含的成分不利于维管组织的分化。愈伤组织的上表面被修整得相当平滑，上面割开一个 V 形缺口，然后把一个营养芽的下端削成楔形，嵌在愈伤组织表面的缺口之中(图 3.5)。为了防止嫁接点变干，在嵌入营养芽之前，先用不含任何营养成分的 1% 琼脂灌入缺口。此后 20～30 d 之内，处在芽下面的愈伤组织细胞在芽的诱导下发生了分裂，结果先由一些细胞形成了若干短的立柱状结构，后来即发育成环状维管组织。这两项实验结果一致表明，芽对维管组织分化的刺激作用必然是由一种或几种扩散性的化学物质引起的。由于芽的顶端分生组织含有丰富的生长素，因此可以设想，生长素很可能就是这些化学物质中的一种。后来人们确实发现，用含有蔗糖和生长素的琼脂能有效地取代芽的作用，同样能够诱导维管组织的分化(图 3.6)，从而最终证实了生长素对维管组织分化的作用。

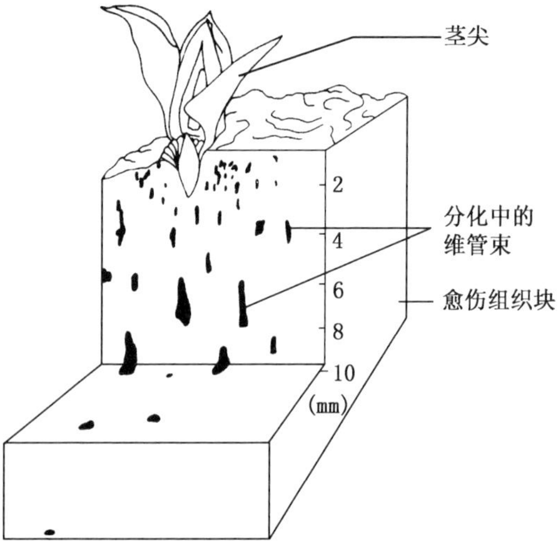

图 3.5　把带有 2～3 个叶原基的茎尖嫁接到洋丁香愈伤组织上，在其中诱导维管组织的形成(引自 Wetmore 和 Sorokin，1955)

一般来说，低浓度的生长素能刺激木质部的发生，在生长素浓度和木质部分化程度之间存在着一种反比关系。在洋丁香愈伤组织中，改变生长素浓度还能导致维管组织分化位置的变化。

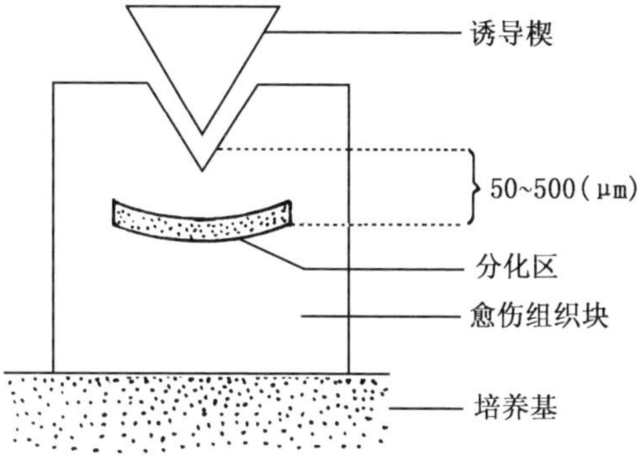

图 3.6　把一块含有生长素和蔗糖的琼脂楔嵌入愈伤组织后，在菜豆愈伤组织块中诱导了维管化过程(引自 Jeffs 和 Northcote，1967)

3.6.1.2　蔗糖

生长素对维管组织分化所起的作用看来在很大程度上取决于糖的存在。当培养基中含有低浓度生长素时，通过改变蔗糖浓度，即可改变洋丁香和菜豆愈伤组织块中所形成的木质部和韧皮部的相对数量。在洋丁香中，如果灌入到愈伤组织顶面缺口里的琼脂每升含有 0.05 mg IAA 和 1%蔗糖，在愈伤组织中只能形成数量很少的木质部分子。若保持生长素浓度不变，而把蔗糖水平提高到 2%，则有利于木质部的形成，但韧皮部却很少形成甚至不形成。在蔗糖浓度为 2.5%～3.5%时，木质部和韧皮部都能分化；为 4%时，所形成的维管组织只是韧皮部，很少或没有木质部。与洋丁香不同，在爬山虎悬浮培养中，当蔗糖浓度一直增加到 8%时，木质部分子也随之增加。不过应当记住，对于爬山虎木质部发生来说，蔗糖浓度直到 1.5%时仍然没有什么效果，而这一浓度在洋丁香中却正处在最适浓度的附近。

在有生长素存在的条件下，Jeffs 和 Northcote(1967)比较了不同种类的糖在效果上的差异，结果发现，除了蔗糖之外，属于二糖的麦芽糖和海藻糖也能刺激菜豆愈伤组织导管的分化。葡萄糖、果糖和其他单糖则无刺激作用。这两位作者认为，在这类分化过程中，蔗糖可能起着一种几乎像激素一样的作用。

3.6.1.3　细胞分裂素和赤霉素

现在已有愈来愈多的证据表明，细胞分裂素也可能与木质部发生有关。Bergmann(1964)证明，若在含有 5%椰子汁的培养基中每升加入 10^{-7} g 激动素，在烟草中能使导管的分化提高30%。Fosket和Torrey(1969)以大豆子叶愈伤组织所做的研究，也证明了细胞分裂素对木质部发生的刺激作用。Bornman(1974)还报道，对于烟草愈伤组织木质部发生来说，在IAA和激动素之间存在着一种协同作用。其他一些报道也表明，生长素和细胞分裂素可能都与导管分子的分化有关。在一种只含有生长素的培养基中，有两个在根中含有玉米素的胡萝卜品种无论在光下还是在黑暗中都能分化出导管分子。在同样的培养基中，另外两个根中不含玉米素的胡萝卜品种则只有在光下才能形成导管分子。对于后两个品种中的一个品种已证明，光能导致玉米素的合成。由此可知，在这些系统中，细胞分裂素对于木质部发生具有肯定的作用。

不过，Morel(1965)以及Mehta和Fadia(1967)在分别以向日葵和亚麻为材料所做的实验中，并未看到激动素对木质部发生有任何刺激作用。而对洋紫苏茎创伤导管的形成来说，激动素甚至有抑制作用。Fosket和Roberts(1964)认为，这种抑制作用是由于在激动素的影响下外植体中生长素的极性运输发生紊乱所致。

此外，据报道，对于木质部分化来说，在生长素和赤霉素之间存在着一种刺激性的相互作用。

3.6.1.4 物理因子

有关物理因子对维管分化的作用研究得很少。在向日葵中，温度若低于17℃，导管分子不能分化，在17～31℃的范围内，木质部的形成随温度的增加而增加。另外，光对洋紫苏创伤导管的分化有刺激作用。

3.6.2 细胞分裂对木质部分化的必要性

有些研究者认为，只有细胞先分裂，然后木质部分子的分化才能进行。这个结论是根据某些在离体条件下的观察而做出的，同时也被活体研究所证实。原形成层通常都不断地进行分裂，由它产生了初生木质部和韧皮部。维管形成层中的分生细胞也不断进行分裂，由这些细胞产生了次生维管组织。

一般来说，能够刺激木质部分化的化学因子，如生长素、细胞分裂素和糖等，同样也是能调控细胞分裂的因子。由此产生的一个问题是，对于影响导管分子的形成来说，这些激素是作用于分化过程本身呢，还是作用于分化前的细胞分裂？Dodds(1979)也提出了一个与此有关的问题："细胞分裂对于木质部细胞分化是否必需呢？"

在锦紫苏的茎外植体、豌豆根外植体、菊芋块茎外植体和莴苣髓组织中曾经看到，10^{-5} mol/L BUdR(DNA 合成的一种抑制剂)能完全抑制木质部分化。Malawer 等又提供了另外的证据支持这种观点，即在木质部分子分化之前，细胞先要进行分裂。他们在培养菊芋组织的培养基中加入用氚标记的胸腺嘧啶脱氧核苷后发现，如果在整个培养周期(48 h)中都有这种标记化合物存在，所有的木质部细胞都显示标记。而且，银粒计数的结果表明，这些培养物中的木质部细胞已经进行了 3 轮的 DNA 合成。

然而，后来的研究明确证实，细胞分裂并非总是导管分化的前提。在通过 Bergmann 平板培养法建立起来的矢车菊细胞培养物中，Torrey(1975)看到有些单个的薄壁细胞直接分化成导管分子，在分化之前没有发生细胞分裂。由于这些细胞是由旺盛生长的悬浮培养物中取得的，因而可能会引起这样的争议，即直接形成导管的细胞也许是由此前最后一次细胞分裂产生的。Kohlenbach 和 Schmidt(1975)以及 Fukuda 和 Komamine(1980)则提供了更令人信服的证据，说明在木质部发生之前细胞并没必要进行分裂。Kohlenbach 和 Schmidt 报道，用机械方法分离得到的百日草静止的叶肉细胞，经过一段时间的生长之后能分化成导管细胞，分化之前细胞没有分裂。Fukuda 和 Komamine 对于百日草管状分子的分化过程由单个的叶肉细胞开始进行了连续的观察，证实了大多数管状分子(60%)是由未分裂的细胞起源的。10^{-5} mol/L 秋水仙素能完全抑制细胞的分裂，但在上述系统中并不减少分化的程度。现在看来，甚至不经过 DNA 合成，离体细胞也能分化成管状分子。不过，在菊芋中，不经 DNA 合成和细胞分裂而直接分化的现象，只发生在由未成熟块茎采集的外植体中。这种能力随着块茎年龄的增加而减少，在成熟的块茎中，导管的分化只能发生在细胞分裂之后。为了更明确地回答在本段开始时所提出来的问题，尚有必要对各种不同的植物系统进行更深入的研究。

上述的多数研究都是建立在对维管成分一般形态观察基础上的，至于在细胞和组织培养中所形成的维管成分的结构和功能，即使不是完全不了解，也是了解很少。很可能这些维管成分并无功能。

3.7 器官分化：根和茎的分化

长期以来，体细胞的全能性一直被用于植物的营养繁殖。在自然界，若干种植物的茎、叶和根段能分化出芽和根，形成新的植物体。离体条件下的研究表明，这种潜力并不只局限于某些物种。只要能得到适当的条件，多数植物都能由体细胞组织以及生殖组织分化出茎芽和根来，而不论这些组织的倍数性水平如何。

由培养细胞再生完整植株是细胞脱分化之后又进行再分化的结果。再分化有两种不同的方式:或是通过茎芽的分化(器官发生,organogenesis),或是通过体细胞胚胎发生(somatic embryogenesis)。根据可见的形态差异可把茎芽与体细胞胚区别开来(图 3.7)。前者是一种单极性结构,里面长出原形成层束,与原先存在于愈伤组织或外植体中的维管组织连接在一起(见图 3.7,B,C,E)。与此相反,体细胞胚是一个双极性结构,胚根的顶端是封闭的(见图 3.7,A,D,F)。此外,一般认为,体细胞胚是由单细胞起源的,并且与母体愈伤组织或外植体无维管束相连。但对这种见解近年来已有人提出异议,认为体细胞胚也可能起源于一个以上的细胞。

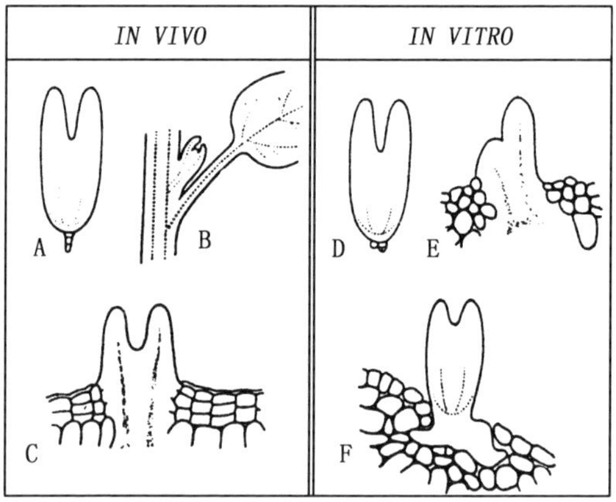

图 3.7 在活体(*in vivo*)和离体(*in vitro*)条件下胚(A,D,F)和茎芽(B,C,E)的下端在解剖学上的差别。虚线区域代表维管束痕迹(引自 Haccius,1978)

在组织培养中,通过器官发生途径产生再生植株的基本方式有 3 种(Konar 等,1972):一是先分化芽,待芽伸长后在其幼茎基部长根,形成完整的小植株。这种方式在木本植物组织培养中较为普遍,因此芽和根的诱导要分两步完成;二是先分化根,再在根上产生不定芽而形成完整植株。一般来说,培养物若先形成根,则会抑制芽的形成,但在颠茄的悬浮培养细胞中就可见根上长芽的现象(图 3.8)。三是在愈伤组织的不同部位分别形成芽和根,然后二者的维管组织互相连接,成为具有统一的轴状结构的小植株。

本章将讨论在离体条件下茎芽分化中的某些问题。通过体细胞胚胎发生途径再生植株的问题将在第 4 章中讨论。有关在长期培养中形态发生潜力丧失的问题,细胞全能性的实际应用问题,以及有关全能性问题的结束语,也都留到第 4 章末尾进行讨论和评介。

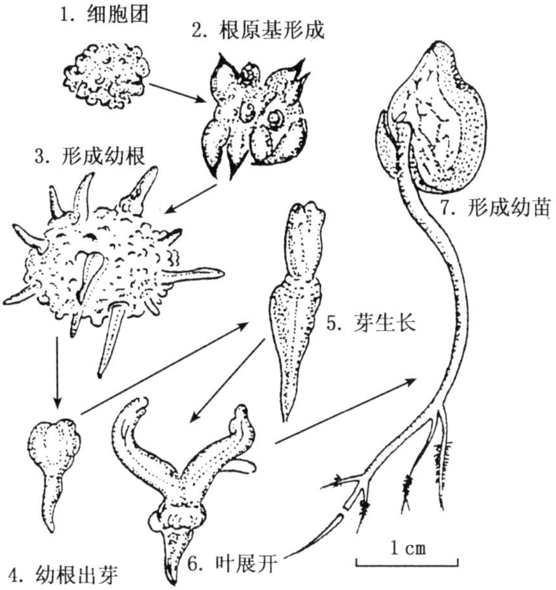

图 3.8 颠茄悬浮培养细胞先分化根后形成芽的过程

1. 在悬浮培养中形成细胞团；2. 细胞团上长出根原基；3. 许多根原基长成了小根；4. 小根脱离细胞团后在根尖的反向一端分化出不定芽；5～7. 根和芽逐渐生长形成幼苗

3.7.1 影响茎芽分化的因素

3.7.1.1 化学因素

在培养的组织中茎芽和根的分化取决于生长素/细胞分裂素的比例，这是Skoog等经过详细研究之后做出的一个著名结论。早在1948年，Skoog和崔澂最先报道了在烟草的组织培养物中器官形成受化学控制的事实。在他们观察的基础上，Skoog和Miller(1975)否定了Went(1938)提出的关于存在特殊的器官形成物质的概念，认为器官形成是由参与生长和发育的物质之间在数量上的相互作用——即之间的比例关系决定的，而不是由这些物质的绝对浓度决定的。

在烟草中，若培养基里存在腺嘌呤或激动素，就会促进芽的分化和发育。激动素的效力比腺嘌呤大3万倍。腺嘌呤和激动素促进茎芽分化的作用可以被培养基中其他化合物——特别是IAA和NAA所改变。生长素能抑制芽的形成。在烟草中，浓度低到5 μmol/L的IAA即足以完全抑制茎芽的自发分化。当与激动素或腺嘌呤结合使用时，生长素可以抵消它们促进茎芽形成的作用。据

Skoog(1971)估计,要抵消1个分子IAA对茎芽分化的抑制作用,需要有15 000个分子的腺嘌呤或2个分子的激动素。在结合使用时,若IAA的相对浓度较高,则有利于细胞的增殖和根的分化,若腺嘌呤或激动素的相对浓度较高,则促进芽的分化,当这两种激素之间的比例适中时,则仍产生无结构的愈伤组织。因此,根-茎的分化情况是IAA和激动素之间数量互作的一个函数。Skoog等早年创立的这项关于器官分化的激素控制理论已被迄今为止的大多数组织培养实验所证实。当然,后来人们也发现,在器官分化过程中对这两类激素的具体要求会因组织种类的不同而有差别,显然,这是由于受到了在该组织中这两种激素内生水平的影响。

除了前面提到的激动素以外,研究者还对其他几种细胞分裂素,即BAP、2iP和玉米素等在茎芽诱导中的作用进行过试验,其中证明2iP在通常情况下是最有效的,但是不能把这个结论普遍化。例如对于一种杂种柳树和白三叶草茎芽的增殖来说,2iP被证明是完全无效的,而BAP的效果却很好。在三叶草中,无论是高温灭菌还是过滤灭菌的2iP,都不能诱导任何的茎芽增殖。

在大多数禾谷类植物中,当把愈伤组织由含有2,4-D的培养基转移到不含2,4-D或含有IAA或NAA的培养基上以后,就会出现器官发生的现象。然而,这些愈伤组织究竟是形成茎还是形成根,则取决于该组织的内在能力。苜蓿的器官分化与禾本科植物相似,也是一个两步的过程。第一步是,在含有2,4-D和激动素的培养基上建立和保存愈伤组织;第二步是,把愈伤组织切成小块,转移到无激素培养基上。与禾本科植物不同的是,在苜蓿中,通过调节在第一种培养基,即"诱导培养基"中两种激素之间的比例,可以控制在第二种培养基,即"再生培养基"或"分化培养基"中形成的器官的类型:当2,4-D对激动素的比例较高时,有利于茎的形成,而当激动素对2,4-D的比例较高时,有利于根的形成。更有意思的是,对于决定当转移到再生培养基中以后形成的器官的性质来说,在诱导培养基中最后4 d之内的激素比例是个关键。

在烟草、紫雪花、秋海棠和水稻中,赤霉素对于茎芽的分化有抑制作用。在烟草中,若把正在分化的愈伤组织在黑暗条件下以GA_3处理,时间即使短至30～60 min,也会减少芽的分化,而且在处理之后48 h,所有的拟分生组织或茎芽全都不复存在。赤霉素的这种作用在拟分生组织形成时期最为明显。一旦茎已经形成,GA_3并不能抑制它们的进一步生长。GA_3的完全抑制作用只发生在黑暗条件下。

尽管在烟草中对器官形成能够进行有效的化学控制,而且这种方法对其他若干种植物也同样适用,但现在还难以提出一个对所有物种普遍适用的公式。

如前所述，不同组织在茎芽分化过程中对生长素和(或)细胞分裂素的要求是不同的，所要求的水平取决于这两类物质的内生水平。有很多种植物组织在培养中不能形成茎芽。那么是这些组织具有某些特殊的要求迄今还没有得到满足呢，还是它们缺少茎芽分化的遗传能力？看来前一种可能性较大，因为在某些很难形成茎芽的组织中，若破例采用一些不常用的物质，如脱落酸，2,3,5-三碘苯甲酸(0.02 μmol/L)，卡那霉素(2.5～20 μmol/L)，以及生长素合成抑制剂[0.01～0.1 mg/L 7-氮-吲哚(或5-羟基)硝基苯酰溴]等，就有可能诱导或促进茎芽的形成。此外，在过去被认为不能诱导茎芽分化的单子叶植物中，现在已有越来越多的物种证明能够分化茎芽。

3.7.1.2 物理因素

White(1939)报道，在固体培养基上，粉蓝烟草×郎氏烟草的组织培养物以一种完全无结构的状态生长，但在成分相同的液体培养基中，则能形成茂密的茎芽。这个报告后来虽然被Skoog(1944)所证实，但Dougall等(1960)却观察到，在以1%琼脂固化的培养基上，烟草组织培养物形成了大量的茎芽，而生长在成分相同的液体培养基表面的组织却很少分化茎芽。在培养烟草组织薄层时，随着培养基中琼脂浓度的变化，形态发生的方式出现了令人惊异的改变。当琼脂为1%时，只能形成花；随着琼脂浓度的下降，花的形成频率减少，营养芽的分化出现。在液体培养基中，这种组织则只能愈伤化和分化营养芽。

在由一个双单倍体马铃薯品种叶肉原生质体获得的愈伤组织中，只有在培养基里加入0.2～0.3 mol/L甘露醇以使渗透压保持在200到400毫渗透压摩尔时，才可能出现茎芽的分化。否则愈伤组织不能变绿，而愈伤组织变绿是芽分化的前提。

高强度的光照对烟草茎芽的形成有抑制作用。类似的反应也可见于三叶草属植物组织培养中，天竺葵愈伤组织只有在光照和黑暗周期交替(15～16 h光照最好)条件下才能分化茎芽，培养在连续光照下的愈伤组织总是白色的，不表现器官发生现象。光的质量对器官分化也有影响。在烟草中蓝光能促进茎芽的分化，红光能刺激生根。

Skoog(1944)在5～33℃的范围内研究了温度对烟草愈伤组织生长和分化的影响，发现直到33℃时愈伤组织的生长都随温度的上升而增加，但只有在18℃时最适合茎芽的分化，在33℃时不能形成茎芽。然而，在亚麻下胚轴节段的培养中，较高的温度(30℃)对茎芽的分化更为理想。

在组织培养中对器官分化有明显影响的其他因子包括：培养材料的染色体

组(见第 15.9 节),供体植株和外植体的生理状态(见第 4.11 节),外植体的细胞发育状态(见第 3.1 节),培养物的历史(见第 4.9 节)以及内生激素水平。

3.7.2 茎芽分化的解剖学和细胞学

在有利于无序生长的条件下,分生组织在愈伤组织内是随机零散分布的。当把愈伤组织转移到有利于有序生长的条件下以后,首先在若干部位就会成丛出现类似形成层的细胞群。这些拟分生组织也称做“生长中心”。其中由于出现管状细胞,因而可以形成维管组织。这些拟分生组织就是在愈伤组织中形成器官的部位。起初,这些拟分生组织具有可塑性,可能形成根,也能形成茎。一般来说,根似乎是内生的,而茎是外部起源的。不过,有若干例子指出,茎也可通过内分化而产生。

Steward 等(1958)曾介绍过由胡萝卜组织培养物再生完整植株的组织学过程。在悬浮培养物中能形成若干生长中心,在每个生长中心的中央含有管胞,其周围是类似形成层的细胞。随后由这些生长中心的中央细胞发育成根。当把这些长了根的生长中心转移到半固体培养基上以后,在离根很远的另一点上形成茎芽。渐渐地,在根与茎之间建立起维管联系,形成了完整的植株。在旋花属植物中,Earle 和 Torrey(1965)报道的由细胞团再生植株的方式与 Steward 介绍的略有不同。这两位作者强调茎芽的分化与维管组织无关,芽常常是由完全缺少成熟维管分子的生长中心发育出来的。

在研究烟草茎段培养物茎芽的个体发生过程时,Sterling(1951)注意到,芽的形成出现在脱分化之后,茎芽主要起源于由形成层和外韧皮部形成的愈伤组织或类似愈伤组织的组织。不过,在烟草和其他植物的薄层表皮培养物中,器官发生无须经历愈伤组织阶段(见第 3.7.3 节)。

Thorpe 和 Murashige(1970)对于正在分化和未分化的烟草愈伤组织中的核酸、蛋白质及碳水化合物的组织化学动态进行了研究。这两类组织在每个细胞中的 DNA 含量方面没有多大差异,但在愈伤组织的茎芽分化区域中 RNA 和蛋白质含量较高。这两类组织在淀粉含量上的差异尤其显著。而在茎芽分化过程中细胞内淀粉的累积被认为具有积极的作用。这个结论是根据以下观察做出的:①只有能形成茎芽的组织内才大量累积淀粉;②在没有大量淀粉沉积的区域内不能形成拟分生组织;③淀粉的累积发生于任何可见的有序发育之前,在 11 日龄的培养物中达到最高值,而这正是在出现拟分生组织和分化茎芽的 3 d 之前;④赤霉素(如前所述它可以抑制茎芽的形成)能阻止淀粉的累积,使之不能达到茎芽分化所必需的临界水平。这是因为赤霉素可以使淀粉的合成减少,降解增加。有人认为,淀粉与培养基中的游离糖一起,在拟分生组织形成和茎芽分化这两个高能耗过程中可以充做能源。一般来说,在生长十分迅速的茎尖中,淀粉的含量要比在相邻的组织中低得多。

3.7.3 表皮细胞的全能性

亚麻是能由完整的下胚轴形成茎芽的经典例证。据认为这些茎芽是由单个的表皮细胞起源的。在组织培养中能由茎的表皮层细胞形成茎芽或胚的物种还有石龙芮、胡萝卜、蓝猪耳、烟草和蔓菁等。

在十分幼嫩的亚麻苗中,沿着下胚轴全长的所有表皮细胞都能形成茎芽;但在 15 日龄以上的幼苗中,这种能力只限于下胚轴基部的一半。在一株完整的幼苗中,打尖的结果就可使下胚轴长出大量的新芽,但其中只有一个能长成完整的枝条;另一方面,在离体培养中,一个 15 mm 长的下胚轴节段可以长出 160~170 个潜在的植株。在培养中由亚表皮细胞也能长出一些枝条。

单独的表皮层在培养中一般不能成活,或是对培养的反应很差。然而,在培养茎叶的薄层表皮(1~7 层细胞)时,却有可能诱导表皮细胞进行分裂,并表现出全能性。有趣的是,在茎的薄层表皮培养物中,可任意诱导表皮细胞直接发育成根或茎,甚至发育成可育的花。这一实验体系的优点是:①借此可对在一个单细胞内能导致不同类型器官分化的各种变化过程进行直接的观察;②由于这类外植体没有维管组织和形成层,亲体其他组织的数量也少到了最低限度,因而很少或没有内源激素的影响。

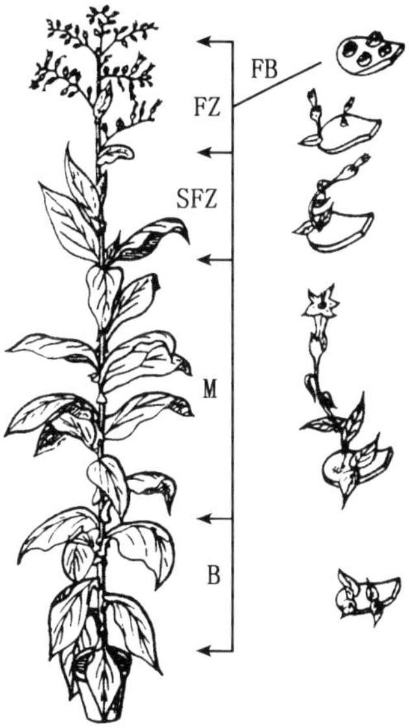

图 3.9 由正在开花的烟草植株的不同部位切取的薄层表皮,在培养中形成营养芽或花芽的能力示意图
B. 基部;M. 中间区域;SFZ. 花下区域;FZ. 花序;FB. 花枝梗

当由正在开花的烟草植株的茎撕取薄层表皮进行培养时,它们所形成的芽的类型因茎的取材区域而不同(图 3.9)。在一定的培养条件下,由花枝撕取下来的薄层表皮只能产生花芽,由植株基部撕取下来的薄层细胞只能产生营养芽,由中间部分取得的外植体能产生这两种类型的芽,但其间的比例会有不同,这取决于它们与植株基部距离的远近。

在一个花序之中,由基部撕取的表皮比由顶部撕取的表皮对培养的反应更为明显。能形成花芽的花序基部表皮的数目还受供体植株生理状态的影响。例如由长着绿色果实的植株上切取的薄层表皮中,100%都能分化出花芽。倘若供体植株上的果实已经成熟,对培养的反应就略有逊色(85%外植体形成花芽)。如果亲本植株有花无果,就不能形成花芽。

只有当培养基中所含的激动素和IAA的摩尔浓度皆为10^{-6} mol/L,且蔗糖为2%~3%时,烟草花枝的表皮才能形成花芽。若不改变IAA浓度,但把激动素浓度提高到10^{-5} mol/L,则会完全抑制花芽的形成,而出现营养芽。若进一步改变这两种激素在培养基中的平衡关系,还有可能使形态发生过程转变为有利于生根或形成愈伤组织(表3.1)。这是说明器官分化受激素控制的又一个例证。在理想的条件下,由一块大小为1 cm×0.4 cm的外植体能长出7~30个花芽。

表3.1 烟草花枝小外植体进行不同类型分化所需的最适条件

分化类型	蔗糖(g/L)	激素(mol/L)		生长素与细胞分裂素之比例	其他促成条件
花芽	30	IAA KT	10^{-6} 10^{-6}	1.0	光照;青果期的顶芽
营养芽	30	IAA BAP	10^{-6} 10^{-5}	0.1	光照
根	10	IBA KT	10^{-5} 10^{-7}	100.0	黑暗;果实成熟期的顶芽
愈伤组织	30	2,4-D KT	5×10^{-6} 10^{-7}	50.0	—

引自Tran Thanh等,1974。

在薄层表皮培养中形成的花芽是正常的,其中产生的配子有生活力,能够结实。有趣的是,甚至雄性不育烟草植株的薄层表皮也能长出若干可育的花,由这些花通过花药培养可以产生花粉植株。撕取这些双单倍体($2n=24$)植株的表皮层,培养由它们长出的花中的花药,得到植株后再把整个过程重复一次,通过这个方法,Tran Thanh Van(1977)获得了一些亚单倍体植株,染色体数少于6条。若用种子长成的植株不可能获得这样的结果。

迄今,在薄层表皮培养中,能发生可控制的器官发生过程的植物有:菊苣、烟草、蓝猪耳以及大叶落地生根等。

4 体细胞胚胎发生

4.1 引言

受精作用能触发卵细胞(受精之后称做合子)进行分裂并发育成胚(胚的发育过程叫做胚胎发生)。然而,受精作用并非在一切情况下都是刺激卵细胞进入胚胎发生过程的必要因素。例如在孤雌生殖的情况下,单是通过授粉或某些生长调节物质的刺激,也能诱导卵细胞进行胚胎发育。此外,卵细胞也不是胚胎发生的唯一垄断者。雌配子体(胚囊)中的任何细胞,甚至是胚囊周围的孢子体组织中的细胞,都有可能发育成胚。在柑橘属和杧果树属的某些物种中,由珠心细胞形成不定胚(由任何孢子体组织长成的胚)是一种正常的现象。这些珠心胚只有在发育早期被推入胚囊中去才能发育成熟,否则将会夭折。在自然界从未发现过胚囊外成胚的现象。这些在活体上的观察表明,胚的生长和发育需要有一个特殊的理化环境,而这种环境只存在于胚囊之内。

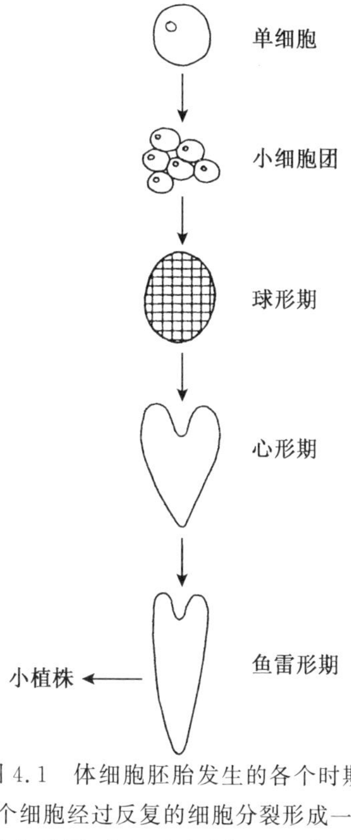

图 4.1 体细胞胚胎发生的各个时期
单个细胞经过反复的细胞分裂形成一个小细胞团,它经历球形期、心形期和鱼雷形期的发育过程之后,最终由体细胞胚长成一个小植株
(Dodds 和 Roberts,1995)

然而,在过去几十年间已经积累了大量的资料,证明无论是裸子植物还是被子植物,在离体培养的条件下,它们的体细胞都能表现胚胎发生的潜力。据不完全统计,迄今已在分属于 40 余科的 100 多个种中有过关于体细胞胚胎发生的报道,其中既包括双子叶植物,也包括单子叶植物;既包括草本

植物,也包括木本植物。由此可见,体细胞胚胎发生是一种相当普遍的现象。

在组织培养中形成的胚有各种不同的名称,其中以体细胞胚(somatic embryo)和胚状体(embryoid)应用得最为广泛,它们指的是在植物组织培养中起源于一个非合子细胞、经过胚胎发生和胚胎发育过程形成的具有双极性的胚状结构(图 4.1)。胚状体的这个定义表明:①它不同于合子胚,因为它不是两性细胞融合的产物;②它不同于孤雌胚或孤雄胚,因为它不是无融合生殖的产物;③它不同于组织培养中通过器官发生途径形成的茎芽和根,因为它的形成须经历与合子胚相似的发育过程,而且成熟的胚状体是一个双极性结构。

在本章中,对于在培养中形成的胚皆称为体细胞胚,或只简称胚。

4.2 体细胞胚胎发生的例证

离体条件下的体细胞胚胎发生过程最早是在胡萝卜中发现的(Reinert,1958;Steward 等,1958)。此后胡萝卜就一直被广泛地用于对离体条件下胚胎发生过程中各种问题的研究。对于这种现象做过比较详细研究的其他植物有石龙芮(*Ranunculus sceleratus*)、博落回(*Macleaya cordata*)以及柑橘属(*Citrus*)和咖啡属(*Coffea*)的一些物种。

无论补加 IAA 与否,在含有椰子汁(10%)的培养基上,石龙芮花器各部分(包括花药)以及体细胞组织都能增殖形成愈伤组织。之后 3 周内,在愈伤组织上出现大量的胚。这些胚是由愈伤组织外层细胞以及深部细胞起源的。胚的分化也能发生在由这些愈伤组织建立起来的悬浮培养物中。这些体细胞胚在原来的位置上即可萌发;若把它们剥离下来单个地栽植于新鲜的半固体培养基上也能萌发。一个特别有趣的现象是,由这些小植株的茎表面还能再长出成群的不定胚(图 4.2),在每个小植株上所形成的不定胚的数目由 5 个到 50 个不等。光学显微镜和超微结构的研究表明,这些茎生胚是由单个的表皮细胞起源的,它们所经历的各个发育阶段与该物种在活体条件下的合子胚相似。由完整的表皮细胞直接成胚的现象,还见于胡萝卜下胚轴节段及其表皮的培养中。

Lang 和 Kohlenbach(1975,1978)证明,在博落回中,用机械方法分离得到的已充分分化的叶肉细胞能产生胚性愈伤组织。在含有等摩尔浓度(5 μmol/L)2,4-D 和激动素的培养基上,这些由叶肉细胞分裂形成的愈伤组织不断增殖,但若把激动素的浓度降低到 1 μmol/L,并以 2 μmol/L IAA 取代 2,4-D,则会促进愈伤组织分化茎芽和胚。从中选择胚性愈伤组织,转移到完全不含生长激素的基本培养基上,它们将以很高的频率形成体细胞胚。如果增加培养基中还原态氮的含量，还可进一步提高这些愈伤组织的胚性潜力。

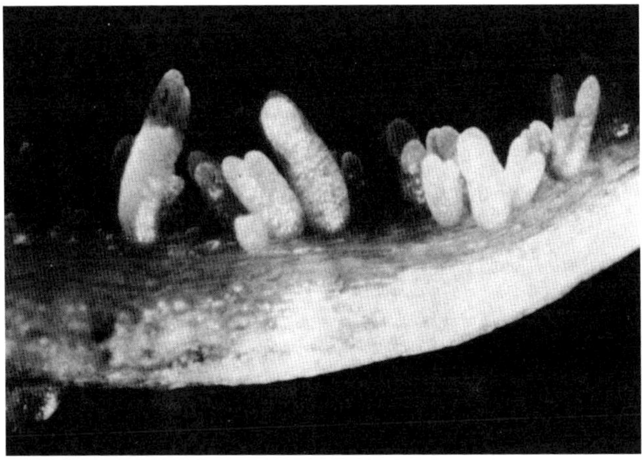

图 4.2 一个在离体条件下形成的石龙芮小植株茎的一部分的放大，上面长有大量的不定胚(引自 Konar 和 Nataraja，1969)

柑橘属植物是天然多胚现象(每个种子有一个以上的胚)的一个典型例证。在该属的若干物种中，珠心组织在每个种子中能形成 1～40 个不定胚，其中很多都能发育成熟，在种子萌发之后形成植株。珠心多胚现象在园艺生产中具有重要意义，借此可以得到与亲本植株完全一样的健壮实生苗(见第 4.10 节)。

柑橘属植物珠心细胞在培养中仍能保持其胚性潜力。体细胞胚可以由珠心细胞直接产生，也可由珠心细胞形成的愈伤组织产生。在后一种情况下，每次继代都能出现胚胎发生现象。在柑橘属植物中也存在一些单胚物种(每个种子中只有一个合子胚)，它们的珠心细胞在培养中同样能出现体细胞胚胎发生现象。

Rangaswamy(1961)和 Sabharwal(1963)在分别以四季橘和柑所做的实验中断定，正如在自然情况下一样，只有胚珠珠孔端的珠心细胞在培养中能形成胚。他们还强调指出，只有受精后胚珠中的珠心细胞能在培养中形成胚。然而，Button 和 Bornman(1971)在华盛顿脐橙中证实，受精前胚珠的珠心经培养后也能出现胚胎发生现象。Kochba 和 Spiegel-Roy(1973)也断定受精并不是胚胎发生的必要前提。在柑橘属单胚以及多胚物种的珠心培养中，比较加于基本培养基中的各种附加成分，证明其中以麦芽浸出物(500 mg/L)具有最明显的促进胚胎发生的效果。实验还证明，由甜橙珠心愈伤组织得到的单细胞，以及经酶处理后分离出来的原生质体，培养后也能形成胚性愈伤组织。

综上所述，现在已知有很多种植物的各种不同的外植体，在离体培养中都表现了体细胞胚胎发生的能力。这些外植体既包括二倍体组织如茎段、子叶、茎尖、叶柄、贮藏根的韧皮部和木质部等，也包括三倍体的胚乳和单倍体的小孢子，可见物种、外植体性质以及倍数性等的差异都不限制胚状体发生。图 4.3 展示了由荷青花(*Hylomecon vernalis*)叶柄的培养细胞经由胚状体产生再生植株的过程。

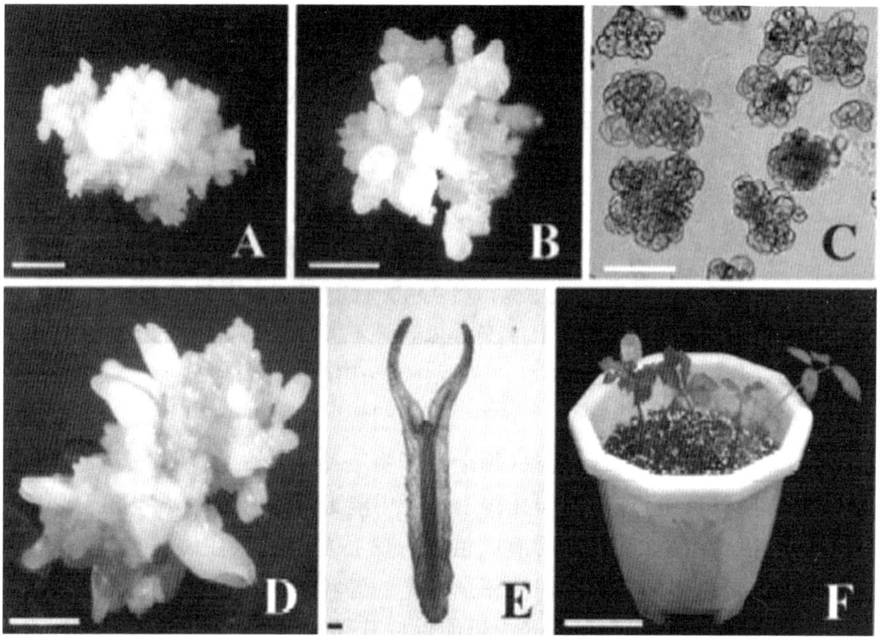

图 4.3 荷青花经由体细胞胚胎发生产生再生植株

(A)由叶柄产生的胚性愈伤组织；(B)在白色愈伤组织上形成的类胚结构；(C)胚性细胞悬浮培养物；(D)在胚性愈伤组织上形成的大量体细胞胚；(E)体细胞胚的组织结构；(F)体细胞胚再生植株(引自 Kim 等，2003)

4.3 体细胞胚胎发生的方式

体细胞胚胎发生的方式有两种，一种是从培养中的器官、组织、细胞或原生质体直接分化成胚，中间不经过愈伤组织阶段，如上节介绍的由石龙芮再生植株茎表面长出不定胚(图 4.4A)，以及槐树子叶在切口愈伤化的同时于外植体组织内分化产生体细胞胚(图 4.4B)等。第二种方式是外植体先愈伤化，然后由愈伤组织细胞分化成胚，如上节介绍的石龙芮花器、博落回叶肉和柑橘珠心愈伤组织成胚，以及当槐树子叶外植体表面全部愈伤化后，由愈伤组织表层细胞分化形成体细胞胚(图 4.4C)等。在这两种胚胎发生方式中，从愈伤组织产生胚状体最为常见。

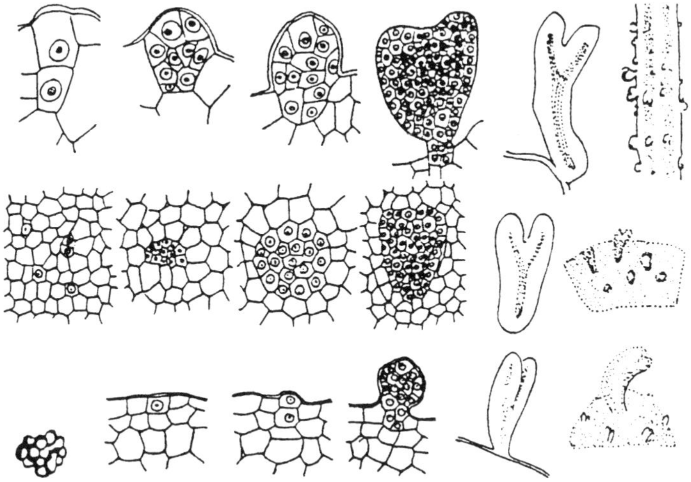

图 4.4 植物体细胞胚胎发生方式示意图

A. 由外植体外层细胞直接产生体细胞胚；B. 由外植体组织内的细胞产生体细胞胚；C. 愈伤组织表层细胞分化为体细胞胚(引自周俊彦,1982)

关于在花药培养中小孢子的胚胎发育方式问题,我们将在第 6 章中介绍。

4.4 影响体细胞胚胎发生的因子

Steward 等(1964)曾经强调指出,对于在离体条件下胡萝卜的体细胞胚胎发生来说,椰子汁具有重要的作用,但这项结论未能被其他研究者所证实。后来的研究表明,对于体细胞胚胎发生特别重要的是培养基中的两种成分,即生长素和氮源。

4.4.1 生长调节物质

在离体条件下胡萝卜体细胞胚的发育是一个包括两个步骤的过程,每个步骤需要一种不同的培养基。愈伤组织的建立和增殖所需的是一种含有生长素的培养基,通常所用的生长素是 2,4-D,浓度范围 0.5～1 mg/L。在这样一种培养基(增殖培养基)上,愈伤组织的若干部位分化形成分生细胞团,称做“胚性细胞团”(EC)。在增殖培养基上反复继代,胚性细胞团的数量不断增加,但并不出现成熟的胚(图 4.5)。然而,如果把胚性细胞团转移到一种生长素含量很低(0.01～0.1 mg/L)或完全没有生长素的培养基(成胚培养基)上,它们就能发育为成熟的胚(图 4.5)。看来,在增殖培养基中生长素的存在,对于胚性细胞团后来在成胚培养基上发育为胚是必不可少的。连续保存在无生长素培养基中的愈伤组织不能形成胚。在这个意义上,可把增殖培养基看成是体细胞胚胎发生的“诱导培养基”,而把每个胚性细胞团看成是一个无结构的胚。

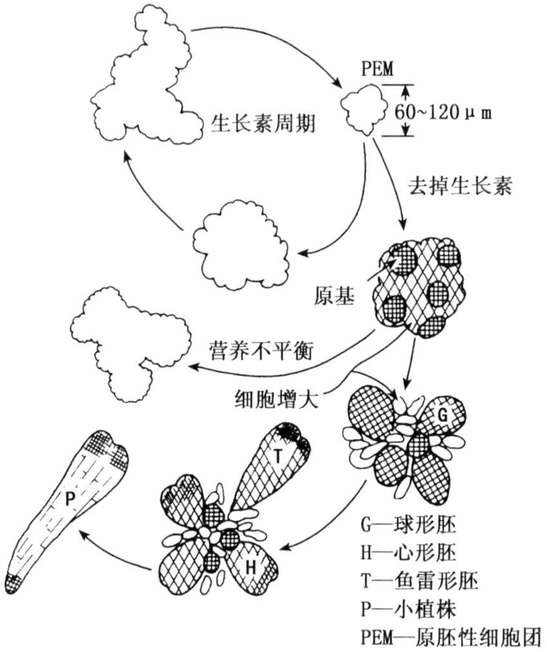

图 4.5 在野生胡萝卜悬浮培养中体细胞胚胎发生过程的模式图

(引自 Wetherell,1978)

在咖啡中也是这样,只有把培养在含 2,4-D 培养基上的愈伤组织转移到不含 2,4-D 的培养基上以后,才能形成体细胞胚。在有些实验中还可使用 2,4-D 以外的各种生长素。例如在南瓜中,NAA 和 IBA 促进胚胎发生。在葡萄珠心培养中,当培养基里存在 β-萘氧乙酸和 BAP 时形成体细胞胚。

对甜橙驯化愈伤组织(habituated callus,见第 15.11.5 节)的详细研究,也证实了生长素对胚胎发生的重要作用。起初,甜橙的珠心愈伤组织需要 IAA 和激动素才能生长和发生胚胎分化。经过反复的继代培养,愈伤组织的成胚潜力逐渐下降,大约 2 年之后,某些后代组织看来已具备了自生激素的能力,变成了驯化组织。对这些组织来说,培养基中低至 0.001 mg/L 的 IAA 也会抑制胚胎发生;另一方面,任何有碍细胞合成生长素的处理,如使用生长素合成抑制剂(2-羟基-5-硝基-苯酰溴或 7-氮-吲哚)或辐射,都能显著改善胚胎分化情况。已知辐照能使生长素分解。在受到高于 16×10^3R 辐照处理的组织中,培养基里本来会抑制胚胎形成的生长素则表现为促进作用。所有这些观察表明,甜橙驯化愈伤组织成胚潜力的下降,是由于内源生长素水平太高所致。延长两次继代的间隔时间(由 6 周改为 14 周),以及在前一个培养周期中受到蔗糖饥饿,也能显著提高甜橙驯化愈伤组织的成胚能力。不过,这些研究都表明,对于离体条件下体细胞胚胎发生来说,一个最低限度的内源或外源生长素是必不可少的。

Wochok 和 Wetherell(1971)认为,2,4-D 对胚胎成熟过程的抑制作用可能是通过产生内源乙烯引起的。乙烯利在植物组织中释放乙烯,故在胡萝卜悬浮培养中也能抑制成熟体细胞胚的发育,但并不显著降低胚性细胞团的生长和增殖。此外还已经知道,培养在含 2,4-D 培养基上的胡萝卜愈伤组织,比培养在无 2,4-D 培养基上的组织能产生较多的乙烯。组织内乙烯含量的增加将会导致纤维素酶或(和)果胶酶活性的增强,在原胚发生极性分化之前即引起胚性细胞团破坏,使原胚不能发生进一步的组织分化。因此,在含有 2,4-D 的培养基上,组织能够不断增殖,但胚不能发育成熟。

Halperin(1970)报道,在增殖培养基中加入 BAP 可以促进胡萝卜愈伤组织的细胞分裂,但抑制它的成胚潜力。这可能是由于对非胚性细胞的增殖发生选择性刺激作用的结果。不过,有些研究者却发现了细胞分裂素对胚胎发生过程的促进作用。Fujimura 和 Komamine(1975)在胡萝卜中看到,虽然 BAP 和激动素对胚胎发生过程表现抑制作用,但浓度为 0.1 μmol/L 的玉米素却能促进这个过程。倘若在把胚性愈伤组织由诱导培养基转移到成胚培养基之后 3~4 d 时加入玉米素,这种刺激作用会表现得格外明显。不过,在咖啡叶片愈伤组织的整个培养期间,只有激动素与生长素之间的比例较高时,胚胎发生的频率才能较高。

赤霉素能抑制体细胞胚胎发生。据报道,IAA、ABA 和 GA_3 在胡萝卜和柑橘属植物中也会抑制胚胎发生。就这点来说使人感到兴趣的是,在单胚的枸橼胚珠中,IAA、ABA 和 GA_3 的含量显著高于多胚的柑。

4.4.2 氮源

除生长素外,培养基中氮源的形态也会显著影响离体条件下的胚胎发生。据 Halperin 和 Wetherell(1965)报道,在野生胡萝卜叶柄节段培养物中,只有当培养基里含有一定数量的还原态氮时,才能出现胚胎发生过程。在以 KNO_3 为唯一氮源的培养基上建立起来的愈伤组织,去掉生长素以后不能形成胚。然而,若在含有 55 mmol/L KNO_3 的培养基中加入少量(5 mmol/L)NH_4Cl 形态的氮,胚胎发育过程就会出现。Halperin 等人还证实,关键只是在诱导培养基中有还原态氮存在，因此，如果愈伤组织是在含有 KNO_3+NH_4Cl 的培养基上建立起来的，那么无论分化培养基中是否含有 NH_4Cl，愈伤组织都能形成胚。胚胎发生过程对 NH_4^+ 的要求在胡萝卜和颠茄中也已得到证实。

Reinert 及其合作者在一系列的报告中证明，在栽培胡萝卜愈伤组织培养中，即使培养基中不含还原态氮，只要 KNO_3 的浓度相当高，也能形成体细胞胚。因而 White 培养基（表 2.1）不能诱导胚胎发生，原因是其中以 KNO_3 和 $Ca(NO_3)_2$ 形态所含的总氮量只有 3.2 mmol/L。但若在其中再加入 17 mmol/L KNO_3 或较低数量的 NH_4NO_3（2.5 mmol/L），即会产生诱导胚胎发生的作用。不过，在只有 KNO_3 的培养基上胚胎发生频率低于在 KNO_3+NH_4Cl 培养基上的频率。还原态氮和氧化态氮最适合的配比是 10 mmol/L NH_4Cl 和 40 mmol/L KNO_3，在这种情况下，每 2 mL 悬浮培养物产生的胚数可高达 1 131±219 个，而当只含有 55 mmol/L 或 95 mmol/L KNO_3 时，同样容积的悬浮培养物产生的胚数分别只有（0.9±0.3）和（11.3±4.1）个。与 KNO_3 不同，当以 NH_4Cl 作为唯一氮源时，只要经常调节培养基的 pH 值使其保持在 5.4，胚胎发生频率可与在 KNO_3 和 NH_4Cl 最适配比的情况下相当。当只有 NH_4Cl 时，培养基的 pH 值在 4 d 之内将由 5.4 降到 4～3.5，这对胚胎发生是有抑制作用的。由此看来，还是搭配使用 NH_4^+ 和 NO_3^- 较为方便。

欲使胡萝卜培养细胞形成体细胞胚，必须有一个最低数量的内源 NH_4^+ 存在（每千克鲜重的组织约 5 mmol）。如果内源 NH_4^+ 达不到这个临界值，细胞就不能进行胚胎分化。而要使细胞内 NH_4^+ 达到这个水平，不但需要有很少量的外源 NH_4^+ 存在（2.5 mmol/L），还需要供应相对浓度很高的 NO_3^-（60 mmol/L）。

虽然对于胚胎发生来说，其他形式的还原态氮都不如 NH_4^+ 有效，但水解酪蛋白、谷氨酰胺和丙氨酸等也可用做可靠的代替品。

4.4.3 其他因子

据 Brown 等（1976）报道，在野生胡萝卜中，高浓度的钾（20 mmol/L）是胚胎发生所必需的。在培养基中溶解氧的含量应低于一个临界值（1.5 mg/L），否则将有利于生根，而不利于成胚。这是因为低水平的溶解氧看来在细胞内会导致高水平的 ATP。如果加入 ATP，则有可能取代对低水平溶解氧的需要。此外，在培养基中加入活性炭也能提高胡萝卜细胞胚胎发生的频率。

Tisserat 和 Murashige（1977）证实，单胚物种枸橼的胚珠能合成和释放某些挥发性和非挥发性物质，在共培养的多胚物种柑的珠心组织中，这些物质能抑制体细胞胚胎发生。乙醇是这些挥发性抑制物质中的一种。如果外加与枸橼胚珠所产生的浓度相当的乙醇，能显著抑制胡萝卜培养物的胚胎发生。非挥发性抑制物包括 IAA、ABA 和 GA_3。

4.5 体细胞胚胎发生的解剖学和细胞学

在胡萝卜悬浮培养中，可以看到大量球形胚和球形期以后的胚自由地飘浮在培养液中，这使 Steward 等(1964)设想，这些胚是起源于单个细胞。由单个细胞发育成胚的必要条件是使细胞与其相邻的组织分离。这个概念与在活体中见到的情况一致。在活体条件下，合子在开始胚胎发育之前，由于胞间联系断开而与周围细胞彼此脱离。愈伤组织细胞在开始胚胎发育之前先与周围细胞隔离的现象现在在甜橙中已有报道。不过，对胡萝卜和石龙芮在离体条件下体细胞胚胎发生的详细研究表明，虽然胚是由单细胞起源的，但在诱导期和胚胎发生早期，这些细胞与相邻细胞之间仍然保持着胞质联系。胞间联系的脱离只发生在较晚的多细胞时期。

在胡萝卜悬浮培养中，对愈伤组织形成和生长的解剖学和组织学的研究表明，在培养中存在着两种类型的细胞：①自由分散在培养基中的大而高度液泡化的细胞，一般不具胚胎发生潜力；②成簇成团存在的体积小而细胞质致密的细胞，具成胚潜力。能够成胚的细胞团可称为胚性细胞团。在含有生长素的培养基中，胚性细胞团虽不能发育为成熟的胚，但它本身可通过细胞的增殖和细胞团的破碎不断延续(图 4.5，生长素周期)。胚性细胞团在破碎之前包含两种不同类型的细胞；处在中央的那些细胞具有一个单个的大液泡，小而致密的核，核仁染色不深，核糖体数目不多，内质网体和正常线粒体很少，极少或没有类似圆球体的泡囊，脱氢酶活性很低，淀粉体数目减少。在胚性细胞团的外围，则是成群的非常活跃的分生细胞。和中央细胞相反，这些细胞的特点是具有若干个小液泡，一个大的弥散染色的核，一个单个的染色鲜明的核仁，核糖体密度较高，大量的粗糙内质网体，正常的线粒体，类似圆球体的泡囊，脱氢酶活性较高，以及十分显著的淀粉体。由于中央细胞体积增大，彼此分离，可引起胚性细胞团解体，这时外围的分生细胞离散成小团，之后每一个小团再发育成一个新的胚性细胞团。然而，若把聚成小团的分生细胞或新形成的胚性细胞团筛选出来，转移到不含生长素的培养基上，在它们的外层就会形成很多体细胞胚。就像石龙芮表皮细胞形成的胚一样，每个胚十分可能是起源于一个单细胞。在石龙芮组织培养中，体细胞胚发育的组织学过程与在胡萝卜中相似，然而在这两个系统中促进胚胎发育的营养条件是不同的。

通过外表面的角质化,体细胞胚和母体组织胚性细胞团之间很早就形成了明确的界限,但脱离胚性细胞团的时间可以在不同的发育阶段,一般多为球形期之后。体细胞胚一旦脱离母体组织,在悬浮培养中就成为一个自由漂浮的结构,在这种状态下继续进一步的发育。

Backs-Husemann 和 Reinert(1970)曾由胡萝卜的单个细胞开始跟踪观察了胚胎发育过程。由胡萝卜培养物分离出来的细胞并不直接进入胚胎发育过程,而是首先进行一次不均等分裂。较小的子细胞经过反复分裂形成一块愈伤组织。后来,由这块愈伤组织分化出很多个胚。与由单个非合子细胞直接成胚唯一最相近的例子,是在某些物种离体单核小孢子培养中的胚胎发育过程,这将在第 6 章中进行讨论。

最后值得一提的是,文献中虽然多数作者认为体细胞胚起源于单个细胞,但也有些作者认为它们起源于一个以上的细胞,支持后一种见解的证据是,在由体细胞胚萌发长成的植株中,也常常能看到嵌合体现象。

4.6 体细胞胚的成熟和萌发

虽然存在着早熟萌发(precocious germination)现象,但一般而言,体细胞胚只有足够成熟才能萌发。成熟的标志是具备了有功能的根尖和茎尖,能够通过细胞分裂而生长。就其发育成植株的能力而言,体细胞胚的萌发性能显然不如合子胚,主要原因是体细胞胚不具备合子胚所具备的耐干燥能力。不过,现在有一些研究表明,在胡萝卜、芹菜、大豆、苜蓿和其他一些植物中,脱落酸(ABA)能够增加体细胞胚的耐干燥能力,因而有助于改善体细胞胚的萌发性能(Molle 等,1993)。

在体细胞胚成熟过程中出现的另一个问题是,有时体细胞胚胎发生可以重复进行,正在成熟中的体细胞胚又长出新的胚胎发生中心。体细胞胚发育的这种高度不同步性,导致了它们的成熟期参差不齐。因此,为了获得在一定程度上均匀一致的初代体细胞胚,就必须采用适当孔径的不锈钢网或尼龙网对胚性细胞悬浮培养物进行筛选,之后再在含有 2%蔗糖的 16% Ficoll 溶液中离心。通过这种方法,就可以把 3~10 个细胞大小的细胞团分离出来,当把它们转入到无生长素的培养基中以后,胚的发育和成熟就可在一定程度上同步进行(Nomura 和 Komamine,1999)。

取决于每个物种的特殊要求,各种物理因素也可能影响胚的成熟过程。在不经冷处理种子就不能萌发的物种中，幼龄或成熟的胚可能必须先经历一段低温之后才能正常地长成小植株。在葡萄中，对于着生着体细胞胚的培养物的低温处理，可以在由球形期到成熟期的任何时候进行，4℃低温处理 2 周才能刺激胚形成正常的小植株。光照对于某些植物(如番茄和茄子)的体细胞胚胎发生来说可能是必要的，但一般而言，体细胞胚的成熟过程在完全黑暗中进展得更为正常。

体细胞胚可以原位萌发，也可以从愈伤组织上剥离下来在无激素的琼脂培养基上单个地萌发。在培养基中加入低水平(0.1 μmol/L)的玉米素可能有利于单个胚的萌发。在柑橘属植物体细胞胚萌发期间，需要使用 GA_3 以促进根和茎的发育。

4.7 体细胞胚与合子胚的比较

在经典的被子植物胚胎学中，一直把合子及其衍生细胞早期的分裂方式用做胚胎发生的分类标准，并进而又用做植物分类的特征。这样做的根据是，假设合子胚的早期分裂顺序对于一定的植物来说是一定的。

很多作者认为，胚性愈伤组织和悬浮培养物的细胞结构与发育早期的合子胚相似，然而谁也没有跟踪观察过这些细胞结构如何由两细胞或少数细胞的阶段发育为成熟的胚。甚至在根本不能形成成熟胚的愈伤组织涂片中，也可以发现有些细胞聚集体与发育早期的合子胚相似。因此，有关体细胞胚早期发育过程与合子胚发育过程一致的报道，并不能令人完全信服。因为体细胞胚是由愈伤组织或胚性细胞团的表面细胞起源的，所处的发育条件与合子胚很不相同，因此，它们的早期发育很可能并不遵循一个固定不变的方式。在自然界，不定胚早期分裂顺序与合子胚也不完全相同。即使是合子胚本身，它们的早期发育过程也常偏离正常的方式。据 Borthwick(1931)报道，在胡萝卜中就看到过这种情况。但是，不论早期的发育途径如何，合子胚和不定胚一般都能发育成正常的成熟胚。与合子胚相似，球形期后的体细胞胚呈现一种固定的极性，根极指向愈伤组织或胚性细胞团的中央，茎芽极朝外。与合子胚相比，成熟体细胞胚的进一步发育过程及形态特征也是相当正常的。

关于体细胞胚是否具有一个明显的胚柄问题报道不太一致。在有些情况下，曾发现由少数几个细胞组成的类似胚柄的结构，由它把胚本身与母体愈伤组织连接在一起。但在多数情况下，体细胞胚(包括花粉胚在内)并不具有一个明显的胚柄。而且即使有胚柄，它也可能并不像在种子胚中那样，是没有功能的。

与合子胚不同的是，在培养中形成的体细胞胚常常具有两个以上的子叶。在 *Carum carvi* 中，若在培养基里加入 0.1～1.0 μmol/L 的 ABA，则可抑制体细胞胚的异常增殖，阻止沿下胚轴长出不定胚以及形成大量异常子叶的现象，并可避免早熟萌发，从而使体细胞胚能够正常发育。当 ABA 存在时，特别是在黑暗条件下，成熟的体细胞胚与该物种的合子胚十分相似。

4.8 由单细胞到植株

随着离体培养技术的高度发展，现在已有可能把植物的组织和器官离散成有高度活力的单个细胞，然后再通过茎芽分化或体细胞胚胎发生由个别的细胞重建整个植株。Vasil 和 Hildebrandt(1965)的工作即清楚地证明了这种可能性，他们用机械方法由烟草×粘毛烟草的新鲜的悬浮培养物中分离出单个细胞，然后把各个细胞单独地在微室中进行培养，并用显微镜连续地进行观察。结果发现，这些单个的离体细胞能进行一系列的分裂，形成愈伤组织，最后又分化成完整的植株(图 5.7)。Lang 和 Kohlenbach(1975)由用机械方法分离得到的高度成熟的博落回叶肉细胞也得到了完整植株。离体原生质体是最理想的单细胞系统。现在，由培养细胞或叶肉细胞的原生质体能够再生整个植株的物种正在与日俱增。

4.9 长期培养物形态发生潜力的丧失

有些愈伤组织或悬浮培养物起初具有器官和(或)胚胎发生潜力，但经过反复继代保存之后，这种形态发生能力常常逐渐下降，有时甚至完全丧失。为了解释这种现象，现在有三种假说。

4.9.1 遗传说

按照这个假说，长期培养物器官发生或胚胎发生能力下降的原因，是由于在培养细胞中常见的核的变化，它们包括多倍性、非整倍性和染色体突变等(详见第 15 章)。这种由遗传原因造成的形态发生潜力的丧失是不可逆的。

4.9.2 生理说

证据表明，至少在某些情况下，形态发生潜力的下降可能是由于细胞或组织内激素平衡关系的改变造成的，或是由于细胞对外源生长物质敏感性的改变造成的。在这种情况下，细胞虽然停止了器官和胚胎的分化，但不一定就丧失了这种分化能力。因而，在这种情况下，如果改变外部处理条件，应该有可能使细胞的这种内在潜力得到恢复。在有些组织中，通过冷处理或改变培养基成分，确已实现了这种可能性。

如前所述，在胡萝卜悬浮培养中，胚性细胞团在含有生长素的培养基中进行增殖，在不含生长素的培养基中发育胚胎，Fridborg 和 Eriksson(1975)看到，在含有 2,4-D 的培养基中培养 8 周之后，本来具有全能性的胡萝卜培养物完全停止了胚胎发生过程，然而，若在这种含有生长素的培养基中加入 1%～4%的活性炭，丧失了的全能性又可以得到恢复。以上事实充分说明，在这个培养系统中，胚性潜力的丧失可能是由于内源生长素水平提高所致。胡萝卜的驯化愈伤组织的生长并不需要外源生长素。在第 4.4.1 节中所介绍的有关甜橙的例子同样表明，在长期培养的细胞中，内源生长素水平的提高与胚性潜力的丧失是密切相关的。

4.9.3 竞争说

这个假说本质上是前两个假说的结合。按照这个假说的倡议者 Smith 和 Street(1974)的看法，在胡萝卜细胞长期连续继代培养期间，有两个过程可能与胚胎发生能力的下降以致最终的丧失有关。首先，细胞对于生长素(2,4-D)抑制全能性表达的作用变得比较敏感；其次，随着时间的推移，由于培养细胞在细胞学上的不稳定性，出现了缺乏胚性潜力的新的细胞系。这些细胞学上的变化不一定是染色体数目的变化，而可能只是遗传信息的小的突变、丢失或易位。实际上，Jones(1974)已经证实，在胡萝卜培养物中，细胞群体在成胚能力上的不稳定性，可能是由用于建立该培养物的组织带来的。在复杂的多细胞外植体中，只有少数细胞能够产生胚性细胞团，其余细胞都是非全能性的。按照这种竞争说，如果非胚性的细胞类型在所用的培养基中具有生长上的选择优势，在反复的继代培养中，非胚性细胞的群体将会逐步增加，而胚性成分则逐渐减少。到了一定时期之后，培养物中已不再含有任何胚性细胞，这时若想再恢复它们的胚胎发生能力就不可能了。然而，如果在培养物中存在少量胚性细胞，只是由于处在支配地位的非胚性细胞的抑制作用，这些胚性细胞的全能性无法表达，在这种情况下，通过改变培养基成分，使之有选择地促进全能细胞的增殖，就应当有可能恢复该培养物的形态发生潜力。

4.10 细胞全能性的实际应用

4.10.1 概说

细胞全能性是植物细胞的一种重要属性。这种属性对于植物科学的理论研究和实际应用都有显著的意义。由小孢子产生大量单倍体植株(第6章)以及由胚乳细胞获得三倍体植株的可能性(第7章),就是两个最明显的例证,说明了细胞全能性在遗传研究和植物育种上的潜在作用。只有体细胞能够产生完整植株,才有可能通过细胞水平上的操作(体细胞杂交、离体单细胞的突变等)进行农作物的改良,因为植物育种家所感兴趣的,当然只是性状改良了的植株,而不是发生了变异的细胞。

在柑橘属植物中,由珠心胚产生的植株就像由合子胚产生的植株一样,是不含病毒的,而且由珠心胚产生的后代还是一个无性系。目前,在具有多胚性的柑橘属品种中,珠心细胞成胚是建立无病毒无性系的唯一可行的天然途径。这是因为在柑橘属中茎尖培养技术还未过关,而茎尖嫁接技术又太麻烦。有几种具有重要商品价值的柑橘无性系是单胚性的,或者是无籽的(只是偶然结籽),对它们来说没有建立无病毒无性系的活体方法,但通过在珠心培养中人工诱导体细胞胚胎发生,则可以获得无病毒无性系(详见12.5.4节)。这种方法的缺点是所得到的植物又会回复到幼龄发育阶段,因而结果期将会推迟。

4.10.2 人工种子

细胞全能性的一个潜在用途是通过用人工种皮包被体细胞胚而制造人工种子(或称合成种子),用以繁殖遗传工程植物、减数分裂不稳定的基因型、自交不亲合植物、稀有的和珍贵的物种或远缘杂种,以及通过人工授粉而得到的杂种等。要想有效地利用人工种子,其中的胚必须能够经过贮存、运输、机播后还不至丧失发芽能力。

在制造单胚人工种子的时候,主要采用诸如藻酸钠一类的水凝胶作为体细胞胚的包被物质。藻酸钠(2%~3.2%,W/V)在室温下为液体,很适用于制造人工种子。当体细胞胚与藻酸钠混合以后,再滴入到硝酸钙或氯化钙溶液(100 mmol/L)中,30 min内表面即可完全络合,形成一层持久的种皮(图4.6)。表4.1列出了可用做种皮材料的各种水凝胶。此外,在种皮基质中还可加入一些对体细胞胚有益的物质,如能促进生长的微生物、营养物质、生长调节物质、杀虫剂,以及用于旱地播种的亲水性化合物等,作为人工胚乳(图4.7)。

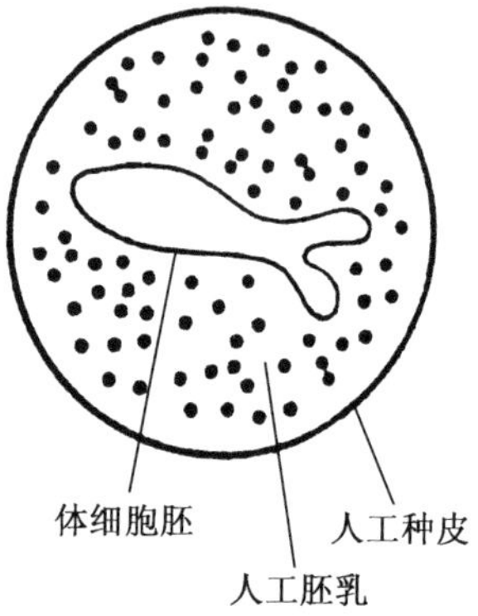

图4.6 人工种子示意图
(引自 Redenbaugh,1990)

表 4.1 可用于包被体细胞胚的几种水凝胶

水凝胶	浓度(%,W/V)	络合剂	浓度(mmol/L)
藻酸钠	0.50～5.0	钙　盐	30～100
藻酸钠 及明胶	2.0 5.0	钙　盐	30～100
角叉藻聚糖 及洋槐豆胶	0.2～0.8 0.4～1.0	KCl 或 NH_4Cl	500
Gelrite	0.25	(降　温)	

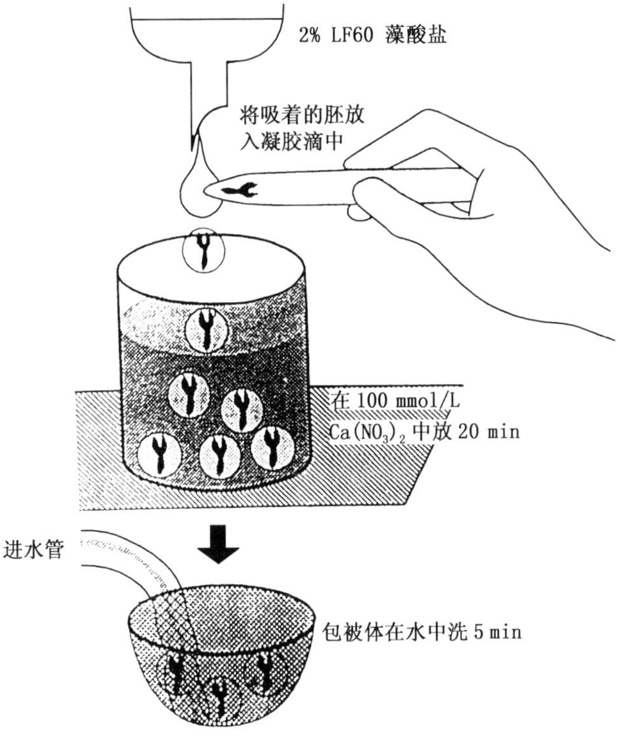

图 4.7 用漏斗分离器生产藻酸钙包被的人工种子(引自 Redenbaugh,1990)

目前人工种子尚处于研究阶段,为了实现工业化生产,必须把几种性质各异的技术结合起来。首先,必须建立起适当的组织培养技术,从中能产生高质量的大小一致和发育期同步的、功能像合子胚一样的体细胞胚。为了促成体细胞胚的同步发育,现在常常采用的方法有以下 3 种:

1. 在细胞培养初期,于培养基中加入 DNA 合成抑制剂如 5-氨基尿嘧啶等,使细胞分裂暂停,或将培养物置于低温之下,以抑制细胞分裂。一定时间之后,除掉抑制剂或转入正常温度下培养，以促使细胞同步分裂。

2.将培养细胞用不同直径的玻璃珠或不同孔径的尼龙网过滤，以收集不同发育时期的胚状体。

3.利用渗透压控制胚胎发育同步性：不同发育阶段的胚状体具有不同的渗透压，例如在向日葵胚状体发育过程中，随着胚由小到大，其渗透压由高到低，因此，利用不同发育阶段的胚状体对渗透压的不同要求，通过调节渗透压即可使胚停留在某一发育阶段。

解决了胚的同步发育问题之后，还必须建立大规模自动化的液体培养体系，以便生产数量足够的体细胞胚。此外，生产具有适当水分含量的种皮的方法，掺入营养物质和其他附加物质的方法，以及用于包埋体细胞胚的设备等，也都有待改进。现在，有关人工种子生产的研究虽然已经证实了在整个生产过程中每一个步骤的可行性，然而，必须把这些步骤组织成一个完整的体系，这样才能把各种不同的组分加工成人工种子。当然，人工种子最终能否用于农业生产，还要取决于它的成本的高低。以苜蓿为例，目前每生产一粒人工种子所需的成本是0.026 美分，而一粒天然苜蓿种子的成本只有 0.000 6 美分，前者相当于后者的43 倍，由此看来，大幅度降低生产成本仍然是人工种子研究中的一个重大课题。

4.11 结束语

全能性可能是任何植物活细胞全都具有的一个特性，但在一个物种中可能并非所有的品种，在一个属中也可能并非所有的种都能同样地表达这个特性。例如 Saunders 和 Bingham(1972)发现，在苜蓿品种“Saranac”的 34 种不同基因型中只有 4 种基因型，在“Vernal”品种 26 种基因型中只有 1 种基因型，能够产生具再生完整植株能力的愈伤组织。

在由同一个植株取来的外植体中，全能性的表达与否还可能因外植体的生理状态而不同。一般来说，和成熟的及高度分化的细胞相比，由分生细胞和胚细胞产生的愈伤组织具有较高的再生能力。Green 和 Phillips(1975)曾培养过由授粉后 14 d 到 24 d 的不同发育期的玉米胚，结果发现，由授粉后 18 d 的胚形成的愈伤组织再生植株的能力最好。当胚龄再高时，愈伤组织的再生能力逐渐下降。大于 23 d 的胚虽能形成愈伤组织，但不能分化茎芽。

在木本植物中，具有再生能力的愈伤组织主要是由胚外植体得到的；成年植株的成熟和已分化的细胞一般不表现这种能力。在可可中，也只有未成熟胚(2.5～10 mm)能由其子叶产生体细胞胚，较老的胚、胚珠、果皮和叶片只能形成无结构的愈伤组织。成年植物，特别是成年树木的组织再生能力太低，向来是利用细胞和组织培养技术进行植物改良和植物繁殖的一大障碍。

最后应当着重指出的是，全能性只是一种可能性，如何把这种可能性变为现实性，则依赖于我们的知识和技术的不断进步。例如，作为人类赖以生存的粮食和饲料的主要来源的禾本科植物，在20世纪80年代以前，由原生质体再生植株还是一片完全空白的领域，但自1980年以来，首先是在珍珠粟上打开了突破口，随后在水稻、玉米、小麦、谷子和大麦等的原生质体培养中也相继获得了再生植株。从这个意义上说，对于一时还不能从中获得再生植株的基因型或物种，不能因此断定它们就不具备全能性。正如在第3章引言中所介绍的，对于植物细胞来说，全能性是一个相当基本的属性，至于如何更充分地调动这种全能性以便为植物改良服务，则正是我们所面临的任务。

5 细胞培养

5.1 引言

20 世纪初，Haberlandt 进行了分离和培养显花植物单个叶细胞的最早尝试。他当时就预见到，单细胞培养系统将有助于对植物细胞特性和潜力的研究，以及对多细胞有机体细胞间相互关系的了解。虽然由于绪论中所述的原因，他没能使那些游离的细胞发生分裂，但他在 1902 年发表的报告激励了其他几位学者继续了这方面的研究。到现在，这一领域的研究已经取得了巨大进展，以致不仅能够培养游离的细胞，还能使培养在完全隔离的环境中的单个细胞进行分裂，并产生完整的植株。

植物生理学家和植物生物化学家都已经意识到，在进行细胞代谢的研究以及各种不同物质对细胞反应影响的研究时，使用单细胞系统比使用完整的器官或植株有更大的优越性。使用游离细胞系统时，可以让各种化学药品和放射性物质很快地作用于细胞，又很快地停止这种作用。通过单细胞的克隆化，可以把微生物遗传学技术用于高等植物以进行农作物的改良。

5.2 单细胞的分离

5.2.1 由完整的植物器官分离单细胞

5.2.1.1 机械法

叶组织是分离单细胞的最好材料。20 世纪 60 年代，一些作者曾先后由花生成熟叶片得到了离体细胞。他们所用的方法是，先撕去叶表皮，使叶肉细胞暴露，然后再用小解剖刀把细胞刮下来。这些离体细胞可直接在液体培养基(成分见表 5.2)中培养。在培养中很多游离细胞都能成活，并持续地进行分裂。不过，这些作者没能从所试验过的大多数其他植物的叶片中分离出活细胞。

现在广泛用于分离叶肉细胞的方法是先把叶片轻轻研碎，然后再通过过滤和离心把细胞纯化。Gnanam 等(1969)由若干物种的成熟叶片中分离出具有光合活性和呼吸活性的叶肉细胞,做法是在研钵中放入 10 g 叶片和 40 mL 研磨介质(20 μmol 蔗糖,10 μmol $MgCl_2$,20 μmol tris-HCl 缓冲液,pH 7.8),用研杆轻轻研磨。之后,将匀浆用两层细纱布过滤,在研磨介质中以低速离心将得到的细胞纯化。除了双子叶植物外,很多单子叶植物也能通过这个方法产生完整的叶肉细胞。Edwards 和 Black(1971)应用类似方法由马唐(*Digitaria sanguinalis*)中分离出具有代谢活性的叶肉细胞和维管束鞘细胞,由菠菜中分离出叶肉细胞。

Rossini(1969)介绍了一种由篱天剑(*Calystegia sepium*)叶片中大量分离游离薄壁细胞的机械方法,这一方法后来被 Harada 等(1972)成功地用于石刁柏和一种番薯属植物(*Ipomoea hederifolia*)中。和酶解法相比,用机械法分离细胞至少有 2 个明显的优点:①细胞不致受到酶的伤害作用;②无须质壁分离,这点对生理和生化研究来说是很理想的。Schwenk(1980)用机械方法在无菌蒸馏水中由大豆子叶分离出了活细胞。据报道,在若干例子中用机械方法分离的细胞能够分裂并形成愈伤组织。

虽然 Gnanam 等(1969)曾由若干物种的叶片中把细胞分离出来,但这种机械分离细胞的方法并不普遍适用。Rossini(1972)指出,只有在薄壁组织排列松散,细胞间接触点很少时,用机械法分离叶肉细胞才能取得成功。

5.2.1.2 酶解法

植物生理学家和生物化学家用酶解法分离单细胞已有相当一段历史。在烟草中,通过果胶酶处理大量分离具有代谢活性的叶肉细胞的方法是由 Takebe 等(1968)最早报道的,后来 Otsuki 和 Takebe(1969)又把这种方法用到了 18 种其他草本植物上。

Takebe 等(1968)证明,在离析混合液中加入硫酸葡聚糖钾能提高游离细胞的产量。用于分离细胞的离析酶不仅能降解中胶层,而且还能软化细胞壁,因此在用酶解法分离细胞的时候,必须对细胞给予渗透压保护。如果所用的甘露醇的浓度低于 0.3 mol/L,烟草原生质体将会在细胞壁内崩解。

用酶解法分离细胞的特点是,在某些情况下,有可能得到海绵薄壁细胞或栅栏薄壁细胞的纯材料。不过,在有些物种中,特别是在大麦、小麦和玉米中,很难通过酶解法使细胞分离。按照 Evans 和 Cocking(1975)的看法,在这些禾谷类植物中,由于叶肉细胞伸长,并在若干地方发生收缩,因而细胞间可能形成一种互锁结构,阻止了它们的分离。

5.2.2 由培养组织中分离单细胞

用于基础研究和应用研究的单细胞系统，在传统上常常是由离体培养的组织分离得到的，因为这个途径不但方便，而且广泛适用。只要把由经过表面消毒的器官上刚刚切取下来的一小块组织，置于含有适当激素的培养基上，即可建立起组织培养物。通常使用的激素包括生长素和细胞分裂素。在这样一种培养基上，外植体愈伤组织化。这个过程一般是由切口开始，逐渐扩展到接种组织的整个表面。把愈伤组织由外植体上剥离，转移到成分相同的新鲜培养基上，这个过程称做继代(subculture)。通过反复地在琼脂培养基上继代，不但可使愈伤组织不断增殖，扩大数量，而且还能提高愈伤组织的松散性，这对于在液体培养基中建立充分分散的细胞悬浮培养物是非常必要的。然而 Wilson 和 Street(1975)观察到，当把新切取下来的橡胶树愈伤组织转移到液体培养基中并加以搅动时，愈伤组织只能破碎成小块，想由此建立高度分散的细胞悬浮液的努力全部归于失败。于是他们又把在液体培养基中生长的愈伤组织块转回到琼脂培养基上。两个月后形成了很易散碎的愈伤组织，当把这些愈伤组织再转移到液体培养基中以后，产生了很好的悬浮液。

由愈伤组织获得游离细胞的具体做法是，把未分化的和易散碎的愈伤组织约 2 g 转移到装有 30～50 mL 液体培养基的三角瓶中，在 25℃±1℃，弱光或黑暗中，将三角瓶置于摇床上不断振荡(120 r/min)。初期每 10 d 左右用新鲜培养液更换掉三角瓶中大约 4/5 的旧液，同时将飘浮在原培养液上层的细胞碎片和长弯形衰败细胞淘汰。几个周期之后，培养液由浊变清，开始出现胞质浓密的单细胞和小细胞团。此后按下节所介绍的方法继续继代培养，直至建成良好的悬浮培养物。在这里振荡至少有两种作用。首先，它可对细胞团施加一种缓和的压力，使它们破碎成小细胞团和单细胞；其次，振荡可以使细胞和小细胞团在培养基中保持均匀的分布。此外，培养基的运动还会促进培养基和容器内空气之间的气体交换。

5.3 悬浮培养

悬浮培养(suspension culture)指的是一种在受到不断搅动或摇动的液体培养基里，培养单细胞及小细胞团的组织培养系统。

5.3.1 悬浮培养的类型

悬浮培养基本上可以分为两种类型，即分批培养和连续培养。

5.3.1.1　分批培养

分批培养(batch culture)是指把细胞分散在一定容积的培养基中进行培养,目的是建立细胞悬浮培养物。在培养过程中除了气体和挥发性代谢产物可以同外界空气交换外,一切都是密闭的,当培养基中的主要营养物质耗尽时,细胞的分裂和生长即行停止。分批培养所用的容器一般是 100～250 mL 三角瓶,每瓶中装有 20～75 mL 培养基。为了使分批培养的细胞能不断增殖,必须进行继代,方法是取出培养瓶中一小部分悬浮液,转移到成分相同的新鲜培养基中(大约稀释 5 倍)。

在分批培养中,细胞数目增长的变化情况表现为一条 S 形曲线(图 5.1)。其中一开始是滞后期(lag phase),细胞很少分裂,接着是指数生长期(exponential phase),细胞分裂活跃,数目迅速增加。经过 3～4 个细胞世代之后,由于培养基中某些营养物质已经耗尽,或是由于有毒代谢产物的积累,增长逐渐缓慢,由直线生长期(linear phase)经减慢期(progressive deceleration phase),最后进入静止期(stationary phase),增长完全停止。滞后期的长短主要取决于在继代时原种培养细胞所处的生长期和转入细胞数量的多少。当转入的细胞数量较少时,不但滞后期较长,而且在一个培养周期(18～25 d)中细胞增殖的数量也少,例如当继代后的细胞密度是(9～15)×10^3 细胞/mL 时,在进入静止期前细胞数目通常只增加 8 倍,而若继代后的细胞密度是(0.5～2.5)×10^5 细胞/mL 时,经过一个培养周期,每个细胞平均分裂 4～6 次,细胞数将增加到(1～4)×10^6 细胞/mL。如果转入的细胞密度很低,则在加入培养单细胞或小群体细胞所必需的营养物质之前,细胞将不能生长。另外,如果缩短两次继代的时间间隔,例如,每 2～3 d 即继代一次,则可使悬浮培养的细胞一直保持指数生长。如果使处在静止期的细胞悬浮液保存时间太长,则会引起细胞的大量死亡和解体。因此十分重要的一点是,当细胞悬浮液达到最大干重产量之后,即在刚进入静止期的时候,须尽快进行继代。据报道,加入条件培养基(即在其中曾培养过一段

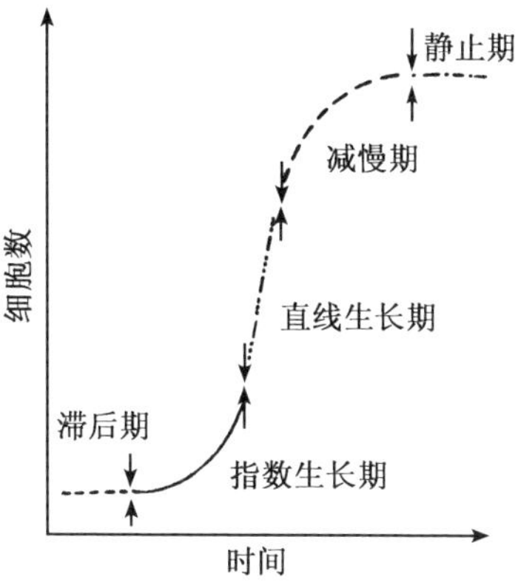

图 5.1　在分批培养中每单位容积悬浮培养液内的细胞数与培养时间关系的示意图
(引自 Wilson 等,1971)

时间植物组织的培养基,见5.3.3.2节)可以显著缩短滞后期的长度。在分批培养中细胞繁殖一代所需的最短时间,即在指数生长期中细胞数目加倍所需的时间,因物种的不同而异:烟草,48 h;假挪威槭,40 h;蔷薇,36 h;菜豆,24 h。一般讲,这些时间都长于在整体植株上分生组织中细胞数目加倍所需的时间。

在对悬浮培养细胞进行继代时可使用吸管或注射器,但其进液口的孔径必须小到只能通过单细胞和小细胞团(2～4个细胞),而不能通过大的细胞聚集体。继代前应先使三角瓶静置数秒,以便让大的细胞团沉降下去,然后再由上层吸取悬浮液。如果每次继代都依这个办法操作,就有可能建立起理想的细胞悬浮培养物。

愈伤组织的结构是受遗传因子控制的,因而有时无论采用什么办法也难于使细胞充分分散。不过,一般来说,如果培养基的成分和继代方法选用得当,总有可能提高细胞的分散程度。已知加入2,4-D,少量水解酶(如纤维素酶和果胶酶),或加入酵母浸出液一类的物质,都能促进细胞的分散。然而,为了获得充分分散的细胞悬浮液,最重要的还是一开始就尽可能使用易散碎的愈伤组织。有时,如果把悬浮液中的小块愈伤组织或细胞聚集体转回到半固体培养基上,经过2～3次继代后,它们会变成易散碎的愈伤组织,当再度转入液体培养基中以后,可以产生分散良好的悬浮液。但是必须记住,即使在分散程度最好的悬浮液中也存在着细胞团,每个细胞团由几个或几十个细胞组成,只含有游离细胞的悬浮液是没有的。这是因为植物细胞具有集聚在一起的特性,由一个初始细胞经过分裂产生的若干个子细胞,不能像子代细菌那样各自分散在培养液中。

由于若干内在的缺点,分批培养对于研究细胞的生长和代谢并不是一种理想的培养方式。在分批培养中细胞生长和代谢方式以及培养基的成分不断改变。虽然在短暂的指数生长期内细胞数目加倍的时间可保持恒定,但细胞没有一个稳态生长期,所以,相对于细胞数目的代谢物和酶的浓度也就不能保持恒定。这些问题在某种程度上可通过连续培养加以解决。

5.3.1.2 连续培养

连续培养(continuous culture)是利用特制的培养容器进行大规模细胞培养的一种培养方式。在连续培养中,由于不断注入新鲜培养基,排掉用过的培养基,故在培养物的容积保持恒定的情况下,培养液中的营养物质能够不断得到补充。连续培养有封闭型和开放型之分。在封闭型中,排出的旧培养基由加入的新培养基进行补充,进出数量保持平衡。悬浮在排出液中的细胞经机械方法收集起来之后,又被放回到培养系统中。因此,在这种“封闭型连续培养”中,随着培养时间的延长,细胞数目不断增加。与此相反,在"开放型连续培养"中,注入的新鲜培养液的容积与流出的原有培养液及其中细胞的容积相等,并通过调节流入与流出的速度,使培养物的生长速度永远保持在一个接近最高值的恒定水平上。开放型培养又可分为两种主要方式:一是化学恒定式;二是浊度恒定式。在化学恒定式培养中,以固定速度注入的新鲜培养基内的某种选定营养成分(如氮、磷或葡萄糖)的浓度被调节成为一种生长限制浓度,从而使细胞的增殖保持在一种稳定态之中。在这样一种培养基中,除生长限制成分以外的所有其他成分的浓度,皆高于维持所要求的细胞生长速率的需要,而生长限制因子则被调节在这样一种水平上:它的任何增减都可由相应的细胞增长速率的增减反映出来。在浊度恒定培养中,新鲜培养基是间断注入的,受由细胞密度增长所引起的培养液混浊度的增加所控制,可以预先选定一种细胞密度,当超过这个密度时使细胞随培养液一起排出,因此就能保持细胞密度的恒定。

连续培养是植物细胞培养技术中的一项重要进展,它对于植物细胞代谢调节的研究,对于决定各个生长限制因子对细胞生长的影响,以及对于次生物质的大量生产等都有一定意义。然而,连续培养并未被植物组织培养工作者广泛利用,原因可能在于它所需要的设备比较复杂,需要投入的精力也嫌太多。

5.3.2 由悬浮细胞再生植株

由悬浮细胞再生植株通常有 2 条途径。一是如我们在胡萝卜细胞悬浮培养中所看到的那样,由悬浮细胞直接形成体细胞胚;二是先将悬浮细胞在半固体培养基上诱导形成愈伤组织,然后再由愈伤组织分化植株。在后一种情况下,如果悬浮培养中的细胞团较大,则可将培养瓶短时间静置令细胞团自然沉降后,用吸管将细胞团转到半固体培养基上培养。这种培养基的组成基本上与继代培养基一致,但也须视情况做些调整,特别是在激素组成方面做些调整。不过,对于单细胞、低密度悬浮细胞或是过于细小的细胞团,则不宜直接把它们转到半固体培养基上培养,而是要参照原生质体或单细胞培养方法,先对它们进行液体浅层培养或看护培养,待形成较大的细胞团后,再转到半固体培养基上诱导愈伤组织。

5.3.3 细胞悬浮培养的培养基

5.3.3.1 悬浮培养对培养基的要求

能用来建立生长快、易散碎的愈伤组织的培养基,一般来说也同样适用于建立该物种的悬浮培养,只是琼脂要从中去掉。为了提高细胞的分散程度,对于生长素和细胞分裂素的比例需要进行一些调节。以烟草为例，根据 Reynolds 和 Murashige(1979)的建议，2,4-D 的浓度应由 0.3 mg/L 提高到 2 mg/L，此外还需补加上另外几种维生素和水解酪蛋白(表 5.1)。

在活跃生长的悬浮培养物中，无机磷酸盐的消耗很快，不久就变成了一个限制因子。Noguchi 等人(1977)证明，若把烟草悬浮培养物保存在一种含有标准的 MS 无机盐的培养基中，培养起始后的 3 d 之内磷酸盐的浓度就几乎下降到零。即使把培养基中磷酸盐的浓度提高到原来水平的 3 倍，5 d 之内也会被细胞全部用光。因此，为了进行高等植物的细胞悬浮培养，特别设计了 B_5 和 ER 两种培养基(表 2.1)，但一般来说，这两种培养基，以及其他一些合成培养基，也只有当细胞的初始群体密度约为 5×10^4 细胞/mL 或更高时才是适用的。当细胞密度较低时，在培养基中还须加入各种其他成分(见第 5.4.2 节)，或是使用条件培养基。

5.3.3.2　条件培养基

如果在建立细胞培养物伊始接种密度太低，则须采用条件培养基(conditioned medium)进行培养，其简便方法是把在液体培养基中培养了 4～6 周的高密度细胞滤掉，而用它的培养基制成悬滴或薄层来培养单细胞或低密度细胞群体。或是采用 Torres(1989)设计的一种装置，其中把高密度细胞悬浮培养物(看护培养物)装在一个透析管内(图 5.2)，用线悬挂在三角瓶中，瓶内装有低密度细胞培养基。看护培养物产生的代谢物扩散到低密度细胞培养基中以后，增加了后者促进细胞生长的活性。这样一来，由于在低密度细胞培养基中原先不存在的必需物质被看护细胞通过生物合成活动释放其中，于是就可满足低密度细胞群体对生长条件的要求。

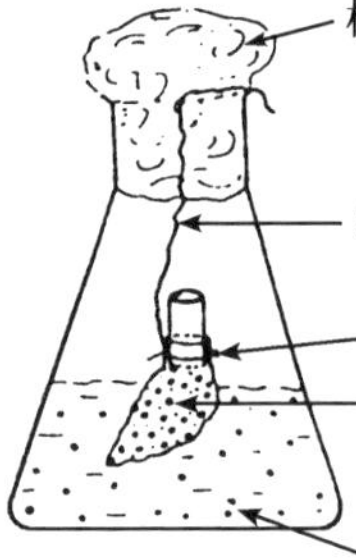

图 5.2　使低密度细胞培养基条件化的装置
(引自 Razdan,2003)

5.3.3.3　培养基的振荡

在悬浮培养中，为了使培养基能不停地运动，可以使用各种类型的设计。首次证明烟草和万寿菊细胞可以进行悬浮培养的是 Muir(1953)，他使用的是一个旋转式摇床，迄今在分批悬浮培养中这仍是一种应用最广泛的设备。摇床载物台上装有瓶夹，不同大小的瓶夹可以互相调换，以适应不同大小的培养瓶。摇床的转速是可控的，对于大多数植物组织来说，以转速 30～150 r/min 为宜（不要超过 150 r/min），冲程范围应为 2～3 cm。转速过高或冲程过大会造成细胞的破裂。

Steward 等（1952）设计了一种转床以进行胡萝卜细胞培养。转床的基本结构是在一根略为倾斜（12°）的轴上平行安装着若干转盘，转盘上装有固定瓶夹，转盘向一个方向转动，培养瓶也随之转动，转速 1～2 r/min。Steward 等当时使用的培养容器为 T 形管，横管长 12.5 cm，直径 3.5 cm，装 10 mL 培养基。支管直径 1.7 cm。培养物由支管送入，用棉塞封口。1959 年，Steward 和 Shantz 又用奶头瓶代替了 T 形管，每个奶头瓶的容量为 250 mL，瓶壁上有 8 个奶头状突起。当转盘转动的时候，瓶内培养物交替地浸浴在培养基中和暴露于空气中。

表 5.1 进行烟草细胞悬浮培养所用的培养基

成 分	数量（mg/L）
无机盐	同 MS 培养基
盐酸硫胺素	10
盐酸吡哆醇	10
烟酸	5
m-肌醇	100
水解酪蛋白	1 000
2,4-D	2
激动素	0.1
蔗糖	30 000
pH	5.7

引自 Reynolds 和 Murashige，1979。

5.3.4 悬浮培养细胞的同步化

同步培养是指在培养中大多数细胞都能同时通过细胞周期的各个阶段（G_1，S，G_2 和 M）。同步性程度以同步百分数表示。

在悬浮培养中，为了研究细胞分裂和细胞代谢，最好使用同步培养物或部分同步培养物，因为和非同步培养相比，在同步或部分同步培养中，细胞周期内的每个事件都表现得更为明显。在一般情况下，悬浮培养细胞都是不同步的，为了取得一定程度的同步性，研究者已经进行了各种尝试。要使非同步培养物实现同步化，就要改变细胞周期中各个事件的频率分布。King 和 Street（1977）以及 King（1980）强调指出，同步性程度不应只由有丝分裂指数来确定，而应根据若干彼此独立的参数来确定，这些参数包括：①在某一时刻处于细胞周期某一点上的细胞的百分数;②在一个短暂的具体时间内通过细胞周期中某一点的细胞的百分数;③全部细胞通过细胞周期中某一点所需的总时间占细胞周期时间长度的百分数。用于实现悬浮培养细胞同步化的方法有两类:即物理方法和化学方法。物理方法主要是通过对细胞物理特性(细胞或小细胞团的大小)或生长环境条件(光照、温度等)的控制,以实现高度同步化,其中包括按细胞团的大小进行选择的方法和低温休克法等。化学方法的原理是使细胞遭受某种营养饥饿,或是通过加入某种生化抑制剂阻止细胞完成其分裂周期。化学方法中常用的有饥饿法和抑制法两种。

5.3.4.1 饥饿法

在这种方法中,先对细胞断绝供应一种进行细胞分裂所必需的营养成分或激素,使细胞停滞在 G_1 期或 G_2 期,经过一段时间的饥饿之后,当重新在培养基中加入这种限制因子时,静止细胞就会同步进入分裂。

当把在低强度绿色光下切取下来的菊芋块茎组织作为外植体,于黑暗中培养在一种含有 2,4-D 的培养基上时,多达 80%～90%的细胞发生了同步分裂。在把假挪威槭悬浮培养物以低密度接种到新鲜培养基中以后,原来处在静止期的细胞也进入了同步分裂。这可能是由于在原来培养基中硝酸根离子的枯竭,所有处在静止期的细胞都被阻止在细胞周期中的 G_1 期的缘故。在一项大规模的假挪威槭细胞培养研究中,高水平的细胞同步性曾保持了 5 个细胞周期,随着每一次相继的细胞分裂,细胞数逐步增加。Komamine 等(1978)在长春花悬浮培养中先使细胞受到磷酸盐饥饿 4 d,然后再把它们转入到含有磷酸盐的培养基中,结果获得了同步性。

另外一些作者通过使烟草品种 Wisconsin-38 的悬浮培养细胞受到细胞分裂素饥饿,使胡萝卜细胞受到生长素饥饿,也取得了同步化的效果。

5.3.4.2 抑制法

使用DNA 合成抑制剂如 5-氨基尿嘧啶、FUdR、羟基脲和胸腺嘧啶脱氧核苷等,也可使培养细胞同步化。当细胞受到这些化学药物的处理之后,细胞周期只能进行到 G_1 期为止,细胞都滞留在 G_1 期和 S 期的边界上。当把这些抑制剂去掉之后,细胞即进入同步分裂。应用这种方法取得的细胞同步性只限于一个细胞周期。另据报道,以氮或乙烯定期注入大豆的化学恒定式培养物中,也能诱导细胞的同步性。然而,在所有这些例子中,产生同步性的唯一证据是有丝分裂指数的波动,而这是不能令人完全信服的。

5.3.5 悬浮培养中细胞生长的计量

在植物细胞悬浮培养中，细胞的增长一般可用以下方法进行计量：细胞计数，确定细胞总体积(细胞密实体积，PCV)，或细胞和细胞团干鲜重的增加。

5.3.5.1 细胞计数

由于在悬浮培养中总存在着大小不同的细胞团，因而通过由培养瓶中直接取样很难进行可靠的细胞计数。如果先用铬酸(5%～8%)或果胶酶(0.25%)对细胞和细胞团进行处理，使其分散，则可提高细胞计数的准确性。Street 及其同事用以计数假挪威槭细胞的方法是：把 1 份培养物加入到 2 份 8%三氧化铬溶液中，在 70℃下加热 2～15 min，然后将混合物冷却，用力振荡 10 min，用血球计数板进行细胞计数。不过三氧化铬具有强烈的腐蚀性，操作时应注意安全。

5.3.5.2 细胞密实体积(PCV)

为了确定细胞密实体积，须将一已知体积的均匀分散的悬浮液放入一个 15 mL 刻度离心管中，在 2 000 g 下离心 5 min。细胞密实体积是以每毫升培养液中细胞总体积的毫升数表示的。

5.3.5.3 细胞鲜重

把悬浮培养物倒在下面架有漏斗的已知重量的湿尼龙丝网上，用水洗去培养基，真空抽滤以除去细胞上沾着的多余水分，再称重，即可求得细胞鲜重。

5.3.5.4 细胞干重

用已知重量的干尼龙丝网依上法收集细胞，在 60℃下干燥 12 h，再称重。细胞的干重是以每毫升培养物或每 10^6 个细胞的重量表示的。

5.3.6 培养细胞活力的测定

5.3.6.1 相差显微术法

在显微镜下，根据细胞质环流和正常细胞核的存在与否，即可鉴别出细胞的死活。虽然利用相差显微镜可以得到更明显的图像，但在亮视野显微镜下常常也不难进行这样的观察。

5.3.6.2 四唑盐还原法

在这个检验方法中，通过2,3,5-氯化三苯基四唑(TTC)还原成红色染料甲臜，可以测定细胞的呼吸效率。甲臜可以提取出来用分光光度计进行测定。这个方法虽然可使观察结果定量化，但单独使用时在有些情况下不能得到可靠的结果。

5.3.6.3 荧光素双醋酸酯(FDA)法

应用这个方法可以对活细胞百分数进行快速的目测，首先用丙酮制备0.5%的FDA贮备液，置0℃下保存。当要测定细胞活力时，将贮备液加到细胞或原生质体悬浮液中(在后一种情况下，须在FDA溶液中加入一种适当的渗透压稳定剂)，加入的数量以使最终浓度为0.01%为准。保温5 min后，用一台带有适当的激发片和吸收片的荧光显微镜对细胞进行检查。FDA既不发荧光也不具极性，能自由地穿越细胞质膜。在活细胞内FDA被酯酶裂解，将能发荧光的极性部分(荧光素)释放出来。由于荧光素不能自由穿越质膜，因而就在完整的活细胞的细胞质中积累起来，但在死细胞和破损细胞中则不能积累。当以紫外光照射时，荧光素产生绿色荧光，据此可以鉴别细胞的死活(图5.3)。

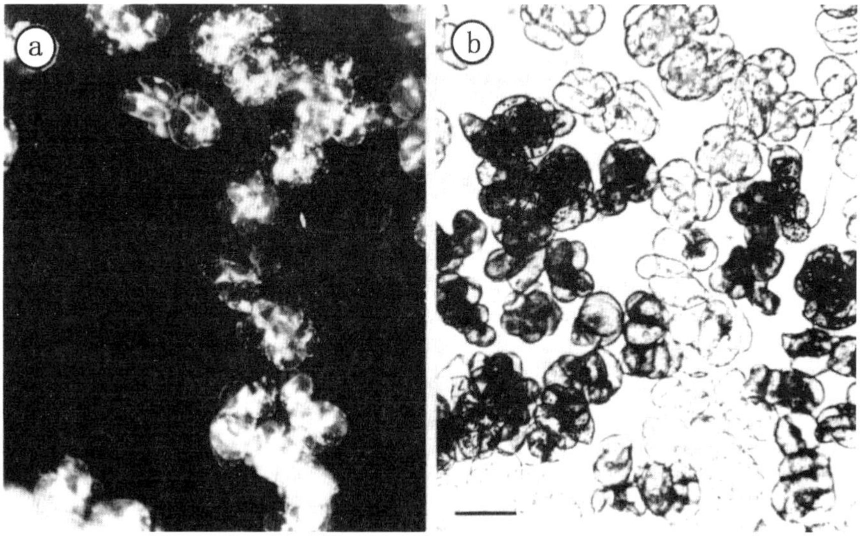

图5.3 混在一起的死悬浮培养细胞和活悬浮培养细胞以荧光素双醋酸酯和伊凡蓝染色后的表现：(a)在紫外光照射下，活细胞发出荧光，清晰可见；(b)同一视野在白光照射下，死细胞由于吸收了伊凡蓝，颜色深暗。(横线=50 μm)(引自L. A. Withers，1985)

5.3.6.4 伊凡蓝染色法

这种方法可用做 FDA 的互补法。当以伊凡蓝(Evan's blue)的稀薄溶液(0.025%)对细胞进行处理时,只有活力已受损伤的细胞能够摄取这种染料,而完整的活细胞不能摄取这种染料。因此,凡不染色的细胞皆为活细胞(图 5.3)。

5.4 单细胞培养

在 Haberlandt(1902)所做的开拓性研究中,他试图培养用机械方法分离的叶肉细胞,成功地将细胞的活力保持了约 10 d 之久,在这期间细胞的体积变大,壁增厚,只是没能分裂。后来,据 Schmucker(1929)报道,用机械方法由博落回叶片分离出来的叶肉细胞,在同种叶片经过过滤灭菌的汁液中能反复分裂。Kohlenbach(1959,1965)证实了培养中的叶肉细胞具有进行持续分裂的能力。此后在这一研究领域中不断取得新的进展。

Ball 和 Joshi(1965)使用连续显微摄影术,研究了在液体培养基中花生单个叶肉细胞的发育过程。他们注意到,经 3～5 d 培养之后,叶肉细胞增大了体积,看起来已不再像是一个栅栏细胞。在实际发生细胞分裂之前,核的周围先累积质体。根据这两位作者的观察,只有栅栏细胞能进行分裂,而海绵薄壁细胞都死掉了。后来,Jullien(1970)证实,只要分离细胞的方法适当,花生海绵组织的细胞也能进行分裂。同样,Rossini(1972)通过对培养的篱天剑叶肉细胞的电影记录的研究,也观察到栅栏组织和海绵组织的薄壁细胞都能进行分裂。在适当的条件下,发生分裂的细胞可占全部培养细胞的 60%,只是海绵细胞的分裂略迟于栅栏细胞。

5.4.1 单细胞培养方法

5.4.1.1 平板培养法

最常用的单细胞培养法是 Bergmann 的平板培养法(图 5.4)。具体做法是,先将含有游离细胞和细胞团的悬浮培养物过滤,弃去大的细胞团,只留下游离细胞和小细胞团。进行细胞计数。根据细胞的实际密度,或是加入液体培养基进行稀释,或是通过低速离心使细胞沉降后,再加入液体培养基进行浓缩,以使悬浮培养液达到最终所要求的植板细胞密度的 2 倍。把与上述液体培养基成分相同但加入了 0.6%～1%琼脂的培养基加热,使琼脂融化,然后冷却到 35℃,置于恒温水浴中保持这个温度不变。将这种培养基和上述细胞悬浮培养液等量混合，迅速注入并使之铺展在培养皿中。在这个过程中要做到：当培养基凝固之后，细胞能均匀分布并固定在很薄一层（约 1 mm 厚）培养基中。然后用封口膜把培养皿封严。置培养皿于倒置显微镜下观察，对其中的各个单细胞，在培养皿外的相应位置上用细记号笔做上标记，以保证以后能分离出纯单细胞无性系。最后将培养皿置于 25℃下在黑暗中培养。根据一般经验，若在培养期间频繁地在光下对培养物进行显微镜检，对细胞团的生长将会产生有害作用，因此，镜检的次数越少越好。

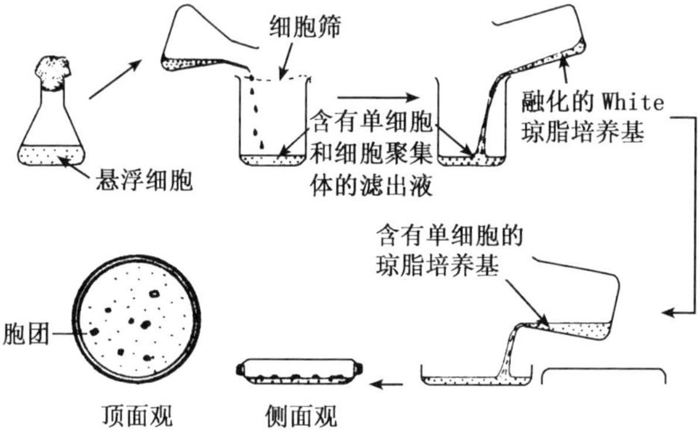

图 5.4 Bergmann 细胞平板培养法分步图解（引自 Konar，1966）

与在原生质体培养中所用的方法（见第 10 章）一样，游离的单细胞也可培养在一薄层液体培养基中。直接由植物器官分离出来的细胞常在液体培养基中培养。使用液体培养基的缺点是，由于细胞不是处在一个固定的位置上，若要追寻个别细胞及其繁衍的后代是极困难的。

用平板法培养单细胞或原生质体时，常以植板效率来表示能长出细胞团的细胞占接种细胞总数的百分数。植板效率的求算公式如下：

$$植板效率=\frac{每个平板上形成的细胞团数}{每个平板上接种的细胞总数}\times 100\%$$

其中每个平板上接种的细胞总数，等于铺板时加入的细胞悬浮液的容积，和每单位容积悬浮液中的细胞数的乘积。每个平板上形成的细胞团数，则须在实验末期直接测定。

如果在琼脂培养基或液体培养基中，植板细胞的初始密度是 1×10^4 或 1×10^5 细胞/mL，植板后由相邻细胞形成的细胞群落常常混在一起。由于这种现象出现得很早，不可能在此之前进行分植或稀释，因而给分离纯单细胞无性系的工作带来很大困难。若能把植板细胞密度减小，或能在完全孤立的情况下培养单个细胞，这个问题则可减轻。但是，就像在悬浮培养中一样，在正常条件下，每个物种都有一个最适的植板密度，同时也有一个临界密度。当低于这个临界密度时，细胞就不能分裂。因此，为了在低密度下进行细胞培养，或是培养完全孤立的单个细胞，必须采用一些特殊的方法。在过去几十年间，为了培养单个细胞已经设计了几种不同的方法。

5.4.1.2　看护培养法

这个方法最初是由 Muir 等人(1954)设计的，当时是为了由烟草和金盏花细胞悬浮液和易散碎的愈伤组织中取单细胞进行培养。这个方法的主要特点，是把单个细胞置于一块活跃生长的愈伤组织上进行培养，在愈伤组织和培养的细胞之间，有一片滤纸相隔(图 5.5)。具体做法是，借助于一个微型移液管或微型刮刀，由细胞悬浮液中或由易散碎的愈伤组织上分离得到细胞。但在此之前数天，须先把一块 8 mm 见方的灭过菌的滤纸，在无菌条件下置于一块早已长成的愈伤组织上。愈伤组织和所要培养的细胞可以属于同一个物种，也可以是不同的物种。滤纸铺上之后，逐渐被下面的看护组织块所湿润。这时，将分离出来的单细胞置于湿滤纸的表面。这项操作应敏捷迅速，以免细胞和滤纸失水变干。当这个培养的细胞长出了微小的细胞团之后，将它转至琼脂培养基上，以便进一步促进它的生长并保持这个单细胞无性系。

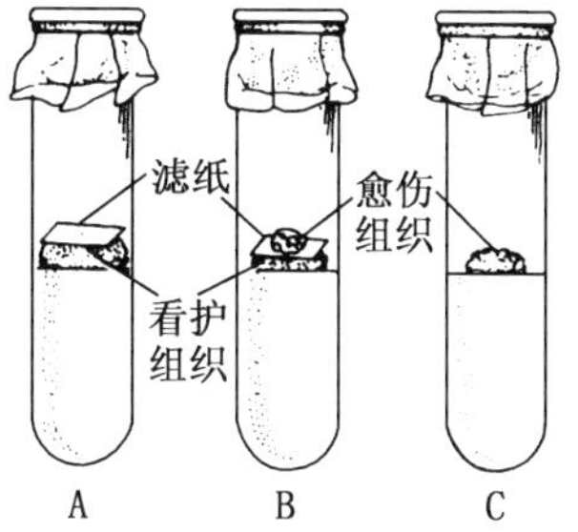

图 5.5　应用看护培养法建立单细胞无性系

A. 一个置于滤纸上的单细胞，滤纸铺在一大块愈伤组织(看护组织)的顶上；

B. 培养的细胞分裂形成一个小细胞团；

C. 在由滤纸上转移到培养基上进行直接培养之后，由单细胞起源的细胞团已长成一大块愈伤组织(引自 Muir 等，1958)

一个直接接种在愈伤组织培养基上一般不能分裂的离体细胞，在看护愈伤组织的影响下则可能发生分裂。由此可见，看护愈伤组织不仅给这个细胞提供了培养基中的营养成分，而且还提供了能促进细胞分裂的其他物质。这种细胞分裂因素可通过滤纸而扩散。愈伤组织刺激离体细胞分裂的效应，还可通过另一种方式来证实：把两块愈伤组织置于琼脂培养基上，在它们的周围接种若干个单个细胞，结果可以看到，首先发生分裂的都是靠近这两块愈伤组织的细胞。条件培养基有助于在低密度下进行的单细胞培养的成功，也说明了活跃生长的愈伤组织所释放的代谢产物，对于促进细胞分裂是十分必要的。

一些作者在进行低密度细胞平板培养时，使用了饲养层培养法，这一方法所根据的原理与看护培养法相同(见第10章)。

5.4.1.3 微室培养法

这个方法是由Jones等人(1960)设计的，其中用条件培养基代替了看护组织，将细胞置于微室中进行培养(图5.6)。这个方法的主要优点是在培养过程中可以连续进行显微观察，把一个细胞的生长、分裂和形成细胞团的全部过程记录下来。具体做法是，先由悬浮培养物中取出一滴只含有一个单细胞的培养液，置于一张无菌载片上，在这滴培养液的四周与之隔一定距离加上一圈石蜡油，构成微室的“围墙”，在“围墙”左右两侧再各加一滴石蜡油，每滴之上置一张盖片作为微室的“支柱”，然后将第三张盖片架在两个“支柱”之间，构成微室的“屋顶”，于是那滴含有单细胞的培养液就被覆盖于微室之中。构成“围墙”的石蜡油能阻止微室中水分的丢失，但不妨碍气体的交换，最后把上面筑有微室的整张载片置于培养皿中进行培养。当细胞团长到一定大小以后，揭掉盖片，把组织转到新鲜的液体或半固体培养基上培养。

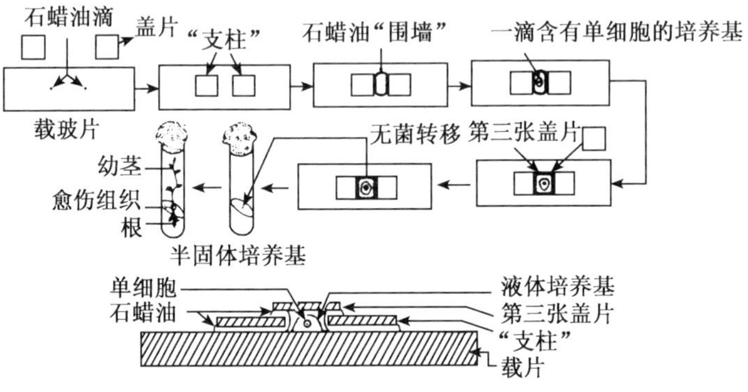

图5.6 微室培养法分步图解(引自Jones等，1960)

Vasil和Hildebrandt(1965)证明，应用微室培养法，可以由一个离体的烟草单细胞开始，获得一个完整的开花植株(图5.7)。但与Jones等不同，Vasil等在进行单细胞培养时所使用的是新鲜培养基，里面含有无机盐、蔗糖、维生素、泛酸钙和椰子汁等。

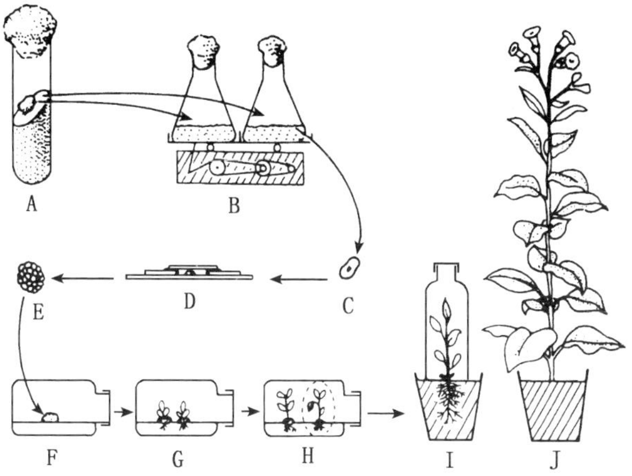

图 5.7 由一个单细胞发育成一个烟草植株

由一小块髓组织得到的愈伤组织(A);当把愈伤组织转移到液体培养基并置于摇床上振荡时(B);愈伤组织解离成单细胞,用机械方法由培养瓶中取出一个细胞(C);置于微室内的一滴培养基中(D);经过反复分裂,由单细胞得到了一小块愈伤组织(E);当把它转移到半固体培养基上以后,长成了一大块愈伤组织(F);最后愈伤组织分化成植株(G,H);当把植株移入到土壤中以后(I,J),逐渐长至成熟、开花、结籽(引自 Vasil 和 Hildebrandt,1965)

5.4.2 影响单细胞培养的因子

培养基的成分和初始植板细胞密度是单细胞培养成败的关键。这两个因子是相互依赖的。当细胞的植板密度较高时(10^4 或 10^5 细胞/mL),使用和在悬浮培养中或愈伤组织培养中成分相似的纯合成培养基即可成功。表 5.2 列出了用于培养离体叶肉细胞的两种培养基的成分。

随着植板细胞密度的减小,细胞对培养基的要求就变得越加复杂。但若在基本培养基中加入一些化学成分不明确的物质,如椰子汁、水解酪蛋白或酵母浸出液等,则可有效地取代影响细胞分裂的这种群体效应。为了设计适用于低植板密度细胞培养的培养基已经进行了很多尝试。以低密度植板的旋花属植物细胞,要求一种细胞分裂素和几种氨基酸,而这些物质对于该物种的愈伤组织培养并不必要。同样,当以低密度植板假挪威槭细胞时,必须在基本培养基中加入一种细胞分裂素、赤霉酸和几种氨基酸,而对于该种植物的愈伤组织培养来说,单是基本培养基即能产生令人满意的结果。Kao 和 Michayluk(1975)配制了一种成分十分丰富的合成培养基,里面含有无机盐、蔗糖、葡萄糖、14 种维生素、谷氨酰胺、丙氨酸、谷氨酸、半胱氨酸、6 种核酸碱和 4 种三羧酸循环中的有机酸(见表

表 5.2 用于离体叶肉细胞培养的培养基成分

成　分	数　量(mg/L)	
	Rossini (1972)	Joshi 和 Ball (1968)
KNO_3	950	—
KCl	—	750
NH_4NO_3	725	—
$NaNO_3$	—	600
$MgSO_4 \cdot 7H_2O$	187	250
$CaCl_2$	169	—
$CaCl_2 \cdot 6H_2O$	—	112
KH_2PO_4	69	—
$NaH_2PO_2 \cdot 2H_2O$	—	141
NH_4Cl	—	5.35
$MnSO_4 \cdot 4H_2O$	12.5	—
$MnCl_2 \cdot 4H_2O$	—	0.036
H_3BO_3	5	0.056
$ZnSO_4 \cdot 4H_2O$	5	—
$ZnCl_2$	—	0.15
$Na_2MoO_4 \cdot 2H_2O$	0.125	0.025
$CuSO_4 \cdot 5H_2O$	0.012 5	—
$CuCl_2 \cdot 2H_2O$	—	0.054
$CoCl_2$	—	0.02
$FeSO_4 \cdot 7H_2O$	13.9	—
$FeCl_3 \cdot 6H_2O$	—	0.5
Na · EDTA	18.6	—
乙烯二腈四乙酸二钠	—	0.8
甘氨酸	2	—
烟酸	5	—
盐酸吡哆醇	0.5	—
盐酸硫胺素	0.5	—
生物素	0.05	—
叶酸	0.5	—
水解酪蛋白	—	400
肌醇	100	—
BAP	0.1	—
激动素	—	0.1
2,4-D	1	1
蔗糖	10 000	20 000
pH	5.0	?

5.2)。在这种培养基上,密度低到 25～50 个细胞/mL 的植板细胞也能分裂。若以水解酪蛋白(250 mg/L)和椰子汁(20 mL/L)取代各种氨基酸和核酸碱,有效植板细胞密度则可进一步下降到 1～2 细胞/mL。

有关细胞密度对细胞分裂的影响的解释是建立在这样一种基础上,即细胞能够合成某些对进行分裂所必需的化合物。只有当这些化合物的内生浓度达到一个临界值以后,细胞才能进行分裂。而且,细胞在培养中会不断地把它们所合成的这些化合物散布到培养基中,直到这些化合物在细胞和培养基之间达到平衡时,这种散布过程方才停止。结果是,当细胞密度较高时达到平衡的时间比细胞密度较低时要早得多,因此在后一种情况下,延迟期就会拖得很长。当细胞密度处于临界密度以下时,永远达不到这种平衡状态,因此细胞也就不能分裂。然而,使用含有这些必需代谢产物的条件培养基,则能在相当低的细胞密度下使细胞发生分裂。在纯合成培养基中所以不能培养单个细胞,正是由于我们对于和细胞分裂有关的这些物质的精确性质缺乏了解所致。对条件培养基进行分析或许能为我们提供一些这方面的线索。Stuart 和 Street(1971)的工作表明,在低密度细胞培养中,CO_2 对于诱导细胞分裂也可能具有重要意义。在假挪威槭和其他一些植物的悬浮培养中,若在培养瓶内的空气中保持一定的 CO_2 分压,可使有效细胞密度由大约 1×10^4 细胞/mL 下降到 600 细胞/mL。

5.5 细胞培养的应用

5.5.1 突变体选择

有关在细胞培养中出现的高度自发变异性,以及这些变异性在以植物改良为目的的突变体选择中的应用等,我们将在第 15 章中讨论。这些细胞如果受到诱变剂处理,某些表现型的出现频率有可能增加若干倍。

在高等植物中,突变育种的主要缺点之一,是在对多细胞有机体进行诱变处理之后会形成嵌合体。通过细胞培养进行突变体选择可以改善这种情况,离体的单倍体细胞(利用单倍体细胞能增加获得隐性突变体的机会)可以提供一种与微生物相似的突变体选择系统,因此,在很少的空间就可以操作千百万潜在的植株,例如在每 100 mL 活跃生长的烟草细胞悬浮液中,就含有 1×10^7 以上的细胞。

迄今在经过诱变处理和未经诱变处理的选择实验中,都已经分离出了大量的突变细胞系。有关在离体条件下进行变异细胞系选择的所有报道可以分为 4 类:①由变异细胞系再生的植株表现了所选择的目标性状;②再生植株没有表现在细胞水平上选择的目标性状;③对由入选细胞系再生的植株未进行表现型的检验;④由入选细胞系未能再生植株。

5.5.2 天然化合物的生产和生物转化

5.5.2.1 细胞的大量培养

植物的很多次生代谢产物是药物、染料、香精和色素等的重要来源,只是这些天然产物的数量太少,难以满足人类的需要,大规模人工合成又还存在很多困难。不过,鉴于在整体植物中存在的某些这类化合物,在培养的细胞中也同样存在,因此随着细胞培养技术的发展,人们正在探索借鉴微生物发酵的办法,通过植物细胞的大量培养来生产这些化合物,或是利用培养细胞对外供的前体化合物或中间产物进行生物转化。这一途径大致包括下列3个步骤:

1. 高产细胞系的建立:这一步骤又包括从特定的植物材料诱导愈伤组织,从愈伤组织分离单细胞,细胞诱变和突变细胞的选择,高产的单细胞无性系的保存等。

2. “种子”培养:对高产细胞系进行多次扩大繁殖,以便获得足够的培养细胞用做大量培养时的接种材料。

3. 细胞的大量培养:用发酵罐或生物反应器进行细胞培养,以生产所需要的植物化合物。

在利用生物反应器进行细胞大量培养的时候我们不应忘记,尽管悬浮培养的植物细胞有很多特点与微生物细胞相似,但还有若干特点与微生物细胞不同,例如:①植物细胞个体大,直径为20～150 μm,相当于微生物细胞的10～100倍;②植物细胞有形成聚集体的倾向,在液体培养基中不可能像微生物细胞那样均匀分散;③植物细胞生长速度慢,生产周期比微生物发酵时间长;④培养中的植物细胞其细胞壁非常脆弱,虽具有很大的抗张力,但是难以承受反应器中搅拌器产生的巨大的剪应力(shear)。因此,在进行植物细胞大量生产的时候,不能简单地沿用微生物发酵的设备和方法,而必须使生物反应器的构造和操作程序能充分适应植物细胞的这些特点。

此外,还应注意到,由于植物细胞本身的生长和次生代谢产物的合成要求的条件不完全相同,因此在生产中应当采用“两步法”:第一步先扩增生物量,第二步再促进次生代谢产物的合成。这两步通常应在不同的生物反应器中进行。

5.5.2.2 天然化合物的生产

目前,通过细胞培养大量合成次生化合物的例子虽然不多,但已知的几例却已发展得相当完善，其中能生产的天然植物成分可由生物碱到抗菌剂，由利血平到橡胶，由类固醇到糖类衍生物，此外还有很多其他物质。

海巴戟（*Morinda citrifolia*）是蒽醌（可用以制造染料）的天然来源，这种化合物是在皮层细胞中合成的，贮存于根的外皮细胞中。以干重计，在这种植物细胞培养物中，蒽醌含量比根多20倍。以每细胞的含量计，培养细胞比根的皮层细胞高2～3倍。另据若干作者报道，长春花细胞和愈伤组织培养物能合成数量较高的利血平和阿吗灵。在长春花根中，这两种生物碱的总含量一般低于其干重的0.5%，但在某些品系中可高达1%。高产品系的细胞培养物生产这种生物碱的能力也较高。使人感兴趣的是，某些低产品系的长春花细胞培养物也能积累数量相当多的生物碱。Doller（1978）报道，长春花的茎愈伤组织甚至在建立12年之后还能继续合成利血平。

洋紫苏（*Coleus blumei*）的悬浮培养物能累积一种生物碱，数量可高达细胞干重的15%，比这种生物碱在植株中的含量高出5倍，这是迄今为止效率最高的生产次生化合物的细胞培养系统。

虽然还可举出一些例子来说明细胞培养系统能合成数量较多的天然植物产物，但在很多其他情况下，或者是细胞培养物并不能生产天然化合物，或者是产量很低。这可能是由于在很多方面，例如在形态上，在细胞和生理上，培养细胞与完整的植物不同，因而缺少完整植物所具有的那种进行转化反应的能力。另外一种可能的原因，是我们对于能够促成这类天然产物合成的营养条件和其他培养条件的知识不足。现在已知在培养细胞中生物碱的产量受培养物的生长阶段、培养基成分、培养条件（如光照）以及细胞基因型等的影响。

在通过细胞培养进行天然化合物生产时，另一个严重问题是细胞在遗传上以及后生遗传上的不稳定性。因此为维持生产，就必须对能够合成这些化合物的细胞进行不断的选择。如果培养细胞能被它们的产物所着色，那么只要在每次转换培养基时保留那些有颜色的细胞，即可保持该种化合物的生产。在其他情况下，则很难避免产量上的波动。

倘若以上问题能得到解决或缓和，那么细胞培养就会成为进行某些重要天然化合物工业生产的一种实用手段。

5.5.2.3 生物转化

利用细胞培养进行生物转化有两种不同的方法：第一种方法是，给细胞提供在一般情况下植物所不具备的底物化合物，如人工合成化合物、中间产物类似物，或其他物种的植物产物，以期得到在自然界中所不存在的化合物；第二种方法是,给细胞提供植物天然产物的中间体(如某种化合物的前体),以期提高该种天然化合物的产量。

研究已经表明,植物细胞能使加入的基质发生糖酵解反应。糖苷比糖苷配基有较高的应用价值。例如,糖苷配基卡哈苡苷配基不甜,而糖苷卡哈苡生物苷可以用作一种增甜剂。据报道,甜叶菊(*Stevia rebandiana*)和毛地黄的细胞培养物,除能使卡哈苡苷配基通过糖酵解作用转化为卡哈苡苷之外,还能使之转化为卡哈苡生物苷。除此之外,细胞培养物还能酵解其他化合物,其中包括联苯酚、类固醇、强心糖苷配基和强心苷等。

5.5.2.4 细胞固定化

培养在生物反应器中的悬浮细胞能够生产次生代谢物虽是一个不争的事实,但是,和这些细胞在培养中产生的生物量相比,人们所期待的次生代谢物却产量不高。经过对很多种细胞体外累积次生代谢物的实验研究之后,人们发现,密集而有一定程度分化的、生长缓慢的细胞培养物,能比分散而无结构的、生长迅速的细胞培养物累积更多的次生代谢物。这可能是因为,在前一种情况下,细胞所处的理化环境与在整体植株中所处的环境接近,细胞因而能够发挥正常的代谢功能。而在后一种情况下,细胞在培养液中所处的环境既无极性,也无理化梯度,生物量虽然增加迅速,但代谢产物只能在细胞生长的相对静止期才能有所积累。由此可以设想,若是把细胞固定在某种支持物上,使它们之间密切接触,并形成一定的理化梯度,这些固定化细胞所处的环境就可以类似于在整体植株分化组织中的状态,通过培养基的循环供应,一方面可以保障细胞的营养需要,另一方面又可以避免由于代谢产物的累积而对细胞代谢造成反馈抑制。因此,细胞固定化培养系统有可能成为细胞大规模培养的一项基本技术。

目前在细胞固定化中用于细胞包埋或支持的材料有各种可溶性胶,聚氨酯泡沫、尼龙网和中空纤维等,其中可溶性胶又包括了琼脂、明胶、卡拉胶和藻酸盐等等。现以藻酸钙为例,将细胞固定方法要点介绍如下:先用蒸馏水配制 2%(W/V)藻酸钠溶液 1 份,在 121℃下灭菌 20 min,冷却至室温,与过筛(筛孔直径 1 mm)后的静止期悬浮细胞 1∶1(V/V)混合,用镊子夹起无毒尼龙网在混合液中浸过以后,立刻投入 0.05 mol/L $CaCl_2$ 溶液中,静置至少 10 min,使尼龙网上的藻酸钙充分凝固,然后用无菌水清洗 3 次,这样就完成了细胞固定的程序。固定后细胞仍能保持其生物活性。

固定化细胞的培养系统有 2 种,第一种是平床培养系统,细胞被安置在一个水平的培养器皿中生长;第二种是柱形培养系统,细胞在一个竖式的(垂直的)玻璃器皿中生长。在这两种反应器中，培养液都能流经实际上是静止的细胞并进行循环。下面对如图5.8所示的第二种培养系统作一简要介绍：图中上方是一个容量为50 mL的培养液贮液罐，在重力的作用下，培养液以一定速度滴进下面的一个装有固定化细胞的玻璃柱罐中。玻璃柱罐内装有10个折成筐状的尼龙网，网上凝胶中包埋着固定化细胞，每个柱罐内细胞总量约有5～7 g(鲜重)。营养液由柱罐的底部流出，被泵吸回到贮液罐，循环流动。

无论是采用平床式还是柱罐式反应器，都可以连续地对细胞进行各种化学处理，也很容易从培养液中收获代谢产物。

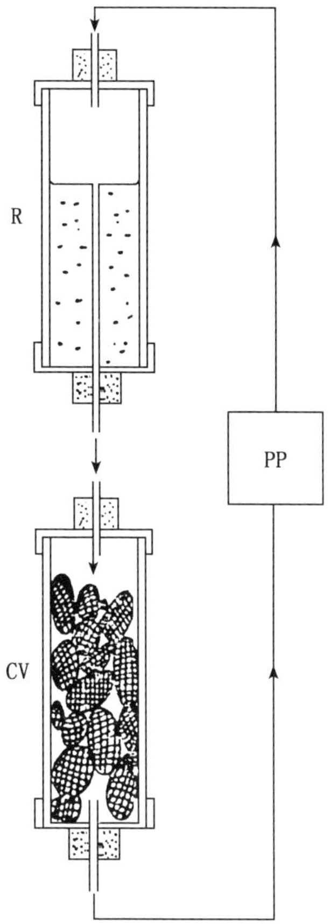

图5.8 柱罐培养装置
R. 营养液贮存罐；PP. 蠕动泵；
CV. 装有固定在尼龙网'筐'
(影线部分)上的细胞的培养器

5.5.3 诱导多倍体

为了克服远缘杂种的不育性常常需要进行染色体数目的加倍。在甘蔗属植物中有很多遗传不育杂种，若能通过染色体加倍而恢复其育性，这些杂种在育种工作中就可以得到充分的利用。利用种子和插条没能达到上述目的。Heinz和Mee(1970)指出，在甘蔗中通过细胞培养可以产生大量的多倍体植株。他们由经过50 mg/L秋水仙素处理4 d的一个甘蔗综合杂种的细胞培养中，获得了1 000多个再生植株，细胞学研究表明，其中大约48%的染色体数目加了倍。在这点上，细胞培养对于其他栽培植物也应当是有用的。

在单倍体细胞培养中也存在着染色体自发加倍的现象。利用这种现象可由花粉单倍体得到纯合二倍体植株(见第6章)。

附录 5.1 细胞密实体积(PCV)的测定方法

1.用吸管吸取一定容积的细胞悬浮培养物作为样本,转入到一个带有刻度的锥形离心管中。如果用一个上端加大而下端做成带刻度毛细管状的离心管,则有可能得到更精确的结果。视悬浮培养物密度的大小,在把样本置入离心管之前,可能有必要将样本稀释或浓缩。例如,对一个较大的样本(100 mL),可以先进行预离心,使悬浮培养物适度浓缩,以便能在刻度上出现一个适当的读数。在最终计算 PCV 时,所曾进行过的稀释或浓缩必须考虑在内。

2.将样品置入离心管中,2 000 *g* 离心 5 min。若细胞密实体的边际线还不够清晰,则需增加离心时间。离心之后必须立即读取读数,若有延迟,则会由于细胞膨胀而导致读数偏高。几个重复应当同时进行,然后求其平均值,以每毫升悬浮培养物中密实细胞的毫升数表示。

6 单倍体的产生

6.1 引言

所谓单倍体，指的是具有配子体染色体组成的孢子体。单倍体在遗传研究和植物育种中的意义在于：

1. 在单倍体细胞中只有 1 个染色体组，表现型和基因型一致，一旦发生突变，无论是显性还是隐性，在当代就可表现出来，因此单倍体是体细胞遗传研究和突变育种的理想材料。

2. 在品种间杂交育种程序中，通过 F_1 代花药培养得到单倍体植株后，经染色体加倍立即成为纯合二倍体，从杂交到获得不分离的杂种后代单株只需要 2 个世代，和常规育种方法相比，显著缩短了育种年限。

单倍体的这些重要意义虽然早已为人所知，然而，由于在自然界单倍体出现的频率极低，只有 0.001%～0.01%，因此以前它们并未得到广泛的利用。自发出现的单倍体在多数情况下都是孤雌生殖的产物，不过，在极少数情况下，有些单倍体能够惟独表现父本一方的性状，说明它们是通过"胚珠内雄核发育"产生的，即授粉后卵细胞退化，由精细胞单独发育成胚。在活体内出现雄核发育单倍体的例子已知有：烟草，一种还阳参属植物（*Crepis tectorum*），金鱼草，以及一种月见草属植物（*Oenothera scabra*）。

在 1966 年以前，试图人工产生单倍体的方法有：①用远缘花粉授粉；②延迟授粉；③用照射花粉授粉；④激素处理；⑤激温处理。但这些方法中没有一个是真正行之有效的。所以，当 20 世纪 60 年代中期 Guha 和 Maheshwari（1964，1966）首次报道由毛曼陀罗（*Datura innoxia*）花药培养获得了大量花粉起源的单倍体以后，立即引起了遗传育种工作者的巨大兴趣，随后在包括中国在内的很多国家广泛开展了花药培养的研究。截止到 1980 年，这项技术已被成功地推广到至少 52 个属的 153 个种，其中包括不少有重要经济价值的植物。

6.2 通过花药培养产生单倍体的潜在可能性

如所周知，一个花药的每个花粉囊中都充满了花粉粒，每个花粉粒在母体植株上的最终角色都是发育成一个雄配子体，那么，在花药的离体培养过程中，花粉粒的命运何以会脱离常轨，最终发育成一个单倍体的孢子体呢？对于这个问题，目前存在着2种不同的解释，其中一种认为，这是由于单核小孢子在发育途径上存在着以下4种不同的可能性：

1. 单核小孢子进行一次不对称的有丝分裂，形成一个小的生殖细胞和一个大的营养细胞。前者起初紧贴在花粉粒的内壁上，但最后变为游离在营养细胞的细胞质中。以后生殖细胞又分裂一次，形成两个精子，而营养细胞则保持静止（图6.1）。取决于物种的不同，生殖细胞的分裂可以发生在花药之内（如白菜、向日葵和小麦等），或像在大多数被子植物（如烟草、棉花和百合等）中一样，发生在花粉粒已从花药散出之后。这是花粉的正常发育过程。但是，随着环境条件的变化，这种正常的发育潜力可能受到干扰和破坏，于是就会出现以下3种异常的发育方式。

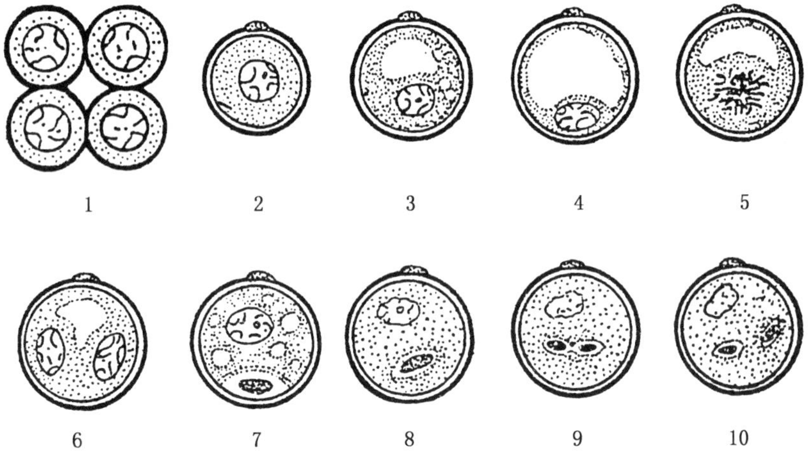

图6.1　小麦小孢子发育过程图解（引自李德炎等，1976）

1. 四分孢子；2. 单核早期，核居中，细胞质没有液泡化；3. 单核中期，细胞质液泡化，核逐渐移向细胞边缘；4. 单核晚期，中央液泡形成，核移到和萌发孔相对的一边；5. 花粉第一次有丝分裂中期；6. 双核初期，两核等大；7. 双核中期，两核形态上分化为营养核（上）和生殖核（下）；8. 双核晚期，生殖细胞移到花粉中央；9. 三核期，生殖核分裂成2个精子，营养核开始退化；10. 三核成熟花粉

2. 在某些被子植物中，作为一种异常现象，单核小孢子的核连续分裂3次，形成一个类似8核胚囊（雌配子体）的结构，被称为“花粉胚囊”。小孢子的这种形态发生潜力最初是由Nemec（1898）在风信子中发现的。后来在垂头虎眼万

年青和小花霍氏草(*Heuchera micrantha*)中也看到了这种现象。Stow(1930)由小孢子的这样一种行为断定,一个小孢子既有发育成为一个雄配子体的可能性,也有发育成为一个雌配子体的可能性。在正常的条件下,花药内的环境有利于雄性潜力的表达。

3. 在曼陀罗和烟草中,幼龄小孢子在天然条件下可能十分接近发育途径转变的临界点,因此只要把花药从花蕾上摘下来,放在蔗糖-琼脂培养基上,就能在小孢子内诱导一种完全不同的发育形式:在原来的花粉粒的壁内连续发生多次细胞分裂,形成一个多细胞的结构,然后在含有无机盐的培养基上,分化成为一个胚状体。胚状体萌发后,形成一个雄性起源的单倍体孢子体。

4. 如果小孢子发育为雄配子体的潜力受到干扰和破坏之后,又没有被上述2种异常发育潜力所取代,即既没有发育成花粉胚囊,也没有发育成胚状体,这时小孢子就会通过不断的细胞分裂而形成愈伤组织。然后,在适宜的培养条件下,愈伤组织再通过胚胎发生或器官发生途径形成植株。不过,当有一个愈伤组织时期插入在小孢子和花粉植株之间时,这种花粉植株在细胞学上可能发生各种变异。

按照以上的解释,任何小孢子都有发育成单倍体植株的可能性,问题只在于如何能遇到适宜的条件。但是,Horner 和 Street(1978)在烟草中发现的"花粉二型性"(dimorphism)却表明,在一个花药中哪些花粉粒具有胚胎发生的潜力是培养前在活体中就已经决定了的,因此称为花粉发育途径的预成论。所谓花粉二型性,指的是在一个花药中可以出现2种不同类型的花粉粒,一种是正常的,一种是不正常的,后者称为E-花粉粒(embryogenic pollen)或S-花粉粒(small pollen),约占花粉粒总数的0.7%。这种不正常花粉粒比正常花粉粒小,细胞质染色弱,核比较清晰。在天然情况下,这种E-花粉粒将形成无功能的雄配子体,但若遇到适当的培养条件,则会发育成胚。这种现象在大麦和小麦中虽然也有少数报道,但它的普遍性仍然有待更多的实验予以证实。

6.3 花药培养的一般程序

6.3.1 取材

花药在接种以前,应预先用醋酸洋红压片法进行镜检,以确定花粉的发育时期,并找出花粉发育时期与花蕾或幼穗的大小、颜色等外部特征之间的对应关系。一般而言,单核后期花药对培养反应较好,在烟草中,此时花蕾的花冠大约与萼片等长，小麦旗叶和旗叶下一叶之叶耳距约为 5～15 cm，水稻颖片通常已达到最后大小，颜色淡绿，颖内的花药色亦淡绿(白则太嫩，黄则偏老)。但值得注意的是，这种相关性绝不是一成不变的，而会因品种和气候的不同而异，因此，在实验中还必须由每个花蕾取出一个花药，通过镜检确定花粉发育的准确时期。

6.3.2 预处理

适当的预处理可以显著提高花药的愈伤组织诱导率。常用的预处理方法是低温冷藏，具体的处理温度和时间长度因物种而异：烟草 7～9℃，7～14 d；水稻 7～10℃，10～15 d；黑麦 1～3℃，7～14 d；大麦 3～7℃，7～14 d。但低温预处理对小麦效果不稳定，有时还有负效果。

6.3.3 消毒

花药适宜培养时，花蕾尚未开放，花药在花被或颖片的严密包被之中，本身处于无菌状态，因此，通常只要以 70％酒精喷洒或擦拭花器或包被着麦穗的叶鞘表面，即可达到灭菌要求。

6.3.4 接种

在无菌条件下把雄蕊上的花药轻轻地从花丝上摘下，水平地放在培养基上进行培养，在整个操作过程中不应使花药受到损伤，若受损伤，则应淘汰，因为损伤常常会刺激花药壁形成二倍体愈伤组织。

如果所碰到的是花器很小的植物，如天门冬属、芸苔属和三叶草属植物等，可能需要借助体视显微镜夹取花药，或是只把花被去掉，把花蕾的其余部分连同其中原封未动的雄蕊一起接种在培养基上。在有些情况下，甚至是接种整个花序以得到花粉单倍体。然而这种简单化的方法只适用于这样一些基因型，即其中雄核发育在只含无机盐、维生素和糖的简单培养基上即可进行，而在这种培养基上孢子体组织增殖的机会很少。当必须使用生长素才能诱导花粉粒雄核发育的时候，应当尽可能把孢子体组织去掉。

由于花药对离体培养的反应存在“密度效应”，因此每个容器中接种的花药数量不宜太少，以形成一个合理的群体密度。

6.3.5 培养方式和培养条件

花药的培养方式主要有 3 种：一是在琼脂固化培养基表面培养，二是在加入 30％ Ficoll 的液体培养基表面飘浮培养，三是利用固体-液体双层培养基培养，以便既能保持较高的接种密度，培养基又不易失水干涸。

花药对培养温度的要求因物种而不同，对于大多数小麦品种来说，在培养的最初 6 d 给以 30～32℃的较高温度，然后再转入 28～30℃下培养，花药出愈率会有明显提高。水稻花药培养的适宜温度从一开始就是 27℃。愈伤组织分化阶段对温度的要求不像诱导阶段那样严格，例如小麦在 17℃和 30℃下花粉愈伤组织分化频率没有显著差异，水稻花粉植株的分化也多在和诱导期间相同的温度下进行。

对光照的要求在物种间差异更为明显，例如连续光照可显著增加烟草花粉胚的产量，却强烈抑制曼陀罗的花粉胚胎发生。禾谷类植物在花粉愈伤组织诱导期间则以暗培养或散射光培养效果较好，强光会抑制小麦花粉愈伤组织的形成。

愈伤组织的分化原则上都应在光照下进行，但对光照强度和照光时间的要求则因物种而异。例如水稻花粉愈伤组织在转入分化培养基之初仍不宜照光培养，须待 3～5 d 后再给以每天 14 h 1 000～2 000 lx 的光照，以免引起愈伤组织的老化坏死。对小麦花粉植株则不宜给以长日照。

6.3.6 花粉植株的诱导

烟草花药接种在无激素培养基上 1 周以后，即有部分花粉粒开始膨大，2 周以后细胞开始不断分裂，相继形成球形胚、心形胚和鱼雷形胚等，3 周后在花药开裂处即可见到许多淡黄色的胚状体，见光后变绿，并逐渐长成小苗。每个花药中长出的小苗数可从 1 株到几十株不等，最多者可达 180 株以上(图 6.2)。

禾本科植物的花药在培养中通常不能形成胚状体，在这类植物中，花粉植株的诱导往往要分两步进行。首先，第一步，将花药接种在含有 2,4-D(1～2 mg/L)的诱导培养基上，诱导花粉粒形成单倍体愈伤组织。然后，第二步，当花粉愈伤组织形成后 10～15 d，其直径已长到 1.5～2.0 mm 时，及时把它们转到分化培养基上诱导植株分化。分化培养基中不含 2,4-D，含有 NAA 和 KT 各 0.5 mg/L。在分化培养基上，愈伤组织表面陆续分化出芽和根(图 6.2)。

在烟草中，花粉植株是由胚状体产生的，因此几乎都是单倍体。在稻麦等植物中，由于花粉植株是经由愈伤组织产生的，染色体数常有变化，其中既有单倍体，也有二倍体、三倍体以及各种非整倍体等。有关花粉植株染色体变异问题，我们将在第 15 章中介绍。

6.3.7 壮苗和移栽

以小麦为例，王培等采用的方法是：将已长出 2～3 片叶的花粉植株转入含有多效唑 3 mg/L，NAA 和 KT 各 0.5 mg/L，LH 500 mg/L 和蔗糖 8%的 MS 培

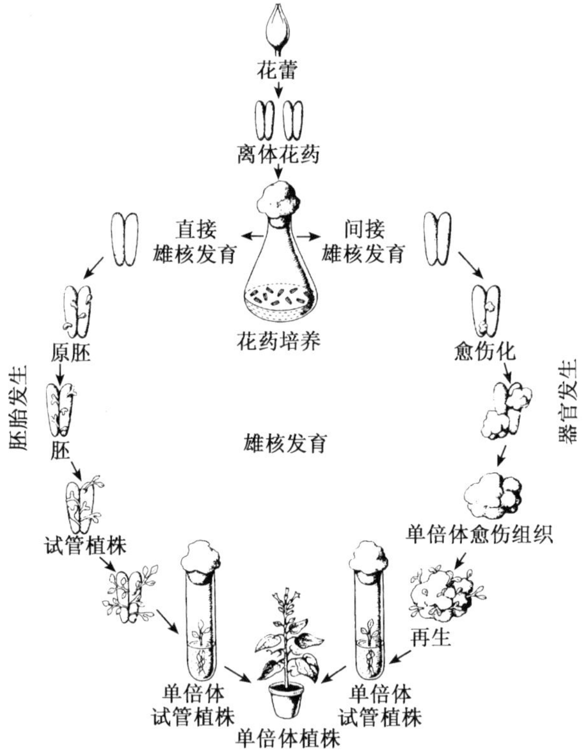

图 6.2 花药离体培养中单倍体植株发育的 2 种方式

(引自 Reinert 和 Bajaj,1977)

养基上,于 22～25℃下进行壮苗培养,然后在 3～8℃低温弱光条件下越夏,深秋时炼苗移栽。但也可尝试中国农业大学在小簇麦杂种试管苗壮苗和增殖中采用的方法(见第 9.9.1 节)。

6.3.8 单倍体植株的二倍化

单倍体植株能正常地生长到开花期,但由于缺少同源染色体,减数分裂不能正常进行,因而不能形成有活力的配子。为了得到可育的纯合二倍体,必须把单倍体植株的染色体组加倍。虽然在花粉植株中染色体可自发加倍,但其频率太低。通过人工措施则可显著提高加倍频率。

诱导染色体加倍的传统方法是用秋水仙素处理。在烟草中一般使用 0.4%的秋水仙素溶液。具体方法是:把幼小的花粉植株浸于过滤灭菌的秋水仙素溶液中 96 h,然后转移到培养基上使其进一步生长。秋水仙素处理也可通过羊毛脂进行,即把含有秋水仙素的羊毛脂涂于上部叶片的腋芽上，然后把主茎的顶芽去掉，以刺激侧芽长成二倍体的可育枝条。为了加倍颠茄的单倍体细胞，Rashid 和 Street (1974)在悬浮培养基中加入 1 g/L 秋水仙素，处理 24 h 之后，再把细胞转移到不含这种药物的培养基中，结果可使 70%的细胞二倍化。禾本科植物的染色体加倍，一般都是采用在分蘖盛期用秋水仙素溶液浸泡分蘖节的办法，例如小麦用 0.04%秋水仙素处理 8 h，水稻，用 0.2%的秋水仙素处理 24 h。为了增强处理效果，溶液内皆须加入 1%～2%的助渗剂二甲基亚砜(DMSO)。除了在分蘖盛期加倍之外，也可采用愈伤组织和试管苗染色体加倍方法，效果很好(见第 9.9.1 节)。

对以上介绍的花药培养的一般程序，现以小麦花药培养为例，图示于后(图 6.3)。

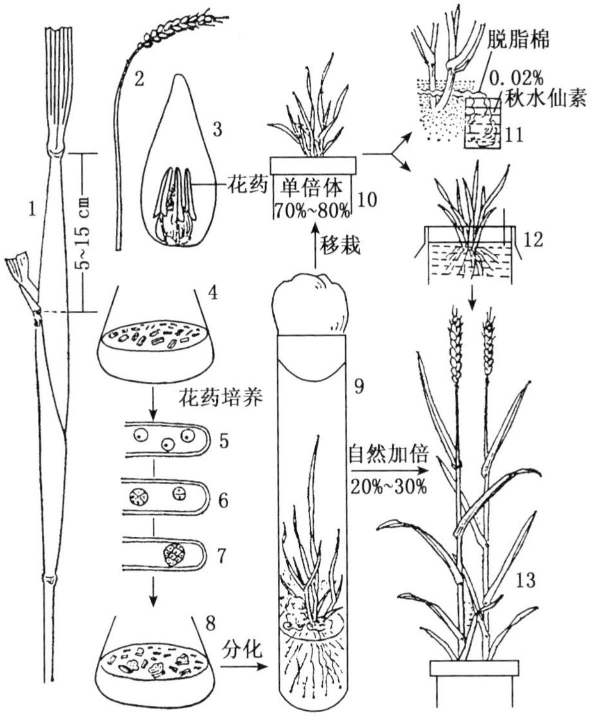

图 6.3 小麦花药培养程序示意图(引自李德炎等，1976)

1～3. 孕穗期的植株、穗和颖花；当两叶耳间距离为 5～15 cm(随杂种不同有差异)、穗轴较柔软可略弯曲同时颖片淡黄绿色时，花粉为单核中晚期；4. 接种后的花药；5～7. 花药中花粉发育为愈伤组织的过程；8. 从花药中长出花粉愈伤组织；9. 从愈伤组织分化出花粉植株；10. 移栽后的单倍体植株；11～12. 两种不同的加倍染色体方法；13. 加倍后的纯合二倍体植株

6.4 影响雄核发育的因子

所谓雄核发育(androgenesis),指的是小孢子沿孢子体途径发育成花粉植株的过程。影响雄核发育的因子很多,除上节提到的以外,还包括以下5个方面:

6.4.1 基因型

基因型是影响花药离体培养反应的重要因子之一。据Irikura(1975)报道,在属于茄属的46个物种和9个种间杂种中,只有19个物种和4个杂种能产生花粉植株。另据陈锦骅等(1982)报道,水稻不同种、亚种和品种间花药对离体培养反应的高低顺序是:糯>粳>粳/籼>籼/籼>籼。在粳稻中花粉愈伤组织诱导率平均可达10%,而在籼粳中只有1%~2%。孙敬三(1995)在一篇综述中指出,在小麦中农大139和农大311等花药培养很难成功,而西阿诺和小偃759(由小麦和长穗偃麦草杂种后代中选出的一个小麦异添加系,$2n=44$)等品种花粉愈伤组织诱导率可达百分之几十。烟草属各个种的花药对离体培养反应最灵敏,花粉植株的获得率最高,但是其中的郎氏烟草(*Nicotiana longsdorffii*)花药培养却很难成功。

6.4.2 生理状态

供体植株的年龄及其所处的生长条件也能影响花药对离体培养的反应。一般来说,幼年植株的花药反应能力较好。在开花末季采集的花药不但形成孢子体的频率很低,而且发生反应的时间也较迟。在水稻和小麦等禾谷类植物中,大田植株比温室植株、主茎穗比分蘖穗花粉愈伤组织的诱导率高。

Dunwell和Perry(1973)观察到,在烟草中,当光照强度相同时,由生长在短日照(8 h)条件下的植株上采集的花药,要比在长日照(16 h)条件下采集的对培养的反应高出60%。Heberle-Bors和Reinert(1980)发现,若烟草的供体植株生长在短日照18℃条件下,其单倍体产量会比生长在长日照24℃条件下的提高4~5倍之多。在蔓菁品种Towe中,种在较低温度下的供体植株花粉胚的诱导频率较高。Keller和Stringam(1978)指出,在分别生长于昼/夜温度为15℃/10℃、20℃/15℃和25℃/20℃条件下的植株中,每1 000个接种花药的花粉胚产量依次为979、579和267。

由供体植株生长条件的差异造成的花药对培养反应的不同,可能是内生激素水平变动的结果。王敬驹等(1974)看到,在水稻中若在10℃下用乙烯利预处理植株 84 h,可增加花药对培养的反应能力。

6.4.3 花粉发育时期

在诱导花粉进行雄核发育的过程中,花粉在接种时所处的发育时期可能比培养基成分更为重要。虽然上一节中我们已经提到,一般而言单核后期花药对培养反应较好,但不同物种最适的发育时期不同。例如,在毛曼陀罗(表 6.1)、烟草和杂配芍药(*Paeonia hybrida*)中,最适时期是在花粉第一次有丝分裂的当时或稍前稍后。而在颠茄和林生烟草中以双细胞早期最好,在金氏烟草中双细胞早期则是绝对必要。很多禾本科植物的花药是在单核早期(大麦)或单核中、晚期(玉米、小麦,参见图 6.1)反应最好。

表 6.1 在毛曼陀罗花药培养中花粉发育时期对花粉植株形成的影响

花粉发育时期	接种花药数	产生小植株的花药数	产生小植株花药的%
四分体或幼龄小孢子	35	13	37
中期液泡化小孢子	27	17	63
核已完成 DNA 合成的小孢子	113	96	85
花粉第一次有丝分裂	20	19	95
双核早期具液泡化营养细胞	122	84	69
累积淀粉之前非液泡化花粉粒	116	16	14

引自 Sunderland 等,1974。

虽然发育时期很早(减数分裂或四分体时期)或很晚(充满淀粉粒的双核花粉)的花药一般都不能形成花粉植株,但也有些例外。如在拟南芥和番茄中,最适宜的时期是当小孢子母细胞处于中期Ⅰ的时候;另一方面,在芸苔属植物和牛尾草×多花黑麦草(这两个物种的成熟花粉都是三核的)中,成熟花药或由其中分离得到的花粉反应较好。不仅如此,在芸苔属植物中,花粉在整个成熟过程中对于培养都能发生反应,只是随着花药年龄的增加,所需的生长素浓度也相应增加。

检查花粉发育时期常用的方法是醋酸洋红染色,但对于 DNA 含量较低的材料,最好用孚尔根试剂染色。此外,对水稻和玉米等植物而言,I-KI 染色效果比醋酸洋红更好。

6.4.4 药壁因子

大量的证据表明,在花粉胚发育过程中花药壁起着重要的作用。Pelletier

和 Ilami（1972）通过一系列的移植实验证明，即使把一个品种烟草的花粉移植到另一个品种的花药中，前者也能够顺利地发育成胚。通过这项工作建立了一个“药壁因子”的概念。随后又出现了花药对同一物种及不同物种离体花粉雄核发育的看护作用的报道。甚至花药浸提液也能刺激花粉胚的形成。在大麦花药漂浮培养中，若使用曾经培养过大麦花药或子房 7 d 之久的条件培养基（conditioned medium），能显著促进花粉胚的形成。在上述条件培养基中，有 83%的花药形成了愈伤组织，每个花药平均形成愈伤组织 38 块，而在对照培养基中只有 15%的花药形成了愈伤组织，每个花药平均形成愈伤组织 1.1 块。如我们在后面将要指出的，在曼陀罗离体小孢子培养中，用谷氨酰胺、丝氨酸和 *m*-肌醇三者一起可以取代药壁因子的作用，而在烟草花粉培养中，只用谷氨酰胺即能取代这种作用。

组织学研究也明确证实了药壁因子在花粉胚发育中的作用。在烟草中，只有原来贴靠着花药壁的花粉粒，才能顺利发育成花粉胚。在天仙子中，也只有处在药室外围紧靠绒毡层的花粉能够成胚。这个事实进一步表明，由绒毡层起源的某些重要物质的梯度变化，对于诱导花粉粒发育成胚起着关键的作用。

6.4.5 培养基

6.4.5.1 基本培养基

基本培养基对花药培养的成败影响很大。在由 20 世纪 60 年代开始一连 20 余年的花药培养研究热潮中，研究者一方面证实了原有的一些培养基如 MS，Miller 和 Nitsch 等对花药培养的普遍适用性，同时又根据花药培养的特殊要求，设计了几种新的配方，如适用于稻、麦和玉米的 N_6 培养基（朱至清等，1974；表 2.1），适用于小麦的 C_{17} 培养基（王培等，1986；表 6.2），W_{14} 培养基（欧阳俊闻等，1989；表 6.2）和马铃薯-2 培养基（庄家骏等，1978；表 6.2），从而提高了这些禾谷类植物花粉形成愈伤组织的频率和愈伤组织分化绿苗的频率，例如在 N_6 培养基上，供试的 3 个水稻品种花粉出愈率分别为 37.7%、32.0%和 7.5%，而在 Miller 培养基上分别只有 15.5%、10.8%和 0。

和 MS 培养基相比，N_6、C_{17} 和 W_{14} 的一个共同特点是，大幅度降低了其中氨离子浓度，并调整了其中氨态氮和硝态氮的比率：在 N_6 培养基中，NH_4^+ 离子浓度由 MS 中的 20.62 mmol/L 降至 7.01 mmol/L，氨态氮与硝态氮的比值由 MS 中的 0.52 降为 0.25（表 2.2）。

表 6.2 中国学者发表的几种花药培养基的成分

成 分	培养基(mg/L)		
	马铃薯-2①	C_{17}②	W_{14}③
KNO_3	1 000	1 400	2 000
$(NH_4)_2SO_4$	100	—	—
NH_4NO_3	—	300	—
$NH_4H_2PO_4$	—	—	380
KCl	35	—	—
K_2SO_4	—	—	700
KH_2PO_4	200	400	—
$MgSO_4 \cdot 7H_2O$	125	150	200
$CaCl_2 \cdot 2H_2O$	—	150	140
$Ca(NO_3)_2 \cdot 4H_2O$	100	—	—
$FeSO_4 \cdot 7H_2O$	—	27.85	27.8
$Na_2 \cdot EDTA \cdot 2H_2O$	—	37.25	37.3
Fe · EDTA	10^{-4} mol/L	—	—
H_3BO_3	—	6.2	3.0
$MnSO_4 \cdot 4H_2O$	—	11.2	—
$MnSO_4 \cdot H_2O$	—	—	8.0
$ZnSO_4 \cdot 7H_2O$	—	8.6	3.0
KI	—	0.83	0.5
$CuSO_4 \cdot 5H_2O$	—	0.025	0.025
$CoCl_2 \cdot 6H_2O$	—	0.025	0.025
$Na_2MoO_4 \cdot 2H_2O$	—	—	0.005
盐酸硫胺素	1.0	1.0	2.0
盐酸吡哆醇	—	0.5	0.5
烟酸	—	0.5	0.5
甘氨酸	—	2.0	2.0
D-生物素	—	1.5	—
2,4-D	1.5	2.0	2.0
激动素	0.5	0.5	0.5
马铃薯浸提液	10%	—	—
蔗糖	90 g	90 g	110 g
琼脂	6 g	7 g	4～5.5 g

①庄家骏等(1978);②王培等(1986);③欧阳俊闻等(1989)。

6.4.5.2 碳源

在花药培养中，蔗糖一直是最常用的碳源，但近10余年来，也有些作者使用其他糖类，如麦芽糖、果糖和葡萄糖等做碳源，取得了良好的培养效果。例如，据朱至清等(1990)报道，在过滤灭菌的条件下，若以0.21 mol/L葡萄糖取代液体培养基中等摩尔浓度蔗糖，小麦花粉胚的诱导频率可增加2～10倍。当把这些花粉胚转到含有0.21 mol/L葡萄糖但无2,4-D的双层分化培养基(过滤灭菌)上以后，其中40%～90%长成了试管苗；而在含有蔗糖的培养基中，只有0～30%能够成苗。

除了用作碳源之外，蔗糖在培养基中还起着调节渗透压的重要作用。由于不同植物花粉细胞的渗透压不同，因此对蔗糖浓度的要求也不同。此外，考虑到花粉细胞的渗透压通常高于花丝等体细胞的渗透压，因此所用的蔗糖浓度最好能在不妨碍花粉细胞增殖的同时，又能抑制体细胞的增殖。经过大量的实验探索之后，现在在几种主要农作物花药培养中采用的蔗糖浓度通常是：烟草、油菜、甜椒和柑橘等3%，水稻3%～6%，小麦6%～10%，大麦和黑麦草12%，玉米12%～15%。

6.4.5.3 植物激素

培养基中的激素成分对于诱导花粉细胞的增殖和发育起着重要作用。取决于植物种类的不同，花药在离体培养中对激素的要求有2种不同的情况：①在烟草、毛曼陀罗、假白花曼陀罗以及瘤果曼陀罗等植物中，雄核发育的途径是直接形成花粉胚。在这些植物中，一般不需要激素，在基本培养基上就可以产生完整的单倍体植株，在有些情况下，甚至连维生素也无必要。②在大多数已知能进行雄核发育的非茄科物种中，花粉粒首先形成愈伤组织，然后，或是在同一培养基中，或是在略加改变的培养基中，由愈伤组织分化出孢子体。在这些植物中，为了诱导花药进行雄核发育，必须单独地或以不同配比在培养基中加入生长调节物质、复杂的营养混合物(如酵母浸出液、水解酪蛋白)和椰子汁等。在大多数禾本科植物如水稻、小麦、大麦和黑麦的花药培养中，外源生长素，特别是2,4-D(1～3 mg/L)，是启动小孢子细胞分裂形成愈伤组织的必要条件。但燕麦和玉米例外，它们的花药在没有外源激素刺激的情况下，即能启动细胞分裂。在水稻和小麦花药培养基中除2,4-D之外还常常添加KT 0.5 mg/L，其作用或在于增强愈伤组织的胚胎发生能力，或在于抑制花丝愈伤组织的形成。

有时，通过审慎地改变培养基中的生长调节物质，有可能改变雄核发育的方式。例如在小麦中，如果培养基里含有2,4-D和水解乳蛋白，花粉就形成愈伤组织;如果在基本培养基中补加椰子汁,花粉粒就直接发育成胚。在籼稻的花药培养中,若培养基里补加了生长素,花粉起初是沿成胚途径发育;当把带有幼胚的花药转移到不含生长素的培养基上以后,就会形成分化完善的花粉胚。但是若把花药留在含生长素的培养基中时间较长,就会形成易散碎的愈伤组织。在黑麦中也是这样,为了促进花粉胚的充分发育,防止它们愈伤化或在成熟前死亡,当花药已在含有激素的培养基上进行了 6～8 周的暗培养之后,必须把幼胚转移到不含生长素的培养基上在光下培养。

6.4.5.4 活性炭

关于活性炭的作用特点我们已在第 2.2.5.1 节中做过介绍。在花药培养中,有些报告表明活性炭对雄核发育具有促进作用。例如在烟草花药培养基中添加 2%活性炭,或在马铃薯花药培养基中添加 0.5%活性炭,都能大幅度提高花粉植株的形成频率。但是有些作者却指出,这种效应可能与这类茄科植物的雄核发育不依赖于外源激素有关,对于必须依赖外源激素才能进行雄核发育的植物来说,在花粉愈伤组织诱导培养基中添加活性炭可能是有害而无益的。

6.5 雄核发育单倍体的个体发生过程

6.5.1 花粉单倍体的诱导

前已述及,对于大多数物种来说,适于诱导雄核发育的花粉发育时期,是在单核小孢子第 1 次有丝分裂即将开始、正在进行或刚刚结束的时候。在正常的活体发育期间,烟草单核小孢子在第 1 次有丝分裂之后活跃地合成 RNA、蛋白质和核组蛋白。RNA 合成主要发生在双核花粉粒的营养细胞中。不过,与 r-RNA(以及可能还有 t-RNA)合成有关的基因,在花粉第 1 次有丝分裂之后似乎会"关闭"大约 24 h。估计凡是已通过了这一时期的花粉粒,都会不可逆转地依一定程序进行配子体分化,这个过程一般来说是难以改变的。因此只有刚刚通过第 1 次有丝分裂的小孢子,才能被诱导进行孢子体方式的发育。

在烟草中进行的细胞化学和超微结构的研究表明,在诱导期(由开始花药培养到第 1 次异常分裂,一般需时 6～12 d)中配子体细胞质发生退化现象。其间出现一些类似溶酶体的多泡体,可能就是这些多泡体引起了细胞质的退化。到了诱导期结束时,就各种细胞器来说,在营养细胞中就还只剩下少数线粒体和结构上已变得比较简单的质体,核糖体已几乎完全不见了。在营养细胞完成了第 1 次孢子体分裂之后,细胞质内重新出现了核糖体和其他各种细胞器。因此,本来要发育成为配子体的营养细胞，此刻改变了发育方向，变成沿孢子体途径发育。在天仙子中，对花粉胚发育的诱导作用出现在花药培养开始后的数小时内，而早在培养后的第1小时即可发现RNA的合成活动。

6.5.2 雄核发育早期过程的4种途径

根据小孢子最初几次分裂的方式，可将离体条件下雄核发育的途径分为以下4种(图6.4)。

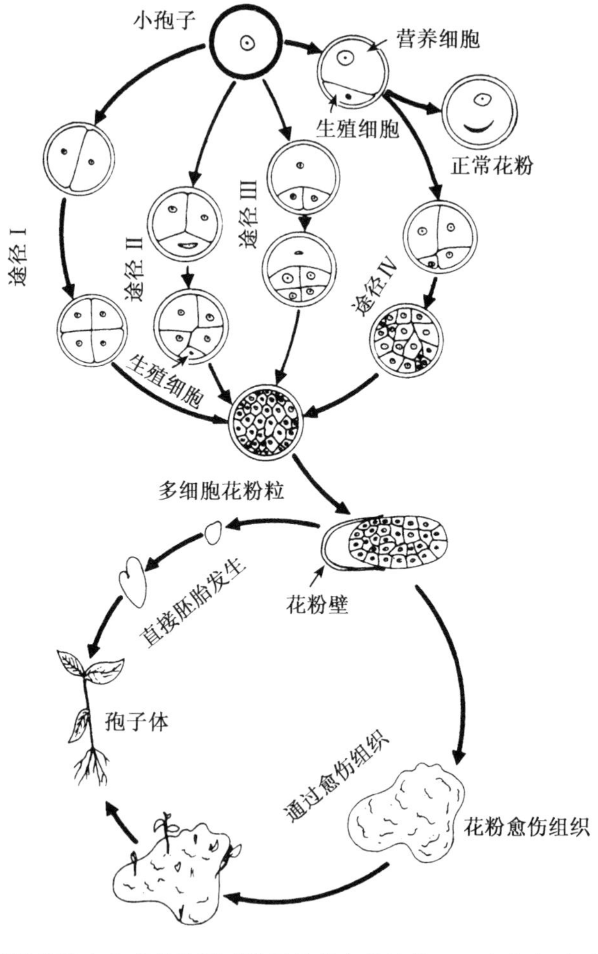

图6.4 在花药培养中由花粉粒形成孢子体的各种途径。一个小孢子可通过4种途径中的任何一种形成一个多细胞花粉粒。多细胞花粉粒或者直接发育成胚，或经过愈伤组织阶段而产生孢子体

第 1 种途径：单核小孢子进行一次均等分裂，形成两个等同的子细胞，而不是形成相互有别的营养细胞和生殖细胞。两个等同的子细胞都参与孢子体的发育。这种途径在毛曼陀罗中相当普遍。Rashid 和 Street(1974)认为，在烟草中只有通过这种途径才能形成有生活力的花粉胚，第 2 种途径是无功能的。不过，Horner 和 Street(1978)却明确认为，在烟草品种"White Burley"中，花粉胚主要是通过第 2 种途径形成的。Sunderland 和 Dunwell(1974)则强调指出，在烟草中这两种途径可能都发挥作用。

第 2 种途径：单核小孢子先进行一次正常的非均等分裂，然后通过营养细胞的进一步分裂形成孢子体。生殖细胞或者完全不再分裂，或者分裂 1～2 次后即行退化。这种发育途径在烟草、大麦、光叶曼陀罗、小麦、小黑麦和辣椒中都普遍存在。

第 3 种途径：在天仙子中，花粉胚主要是由生殖细胞单独形成的，营养细胞或是完全不再分裂，或只分裂有限几次即停止。无论在哪种情况下，营养细胞最终都变成一个类似胚柄的结构，附着在由生殖细胞起源的胚的胚根一端。

第 4 种途径：如在第 2 种途径中一样，形成一个营养细胞和一个生殖细胞。但在这种情况下，2 个细胞都进一步分裂并参与孢子体的形成。这种雄核发育途径迄今还只见于毛曼陀罗中。然而，Sunderland 和 Dunwell(1974)提出了这样一种观点，认为在其他一些植物(如光叶曼陀罗和颠茄)中，这种途径也可能发挥作用，并且由于核的相互融合，还会形成高频率的非单倍体。

6.5.3 雄核发育晚期过程的差异

无论早期的分裂途径如何，每个反应花粉粒最终都变成了一个多细胞的花粉粒。当把花粉壁撑破以后，释放出来的是一团轮廓不规则的组织。在颠茄、曼陀罗、天仙子和烟草等植物中，这团组织逐渐变成了一个球形胚，球形期以后的发育则按照正常的步骤进行(心形、鱼雷形、直到子叶期，见图 6.4)。通过这个途径，一个花粉粒只形成一个植株。然而，在其他若干能通过花药培养产生雄核起源孢子体的物种(拟南芥属、天门冬属和小黑麦等)中，由花粉粒破裂释放出来的细胞团能进一步增殖形成愈伤组织。以后在同一种或另一种培养基上，由愈伤组织分化产生植株(图 6.4)。在有些植物如水稻中，通过改变培养基的成分可以控制花粉植株的产生方式——经由胚状体或经由愈伤组织。这在天仙子中也是同样可能的。

一般认为花粉胚是自由居于药室中，但 Nitsch(1969)在烟草中注意到，至少有某些幼胚是由一个小的类似胚柄的结构连在药室壁上的。为了研究烟草花粉胚个体发育过程的细节，Haccius 和 Bhandari(1975)使用了一种改良的石蜡切片技术，以使花粉和花粉胚在材料制作期间能保持原位不变。研究的结果指出，大约 82%发育良好的花粉胚都有一个基端，它粘附在一种支持组织上，这种支持组织可能是药室壁，也可能是其他花粉胚或一团死花粉。这表明，为了确立最初的极性和花粉胚的正常发育，可能必须存在一种临时的支持组织。这两位作者还看到，花粉外壁的破裂点总是恰恰能使原胚细胞团的胚芽端暴露出来。而且只有当花粉外壁破裂口一端不与支持组织直接接触时，球形胚的进一步发育和原表皮层的分化才可能发生(图 6.5)。

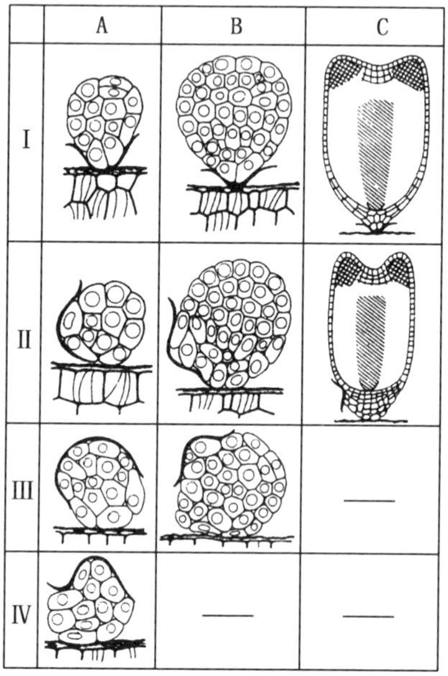

图 6.5 烟草花粉粒外壁破裂位置(A)和花粉胚命运(B,C)之间关系的图解。只有当原胚细胞团的暴露部分背离花粉粒与支持组织的接触点时(Ⅰ,Ⅱ)原胚才能发育成熟。否则(Ⅲ,Ⅳ)即行夭折(引自 Haccius 和 Bhandari,1975)

6.6 禾谷类植物花药培养中白化苗的形成

在禾谷类植物花粉单倍体生产中存在的一个严重问题是出现大量白化苗。在大麦、小麦和水稻的花粉植株中，白化苗通常要占总苗数的 1/3 以上，严重的情况下，例如在大麦品种 Sabarlis 的花粉植株中白化苗频率可高达 60%～

90%,这就大大限制了花药培养技术在育种实践中的应用。在水稻中造成白化的原因是由于前质体不能正常地发育成叶绿体,既不能形成基粒又完全缺乏核糖体,改变培养基成分也无助于这个问题的解决。现在只知道白化苗的形成受温度的影响,当温度由26℃增加到35℃时,白化苗的数目也随之增加。Genovesi等(1979)在水稻上还观察到,花粉处在单核期的花药若在10℃和13℃下冷处理3~14 d,所产生的植株中有90%是绿苗,10%是白化苗。然而,无论在上述哪种温度下,若把冷处理的时间延长到21 d,所产生的植株几乎全是白化苗。他们还注意到,花粉处在双核期的花药比处在单核期的花药产生的白化苗较多。为了找出减少白化现象的有效办法,还有待进一步的研究。所幸的是,除葡萄外,在禾本科以外植物的花药培养中未曾发现过白化苗,在禾本科植物体细胞再生植株中,虽偶有白化苗出现,但频率很低。

6.7 离体花粉培养

虽然花药培养和花粉培养的目的都在于获得单倍体植株,但从严格的意义上讲,花药培养是属于器官培养的范畴,而花粉培养则与单细胞培养相似。在花药培养中,由于一个花药内的花粉粒在遗传上是异质的,因此,由一个花药所产生的植株,将构成一个异质的群体。如果单倍体植株是经由花粉愈伤组织的途径产生的,由于从若干花粉起源的愈伤组织常常混在一起,因此由一个花药形成的愈伤组织将会是一个嵌合体。而且,如果在花粉愈伤组织化的同时,花药壁细胞也进行增殖,那么最终所得到的愈伤组织就不可能具有纯粹的配子体起源。解决这个问题的方法是培养离体小孢子或花粉粒,并诱导它们进行雄核发育。

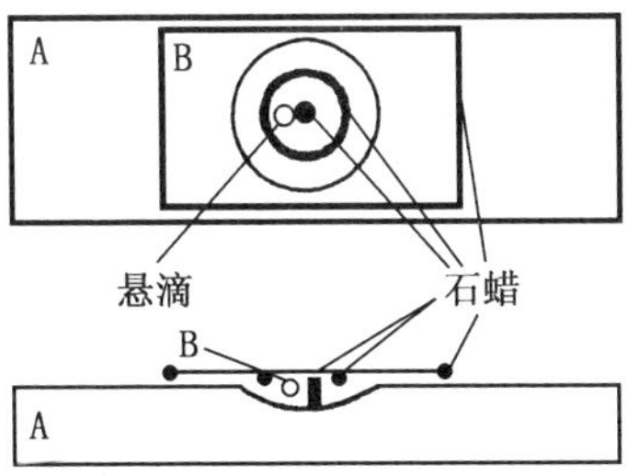

图6.6 培养甘蓝花粉用的悬滴培养装置
A.凹穴载片;B.盖片(引自Kameya,1970)

在裸子植物中,Tulecke早在1953年就报道了在离体花粉培养中形成愈伤组织的情况。在被子植物中,由离体花粉形成愈伤组织的例子最早见于Kameya和Hinata(1970)的报道。这两位作者培养的是甘蓝和甘蓝×芥蓝杂种的成熟花粉,所用的是悬滴培养法。为了防止花粉破裂,在4℃下的低温中接种,在20℃下暗培养。具体做法是,先在一张盖片上圈筑1个圆形石蜡"围墙",中心装上1个石蜡柱,将1滴含有 50～80 个成熟花粉粒的培养液滴在石蜡柱一侧，翻转盖片，扣在载片的凹穴上，使石蜡柱正好触及凹穴中央底部，盖片四周用石蜡封严（图 6.6）。每天轻轻转动载片，使悬滴绕着盖片中央的石蜡柱流动，以达到通气的目的。Sharp 等（1972）用看护培养法培养番茄的离体花粉粒，也成功地获得了单倍体细胞的无性繁殖系（图 6.7）。具体做法是，由一个花蕾中取出完整花药，水平地置于半固体培养基表面，然后在这些花药上面覆盖一小圆片滤纸。与此同时，由另一个花蕾中取出花药，制成花粉悬浮液，密度是每 0.5 mL 培养基含有 10 个花粉粒。用移液管吸取 0.5 mL 悬浮液，滴在小圆滤纸片上，在 25℃下照光培养。约 1 个月后，在滤纸片上就会长出由绿色薄壁细胞组成的细胞群落。在有些实验中植板效率最高可达 60%。通过这种花药看护培养法得到的单细胞无性系都是单倍体。无花药看护的对照则没有形成细胞团。

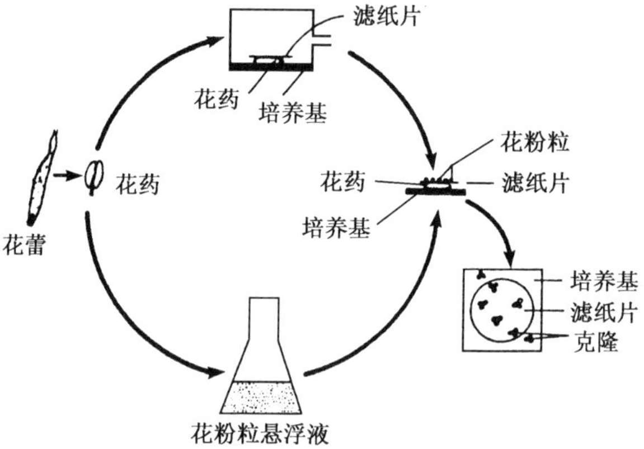

图 6.7　由番茄离体花粉粒建立组织无性系的看护培养法（引自 Sharp 等，1972）

为了由烟草的离体花粉获得单倍体，也可用粘毛烟草或矮牵牛的花药或矮牵牛花瓣愈伤组织作为看护组织。Nitsch 和 Norreel（1973）指出，甚至培养的曼陀罗花药的浸出液也能代替看护组织。为了由烟草和曼陀罗离体培养的花粉粒获得单倍体植株，Nitsch（1974）部分地是根据对非胚性花药（直接取自花蕾）和胚性花药（已培养约 7 d）的分析，研制了一种纯合成培养基（表 6.3），其中的关键成分是谷氨酰胺、*L*-丝氨酸和肌醇。Wernicke 和 Kohlenbach（1977）以及 Horner 和 Pratt（1979）肯定了在烟草离体花粉培养中谷氨酰胺对胚胎发生的重要性，但对丝氨酸的作用提出了怀疑。在马铃薯中，为了在离体花粉粒中诱导胚胎发生，须将天门冬酰胺与谷氨酰胺配合使用。迄今在矮牵牛、番茄、枫树以及玉米中也已由离体花粉粒获得了单倍体植株。

表 6.3 Nitsch(1977)用于培养烟草离体小孢子的培养基成分

成 分	数量(mg/L)	成 分	数量(mg/L)
KNO_3	950	谷氨酰胺	730
NH_4NO_3	725	丝氨酸	105
$MgSO_4 \cdot 7H_2O$	185	肌醇	4 505
KH_2PO_4	68	蔗糖	20 000
$CaCl_2 \cdot 2H_2O$	166	pH	5.8
Fe·EDTA	5(mL)①		

①贮备液的制备:称取 7.45 g Na_2·EDTA 和 5.57 g $FeSO_4 \cdot 7H_2O$ 溶于 1 000 mL 蒸馏水中。

Nitsch(1974)介绍的由烟草离体花粉获得植株的方法如下:将尚未开放的花蕾用适当的灭菌溶液进行表面消毒,然后用无菌蒸馏水彻底洗净,由于在烟草和某些禾谷类植物中,花粉粒需要在花药内通过一个诱导期,因此,首先须将花药在一种液体培养基(与进行花药培养所用的相同)中漂浮培养 2～3 d,然后挤出小孢子。

将大约 50 个花药放在一个烧杯中,其中含有大约 20 mL 的液体培养基。用一根玻璃棒或注射器活塞压挤花药,将花粉粒挤出。然后使整个溶液通过一个孔径大小适当的(烟草 40 μm,番茄 25 μm,玉米 100 μm)尼龙筛过滤。过滤后得到的悬浮液以转速 500～800 r/min 的速度离心约 5 min。将沉淀下来的花粉粒重新悬浮在新鲜培养基中。重复以上过程 2 次。最后,将花粉粒与适当的培养基混合,密度为 10^3～10^4 花粉粒/mL。用吸管将悬浮液转入培养皿。每个培养皿中悬浮液的容积应根据培养皿的大小决定,以保证花粉粒不没入培养基中太深。在 25℃下散射光(500 lx)中培养。

Sunderland 和 Roberts(1977,1979)提出了一种稍有不同的花粉培养方法,要点是:先将花蕾进行适当的冷处理,然后将整个花药夹取下来置液体培养基表面进行漂浮培养。几天之后花药开裂,释放出花粉粒。在这些花粉粒中,有些经以上诱导过程之后已处于各种不同的发育时期。在大麦和曼陀罗单倍体生产中也已经采用这种方法。在曼陀罗中,已经证明这种方法优于需要用机械手段由新鲜花药或经过 4～5 d 预培养的花药中分离花粉的方法。

为了提高通过离体花粉培养产生单倍体的效率,Wenzel 等(1975)采用了梯度离心法。由于通过压挤花药所得到的花粉粒是一个混合群体,其中既包括具有雄核发育潜力的花粉粒,也包括不具这种潜力的花粉粒。通过梯度离心,即可将有雄核发育潜力的花粉粒从这个混合群体中分离出来。具体做法是:采集处于适当发育时期的大麦花药,小心制成小孢子悬浮液,通过反复过滤和离心去掉花药碎片之后,在 30%蔗糖溶液中以 1 200 g 离心 5 min。由于具有雄核发育潜力的花粉粒皆已液泡化,故离心后集中在蔗糖溶液的顶部,用吸管吸出,悬浮在清洗培养基中进行离心。收集沉降下来聚集成团的花粉粒,重新悬浮在培养基中进行培养。由于其中具有雄核发育潜力的花粉粒较多,和对照相比,在细胞分裂和愈伤组织生长方面的表现较好。若用经过预培养的花药分离花粉粒,结果将更为理想。不过,这些作者没能由此获得单倍体植株。Rashid 和 Reinert (1980)在烟草花药培养中对这个方法做了一些轻微的改变,为了将不含淀粉的胚性花粉粒与充满淀粉的非胚性花粉粒分开,离心时他们不是用 30%的蔗糖,而是用 55% Percoll 和 4%蔗糖的混合溶液。

6.8 由未授粉子房和胚珠诱导单倍体

在本章引言中我们曾经指出,人们通过各种办法试图在活体中诱导孤雌发育单倍体的努力成效甚微。然而,San Noeum 于 1976 年首次证实,在离体培养条件下却可以诱发雌核发育(gynogenesis)——她通过大麦的子房培养获得了雌核发育单倍体。稍后,祝仲纯和吴海珊(1979)通过小麦和烟草未授粉子房培养也获得了单倍体植株。到现在,能由未授粉子房或胚珠培养获得单倍体的植物已有非洲菊(*Gerbera jamesonii*)、高原卷丹(*Lilium davidii*)、玉米、水稻和桑等 20 多个物种,表 6.4 列出了其中的部分结果。

表 6.4 通过未授粉子房或胚珠培养诱导单倍体的方法和结果

物种	胚囊发育期	外植体	发育类型	再生植株表现
大麦	近成熟	子房	胚状体	绿色单倍体
	开花前 1~2 d	子房	直接长苗	绿色单倍体
	单核~成熟	花	胚状体	—
小麦	—	子房	直接长苗或通过愈伤组织	绿色单倍体
水稻	近成熟	子房	直接长苗或通过愈伤组织	部分混倍体
	单核~成熟	带颖小花漂浮培养	愈伤组织	绿色单倍体,部分白化及非单倍体
	单核~成熟	子房	愈伤组织或胚状体	绿色单倍体和二倍体,少数白化
烟草	胚囊	子房	胚状体	绿色单倍体
	母细胞到四分体	胚珠	直接长苗	绿色单倍体
	单核到成熟	子房	胚状体及愈伤组织	多数是绿色单倍体
非洲菊	胚珠大于子房腔一半	胚珠	愈伤组织	绿色单倍体,少数二倍体

在离体条件下，雌配子通过雌核发育过程产生的单倍体植株可能是器官发生的结果，也可能是胚胎发生的结果。考虑到每个花药中花粉粒的数目比每个胚珠中的单倍体细胞的数目多得多，离体雌核发育对于单倍体的生产来说似乎作用有限，但在有些科（菊科、藜科和百合科）的植物中，雄核发育的可能性或是很小或是没有，但却具有雌核发育的潜力。再者，在雄性不育或雌雄异株物种（如桑）中，雌核发育是产生单倍体的唯一途径。在银白杨、颤杨、胡萝卜、油菜和蔷薇中，通过使用辐照花粉授粉与授粉后子房离体培养相结合，还已成功地进行了雌核发育的原位诱导。

影响离体雌核发育的因素，如外植体的基因型、营养需求及其他培养条件，与在雄核发育中的相似。

6.9 通过远缘杂交和幼胚培养产生单倍体

在远缘杂交之后有选择地进行染色体消除也是获得单倍体的一个途径（图6.8）。Kasha 和 Kao（1970）发现，在四倍体栽培大麦和四倍体球茎大麦的种间杂交中，几乎所有后代植株都是双单倍体。与此相似，把这两个物种的双单倍体杂

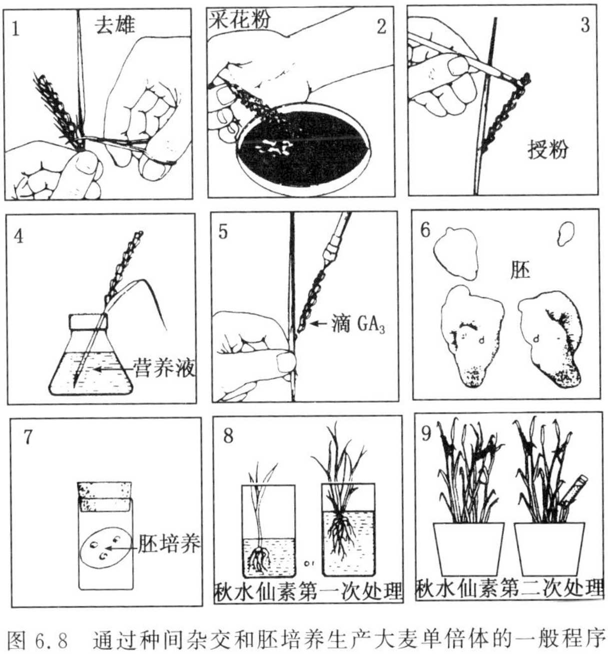

图 6.8 通过种间杂交和胚培养生产大麦单倍体的一般程序

（引自 Subrahmanyam）

交，后代中出现了单倍体。在形态上和细胞学上，这些后代都与栽培大麦相似。将受精小花以低浓度 GA_3（25～150 μg/L）处理数天，明显有利于提高结实率和获得单倍体植株。详细的细胞学研究表明，在这些杂交中双受精正常发生，但在杂种胚的早期发育过程中，球茎大麦染色体被选择性地淘汰了，因而所形成的胚只含有栽培大麦的染色体。在这些杂交中，胚通常在授粉后 10 d 夭折。为了得到完整的植株，必须把未成熟胚剥离，在人工培养基上培养。通过这种远缘杂交后再辅以未成熟胚培养的方法，Barclay（1975）以及 Zenkteler 和 Straub（1979）还已由小麦品种中国春获得了频率很高的单倍体。在他们的研究中是将普通小麦与球茎大麦杂交。孙敬三（1995）和陈新民等（1993，1996）则将小麦授以玉米花粉，之后 2 周剥取小麦幼胚培养，从中以较高频率获得了小麦单倍体。

6.10 在高等植物中单倍性的意义

6.10.1 概述

由于多数突变是隐性，当同源染色体上有显性等位基因存在时，它们不能表现，因此在高等植物中突变常常不易发现。为了使隐性性状表现出来，需要对携有突变的植株反复自交。然而，某些物种，如茶和黑麦等，是自交不亲合的，不可能自交。此外，即使在有可能自交的情况下，4 个个体中也只能有 1 个表现这个隐性性状。如果发生了不止一个隐性突变，要想得到一个能表现所有突变性状的个体，机会还要少得多。与此相反，在单倍体中诱发突变很容易表现出来，这是因为单倍体只有一套基因，隐性突变的作用不会受到显性等位基因的干扰。携有有利突变的单倍体一经发现，就可以在一个世代之内，通过染色体加倍，而成为表现所有有利突变的可育二倍体。

当对多细胞生物体进行诱变处理之后，突变常常呈嵌合体状态存在。为了避免这种现象，理想的办法是处理单个细胞，然后再由这些细胞产生完整植株。为了达到这个目的，可以在离体诱导雄核发育之前用诱变剂处理花药。或者是，由花粉单倍体植株制备叶肉原生质体或建立细胞悬浮培养，用诱变剂处理这些单细胞系统，然后对细胞系进行选择，并由入选的细胞系获得完整的植株。取决于所用选择剂的不同，这些植株可能具有耐热、抗植物病原菌毒素、耐盐或抗除草剂等特性。Devreux 和 Saccardo（1971）以大约 1 000 R 的 X-射线在小孢子正进行有丝分裂时照射烟草花蕾，然后由这些花蕾中取出花药进行培养。在所得到的单倍体植株中，有 50% 在株高、叶形和颜色上出现了表现型变异。矮牵牛的单倍体细胞培养物还被用于获得抗链霉素细胞系，在烟草中被用于获得抗5-溴脱氧尿苷细胞系。

除了便于发现隐性突变以外，利用单倍性还可以既快又容易地建立等基因纯系。在具有高度杂合性的异花授粉作物中，用传统的方法固定特定性状需要7～8年的时间，若采用F_1代植株花药培养的办法，只要一个世代就可达到这个目的。

此外，由于是单倍体，花粉胚作为转基因受体具有特殊的优势。例如，在油菜中，当用基因枪将外源DNA导入单个的花粉胚之后，再生了转基因植株，经染色体加倍，从中获得了纯合转化体。离体的大麦小孢子通过PEG诱导摄入了外源DNA之后，表现了与未经处理的对照一样的雄核发育潜力。这些研究表明了使用花粉胚或小孢子作为转基因受体产生稳定的转化体的可能性。

6.10.2 单倍体在作物改良中应用的实例

Nakamura等(1974)通过MC-1610×Coker-139杂种的花药培养得到了3个优良的烟草品系，它们对细菌性枯萎病和黑胫病有较强的抗性，同时又保持了MC-1610的农艺和化学特性。类似的例子还有Wark(1977)应用花药培养的方法育成了烟草的双单倍体，它们不仅产量高，烤烟品质好，而且抗病性强，育种过程所用的时间比常规育种法短得多。Corduan(1974)用紫外线和X-射线照射天仙子花粉单倍体，获得了形态异常的植株，然而其中有些突变体具有较高的生物碱含量。

利用烟草由雄核发育单倍体建立的单细胞培养物，Carlson(1973)选出了抗甲硫氨酸类似物甲硫氨酸磺肟(MSO)的突变系。由于MSO在结构上和作用上与烟草野火病病原菌毒素相似，因此所选出的烟草植株不但抗MSO，同时对烟草野火病的感病程度也较轻。

在雌雄异株作物石刁柏中，栽培群体是通过雌株(XX)和雄株(XY)之间的传粉产生的。由于雄株幼茎纤维含量较低，生产上要求栽培均匀一致的雄性群体。Thevenin(1974)通过雄株的花药培养获得了纯合的超雄株(YY)。这些超雄株(YY)与雌株(XX)授粉以后，全部后代都是雄株。

根据一项不完全统计，截止到2002年5月，在烟草、大麦、水稻、小麦和玉米等农作物中，世界各国利用单倍体育成的新品种、新品系和杂交种已有256个。我国是最早利用花药培养育成新品种的国家之一，在过去几十年中，已在若干种农作物中通过花约培养育成了数十个新品种，例如李梅芳等育成的一系列"中花"号水稻品种，胡道芬等育成的"京花"号小麦品种，李春玲等育成的一系列"海丰”号青椒品种，都已在生产中发挥了重要作用。

6.11 结束语

虽然在很多物种中，利用花药培养大量生产单倍体已获得成功，但目前这种方法还不能在栽培植物的所有重要基因型中普遍应用。迄今为止，花药培养的成功主要局限于3个科的植物——茄科、禾本科和十字花科。非常明显，花药对离体培养的反应在很大程度上受基因型的影响。Jacobsen 和 Sopory(1978)检验了41个马铃薯无性系，其中有30个无性系的小孢子在培养中完全不能分裂，6个只能分裂几次，在其余5个中，花粉形成了球形胚。后来的实验又指出，虽然 $H^2$236、$H^2$258 和 $H^2$439 三个系的马铃薯都很难形成发育充分的花粉胚和小植株，但通过其间杂交所产生的一个系 $H^3$703 却具有显著的成胚潜力，在其35%～40%的花药中，每个花药最多能产生10个胚。这项工作表明，通过把两个培养反应差的系杂交，有可能将控制形成花粉胚的基因累积起来，从而选出花粉植株形成频率显著高于亲本的新系。

在花药培养中，一般在一个花药的小孢子总数中，大约有5%能够进行雄核发育，但其中能长成完整孢子体的小孢子只占一个更小的比例。这对于获得植物育种家所感兴趣的各种可能的遗传分离类型来说，不能不是一个严重的限制因素。造成反应频率低的一个可能原因，是花粉粒之间对药室内的空间存在着激烈的竞争。如果在大多数物种中，培养离体小孢子或小孢子原生质体的技术都能获得成功，这个问题则可得到部分解决。据 Nitsch(1974)报道，在烟草的小孢子培养中，平均5个花药里有3个能够发生反应；每个花药含有30 000个小孢子，其中8%能发育成孢子体。因此，由一个花蕾中可以得到7 200个花粉植株，这确是一个可观的数字。然而在若干其他植物中，花粉对培养的反应还不能令人十分满意。为了改进目前的花药培养和离体花粉培养技术还需要做进一步的研究，以便提高由每个花药形成单倍体植株的频率，并把这项技术推广到更多的栽培植物中去。在这方面，各种预处理的方法，如低温或以乙烯利喷洒供体植株等，还值得进一步试验。

由于资料不足，对于如何能使一个本来正在进行配子体发育的小孢子，转而进行一种方式完全不同的孢子体发育的机制，我们所知极少。只有在烟草和天仙子中，已对其间细胞化学上和超微结构上的变化有一些了解。在这方面做进一步的探索是十分必要的。

在二倍体品系的天仙子中，常可用 p-荧光苯丙氨酸（FPA）诱导单倍性。后来又研究了这种苯丙氨酸类似物对某些被子植物系统的作用。令人感兴趣的是，Nitzsche（1973）在用 FPA 处理过的牛尾草×多花黑麦草杂种（$4x=28$）的根尖中，发现了少数单倍体细胞（$x=7$）。Sinha 等（1976）在洋葱中也报道了类似的结果。此外，利用二甲基亚砜（DMSO）诱导单倍体的研究也在进行之中。

7 三倍体的产生

7.1 引言

胚乳是一种性质独特的组织。在大多数显花植物(81%以上的科)中,胚乳是由3个单倍体核融合而成的,其中1个单倍体核来自雄配子体,2个来自雌配子体,因此胚乳是三倍体组织。对胚来说,胚乳是主要的营养组织,能在很大程度上影响胚的发育过程。如果胚乳的功能不健全,或是完全没有胚乳,在一般情况下都会引起胚的夭折。在有些植物(如豆科和葫芦科)中,胚在发育过程中可把胚乳完全消耗掉,因此这些植物的成熟种子是没有胚乳的。在另外一些植物(如禾谷类、蓖麻、椰子和咖啡等)中,胚乳在成熟种子中依旧存在,并在其中贮存了大量的营养物质。在种子萌发期间,这些物质被消化并用于幼苗的早期生长。

对于实验形态发生学研究来说,胚乳组织是一种极好的材料,这不仅因为它是三倍体,而且还因为它是一种均质的薄壁细胞组织,完全没有维管成分的分化。虽然在一个胚珠中所有其他组织都可能在自然条件下发育成胚,但还没有任何一个确凿的例证,说明胚乳也能发生这种现象。

在过去几十年间,很多研究已经充分肯定了胚乳细胞在离体条件下可以无限增生和进行器官分化。由于胚乳细胞是三倍体,人们设想由它所形成的植株可能也是三倍体。因此,在植物育种工作中,人们一直期望可以用胚乳培养的方法,代替四倍体和二倍体杂交来生产三倍体。

在自然条件下,胚乳细胞以淀粉、蛋白质和脂类的形式贮存着大量的营养物质,以供胚胎发育和种子萌发之需。因此,胚乳是研究这些天然产物代谢过程的一个理想系统。

7.2 胚乳培养历史的回顾

早在1933年,Lampe和Mills就进行了胚乳培养的最初尝试。不过,有关胚乳组织在离体培养中的生长和分化的广泛研究,最早则是由LaRue进行的。1949年,LaRue首次报道了由玉米未成熟胚乳建立起能够不断生长的愈伤组织,但未分化器官。而后,Straus等,Sternheimer,Tamaoki等和Sehgal等对玉米胚乳培养的继续研究，也只得到了与 LaRue 类似的结果。在这段时间前后，有关巴婆(*Asimina triloba*)、黑麦草(*Lolium perenne*)、黄瓜(*Cucumis sativus*)和蓖麻(*Ricinus communis*)等的胚乳培养研究，也都没能分化出正常器官。1965 年，Johri 和 Bhojwani 在一种檀香科寄生植物柏形外果(*Exocearpus cupressiformis*)中发现，由培养的成熟胚乳可直接分化出三倍体茎芽，从而有力推动了胚乳培养研究的继续发展。1973 年，印度学者 Srivastava 首次由自养被子植物罗氏核实木(*Putranjiva roxburghii*)的成熟胚乳培养中，获得了三倍体胚乳再生植株，并进行了移栽，只是成活与否未见报道。

纵览胚乳培养研究的历史，在过去几十年中，已先后在 48 种植物中进行过胚乳培养研究，其中经过培养形成愈伤组织，或愈伤组织进而有不同程度器官分化但未形成完整植株的植物有 25 种(表 7.1)，再生完整植株的植物有 25 种 28 例，其中再生植株移栽成活的则只有 11 种 12 例(表 7.2)。

表 7.1 被子植物中由胚乳培养获得器官分化程度不等的愈伤组织但未再生完整植株的物种(1952—2001 年)

植物名称		作者
科	种	
大戟科	蓖麻(*Ricinus communis*)	Srivastava 等(1971)
	巴豆(*Croton bonplandianum*)	Bhojwani(1966,1971)
	麻疯树(*Jatropha panduraefolia*)	Srivastava(1971)
	变叶木(*Codiaeum variegatum*)	Chikkannaiah 等(1974)
	粗糠柴(*Mallotus philippinensis*)	Syed 等(1992)
檀香科	沙针(*Osyris wightiana*)	Johri 等(1965)
	柏形外果(*Exocarpus cupressiformis*)	Johri 等(1965)
	酸细檀(*Leptomeria acida*)	Nag 等(1971)
芸香科	葡萄柚(*Citrus paradisi*)	Gmitter 等(1990)
	椰子(*Cocos nucifera*)	Kumar 等(1985)
禾本科	黑麦草(*Lolium perenne*)	Norstog(1956,1969)
	小麦(*Triticum aestivum*)	Sehgal(1974)
番荔枝科	巴婆(*Asimina triloba*)	Lampton(1952)
	番荔枝(*Annona squamosa*)	Sreelata 等(1986)
葫芦科	黄瓜(*Cucumis sativus*)	Nakajima(1962)
毛茛科	黑种草(*Nigella damascena*)	Rangasawamy(1976)
葡萄科	葡萄(*Vitis vinifera*)	母锡金等(1977)
伞形科	荷叶芹(*Petroselinum hortense*)	Masuda 等(1977)
山榄科	人心果(*Achras sapota*)	Bapat(1977)

续表 7.1

植物名称		作者
科	种	
桑寄生科	美洲槲寄生(*Phoradendron tomentosum*) 白花寄生(*Scurrula pulverulenta*) 怒江钝果寄生(*Taxillus vestitus*) 楔叶钝果寄生(*Taxillus cuneatus*) 印度五蕊寄生(*Dendrophthoe falcata*) 澳洲根寄生(*Nuytsia floribunda*)	Bajaj(1970) Bhojwani 等(1970) Johri 等(1970) Nag 等(1971) Nag 等(1971) Nag 等(1971)

表 7.2 被子植物中已由胚乳培养再生完整植株的物种(1973—2001 年)

植物名称		已否移栽成活	作者
科	种		
大戟科	罗氏核实木(*Putranjiva roxburghii*) *Emblica officinalis*	已移栽,成活情况不详 成活	Srivastava(1973) Syed(1992)
檀香科	檀香(*Santalum album*)	成活	Lakshmi Sita 等(1980)
芸香科	柚(*Citrus grandis*) 甜橙(*Citrus sinensis*) 红江橙(*Citrus sinensis*)	未成活 嫁接成活 嫁接成活	王大元等(1978) Gmitter 等(1990) 陈如珠等(1991)
蔷薇科	苹果(*Pyrus malus*) 梨(锦丰梨) 桃(*Prunus persica*) 枇杷(*Eriobotrya japonica*)	— 成活 未移栽 —	母锡金等(1981) 赵惠祥(1983) 孟新法等(1981) 陈振光等(1983) 林顺权(1985)
禾本科	大麦(*Hordeum vulgare*) 玉米(*Zea mays*) 水稻(*Oryza sativa*) 小麦×黑麦杂种	— 未成活 成活 成活	孙敬三等(1981) 李文祥等(1992) Nakano 等(1975),Bajaj 等(1980),李潮灿等(1982) 王敬驹等(1982)
猕猴桃科	中华猕猴桃(*Actinidia chinensis* var. *chinesis*) 硬毛猕猴桃(*Actinidia chinesis* var. *hispida*) 猕猴桃种间杂种	成活 ? ?	黄贞光等(1982),桂耀林等(1982),Gui 等(1993) 桂耀林等(1982) Mu 等(1990)
茄科	枸杞(*Lycium barbarum*) 马铃薯(*Solanum tuberosum*)	成活 —	顾淑荣等(1985,1987,1991),王莉等(1985,1986) 刘淑琼等(1981)

续表 7.2

植 物 名 称		已否移栽成活	作 者
科	种		
百合科	石刁柏 (*Asparagus officinalis*)	—	刘淑琼等(1987)
胡桃科	核桃(*Juglans regia*)	成活	Tulecke 等(1988)
鼠李科	枣(*Zizyphus sativa*)	成活	石荫坪等(1988)
唇形科	黄芩(*Scutellaria baicalensis*)	—	王莉等(1991)
杜仲科	杜仲(*Eucommia ulmoides*)	成活	朱登云等(1996)
桑科	桑(*Morus alba*)	—	Thomas 等(2000)
楝科	*Azadirachta indica*	—	Chaturvedi(2001)

7.3 胚乳愈伤组织的建立

在胚乳培养中,除少数寄生或半寄生植物可以直接从胚乳分化器官以外,绝大多数被子植物的胚乳,无论是未成熟的还是成熟的,都需要首先经历愈伤组织阶段,然后才能分化植株。

接种在培养基上的胚乳,经过一定时间的培养后,先是体积增大,然后,或是由胚乳的表面细胞(如水稻),或是由其内层细胞(如苹果),在若干局部区域形成分生细胞团,继而再由分生细胞团发展成为肉眼可见的愈伤组织。在有些情况下,愈伤组织是由多个分生细胞团分裂形成的愈伤组织颗粒堆积而成的,颗粒之间并留有间隙。有些植物,如葡萄、苹果和橙等,胚乳愈伤组织的发生始于合点端,而后向珠孔端发展,或者,在少数情况下,由胚乳的中部开始。而猕猴桃则不同,它既可由合点端也可由珠孔端,或是由合点端与珠孔端同时形成愈伤组织。在多数植物中,初生胚乳愈伤组织皆为白色致密型,但也有少数植物为白色或淡黄色松散型(如枸杞),或绿色致密型(如猕猴桃)。

胚乳愈伤组织的发生及其诱导频率主要受以下几个因素的影响。

7.3.1 胚乳发育时期的影响

接种时胚乳的发育时期与愈伤组织的发生及其频率有密切关系。胚乳的发育时期可分为早期、旺盛生长期和成熟期 3 个阶段。不论是属于核型还是细胞型,处于发育早期的胚乳,不仅接种操作不便,而且愈伤组织的诱导频率很低。例如,同为细胞期的红江橙胚乳(核型),前期时愈伤组织诱导频率不到中后期的一半;青果期的枸杞胚乳(细胞型)愈伤组织诱导频率显著低于变色期和红果期。而处在游离核或刚转入细胞期的核型胚乳,无论它们是属于草本植物还是木本植物,甚至完全不能产生愈伤组织。

处于旺盛生长期的胚乳(若是核型胚乳,这时已充分发育到细胞期),在离体条件下最容易诱导产生愈伤组织。例如,处于这一时期的葡萄、苹果和桃的胚乳,愈伤组织诱导频率皆高达90%～95%。因此,在胚乳培养中,旺盛生长期是取材的最适期。从已有的报道看来,一些草本植物胚乳培养的取材适期是,水稻:授粉后4～7 d,黑麦草和黄瓜:7～10 d,小黑麦:7～14 d,玉米和小麦:8～12 d,大麦:10～20 d。对于木本植物来说,处在旺盛生长期的胚乳具有以下特点:胚已分化完成,胚乳已形成细胞组织(对核型胚乳而言),且已充分生长,几乎达到了成熟时的大小,外观为半透明的固体状,富有弹性。

在一般情况下,接近成熟或完全成熟的胚乳,愈伤组织诱导频率很低,甚至不能产生愈伤组织。例如,种子发育中后期的苹果胚乳,愈伤组织诱导频率不超过2%～5%;接近成熟的葡萄胚乳几乎不能产生愈伤组织;完全成熟的猕猴桃种间杂种胚乳,在离体条件下不能生长和增殖;授粉后超过12 d的玉米和小麦胚乳,授粉后21 d的小黑麦胚乳,皆不能产生愈伤组织。然而,有趣的是,同属于禾本科的水稻,其成熟胚乳却表现了较高的愈伤组织诱导频率和一定的器官分化能力。此外,不少木本植物,特别是一些大戟科、桑寄生科和檀香科植物,它们的成熟胚乳不仅能产生愈伤组织,而且其中有些还能表现不同程度的器官分化,或是产生完整的再生植株(表7.1,表7.2)。

7.3.2 培养基与激素的影响

在胚乳培养中,常用的基本培养基有White(WT),LS,MS和MT等,其中以MS使用频率最高。此外,为了促进愈伤组织的产生和增殖,在培养基中还经常添加一些有机物,如酪蛋白水解物(CH)或酵母浸提物(YE)等;而在小麦、变叶木和葡萄的胚乳培养中,据报道,在培养基中添加一定数量的椰乳(CM),对于愈伤组织的诱导和生长是必需的。

除基本培养基和有机添加物外,植物激素对胚乳愈伤组织的诱导和生长起着十分重要的作用。在没有任何外源激素的培养基上,柚、苹果、大麦、马铃薯、枸杞和橙等的胚乳皆不能或极少产生愈伤组织。不仅如此,早在1962年Nakajima还曾指出,在黄瓜胚乳培养中,只有在培养基里同时加入生长素和细胞分裂素,愈伤组织才能正常生长。此后,对其他许多种植物胚乳培养的研究结果也一致表明,在培养基中一定种类的生长素和细胞分裂素的合理搭配,在效果上显著优于使用单一的生长素或细胞分裂素。另外，有些植物对激素的种类还有其特殊要求，例如，只有在添加一定浓度 2,4-D 的培养基上，大麦胚乳才能产生愈伤组织，而在添加其他种类生长素的培养基上则不能；在猕猴桃胚乳培养中，玉米素则是效果最好的。然而，与上述情况不同的是，在枣的胚乳培养中，对外源激素的种类似乎没有特别的要求，无论是使用单一种类生长素或几种生长素配合，或是生长素与细胞分裂素配合，都能有效地诱导愈伤组织。尤其有意思的是荷叶芹，在无激素培养基上，这种植物的胚乳不仅能产生愈伤组织，而且在相同培养基上愈伤组织还能通过反复继代不断增殖达半年之久。

7.3.3　胚在胚乳培养中的作用

关于胚在胚乳培养中的作用问题，不同实验结果之间常有矛盾。然而，从已有的报道看，在胚乳培养中是否必须有原位胚的参与，主要和接种时胚乳的生理状态（或胚乳年龄）有关。未成熟胚乳，尤其是处在旺盛生长期的未成熟胚乳，在诱导培养基上无须原位胚的参与就能形成愈伤组织，这已在大麦、柚、橙、苹果、猕猴桃和石刁柏等的未成熟胚乳培养的实验中得到证实；与此相反，完全成熟的胚乳，特别是干种子中的胚乳，生理活动十分微弱，在诱导其脱分化形成愈伤组织之前，必须首先借助于原位胚的萌发使其活化，所以在巴豆、麻疯树和罗氏核实木等成熟胚乳培养实验中，作者都强调原位胚的作用。Srivastava 推测，原位胚的参与所以能对胚乳产生活化作用，是因为胚在萌发时能产生某种物质，即所谓“胚因子”，并指出外源 GA_3 能部分取代“胚因子”的作用。另外值得注意的是，在利用原位胚的萌发对成熟胚乳进行活化时，活化所需时间的长短因植物种类的不同而不同；再者，有些植物，如番荔枝，成熟胚乳的活化需要原位胚的萌发和 GA_3 的协同作用。接种时胚乳的生理状态如果是介于上述两种情况之间，在没有原位胚参与时能形成愈伤组织，有原位胚参与时则可显著提高愈伤组织的诱导频率。

7.3.4　其他因素的影响

在迄今有关胚乳培养的报道中，多数作者使用的蔗糖浓度为 3%～5%，只有在小黑麦杂种胚乳培养中，作者发现 8%的蔗糖浓度有利于愈伤组织的形成。胚乳愈伤组织生长的最适温度为 25℃左右，对光照和培养基 pH 值的要求则因物种不同而异。玉米胚乳适于暗培养，蓖麻胚乳则在 1 500 lx 的连续光照下生长较好，其他物种的胚乳培养多数是在每天 10～12 h 光照的条件下进行。对 pH 值的要求一般是在 4.6～6.3 之间，但玉米胚乳愈伤组织在 pH 7.0 时生长最好。

7.4 由胚乳愈伤组织再生植株

7.4.1 器官发生途径

在自养被子植物胚乳培养研究中，最先出现器官分化的是大戟科植物巴豆和麻疯树。当把这两种植物成熟胚乳愈伤组织转到分化培养基上以后，前者分化出根，后者分化出三倍体的根和芽，但这些芽没能进一步长成正常的小植株。随后，在罗氏核实木成熟胚乳培养研究中，Srivastava 发现，愈伤组织在 WT+KT(5.0 mg/L)+IAA(2.0 mg/L)+CH(1 000 mg/L)培养基上经 3～4 次继代之后，约有 85%出现茎芽分化，而且这些茎芽在同一种培养基上最终长成了约 4 cm 高的小植株。在这项研究中作者还发现，对罗氏核实木胚乳愈伤组织茎芽分化最有效的生长素和细胞分裂素分别是 IAA 和二甲基烯丙氨基嘌呤。苹果胚乳愈伤组织在 MS+BA(0.25～0.5 mg/L)+NAA(0.01～0.05 mg/L)+CH(500 mg/L)的培养基上经过 40～50 d 培养，只有极少数愈伤组织分化出具有 2～3 片小叶的小苗，此后，在小苗的基部又长出小芽，结果形成芽丛。梨的茎芽分化过程较为复杂，首先，在愈伤组织诱导培养基上，愈伤组织出现绿色芽点，当转至 MS+BA(2 mg/L)+GA_3(10 mg/L)的培养基上之后，芽点进一步分化出小叶，最后，在 AS+BA(2 mg/L)+GA_3(10 mg/L)+LH(250 mg/L)的培养基上形成小苗。

在单子叶植物中，Nakano 等最早报道了水稻未成熟胚乳愈伤组织在含有 IAA 的培养基上分化出茎芽，但未得到植株。Bajaj 等发现，在激素组成为 KT(2.0 mg/L)和 IAA(4.0 mg/L)的培养基上，水稻胚乳愈伤组织的分化频率高于只含有单一生长素的培养基。随后，大麦、小黑麦杂种和玉米等的未成熟胚乳愈伤组织在配合使用细胞分裂素和生长素的培养基上都分化了茎芽。

与在愈伤组织诱导过程中一样，在胚乳愈伤组织分化过程中，有些植物对激素种类的要求表现了严格的选择性。例如，枸杞胚乳愈伤组织在含有 BA 或 BA+NAA 的培养基上，茎芽分化频率高达 77%～85%，但在含有 ZT 或 ZT+NAA 的培养基上，则没有出现任何器官分化的迹象。与此相反，ZT 对猕猴桃胚乳愈伤组织的分化却十分有效。另外，在马铃薯胚乳愈伤组织分化和小苗的生长过程中，GA_3 表现了有益的作用。

有机添加物对胚乳愈伤组织茎芽分化的效果看来也是因植物种类的不同而异。例如，虽然适量的 CH 对罗氏核实木愈伤组织的分化是必不可少的，但是，当把枸杞的胚乳愈伤组织转到含有 CH 的培养基中以后，不仅降低了分化频率，而且1个月后愈伤组织逐渐变褐死亡。

在获得了胚乳再生植株之后,接下来的一个问题是如何诱导这些再生植株生根。虽然有些植物,如水稻、大麦、玉米及罗氏核实木等,茎芽在分化过程中可同时产生不定根,但对大部分植物来说,只有经过诱导生根才能获得完整的胚乳再生植株。如果胚乳愈伤组织分化频率不高,所分化出来的茎芽又很细弱,则最好先对这些茎芽进行若干次营养繁殖和壮苗处理后再诱导生根。例如,母锡金等对刚分化出来的苹果胚乳再生小植株诱导生根没有成功,后来把它们转到MS+BA(0.1~0.5 mg/L)的培养基上先进行无性繁殖,得到许多芽丛,每个芽丛中各个小芽的长势不同,待其中有些小芽长到2~3 cm高、2~4个叶片时,将它们切下,诱导生根,从而获得了完整的胚乳再生植株。同一丛中的其余小芽则可在成分相同的新鲜培养基上继续增殖。梨胚乳再生植株诱导生根的处理也采用了类似的程序。与上述两种植物不同的是,枸杞和猕猴桃等胚乳再生植株直接诱导生根获得了成功。

诱导胚乳苗生根的一般方法是,当苗长到2~5 cm高时,切除其基部的愈伤组织,然后或是将苗直接置于无激素或含有一定浓度生长素的培养基中,或是基部先用较高浓度的IBA溶液(50~100 mg/L)浸泡一定时间后再插入无激素培养基中,经过2~3周,即可长出不定根。降低生根培养基中无机离子的浓度和蔗糖浓度,往往有利于胚乳苗生根和以后的移栽。

在胚乳培养研究中,器官发生是一种较为常见的植株再生方式,迄今通过这种方式产生完整再生植株的植物有15种以上,其中包括苹果、梨、枇杷、马铃薯、枸杞、大麦、水稻、玉米、小黑麦杂种、罗氏核实木、黄芩、石刁柏、猕猴桃和杜仲等。图7.1是杜仲胚乳愈伤组织和再生植株。

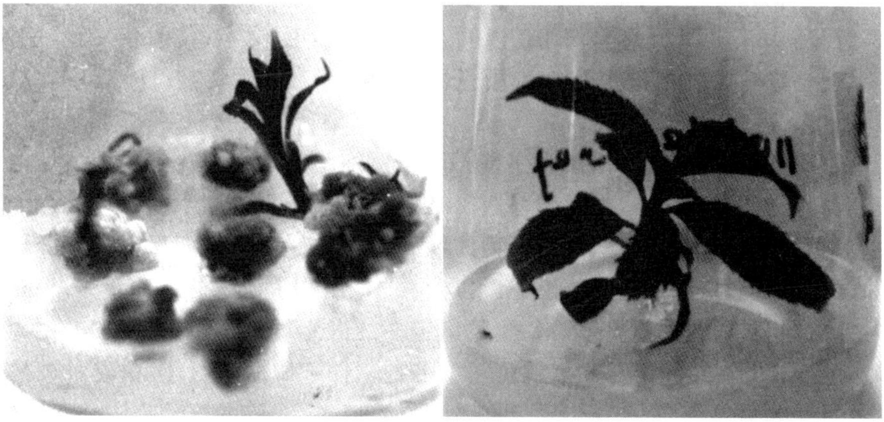

图7.1 杜仲胚乳愈伤组织和再生植株(引自朱登云等,1996)

7.4.2 胚胎发生途径

通过胚胎发生途径获得胚乳再生植株的首例报道见于柑橘的胚乳培养。王大元等发现,柚的胚乳愈伤组织转到 MT+GA_3(1.0 mg/L)的培养基上以后,分化出球形胚状体,但球形胚状体不能进一步发育,只有将培养基中的无机盐浓度加倍,并逐步提高 GA_3 浓度,即在 2MT+GA_3(2～15 mg/L)的培养基上,球形胚状体才能通过以后各个发育阶段,最终形成完整的胚乳再生植株。后来,在同属于芸香科的甜橙中也通过类似方法获得了胚乳再生植株,并嫁接成活。与此不同的是,在 MS+GA_3(1～2 mg/L)的培养基上,檀香胚乳愈伤组织不但能形成胚状体,而且胚状体能逐步发育成熟,但此后,只有降低培养基中的无机盐浓度,即只有在 WT+IAA(0.5 mg/L)的培养基上,胚状体才能成苗。枣的胚乳胚状体成苗也有类似要求。由此可见,为了促进胚状体的发育和成苗,除须对培养基中的激素水平进行调节以外,有时还应适当调节培养基中无机盐的浓度。

与离体培养中其他组织的胚状体发生情况一样,在胚乳培养中,除少数例外(如核桃),2,4-D 对胚状体的发生有明显的诱导作用,但对胚状体的发育和萌发又有抑制作用。此外,GA_3 对胚状体的发育和成苗具有重要作用。有趣的是,与合子胚的情况一样,核桃和枣的胚状体在成苗之前必须先通过一段低温休眠期。

和器官发生相比,在胚乳培养中通过胚胎发生途径获得再生植株的报道较少,迄今只有柚、檀香、橙、桃、枣、核桃和猕猴桃等 8 种植物。

7.5 胚乳再生植株的染色体倍性变异

在胚乳培养中,胚乳愈伤组织及再生植株的染色体数常常发生变化,例如,苹果($2n=34$)胚乳植株根尖细胞染色体数的分布范围是 29～56,其中多数是 37～56,真正三倍体细胞只占 2%～3%。枸杞、梨、玉米和大麦等的胚乳植株的染色体数也不稳定,同一植株往往是不同倍性细胞的嵌合体。染色体倍性的这种混乱现象,在胚乳培养中相当普遍。然而,也有少数植物的胚乳细胞在培养中表现了倍性的相对稳定性,这些植物的胚乳细胞往往也能长期保持器官分化能力。属于这一类植物的有罗氏核实木、檀香、核桃、橙和柚等。

影响胚乳细胞在培养中染色体数稳定性的因素可能有:①胚乳的类型。用作外植体的胚乳组织本身如果就是一个多种倍性细胞的嵌合体,由这种外植体产生的愈伤组织和再生植株当然也就不可能是稳定一致的三倍体。一般来说,核型胚乳在游离核发育时期常常发生无丝分裂、核融合以及异常有丝分裂等现象，因此由核型胚乳产生的愈伤组织也必然是多种倍性细胞及非整倍体细胞的嵌合体。②胚乳愈伤组织发生的部位。不同部位的胚乳细胞染色体组成情况可能有所不同，例如，苹果胚乳发育初期的各种异常有丝分裂及无丝分裂现象，在合点端比珠孔端更为普遍。③培养基中外源激素的种类和水平。例如，猕猴桃胚乳在含有 ZT(3.0 mg/L)＋NAA(0.5 mg/L)的培养基上，产生的再生植株多数不是三倍体，而在 ZT(3.0 mg/L)＋2,4-D(1.0 mg/L)的培养基上，产生的再生植株是三倍体。④继代培养时间的长短。

7.6 胚乳培养的应用

种子败育是三倍体植株的主要特征，因此，对于以种子生产为目的的植物来说，三倍体是有害无益的。然而，在有些情况下，植株是否结籽无关大局，在另一些情况下，无籽甚至正是人们所追求的目标。对于这些植物来说，即可利用三倍性进行改良。有些具有重要经济价值的植物，其三倍体现在已在生产中得到了利用，这些植物包括若干品种的苹果、香蕉、桑树、刺槐、毛白杨、甜菜、茶和西瓜等。

和二倍体相比，三倍体颤杨(*Populus tremuloides*)的木材能制出质量较好的纸浆。这种植物很容易进行营养繁殖，因而种子败育算不上一个严重的问题。同样，对于其他一些以营养体为生产对象的植物来说，只要三倍体的长势和品质不比二倍体差，不结种子也不是一个问题。

制造三倍体最常用的方法是把四倍体和二倍体杂交。但在有些情况下杂交并非总能成功，因而三倍体种子的来源就没有保障。倘若发生了这种情况，如在柑橘中，就可以尝试改用胚乳培养的途径。就快繁技术(第 13 章)的现状来说，三倍体的繁殖不应当是一个严重的问题。

此外，还可通过三倍体获得三体，以供基因定位之用。

7.7 结束语

由以上列举的事实可以清楚地看到，胚乳三倍体细胞是具有全能性的。当传统的通过四倍体和二倍体杂交以产生三倍体的途径遇到困难或无法进行时，植物育种家即可应用胚乳培养的技术产生三倍体。在这方面有些作者已进行了一些部分成功的尝试，但在离体培养的胚乳细胞中染色体倍性的混乱，是人们期望通过胚乳培养获得三倍体植株的一个严重障碍，尚有待通过不懈的研究予以克服。

胚乳中所含的促进生长的因子，并非只对本物种的胚具有特异性，即使是培养的胚乳组织，也还保持着促进幼胚生长的能力。根据胚乳的这种特性，在远缘杂交中可把即将夭折的极幼龄杂种胚，置于某一亲本培养的胚乳上，以使杂种幼胚长成完整的植株。

胚乳培养的另一应用领域，是用以研究某些天然产物如淀粉、蛋白质和脂类等的生物合成。Keller 等(1972)的研究表明，培养的咖啡胚乳能够合成咖啡因。他们注意到，培养 2 周后，这种生物碱在胚乳愈伤组织中的含量增加了 2 倍，培养 4～5 周后增加了 5 倍。

8 离体授粉和体外受精

8.1 引言

有性杂交是常规育种的一个主要手段，通过这个手段，植物育种家不仅能把同一物种不同品种的性状结合在一起，而且还能把同一属不同种的性状结合在一起，从而创造出优良的植物新品种或新类型。有性杂交的做法是，在控制的条件下，用选定父本的花粉人工授给母本柱头。在被子植物中，包含着卵细胞（雌配子）的雌配子体长在子房腔内，受到子房壁和珠被的严密保护。花粉落在柱头上以后，与柱头相互作用而萌发，由萌发孔长出花粉管，花粉管穿越柱头和花柱组织进入胚珠以后，在卵细胞附近释放出 2 个精子，1 个与卵细胞结合形成合子，另 1 个与 2 个极核融合形成初生胚乳核。

在自然界，一个柱头可能接受到各种各样的花粉，但并非所有落在柱头上的花粉都能参与受精作用。柱头和花柱所具有的特殊机制，保证只有门当户对的花粉才能正常地发挥功能，其他花粉则被拒之门外。因而，当把一个亲本的有生活力的花粉授给另一个亲本的柱头时，并不一定就能结实。造成受精障碍的因素包括：①花粉在柱头上不能萌发；②花粉管不能进入胚珠，造成这种现象的原因或是由于花柱太长，或是由于花粉管生长速度太慢，还没长到花柱基部子房已经脱落；③花粉管在花柱中破裂。以上这些都属于受精前或合子期前障碍。在另外一些情况下，受精虽能正常进行，但由于胚和胚乳之间的不亲合性或胚乳发育不良，杂种胚不能发育成熟。这是属于受精后障碍。

克服受精前障碍的方法有几种，其中包括蕾期授粉，截断花柱，对花柱进行热处理，辐照处理，混合花粉授粉等。

把花粉粒直接送入子房以实现受精作用（子房内授粉）是绕过受精前障碍的另一途径。早在 1926 年，Dahlgren 在卵形党参中，通过把花粉授于子房顶部的切口上，成功地实现了受精。Kanta 和 Maheshwari（1963）通过子房内授粉在 5 种罂粟科植物（虞美人、罂粟、花菱草、蓟罂粟和淡黄蓟罂粟）中获得了很高的结实率。Kanta 和 Maheshwari（1963）通过这个方法还获得了蓟罂粟和淡黄蓟罂粟之间的杂种。这种方法的具体过程是：由开裂的花药中采集花粉，将之悬浮于含有 100 mg/L 硼酸的无菌重蒸馏水中，密度为每滴悬浮液 100～300 个花粉粒。在开花之前 2 d，将用做母本的花去雄套袋。开花以后，将子房用酒精棉进行表面消毒。在子房两侧彼此相对的位置上钻 2 个小孔，用注射器由 1 个小孔向子房内注入花粉悬浮液，子房内的空气则由另 1 个小孔排出。悬浮液要注满子房腔，直到开始由另一小孔中流出为止。注射完毕以后，将 2 个小孔用凡士林封闭。在蓟罂粟属植物中情况与罂粟属和花菱草属植物不同，通过一个小缝送入花粉比通过小孔注入花粉悬浮液的效果更好。在去雄时只摘除雄蕊，若把花萼和花冠同时去掉则会使子房枯萎。

Maheshwari 等人提出的克服合子期前育性障碍的另一个方法称为“试管受精”。具体做法是，将柱头、花柱和子房壁组织全部去掉，使胚珠裸露，将花粉粒直接撒于胚珠之上，然后把胚珠置于人工培养基上培养，直到种子成熟。试管受精最初是在罂粟中获得成功的。落到胚珠表面上的花粉粒 10～15 min 后萌发，授粉后 1～2 d 内完成受精，5 d 内受精胚珠膨大，鼓胀而不透明，里面已形成了一个 4 个细胞的原胚和若干胚乳游离核。22 d 后，具有两片子叶的胚即已分化完全。据 Kanta 和 Maheshwari(1963) 报道，在属于罂粟科的其他一些植物（蓟罂粟、花菱草）中，以及在一些茄科植物（黄花烟草和烟草）中，试管受精也取得了类似的成功。自那时以来，试管受精方法已被用于很多彼此亲合或不亲合的组合中。

8.2 离体授粉的方式

Kanta 和 Maheshwari(1963)，以及后来的一些作者，把离体条件下通过在裸露的胚珠上授粉而结实的方法称做“试管受精”，把通过在培养的整个雌蕊的柱头上授粉而结实的方法称做“离体授粉”。但无论在哪种情况下，卵细胞的受精都是在胚珠内发生的，花粉管长入胚珠释放精子的方式几乎与自然条件下相同。严格地说，真正的试管受精则应像在动物中一样，是离体的卵细胞和自由游动的精子在体外的融合（见第 8.7 节）。因此，本书未再使用“试管受精”这一术语，而是把“离体授粉”作为一个总称，涵盖的内容既包括了“离体胚珠授粉”（将花粉授于离体的胚珠上），也包括了“离体子房授粉”（把花粉送入离体的子房中）、“离体胎座授粉”（把花粉授于连在胎座的胚珠上）和“离体柱头授粉”（把花粉授于柱头上）等术语（图 8.1）。

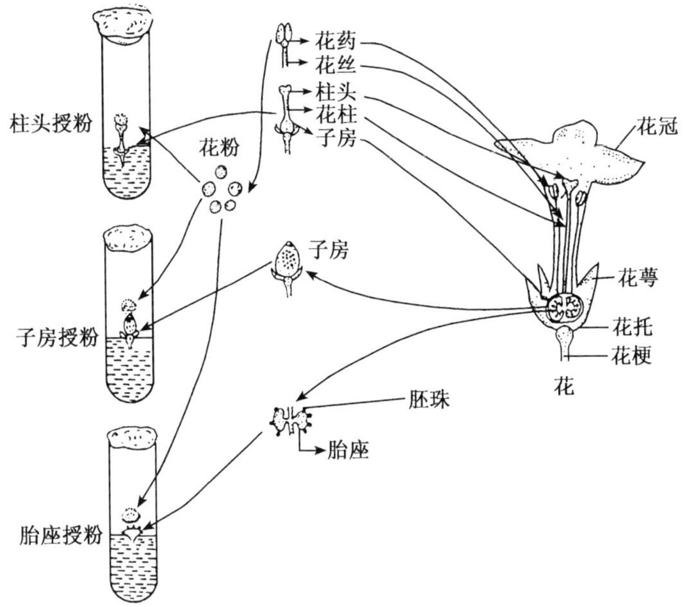

图 8.1 离体授粉 3 种方式示意图(引自 Razdan,1993)

8.3 离体授粉的方法

离体授粉的最初步骤是:①确定开花、花药开裂、授粉、花粉管进入胚珠和受精作用的时间;②去雄后将花蕾套袋隔离;③采集花粉粒。此外,在离体授粉的时候,需要选择一种适当的培养基,以便能促进花粉粒的萌发,并保证受精的胚珠能发育为成熟的种子。

在离体授粉过程中,一个主要的要求是在采集花粉和胚珠时应当保持无菌。为了避免意外授粉,用做母本的花蕾必须在开花之前去雄并套上纸袋。开花之后 1~2 d,将花蕾取下,拿入实验室准备进行无菌培养。将花萼和花瓣去掉,把雌蕊在 70%酒精中漂洗数秒,以适当的杀菌剂进行表面消毒(见第 1 章),最后用无菌蒸馏水彻底洗净,去掉柱头和花柱,剥去子房壁,使胚珠暴露出来。一般就是将这个长着胚珠的整个胎座连同一小段花柄用于胎座授粉,或是把胎座切成两半或数块,每块带有若干胚珠。Balatkova 和 Tupy(1968,1972,1973)把带有胚珠的胎座纵劈成两半,然后以各自的切口和培养基接触,进行培养。Rangaswamy 和 Shivanna(1971)对胎座授粉技术又做了进一步的改良。他们培养的是整个雌蕊，并把子房壁剥掉，露出胎座及其上着生的胚珠。应用这样一个系统，就可以研究在同一雌蕊内同时发生的胎座授粉和柱头授粉的效果。在进行离体柱头授粉的时候，需对雌蕊进行仔细的表面消毒，但不要使消毒液触及柱头。

为了在无菌条件下采集花粉，把尚未开裂的花药从花蕾中夹出，置于无菌培养皿中直到花药开裂。若要从已开放的花中摘取花药，须将花药进行表面消毒，然后把它们置于无菌培养皿中已灭过菌的滤纸上，直到开裂。将散出的花粉在无菌条件下按实验要求授于培养的胚珠、胎座或柱头上。据报道，把花粉授在胚珠或胎座上的效果，比撒在胚珠周围的培养基上效果好。

对玉米来说，由于子房有若干层苞叶保护，没必要进行表面消毒。离体授粉的操作步骤是：于花丝外露后 2～6 d 将套袋的果穗采集下来，用解剖刀切掉花丝的外露部分，用手撕去外层苞叶。此后，剥除最内层苞叶及其后的一系列操作都需用灭过菌的工具，在无菌条件下进行。把果穗切成小块，每块带有 2 行共 4～10 个子房。把它们放在培养皿内的培养基上，注意放置方式应使盖上盖子后，花丝仍有一部分露在培养皿之外。然后把花粉授于花丝上，这些花粉不必是无菌的。授粉 24 h 后，把露在培养皿外的花丝剪掉，把培养皿封严。据 Raman 等(1980)报道，离体的玉米胚珠在以单个的未萌发花粉或在离体条件下萌发的花粉授粉后，在其中能够发育成胚。

离体授粉方法成败的最重要标志，是在受精之后能否由胚珠(在胚珠和胎座授粉中)或子房(在柱头授粉中)形成有生活力的种子。因此，在讨论影响离体授粉结实性的各个因子之前，有必要先简要介绍一下胚珠和子房的培养方法。

8.4 胚珠和子房培养

8.4.1 胚珠培养

胚珠培养之所以重要，不仅因为是离体授粉的需要，还因为通过它可以对合子及早期原胚的离体培养反应进行研究。合子和早期原胚是很难剖取和培养的(见第 9 章)，迄今还没有培养离体合子成功的先例。在无菌条件下分离和培养胚珠的最早尝试是由 White(1932)在金鱼草中进行的，后来这项技术在印度德里大学得到了发展和完善。

对于含有球形胚或发育程度更高的胚的胚珠来说，通过培养不难得到成熟种子，在这方面已有若干成功的先例。然而，为了进行离体授粉的需要，必须能够培养受精后不久即剥离下来的非常幼嫩的胚珠。在虞美人(*Papaver rhoeas*)

中最早将含合子的胚珠培养成功。此外，Maheshwari(1958)以及 Maheshwari 和 Lal(1961)还曾由罂粟授粉后 6 d 的离体胚珠中，获得了有生活力的种子，培养时在这些胚珠中含有的只是合子或 2 个细胞的原胚及少数胚乳核。在一种只含有 Nitsch(1951)培养基的无机盐、White(1943)培养基的维生素、5%蔗糖，而没有任何生长调节物质的相当简单的培养基上，这些胚的生长速度起初虽比在活体条件下慢，但长到球形期以后，生长非常迅速。授粉后 26 d，这些在培养的胚珠中的胚已长到 0.93 mm，而同期在活体中的胚最大长度也只有 0.65 mm。在培养基中添加激动素或水解酪蛋白能加速这些胚在初期阶段的生长。

Poddubnaya-Arnoldi(1959,1960)曾用 10%蔗糖溶液培养了几种兰花授粉后子房中的胚珠并获得了成功。她跟踪观察了由花粉管进入胚珠直到胚胎发育的整个过程。

在葱莲属植物中，情况与罂粟属植物和兰花不同，当把含有一个合子和初生胚乳核的胚珠置于 Nitsch 培养基上培养时，胚虽能长到球形期，但不能分化。即使在培养基中添加了生长调节物质，如激动素、IAA 或 GA_3，也不能促进胚的进一步生长。然而，若在培养基中加入椰子汁或水解酪蛋白，胚即能正常发育，种子能在原位萌发。组氨酸、精氨酸和亮氨酸能完全取代水解酪蛋白的这种促进作用。在白车轴草(*Trifolium repens*)中，只有在培养基中添加了黄瓜或西瓜幼果(开花后 10 d)的果汁时，授粉 1～2 d 后处在合子期或双细胞原胚期的胚珠，在培养中才能发育成成熟种子。若加入黄瓜汁后再加 GA_3(10 mg/L)，则能进一步促进这些非常幼嫩的胚珠发育成种子。Wakizuka 和 Nakajima(1974)还注意到，要想由授粉后不久(2 d)剥离下来的矮牵牛胚珠得到发育充分的能发芽的种子，黄瓜汁(5%)也是必不可少的。

据研究，在离体胚珠的发育中，培养基的渗透压起着重要的作用，特别是对非常幼嫩的胚珠，其作用格外重要。在矮牵牛中，授粉后 7 d 的胚珠处于球形胚期，若把它们剥离下来，置于含有蔗糖的培养基上培养(蔗糖浓度在 4%～10%的范围内高低皆可)，它们即能发育为成熟种子。若胚珠内含有的是合子和少数胚乳核，最适的蔗糖浓度为 6%；若紧在受精之后，则为 8%。

与 Maheshwari 和 Lal(1961)的报道不同，Pontovich 和 Sveshnikova(1966)观察到，在罂粟离体胚珠(含有合子或双细胞原胚)培养中，即使培养基里补加了水解酪蛋白、椰子汁、腺嘌呤或激动素，胚仍不能进行分化。然而，若是培养连在胎座上的胚珠，合子就能发育成一个正常分化的胚。在离体培养中胎座组织对胚珠生长和发育的有益影响，也见之于白花菜属植物(*Gynandropsis*)中。在 Kanta 等(1962)以及 Rangaswamy 和 Shivanna(1971)所进行的离体授粉的研究中，也看到了胎座具有类似的促进种子发育的作用。

有些杂种胚在发育早期即可能夭折，要想在此之前把它们剥离下来进行培养，或很麻烦或不可能。在这种情况下，胚珠培养对于获得杂种就有很大的潜在价值。另外，在棉花种间杂交中，通过胚珠培养可以防止由于棉铃在成熟前脱落而丧失杂种胚。

在树棉（*Gossypium arboreum*）×陆地棉（*G. hirsutum*）杂交中，杂种胚只能发育到授粉后 8～10 d 为止，以后则出现大量的异常现象，使胚不能进一步发育。Beasley（1940）和 Weaver（1958）把它们的未成熟胚进行培养，以期获得完整的植株，但离体胚没能生长。Pundir（1967）在授粉后 3 d（胚珠内含有合子或三细胞原胚），把胚珠剥离下来，放在含有 50 mg/L 肌醇的 MS 培养基上培养，5 周后胚已充分分化，7 周后 70%～80%的胚珠长成了杂种幼苗。通过类似的方法，Steward 和 Hsu（1978）在棉属中获得了 4 个以前未曾有过的种间杂种。他们所用的培养基列于表 8.1。

表 8.1 用于培养棉花种内或种间杂种幼龄受精胚珠的培养基成分

成 分	数量（mg/L）
KNO_3	5 055
NH_4NO_3	1 200
$MgSO_4 \cdot 7H_2O$	493
$CaCl_2 \cdot 2H_2O$	441
KH_2PO_4	272
$FeSO_4 \cdot 7H_2O$	8.3
$Na_2 \cdot EDTA$	11
H_3BO_3	6.18
$MnSO_4 \cdot 4H_2O$	16.9
$ZnSO_4 \cdot 7H_2O$	8.6
KI	0.83
$Na_2MoO_4 \cdot 2H_2O$	0.24
$CuSO_4 \cdot 5H_2O$	0.025
$CoCl_2 \cdot 6H_2O$	0.024
烟酸	0.49
盐酸吡哆醇	0.82
盐酸硫胺素	1.35
肌醇	180
D-果糖	3 600
蔗糖	40 000
IAA	5×10^{-5} mol/L

引自 Steward 和 Hsu，1978。

Beasley 和 Ting(1973)在培养的陆地棉胚珠中,对纤维细胞伸长的生理学进行了详细的研究。在开花当天或次日剥离的胚珠或是不能发育,或是只形成少量纤维。然而,开花后 2 d 剥离下来的胚珠,在培养中多数都能形成纤维。漂浮在液体培养基表面的胚珠比沉没其中的胚珠能产生更多的纤维。纤维的发育以在 30℃时为好,20℃或 25℃时次之。GA_3 能促使纤维显著伸长。而激动素和 ABA 则表现显著的抑制作用。

8.4.2 子房培养

LaRue(1942)可能是进行被子植物花的无菌培养的第一人。在实验中他看到了花梗生根的现象,子房也进行了一定程度的生长。后来,Nitsch(1951)在一种合成培养基上培养了小黄瓜、草莓、番茄、烟草和菜豆等的离体子房,从而奠定了子房培养技术。由已授过粉的花中剥离下来的小黄瓜和番茄的子房发育成了成熟的果实,里面着生着有生活力的种子。然而,这些果实比自然形成的小。同样,在离体条件下发育的摩洛哥柳穿鱼(*Linaria macroccana*)和旱金莲(*Tropaeolum majus*)的果实,也不能达到在自然条件下所能达到的大小。

Maheshwari 和 Lal(1958,1961)在屈曲花(*Iberis amara*)中成功地培养了授粉后 1 d 的离体子房。这个时期的子房含有一个合子和少数几个胚乳游离核。在一种含有无机盐和蔗糖的简单培养基上,这些子房生长情况良好,只是胚仍比自然形成的小。当在培养基中添加了 B 族维生素以后,则获得了正常大小的果实,它们的样子可与在自然条件下长成的果实相媲美。若在这种无机盐-蔗糖-维生素培养基中再加入 IAA,在离体条件下形成的果实甚至能比在活体条件下形成的果实更大一些。在莳萝和天仙子中,合子期或双细胞原胚期的子房在培养中也能正常发育。在补加了椰子汁的培养基上,莳萝子房长成的果实能超过天然果实的大小。

离体培养的研究表明,花被的功能不是仅仅充做性器官的保护结构,在果实和胚胎的发育中它也起着重要的作用。在培养普通小麦和斯卑尔脱小麦授粉后不久的子房时,只有小花的花被(内外稃)完整无缺,胚才能正常发育。若把花被去掉,原胚的生长就要受到损害。在大麦中 La Croix 等(1962)也发现了类似的结果,并由此断定"花被因子"是胚的正常发育所必需的。当不存在这些"花被因子"时,大麦胚的细胞虽能伸长并合成 DNA,但不能分裂。在双子叶植物中,去掉花萼也会导致果实发育不良。因此,当在离体条件下进行柱头授粉的时候,保留花冠是十分重要的。

在两个有性不亲合物种油菜和甘蓝的种间杂交中,Inomata(1979)利用子房培养的方法成功地获得了杂种。

8.5 离体授粉中影响结实的因子

8.5.1 外植体

在腋花矮牵牛(*Petunia axillaris*)中,离体授粉的胚珠,无论是剥离下来的单个胚珠,还是连在一块胎座上的一组胚珠,都不能形成有生活力的种子。这是因为花粉粒虽能正常萌发,但花粉管不能进入胚珠。然而,当所有胚珠都原封不动地连在完整的胎座上时,授粉后由花粉萌发直到长出有生活力的种子的整个过程一切正常。据 Wagner 和 Hess(1973)报道,在矮牵牛中,若是把花柱全部去掉,在胎座授粉之后,对结实将会产生有害的影响。因而,在进行离体授粉的时候,他们培养的是整个雌蕊,为了使胚珠暴露出来,只是剥去子房外壁。在这种形式的外植体中,如果在同一个雌蕊上既进行胎座授粉,又进行柱头授粉,则后者受精和结实的情况较好。

在玉米中,连在穗轴组织上的子房比单个子房离体授粉效果好。减少每个外植体上的子房数目虽然并不影响受精,但对籽粒的发育会产生有害的影响。只带有 1～2 个子房的小块穗轴不能形成任何发育充分的籽粒。4 个子房一组时,只能形成不大的籽粒;10 个子房一组时,其中有 1～2 个能充分发育,长成大籽粒。关于亲本组织对子房和胚珠生长的有利效应问题已在第 8.4.1 和 8.4.2 节中做了介绍。

在进行柱头授粉的时候,应当避免弄湿胚珠和柱头的表面,否则将会影响花粉萌发,导致花粉管破裂,造成结实不良。

由雌蕊上剥离胚珠的时间对于离体授粉后的结实率有明显影响。在开花后 1～2 d 剥离的胚珠比在开花当天剥离的胚珠结实率较高。玉米果穗进行离体授粉的适期是在抽丝后 3～4 d。

在剥离胚珠或雌蕊时,雌蕊的生理状态对离体授粉后的结实率也有影响。Balatkova 等(1977)看到,在烟草中,由曾用本身花粉或苹果属植物花粉授过粉的雌蕊上剥离下来的未受精胚珠,比由未授过粉的雌蕊上剥离下来的胚珠,经烟草花粉离体授粉后的结实率高。已知花粉在柱头上萌发和花粉管穿越花柱都会影响子房内的代谢活动。Deurenberg 等(1976)证实,花粉管和花柱之间的互作,能够刺激子房中蛋白质的合成。Balatkova 等(1977)在烟草中证实了这项观察。这些结果表明,在实验植物的栽培条件下,如果对授粉、花粉管生长、花粉管进入子房和双受精等先后发生的时间有详细的了解，就有可能把剥离胚珠的时间选择在雌蕊授粉之后和花粉管进入子房之前，这样就会增加离体授粉成功的机会。在这点上，腋花矮牵牛是个令人感兴趣的物种，由于它具有自交不亲合性，当在同一个雌蕊上同时用本身的花粉进行柱头授粉和胎座授粉时，由后者所导致的受精过程和种子发育都不受前者的干扰。

8.5.2 培养基

离体授粉方法涉及两个主要过程：①花粉粒的萌发和花粉管的生长，结果导致受精；②受精的胚珠发育为成熟的种子，里面有一个有生活力的胚。这项技术的效率在很大程度上取决于能够促成这两个过程的培养基的成分。

要想实现花粉萌发和花粉管生长并不困难。而且在胎座授粉（这在各种类型的离体授粉方法中是最有前途的一种）中，当花粉粒撒落在胚珠上以后，若能在胚珠表面萌发，花粉管随即长入胚珠，与培养基并无接触。若花粉粒不能在胚珠表面萌发，就需要在一种适当的培养基上单独培养花粉粒，然后把花粉管置于胚珠表面。据 Raman 等（1980）报道，在玉米中，用已萌发的花粉进行离体授粉之后，可以形成种子。

十字花科植物的三细胞成熟花粉不易在离体条件下萌发，因而对这种植物难于进行离体授粉。为了在甘蓝中得到有萌发力的种子，Kameya 等（1966）对于离体授粉方法做了一些改变。他们先把离体胚珠在 1% $CaCl_2$ 溶液中蘸一下以后，再把它们放在一张载玻片上（这张载玻片事先已涂敷了一层厚约 40 μm 的 10%明胶溶液），然后立即用由刚开放的花中采集到的花粉进行授粉。把载玻片放在培养皿中，用一个里面贴有一片湿滤纸的盖子盖上，保存 24 h 之后，把已受精的胚珠转到 Nitsch 琼脂培养基上，同时淘汰未受精的胚珠。通过这个方法，Kameya 等由原来 75 个授过粉的胚珠中，获得了 2 个具有萌发力的种子。若不用 $CaCl_2$ 溶液处理则不能形成种子。可见 Ca^{2+} 具有刺激花粉萌发和花粉管生长的作用。

培养基最重要的作用在于促进受精胚珠的正常发育。因此，一项经验之谈是，在进行离体授粉试验之前，先要对准备用做母本的植物的幼龄胚珠（含有合子或几个细胞的原胚）在培养中所需的最适营养成分和激素组成有所了解。这种知识有助于增加成功的概率。确实，在虞美人离体胎座授粉的研究中，Kanta 等（1962）所以能最先获得了有生活力的种子，成功的秘诀就在这里。他们使用的培养基与 Mahcshwari 和 Lal（1961）所用的完全相同，但后两位作者培养成功的是在活体条件下已授粉 6 d 的虞美人胚珠，培养时那些胚珠已经受精。

通常用于离体授粉培养基中的无机盐类，与 Nitsch(1951)在进行子房培养时所用的无机盐类相同，此外再加上蔗糖和维生素(White，1943)。这种广泛用于培养离体授粉胚珠的改良 Nitsch 培养基的成分列于表 8.2 中。Sladky 和 Havel(1976)曾试验过几种不同的基本培养基，包括 White(1943)，Murashige 和 Skoog(1962)以及 Nitsch(1969)培养基等，但没有发现离体授粉子房对它们的反应有什么显著的差异。

表 8.2 广泛用于离体授粉胚珠培养的改良 Nitsch(1951)培养基的成分

成　分	数量(mg/L)
$Ca(NO_3)_2 \cdot 4H_2O$	500
KNO_3	125
KH_2PO_4	125
$MgSO_4 \cdot 7H_2O$	125
$CuSO_4 \cdot 5H_2O$	0.025
Na_2MoO_4	0.025
$ZnSO_4 \cdot 7H_2O$	0.5
$MnSO_4 \cdot 4H_2O$	3.0
H_3BO_3	0.5
$FeC_6O_5H_7 \cdot 5H_2O$	10.00
甘氨酸	7.5
泛酸钙	0.25
盐酸吡哆醇	0.25
盐酸硫胺素	0.25
烟酸	1.25
蔗糖	50 000
琼脂	7 000

引自 Kanta 和 Maheshwari，1963。

培养基中蔗糖的浓度几乎都是 4%～5%。在玉米中，虽然有些作者使用过浓度高达 15%～17%的蔗糖，但 Dhaliwal 和 King(1978)在正常的 5%蔗糖水平上，也由种内和种间离体授粉获得了有生活力的种子。据 Bajaj(1979)报道，7%的蔗糖对玉米最合适。

关于各种生长调节物质和其他补加物对胚珠培养中种子发育的效果，资料十分贫乏。这可能就是不能形成种子的原因，尤其是当在离体条件下花粉萌发、花粉管长入胚珠和受精作用都能正常进行时，不能形成种子的原因。一般的做法是在基本培养基中补加 500 mg/L 水解酪蛋白(CH)。不过，Rangaswamy 和

Shivanna(1971)在腋花矮牵牛以自身花粉进行胎座授粉之后，并未发现 CH 对种子发育有任何有利的影响。Balatkova 等(1977)研究了 IAA、激动素、番茄汁(TJ)、椰子汁(CM)和酵母浸出液(YE)等对烟草胎座授粉后种子发育的效果，发现 CM、TJ 和 YE 有抑制作用，而若加入 10 μg/L IAA 或 0.1 μg/L 激动素，则能显著提高每个子房的结实数。较高水平的激动素(1 μg/L)也有抑制作用。

据 Sladky 和 Havel(1976)报道，在离体授粉的玉米子房培养中，鸡蛋黄(每升 100 滴)对花粉萌发和种子发育具有有利的作用，不过，以后的作者没有加入这种复杂的混合物也能使离体授粉的玉米子房形成种子。

8.5.3 培养条件

关于光对离体授粉胚珠的影响几乎没有什么资料。在一般情况下，培养物都是保存在黑暗中或近乎黑暗中。Zenkteler(1969，1980)发现，无论培养物是在光照下培养还是在黑暗中培养，离体授粉的结果没有任何差别。

Balatkova 等(1977)指出，在某些实验中温度可以影响结实率。他们在水仙属植物中发现，若把培养物保存在 15℃，而不是通常的 25℃，能显著增加每个子房的结实数。然而，在罂粟中，由于它是在较温暖的条件下开花的植物，低温培养并不能提高结实率。

8.5.4 基因型

离体培养的子房和胚珠能否长到结实因物种而异。十字花科植物的花粉粒(散粉时处在 3-细胞时期)在培养中难于萌发，必须改变培养方法才能获得有萌发力的种子(见第 8.5.2 节)。

8.6 离体授粉的应用

当在离体情况下进行胚珠或胎座授粉时，必须把柱头、花柱和子房壁组织几乎完全去掉，以排除花粉管进入胚珠的障碍，因而当自交不亲合区域是处在柱头、花柱或子房中时，这项技术在自交或杂交实验中将会是非常有用的。现在已经证明，胎座授粉方法至少可用于以下 3 个不同的领域：①克服自交不亲合性；②克服杂交不亲合性；③通过孤雌生殖产生单倍体。

腋花矮牵牛是一个自交不亲合物种，在自花授粉的雌蕊中，花粉萌发的情况虽然很好，但花粉管不能长入子房。Rangaswamy 和 Shivanna(1967，1971)指出，在这种植物中，当以自身花粉进行胎座授粉以后，受精和结实都能正常进行。

这两位作者在腋花矮牵牛中通过活体蕾期授粉也克服了自交不亲合性，但他们对两种方法各自的优劣未做比较。据 Niimi(1979)报道，在另一个自交不亲合物种矮牵牛中，通过以自身花粉进行的胎座授粉也能形成有生活力的种子。

离体胎座授粉方法最重要的应用潜力，是在那些由于受精前不亲合性障碍从未形成过杂种的植物间建立杂种。Zenkteler(1980)以及 Zenkteler 和 Melchers(1978)曾尝试用胎座授粉方法进行种间、属间和科间的杂交。结果在异株女娄菜×红女娄菜，异株女娄菜×拟剪秋罗，异株女娄菜×夏佛塔雪轮和花烟草×德氏烟草的杂交中获得了种子，其中含有有生活力的胚。在其他若干组合中，受精能正常进行，但杂种胚不能发育成熟。当烟草胚珠授以天仙子花粉时，杂种胚能发育到球形期，并能形成相当完善的胚乳。这些杂种胚发生了某些出芽现象，但不能进一步正常地发育。若把胚珠剥离，置于一种含有 2 mg/L 激动素，4 mg/L 2,4-D 和 6%蔗糖的液体培养基中培养，则能刺激杂种胚的生长，使之进一步发育到前心形期，但此后即开始形成愈伤组织。这类远缘杂交之所以使人感兴趣，是因为借此可以得到一个杂种合子或幼龄原胚，其中结合了两个各具不同优良特性的亲本染色体组。然后，再对杂种胚进行精心培养，使之成熟，或诱导杂种原胚愈伤组织分化器官，这在育种上是很有价值的。Dhaliwal 和 King(1978)通过把裸露的玉米胚珠授以墨西哥玉米的花粉，业已得到了它们的种间杂种。

Hess 和 Wagner(1974)以蓝猪耳(*Torenia fournieri*)花粉授于一个品种的锦花沟酸浆(*Mimulus luteus*)的裸露胚珠上，从中获得了后者的单倍体。这两位作者断定，这些单倍体是通过孤雌生殖产生的。然而，在缺少详细的解剖学和细胞学证据的情况下，也难以排除父本起源的可能性；倘若受精之后母本染色体被选择性地消除，即会出现这种情况(见第 6.9 节)。Hess 和 Wagner 在花药培养中没能得到锦花沟酸浆的单倍体。能通过未受精子房培养产生孤雌生殖单倍体的植物已知有大麦、烟草和小麦等。

8.7 单个雌雄配子的体外受精

20 世纪 90 年代，植物生物技术领域中一项里程碑式的进展，是高等植物离体雌雄配子成功地实现了体外融合，融合产物(单个的合子)继而发育成胚，并最终产生了植株(Kranz 和 Lörz，1993)。在玉米中，这项被称做体外受精的过程已经有了一套标准化的程序，其中包括 4 个步骤：

1. 精子的分离：将成熟的三细胞花粉粒置于低渗甘露醇溶液中，由于受到渗透压冲击，花粉粒破裂，包括精子在内的花粉粒内容物由萌发孔喷出，通过低速离心，将残破的花粉壁淘汰，从而获得精子。

2. 卵细胞的分离：先将胚珠在pH 5的混合酶液中于24±0.5℃下酶解40～60 min，然后将它们置于加在一张无菌盖片上的甘露醇溶液微滴(2 μL)中，借助于连在一个由电脑控制的取样器上的微吸管，即可由胚囊中将卵细胞分离和挑选出来。

3. 精卵融合：在上述盖片上加一层(300 μL)无菌矿物油，然后利用微型泵将分离出来的精子转到含有卵细胞的微滴中。通过双向电泳使2个配子固定在一个电极上，施加直流脉冲使精卵融合。

4. 融合产物的培养：用微吸管将受精卵由电极上取下，置于一个直径12 mm的微型培养皿"Millicell-CM"中，这个培养皿的底是由透明半透膜制成的，皿内装有0.1 mL培养液。再将这个微型培养皿置于直径30 mm的小培养皿中间，小培养皿内装有1.5 mL来源于另一个玉米品系的饲养细胞悬浮液。培养条件是：温度26±1℃，光周期：16/8 h，光强大约50 $\mu E/m^2 \cdot s$。

采用上述程序，玉米离体雌雄配子的融合频率可高达90%。在培养中只有受精卵能够分裂，形成胚，并在融合之后86 d之内长成完整植株(Kranz，1999)。

如所周知，在活体中，所有显花植物的双受精过程都是在胚囊中发生的，胚囊又是着生在子房内的胚珠组织中，因而合子是处在胚乳和胚珠组织等的重重包围之中。在离体条件下情况则不相同，配子的融合，合子、胚和植株的发育，都是在不存在任何周围组织的情况下发生的。因此，高等植物离体雌雄配子的体外受精与活体受精大不相同，它为我们了解在胚胎发生早期出现的各种分子生物学事件提供了新的机会。

8.8 结束语

对于克服受精前不亲合性障碍建立新的基因型来说，离体授粉看来是一种很有前途的方法。虽然这种方法的可行性早在几十年以前就得到了证实，但迄今植物育种家还没有太多兴趣把这项技术用于具体的育种计划。很可能，植物组织培养中一些更令人神往的领域，如通过花药或花粉培养产生单倍体，原生质体融合和培养等，已经使这项技术的潜力相形逊色。植物离体原生质体可能的用途之一是通过体细胞融合产生杂种，而这是一个涉及好几个步骤的很麻烦的方法。其中最重要的一个步骤是要从数以百万计的其他各种类型的细胞、组织和植株中选择和分离出所要的杂种。虽然没有人对这两种方法的效率做过直接的比较，但在离体授粉中鉴别杂种细胞应当比在体细胞杂交中容易得多。Zenkteler 和 Melchers(1978)等曾经指出，通过胎座授粉，可以在范围十分广泛的远缘杂交中实现受精和形成幼小的杂种原胚。在这种情况下，只要对能促成杂种胚在胚珠内或胚珠外正常发育的培养基成分不断进行摸索，就有可能获得完整的杂种植株。此外还可通过在杂种幼胚愈伤组织中诱导器官发生或胚胎发生而获得植株；就最终步骤来说，这也是通过体细胞融合获得杂种的唯一方式。而且情况每每是，由胚形成的愈伤组织比起源于原生质体的愈伤组织更容易进行器官分化。

通过更为系统的研究，离体授粉方法的效率还可进一步提高。如前所述，在进行离体授粉实验之前，应先研究在母体植株上已经过活体授粉的雌蕊中幼龄胚珠(含有合子或几个细胞的原胚)的最适培养条件。在多数情况下，离体授粉之所以失败，是由于我们对极幼龄胚珠所要求的培养条件知识不足。Zubkova 和 Sladky(1975)曾介绍过若干例子，其中通过胎座授粉虽然形成了在形态上和解剖上正常的种子，但这些种子在离体条件下不能萌发。这个问题应当不是不可克服的。

近年来，单个雌雄配子体外受精的成功，不仅对生殖生物学基础研究具有重要意义，而且对克服受精前有性不亲合性障碍，实现远缘物种间的遗传物质交流，提供了直接的途径，因而受到了人们的广泛关注。

附录 8.1　通过离体柱头授粉获得节节麦与普通小麦的属间杂种①

1. 材料：母本为节节麦(*Aegilops squarrosa*, $2n=2x=14$)，父本为普通小麦(*Triticum aestivum*, $2n=6x=42$)。

2. 培养基：MS＋CH(200 mg/L)＋GA_3(1 mg/L)＋KT(1 mg/L)，蔗糖 5%，琼脂 0.8%，pH 5.8。

3. 方法：开花前 2 d，将母本麦穗剪下，用 70%酒精表面消毒数秒，无菌水洗净后，置于一个 30 W 紫外灯下(与灯相距约 30 cm)20 min。消毒完毕后，在无菌条件下去雄，套上无菌纸袋，插在水中；试验表明，采用这种灭菌方法，对母本组织伤害较轻，污染率在 22%～26%之间。

2 d 后，在无菌条件下将母本麦穗上每个小花的内外颖全部剥除，或只保留

① 引自叶树茂等，1983。

1片内颖，然后把整个雌蕊剪下，接种在培养基上，用无菌毛笔蘸取事先收集的无菌成熟花粉授在试管内的雌蕊柱头上。收集花粉的方法是：剪取即将开花的父本麦穗，置于30 W紫外灯下照射30 min，在超净台上剥去外颖，取其黄色花药置于无菌容器中。

授粉后将雌蕊置室温下培养，白天以40 W日光灯补充光照。

4.结果：授粉后2 h，部分花粉粒开始萌发，长出花粉管伸进羽毛状柱头，约30 d后，籽粒在试管内发育成熟。经统计，结实率在一个组合中为56.3%，在另一组合中为57.7%。

附录8.2 通过离体胎座授粉获得栽培烟草和黄花烟草的种间杂种[①]

1.材料：母本为栽培烟草（*Nicotiana tabacum*），父本为粉蓝烟草（*N. glauca*）。

2.培养基：Nitsch，蔗糖4%，琼脂0.8%，pH 5.8。

3.方法：在母本植株上挑选开花前1 d的花蕾去雄套袋，翌日将去雄的花摘下，剥除花冠和花萼，将整个子房浸在0.1% $HgCl_2$ 中消毒5～8 min，然后取出，用无菌水冲洗3遍，在无菌条件下剥去子房壁，切去花托，将连在胎座上的裸露胚珠接种于培养基上。

采集花粉的方法是：在父本植株上挑选开花前1 d的花蕾，用细线将其顶部扎紧，使之不能开放。第2天将这些花朵摘下，用70%酒精擦拭进行表面消毒，在无菌条件下用镊子将花药取出，将花粉授于胚珠上。然后将授过粉的胚珠置于25～30℃天然散射光下培养。

4.结果：授粉后3～4 h，花粉粒在胚珠上萌发，长出大量花粉管；授粉后第4 d，胚珠膨大；20 d后胚珠由白色逐渐变为褐色，40 d后有些种子便在原来的胎座上萌发长成幼苗。当把整个胎座或是胎座上的某些种子取下来转移到White培养基上时，种子很快萌发长成植株。经统计，这项离体授粉的结实率可高达60.9%。

① 引自叶树茂等，1980。

9 合子胚培养

9.1 引言

合子胚指的是由雌雄配子融合形成的合子继而发育成的胚。对合子胚进行离体培养的主要目的是获得能正常生长发育的植株。

胚培养的研究已经有了1个世纪的历史。在被子植物中，Hannig(1904)最早在无菌条件下进行了离体胚培养实验，他当时所培养的是两种十字花科植物——辣根菜和萝卜的成熟胚。

后来，很多研究者都由成熟胚的离体培养获得了植株。Dieterich(1924)指出，在含有Knop无机盐和2.5%～5%蔗糖的半固体培养基上，成熟胚能正常生长，但由未成熟种子中剥离的胚不能继续长出成熟胚的各种结构，而是越过了正常胚胎发生过程中的若干阶段，直接长成幼苗。这种现象称做"早熟萌发"。

胚培养方法的进一步发展则是受了Laibach(1925,1929)的推动，这是因为，他首次证实了这种方法在实用上的重要价值。在宿根亚麻×奥地利亚麻的种间杂交中，Laibach发现所结的种子严重皱缩，分量很轻，不能萌发。但是，若把胚由种子中剥离出来，置于潮湿滤纸上或含有蔗糖的棉絮上，则能得到杂种植株。Laibach因此提出，在所有不能形成有生活力种子的杂交中，若把胚剥离出来置于人工培养基上培养，或许能够起死回生。自此以后，在由于胚的夭折不能形成有生活力种子的情况下，胚培养即被广泛地用于产生杂种。

9.2 胚培养的类型

胚培养大体上可分为两种类型，一种是成熟胚培养，另一种是未成熟胚培养。

1. 成熟胚培养：成熟胚是指由成熟种子中剥取的胚。成熟胚培养的目的是为了克服种子本身(特别是种皮)对胚萌发的抑制作用。成熟胚培养比较容易，在只含有无机盐、蔗糖和琼脂的培养基上就能长成植株。

2. 未成熟胚培养：未成熟胚指的是未成熟种子中的胚或夭折之前的远缘杂种胚。进行未成熟胚培养的目的，在前一种情况下是研究胚胎在不同发育时期的营养需求,在后一种情况下是避免杂种胚的夭折。未成熟胚往往不易剥离,而且只有在成分相当复杂的培养基上才能长成植株。未成熟胚培养的成功几率主要取决于胚的发育时期。

Monnier(1980)对由球形期开始各发育时期的未成熟胚在活体和离体条件下的发育状况进行了比较。由他的研究可以看出,在离体条件下,胚的生长过度,但发育延迟;在双子叶植物中,一片子叶先长,而不是像在活体中那样两片子叶同时生长。另外,在离体条件下还有形成多个子叶的倾向。

取决于植物的种类、胚龄的大小和培养基的组成,未成熟胚在离体培养中可能有 3 种不同表现:①继续正常的胚胎发育过程,最终形成具有萌发能力的成熟胚,②早熟萌发,形成细弱的畸形苗;③形成愈伤组织。

9.3 合子胚培养方法

由技术观点考虑,胚培养中两个最重要的问题是:①培养基的成分;②胚的剥离方法。对于初学者来说,植物材料的选择也很重要。培养基的成分和剥取外植体以进行无菌培养的方法,因植物的种类及胚龄而异。关于各种培养基成分的详细讨论将在第 9.4 节中进行。表 9.1 至表 9.4 列出了几种常用的胚培养基的成分。

表 9.1 荠菜胚胎不同发育时期的营养要求

发育期	胚长(μm)	营养要求
球形早期	20～60	小于 40 μm 的胚要求不详
球形晚期	61～80	基本培养基(大量元素① + 微量元素② + 维生素③ + 2%蔗糖) + IAA(0.1 mg/L) + 激动素(0.001 mg/L) + 硫酸腺嘌呤(0.001 mg/L)
心形期	81～450	仅基本培养基
鱼雷形期	451～700	大量元素① + 维生素③ + 2%蔗糖
拐杖形期 及成熟胚	700 及更大	大量元素① + 2%蔗糖

引自 Raghavan,1966。

①大量元素:480 mg/L $Ca(NO_3)_2 \cdot 4H_2O$,63 mg/L $MgSO_4 \cdot 7H_2O$,63 mg/L KNO_3,42 mg/L KCl 及 60 mg/L KH_2PO_4;

②微量元素:0.56 mg/L H_3BO_3,0.36 mg/L $MnCl_2 \cdot 4H_2O$,0.42 mg/L $ZnCl_2$,0.27 mg/L $CuCl_2 \cdot 2H_2O$,1.55 mg/L $(NH_4)_6Mo_7O_{24} \cdot 4H_2O$,及 3.08 mg/L 酒石酸铁;

③维生素:0.1 mg/L 盐酸硫胺素,0.1 mg/L 盐酸吡哆醇,0.5 mg/L 烟酸。

表 9.2 为了使荠菜胚由球形期(约 50 μm)不间断地发育成熟，在同一培养皿的不同部分所用的 2 种培养基的成分

成 分	数量(mg/L)	
	培养基 1(外环)	培养基 2(中央区)
KNO_3	1 900	1 900
$CaCl_2 \cdot 2H_2O$	484	1 320
NH_4NO_3	990	825
$MgSO_4 \cdot 7H_2O$	407	370
KCl	420	350
KH_2PO_4	187	170
$Na_2 \cdot EDTA$	37.3	—
$FeSO_4 \cdot 7H_2O$	27.8	—
H_3BO_3	12.4	12.4
$MnSO_4 \cdot H_2O$	33.6	33.6
$ZnSO_4 \cdot 7H_2O$	21	21
KI	1.66	1.66
$Na_2MoO_4 \cdot 2H_2O$	0.5	0.5
$CuSO_4 \cdot 5H_2O$	0.05	0.05
$CoCl_2 \cdot 6H_2O$	0.05	0.05
谷氨酰胺	—	600
维生素 B_1	0.1	0.1
维生素 B_6	0.1	0.1
蔗糖	—	180 000
琼脂	7 000	7 000

引自 Monnier，1976。

表 9.3 用于荠菜幼胚培养的 Monnier 培养基

成 分	数量(mg/L)
KNO_3	1 900
$CaCl_2 \cdot 2H_2O$	880
NH_4NO_3	825
$MgSO_4 \cdot 7H_2O$	370
KCl	350
KH_2PO_4	170
$Na_2 \cdot EDTA$	14.9[a]
$FeSO_4 \cdot 7H_2O$	11.1[a]
H_3BO_3	12.4

续表 9.3

成　分	数量(mg/L)
$MnSO_4 \cdot H_2O$	33.6
$ZnSO_4 \cdot 7H_2O$	21
KI	1.66
$Na_2MoO_4 \cdot 2H_2O$	0.5
$CuSO_4 \cdot 5H_2O$	0.05
$CoCl_2 \cdot 6H_2O$	0.05
谷氨酰胺	400
维生素 B_1	0.1
维生素 B_6	0.1
蔗糖	120 000
琼脂	7 000

引自 Monnier,1976,1978。

a. 含有 5.57 g/L $FeSO_4 \cdot 7H_2O$ 和 7.45 g/L $Na_2 \cdot EDTA$ 的贮备液 2 mL。

表 9.4　适用于大麦胚培养的培养基①

成　分	数　量(mg/L)			
	B-Ⅱ②	C-17③	C-21④	C-45⑤
大量元素				
KNO_3	—	300	300	900
$CaCl_2 \cdot 2H_2O$	740	250	—	400
$MgSO_4 \cdot 7H_2O$	740	325	300	300
$(NH_4)_2SO_4$	—	—	—	60
$NaH_2PO_4 \cdot H_2O$	—	100	—	75
KCl	750	150	300	—
KH_2PO_4	910	150	500	170
$Ca(NO_3)_2$	—	—	500	300
NH_4NO_3	—	200	—	500
微量元素				
KI	—	0.10	—	—
H_3BO_3	0.5	0.5	15.0	1.0
$MnSO_4 \cdot 4H_2O$	3.0	0.5	—	5.0
$ZnSO_4 \cdot 7H_2O$	0.5	0.25	—	5.0
$Na_2MoO_4 \cdot 2H_2O$	0.025	0.012	—	0.25
$CuSO_4 \cdot 5H_2O$	0.025	0.012	—	0.012
$CoCl_2 \cdot 6H_2O$	0.025	0.012	—	0.012
柠檬酸铁	10	3	20	20
Fe · EDTA	—	17.5	10	28

续表 9.4

成　分	数　　量(mg/L)			
	B-Ⅱ②	C-17③	C-21④	C-45⑤
维生素				
尼克酰胺	—	—	—	1.0
盐酸硫胺素	0.25	0.25	10	10
盐酸吡哆醇	0.25	0.25	—	1.0
肌醇	50	50	150	100
泛酸钙	0.25	0.25	—	—
甘氨酸	—	0.75	—	—
抗坏血酸	—	0.5	—	1.0
氨基酸				
谷氨酰胺	400	—	—	600
谷氨酸	—	150	300	—
丙氨酸	50	30	—	100
半胱氨酸	20	—	—	—
精氨酸	10	20	50	—
亮氨酸	10	10	—	—
苯丙氨酸	10	20	—	—
酪氨酸	10	—	—	—
天冬氨酸	—	30	100	100
脯氨酸	—	50	50	—
缬氨酸	—	10	—	—
丝氨酸	—	25	25	50
苏氨酸	—	10	—	100
赖氨酸	—	10	—	—
蔗糖	34 000	60 000	45 000	45 000
琼脂	6 000	—	—	—
pH	5	5.5	5.5	5.8

①除了表中所列各种成分外，这 4 种培养基每升中还含有下列各种附加成分：

B-Ⅱ：苹果酸——1 g 溶于 50 mL 水中，pH 值以 NH_4OH 调至 5；

C-17：柠檬酸——500 mg 溶于 50 mL 水中，pH 值以 NH_4OH 调至 5.3；

Tris-柠檬酸钾——300 mg 加于最终配成的培养基中，培养基 pH 值以 KOH 调至 5.5(过滤灭菌)；

C-21：柠檬酸——50 mg 溶于 50 mL 水中，pH 值以 NH_4OH 调至 5，加入培养基，最终 pH 值以 KOH 调至 5.5(过滤灭菌)；

Tris-柠檬酸钾——250 mg 加于培养基中，培养基 pH 值调至 5.5；

C-45：苹果酸——300 mg 溶于 50 mL 含有 300 mg 柠檬酸的水中，pH 值以 NH_4OH 调至 5。

②据 Norstog(1973)；

③Jensen(1977)用于培养小而不一致的单倍体胚；

④Jensen(1976)用于培养大小一致发育良好的胚；

⑤Jensen(1976)用于培养 1～2 周龄的胚。

9.3.1 植物材料

对用于胚培养的植物的选择,通常都是由所遇到的问题决定的。然而,若可随意选择的话,例如为了做示范表演,最好是先用一种胚易于剥离的植物。大粒种子的豆科和十字花科的成熟胚就很适合这种需要。此外还应考虑获得大量的遗传组成一致又处于同一发育期的胚的可能性。一般来说,在控制条件下栽培的植物,能为每次实验提供最为均匀一致的材料。如果需要处在一定发育时期的胚,最好是选择那些开花和结实习性都十分规律的植物,以便保障所需材料的充足供应。荠菜在某些方面能满足这些要求。这种植物具有总状花序,其中各个胚珠处于不同的发育时期。一般来说,沿着花序轴由上而下,胚龄逐渐增加。每个蒴果大约含有 20～25 个胚珠,它们基本上是处在同一个发育阶段。

若要培养处于一定发育时期的胚,则须对刚开放的花进行人工授粉。在这类研究中,最好先制成一个对照表,列出胚胎发育期和授粉后天数的相应关系。

如果实验目的是从即将夭折的种子中获得植株,则必须在夭折开始之前,将种子剥离下来进行培养。

9.3.2 消毒方法

首先参照第 1 章介绍的方法把整个胚珠进行消毒,然后在严格的无菌条件下把胚剥离出来。合子胚由于受到珠被和子房壁的双重保护,在剥离之前一直处于天然的无菌环境之中,因此不需要再进行表面消毒,即可直接置于培养基上培养。但在兰科植物中,由于它们的种子很小,缺少有功能的胚乳,种皮高度退化,所以只能把整个胚珠进行培养,处置方法则与胚培养相同。在这种情况下,须把整个蒴果进行表面消毒,然后在无菌条件下取出种子,用一根无菌针把它们铺在琼脂培养基表面,成一单层。

9.3.3 胚的剥离

一般来说,在进行胚的离体培养时,必须把胚从周围的组织中剥离出来。成熟胚只须剖开种子即可剥离,比较容易。但有些种子种皮很硬,须先在水中浸泡之后才能剖开。在剥取比较小的胚的时候则须借助体视显微镜(90×),并且在剥离出来后,要立即转入培养瓶中。

为了从荠菜胚珠中剥取发育时期不同的胚(图 9.1),Raghavan 和 Torrey(1963)采用了下述方法:先把消过毒的蒴果(图 9.2A)放在几滴无菌培养基中,然后切开胎座区域,用镊子将外壁的两半撑开,露出胚珠(图 9.2B)。鱼雷形胚或更幼龄的胚位置都局限在纵向剖开的半个胚珠之中(图 9.2D),由于它们的绿色或由于它们透明的胚柄囊,因而透过合点清晰可见。在剥取这种未成熟胚的时候,将由胎座上取下的 1 个胚珠放在载玻片的凹穴中(内有 1 滴培养基),然后用一把锋利的有柄刀片将胚珠纵切成两半(图 9.2D),留下有胚的一半,仔细地剔除胚珠组织,即可把连着胚柄的整个胚取出。在剥取较老的胚时,在胚珠上无胚的一侧切一小口(图 9.2C),用一根钝头解剖针轻压珠被,即可把完整的胚挤出到周围的液体中。整个操作过程(特别是在剥取未成熟胚时)必须小心进行,以免使胚受伤。

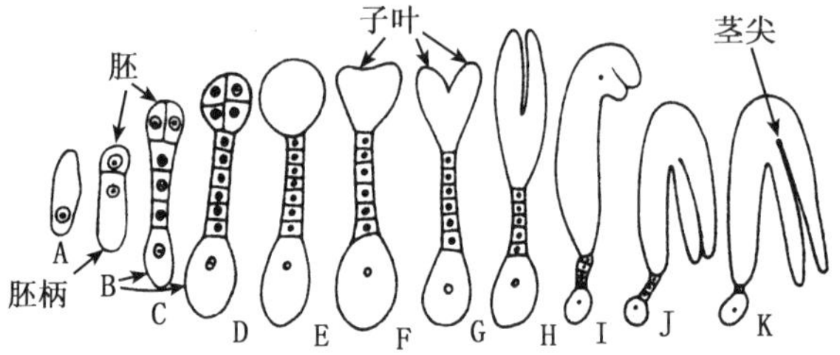

图 9.1 荠菜胚正常发育的各个时期。A. 合子;B. 双细胞原胚;C～E. 球形胚;F. 心形胚;G. 中间期;H. 鱼雷形胚;I. 拐杖形胚;J. 倒 U 形胚;K. 成熟胚(引自 Raghavan,1966)

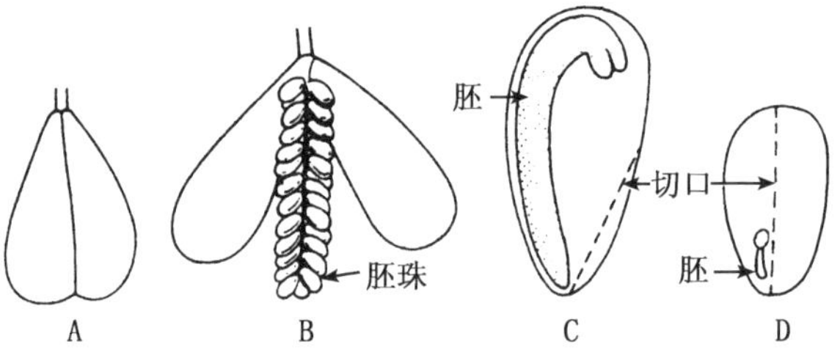

图 9.2 剥取荠菜胚的方法。A. 蒴果;B. 蒴果已被剥开,胚珠外露;C. 一个含有拐杖形胚的胚珠;D. 一个含有球形胚的胚珠,沿虚线切开后,胚外露(引自 Raghavan,1966)

在各种单子叶植物中,大麦是一种进行过详细的胚培养研究的植物。Norstog(1955)采用的剥离大麦未成熟胚的方法是:在体视显微镜(20～50×)下,把颖果放在一张无菌载玻片上,然后用一把钟表镊子或尖头解剖针,即可很容易地把小至 0.2 mm 的胚剥离下来,置于培养基中培养。不过,要剥取更小的胚,方法还需要改进,以免它们在上述操作过程中干掉。在大麦中,胚珠的含胚区域形如鸟嘴,在操作中应先把这个鸟嘴部分切下来放入一滴无菌石蜡油中,然后仔细地剔除鸟嘴组织，使胚暴露出来，再用一把微型解剖刀将胚挑出，置于培养基上。石蜡油在培养基上能自由漂动，因而可以把胚推到一个无油区上进行培养。残留在培养基上的石蜡油看来对胚的生长并无妨碍。

9.3.4 胚乳看护培养

在人工培养基上幼龄胚通常很难培养。尽管培养基已经有了不少改进，但胚的夭折若发生在发育的极早期，要想拯救杂种仍有很大困难。Ziebur 和 Brink(1951)指出，在进行大麦未成熟胚(300～1 100 μm 长)离体培养的时候，如果在其周围培养基上存在着来自同一物种另一种子的离体胚乳，对胚的生长会有明显的促进作用。Kruse(1974)报道，在某些属间杂交中，若把杂种未成熟胚放在事先培养的大麦胚乳上培养，能够显著提高获得杂种植株的频率。例如，在大麦×黑麦属间杂交中，采用这种方法 30%～40%的杂种未成熟胚可以发育成苗，而用传统的胚培养法则只有 1%。Ziebur 和 Brink(1951)以及 Kruse(1974)都曾强调指出，和与胚同龄的胚乳相比，用做看护组织的胚乳比胚老 5 d 时更为有效。

9.4 对培养基和培养条件的要求

在胚培养中最重要的问题是如何能找到一种合适的培养基，以促成在不同发育时期剥离下来的胚循序渐进地发育成熟。早期关于胚培养的报道一般都是研究如何使成熟胚在一种简单培养基上发育成植株。Hannig(1904)曾用一种无机盐-蔗糖溶液培养十字花科植物的成熟胚(2 mm 长)。Laibach(1925)仅用 15%的葡萄糖溶液，使剥离下来的杂种胚(1 mm 长)长成了完整的植株。与此不同，未成熟胚一般不能在这类简单培养基上生长，它们比成熟胚对营养的要求更为复杂。研究者对于搞清诸如胚胎发生控制一类问题的浓厚兴趣，以及由不能产生杂种的远缘杂交中获得杂种的客观需要，导致了对未成熟胚营养要求的广泛研究。很多作者都做了不懈的努力，以期改良幼胚培养基，并尽可能地使离体胚也能沿着胚珠内胚胎发生的途径发育。胚培养研究得最为充分的两种被子植物系统是荠菜和大麦。此外，在曼陀罗属、柑橘属和菜豆属中，也已进行了大量的工作。

就营养需要来说，Raghavan(1966)把胚胎发育过程分为两个时期：①异养期——在这个发育早期，胚有赖于由胚乳及周围的母体组织吸取养分；②自养期——在这个时期胚在代谢上已能由基本的无机盐和糖合成为生长所需的物质，因而在营养上已相当独立。胚由异养转入自养是胚发育的一个关键时期，然而，这个时期出现的迟早因物种而异。在荠菜中，胚在球形期以前肯定是异养的，只有到心形晚期它们才转为自养。就是在这两个时期之内，培养中的胚对外源营养的要求也会随着胚龄的增加而渐趋简单。Van Overbeek 等(1941，1942)对曼陀罗以及 Torrey(1963，1964)对荠菜所做的研究清楚地说明了这一点(见表 9.1)。

长在胚珠内的胚对营养要求的变化也可在未成熟胚培养中看到。因而，为了使胚能正常生长，必须把它们由一种培养基转移到另一种培养基。Monnier(1976，1978)介绍了一种新的培养方法，用这种方法可以使 50 μm 长(球形早期)的荠菜胚在同一个培养皿中无须变动原来的位置即完成全部发育过程，直至萌发(这种方法的细节见图 9.3)。表 9.2 列出了在培养皿中所用的这两种培养基的成分。可以看到，在这个方法中所用的两种培养基，不同于在传统的胚培养方法中所用的 Monnier 培养基(表 9.3)。

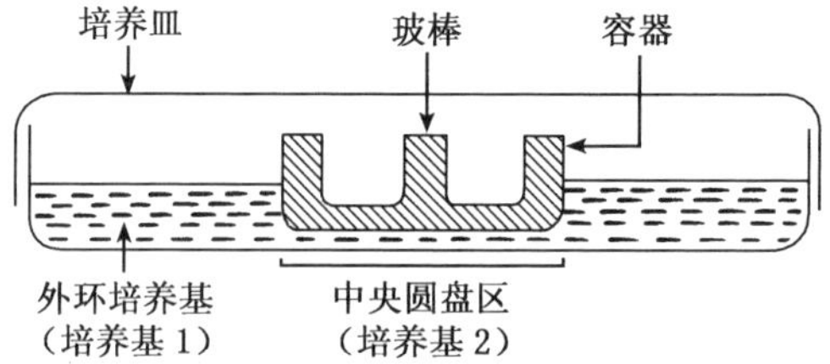

图 9.3 在 1 个培养皿中装入 2 种成分不同的培养基的方法。将第 1 种琼脂培养基加热融化，然后注入中央玻璃容器的外围，形成外环。待第 1 种培养基冷却凝固之后，将该玻璃容器拿掉，因此形成了 1 个中央圆盘，在其中注入成分不同的第 2 种培养基。将胚置于培养皿的中心部分第 2 种培养基上培养，由于扩散的结果，胚将先后受到两种成分不同的培养基的作用

与在任何其他类型的组织培养中一样，对培养异养期胚的培养基的改良必须考虑无机盐、有机成分和生长调节物质三方面因素。此外，对于原胚的培养来说，培养基的渗透压也是一个重要的因素。最后，在培养基中使用植物浸提物，对于胚培养的成败也有密切关系。

9.4.1 无机盐

用于胚培养的无机盐配方很多，互不相同，对其中每种成分的作用并无精确的评价。Monnier(1976)在研究各种标准的无机盐溶液(包括 Knop，Heller，MS 培养基等)对荠菜胚培养的作用时发现，在一定的培养基上，未成熟胚的生长和存活之间并不存在相关性(图 9.4)。在 MS 培养基中，未成熟胚的生长情况虽然最好，但存活率却很低。在 Knop 培养基中，虽然它的毒性最小，但胚的生长

情况很差。这促使 Monnier 想要配制一种新的无机盐溶液，希望它既有利于生长，也有利于存活。为此他变动了 MS 培养基中每一种盐分的浓度，以研究这类变动的效果。在这些实验的基础上，他推出了一种新的培养基，在这种培养基上，胚的生长与在 MS 培养基上一样理想，同时存活率也很高(见图 9.4)。表 9.3 列出了这种新培养基的成分。与 MS 培养基中的无机成分相比，在 Monnier 培养基中 K^+ 和 Ca^{2+} 的浓度较高，而 NH_4^+ 的水平较低。

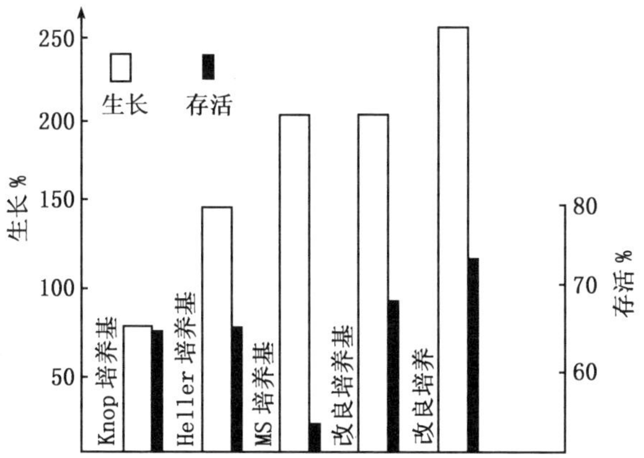

图 9.4 在几种不同培养基中荠菜未成熟胚的生长情况和存活率。其中“改良培养基”的成分列于表 9.3 中。“改良培养”所用的是 Monnier 培养基(1976，1978，见表 9.3)，此外，在胚的外面挂了一层琼脂膜，对培养基用间歇法进行灭菌(引自 Monnier，1976，1978)

据 Umbeck 和 Norstog(1979)报道，培养基中的 NH_4^+ 对于大麦未成熟胚的正常生长和分化是必需的。当以 NO_3^- 作为无机氮的唯一来源时，500 μm 长的大麦胚在培养中只能略有生长，而这主要是由于细胞伸长造成的。盾片等的分化则需要有 4.3～8.6 mmol/L NH_4^+ 的存在。在曼陀罗和紫花曼陀罗中，特别是对未成熟胚的培养来说，NH_4^+ 或是必需的或是一种较好的无机氮；另一方面，黄麻的胚则绝对需要硝态氮。

9.4.2 碳水化合物和培养基的渗透压

在离体的成熟胚和未成熟胚培养中，一般都需要有一种适当的碳源。迄今为止，蔗糖被认为是碳水化合物的最好形式，在胚培养中的应用最为广泛。

在胚培养基中加入蔗糖不仅是作为一种能源，而且是为了保持适当的渗透压，后者对于未成熟胚的培养来说尤为重要。就蔗糖的这第二项功能来说，最适浓度因胚的发育时期而有所不同。成熟胚在含有2%蔗糖的培养基中就能长得很好，但幼龄胚则要求较高水平的碳水化合物。这是因为在自然条件下，原胚就是被一种高渗液体包围着的。适于原胚培养的蔗糖浓度一般为8%～12%。在长期的培养过程中，随着培养时间的增加，必须把胚转移到蔗糖水平逐步降低的培养基中，据报道，高浓度(60 mmol/L)的 NH_4NO_3 由于增加了培养基的渗透压，也能促进紫花曼陀罗未成熟胚(200～300 μm)的生长。

Raghavan 和 Torrey(1964)还发现，高浓度(12%～18%)蔗糖对于荠菜球形胚(小于80 μm)的离体发育具有一种刺激作用。然而，在只含有2%蔗糖的基本培养基中，若加入 IAA(0.1 mg/L)、激动素(0.001 mg/L)和硫酸腺嘌呤(0.001 mg/L)，对于原胚的连续分裂和生长来说则是一种最好的培养基(表9.5)。根据这些结果，Raghavan 和 Torrey 认为，胚在离体条件下的生长和分化在很大程度上并不依赖于渗透压的大小，而主要取决于某些生长调节物质的存在与否。高渗透压阻止离体未成熟胚早熟萌发的作用可以用 ABA 有效地取代。高渗透压的这种有利影响是否是通过它对内源激素库的作用而表现出来的，还有待今后的实验予以说明。

表 9.5 在几种植物胚培养中使用的蔗糖浓度

植物名称	胚的大小/胚龄	蔗糖浓度
大麦	0.2～0.8 mm	9%
	60 μm 长	12%
亚麻	球形期和心形期	12%
大豆	0.2～0.4 mm 心形期	8%
玉米	0.3～1 mm	5%
冬青	心形期	4%
稻	未成熟(5～6 日龄)	4%
黄瓜	心形期(0.1～0.8 mm)	3.5%
芥菜	球形胚	12%～18%
	原胚(<80 μm)	2%+IAA(0.1 mg/L)+KT(0.001 mg/L)+硫酸腺嘌呤(0.001 mg/L)

资料引自 Hu 和 Wang(1986)。

9.4.3 氨基酸和维生素

在培养基中加入氨基酸，无论是单一的还是复合的，都能刺激胚的生长。Hannig(1904)报道，天门冬酰胺对促进胚的生长非常有效。不过，一般来说，谷氨酰胺已证明对离体胚的生长是最有效的氨基酸。Rijven(1955)报道，在9个科的显花植物中,谷氨酰胺都能促进胚的生长,而且这种促进作用显著大于天门冬酰胺。对于其中有些物种(荠菜、拟南芥、木犀草)来说,天门冬酰胺甚至有抑制作用。Matsubara(1964)试验了18种氨基酸和2种酰胺对紫花曼陀罗幼胚培养的作用,发现除谷氨酰胺以外都有抑制作用。

水解酪蛋白(CH)是一种氨基酸复合物,一直被广泛地用做胚培养基的附加物。胚对CH浓度的敏感程度因物种而异。对于栽培大麦来说,CH的最适水平是500 mg/L。毛曼陀罗和曼陀罗的胚在含有400 mg/L CH的培养基上长得最好。50 mg/L CH能促进紫花曼陀罗胚的生长,但100 mg/L时则有毒害作用。Ziebur等(1950)断定,高水平CH对大麦离体胚的效应主要是由于它的渗透压作用,这种作用可由高浓度的蔗糖所取代。

虽然各种维生素一直被用于胚培养基中,但它们的存在并非总是必要的。在有些情况下,维生素甚至可能对形态发生过程表现抑制作用。因而,最好是只有在通过实验证实了它们的必要性之后,再在培养基中加入维生素。

9.4.4　天然植物浸提物

Van Overbeek等(1941)发现,在一种只含有无机盐和蔗糖的培养基中,曼陀罗球形胚(0.2～0.5 mm长)或是不能生长,或是长势很差,最后形成了愈伤组织。不过,若是在这种培养基中加入不经高温灭菌的椰子汁(椰子的液体胚乳,CM),这些胚既能生长,又无早熟萌发迹象。这项发现是胚培养史上的一个转折点,它表明在椰子汁中存在着某些能促进胚生长的"胚因子"。后来,在甘蔗、大麦、番茄和胡萝卜等植物中,发现CM同样能有效刺激离体幼胚的生长。

为了确定在植物其他组织的提取物中是否也存在"胚因子",人们还进行了很多探索。Kent和Brink(1947)报道,海枣和香蕉的水浸提物、小麦面筋水解物和番茄汁(TJ)能够促进大麦未成熟胚的生长和抑制它们的早熟萌发,其中以番茄汁效果最好。Matsubara(1962)研究了银杏胚乳和若干种被子植物种子浸提物对离体幼胚生长的效果,发现羽扇豆幼龄种子和佛手瓜成熟种子的酒精浸提物的效果与椰子汁相同甚至更好。

然而,为了配制用于未成熟胚培养的纯合成培养基,必须用化学成分确定的物质取代椰子汁中的"胚因子",为此已进行了很多努力。在培养大麦原胚的时候,生长所需的椰子汁可以由以下培养基所取代:磷酸强化的White培养基中,再补加上谷氨酰胺和丙氨酸作为主要氨基酸,5种其他氨基酸作为微量的氮源,pH4.5。若把KCl、KNO_3和某些有机成分的浓度提高5～10倍,胚的存活率显著增加。在5个二棱大麦品种250 μm长的幼胚培养中,Cameron-Mills和Duffus(1977)曾经试用过各种不同的配方,其中以上述改良 Norstog 培养基(表 9.4,B-Ⅱ)效果最好。

9.4.5 生长调节物质

为了由胚和胚段诱导愈伤组织,通常都须在培养基中加入生长素或细胞分裂素,或二者都加。然而,除了在某些植物中为了打破休眠以外,没有证据表明离体的成熟或未成熟胚的正常发育需要外源生长调节物质。实际上,生长素对于胚的生长通常表现抑制作用。Monnier(1978)建议,在胚培养基中不应加入植物激素,以免引起结构异常。他认为胚对大多数生长调节物质都是自养的。在这点上至少对 GA_3 来说已在菜豆上得到了清楚的证明,其中胚柄可以满足离体胚对激素的需要(见第 9.5 节)。

不过,Raghavan 和 Torrey(1964)报道,若想在一种只含有 2%蔗糖的无机盐-维生素培养基上培养荠菜的球形胚,必须补加 IAA、激动素和硫酸腺嘌呤(表 9.5)。在大麦未成熟胚(500 μm 长)培养中,若加入 ABA,特别是当有 NH_4^+ 存在的情况下,不但可以抑制由 GA_3 和激动素所促成的早熟萌发,而且能使胚循序进行正常的发育。有关 ABA 促成离体胚在形态上和生物合成上正常发育的作用问题将在第 9.6 节中讨论。

9.4.6 培养基的 pH

荠菜胚珠液的 pH 值约为 6.0,而其离体胚在 pH 5.4～7.5 的培养基中都能正常生长。对紫花曼陀罗心形早期的胚培养最适 pH 值在 5.0～7.5 的范围内。8 日龄的水稻胚在 2 个 pH 值下,即 5 和 9,生长最好。Norstog 和 Smith (1963)报道,培养基的 pH 值对于大麦未成熟胚的器官分化是关键因素,最适值约为 4.9。当 pH 值在 5.2 以上时,胚虽能生长,但不发生明显的分化。

9.4.7 培养条件

在胚培养中,多数研究者都是想当然地把培养温度设定在(25±2)℃,这虽然是可行的,但未必是最适的。有些情况下,胚培养的最适温度即使在同一个物种内也会因基因型而不同。在菜豆和棉花等适应温暖条件的物种中,培养在较高温度(27～30℃)下的胚反应较好。而在生长于寒冷地区或寒冷季节的物种(如大麦等)中,胚培养的温度则以 17～22℃为宜。

有些研究者认为光照对于离体胚的生长并不十分重要,但近年来的很多研究表明,大麦、亚麻、山羊草×大麦的杂种,以及葱属的一些种间杂种的未成熟胚，在转入光下萌发之前，最好是把它们培养在黑暗条件下。冬青属（*Ilex*）植物刚形成的心形胚对光很敏感，如果在离体培养的最初 4 d 内每天受到 4 h/光强 4 000 lx 以上的光照，就会出现一种顽固的次生休眠现象。这种类型的休眠是不可逆的，即使再将它们置于黑暗条件下，或用各种浓度的 GA_3 处理，休眠也难以被打破。这表明，对于这类胚来说，最初 4 d 的暗培养是必不可少的，4 d 之后，即使把它们培养在连续光照的条件下，它们也能长到成熟。

9.5 胚柄在胚培养中的作用

胚柄是一个短命的结构，长在原胚的胚根一端；一般是当胚达到球形期时，胚柄发育到最大限度（图 9.1）。有关其结构、细胞学和生理生化的详细研究表明，胚柄积极参与幼胚的发育过程。

由于胚柄既小又易受损伤，很难把它与胚一起剥离出来，因而在一般情况下培养的胚都不具完整的胚柄。然而有些研究指出，在培养中胚柄的存在对于幼胚的存活是个关键因素。Cionini 等（1976）看到，在红花菜豆中，虽然较老的胚（500 μm 或更长）无论有无完整的胚柄在培养中都能正常生长，然而在幼胚培养中，去掉胚柄就会显著降低形成小植株的频率。关于胚柄对于红花菜豆幼胚生长的重要性，Yeung 和 Sussex（1979）指出，和无胚柄的胚培养相比，若胚柄完整地连在胚上，或虽与胚分离但在培养基上与胚紧紧相靠，则会显著刺激胚的进一步发育（表 9.6）。按照这些作者的看法，胚柄促进生长的活性在胚的心形早期达到高潮（表 9.6）。在所试验过的各种生长调节物质中，浓度为 5 mg/L 的赤霉

表 9.6 在红花菜豆中胚柄对胚在离体条件下生长和发育的作用

开始培养时期[①]（鲜重）	处　理	鲜重±SE[②]（*N*）	形成植株的胚的%（培养的胚数）[④]
心形早期（0.87±0.02 mg）	只有胚本身	3.19±0.52（10）	41.5（89）
	胚连着胚柄	8.91±1.16[③]（10）	88.4（95）
	胚与离胚胚柄直接接触	6.22±0.78[③]（10）	72.5（51）
	胚与加热杀死的离胚胚柄直接接触	4.10±0.43（5）	37.0（43）
	胚距胚柄 1 cm	—	33.3（30）

续表 9.6

开始培养时期[①]（鲜重）	处　理	鲜重±SE[②]（N）	形成植株的胚的%（培养的胚数）[④]
心形晚期（1.07±0.07 mg）	只有胚本身	17.2±2.84（5）	94.4（18）
	胚连着胚柄	15.4±1.41（6）	94.4（18）
子叶早期（3.92±0.19 mg）	只有胚本身	20.3±2.5（7）	100.0（18）
	胚连着胚柄	24.4±2.75（11）	100.0（19）

引自 Yeung 和 Sussex，1979。

①种子大小：心形早期为 4.5 mm；心形晚期为 6.5 mm；子叶早期为 7 mm；②鲜重是在培养后 10 d 称量的；（N）代表样品数；③在 1%水平上显著；④培养后 8 周的结果。

素最能有效地取代胚柄的作用。这个发现与 Alpi 等（1975）的实验结果一致。后者指出，在红花菜豆中，心形期时胚柄中赤霉素的活性比胚本身中约高 30 倍。子叶形成之后，胚柄开始解体，其中 GA_3 的水平急剧下降，但在胚本身中 GA_3 的水平增高。当没有胚柄时，激动素也能促进幼胚的生长，它在相当宽阔的浓度范围内（0.001～1 mg/L）都是有效的，不过无论在哪个浓度水平上，它的作用也不能与赤霉素相比。

Monnier（1978）的观点是，无胚柄的极幼龄胚所以难于培养，是由于在除掉胚柄时所引起的损伤造成的。在荠菜幼胚培养中，无胚柄的胚在胚柄与胚连接点附近的胚根原区域会出现细胞坏死的现象。

9.6 早熟萌发

Walbot（1978）把胚的发育过程分为 5 个阶段（表 9.7）。最初，胚的生长主要是通过细胞分裂实现的。细胞分裂的结果形成了一个原胚，它是由小的分生细胞组成的。然后，在组织分化期间，分生细胞的活动出现局部化现象。在发育全程结束之后，胚失水干燥，进入一个代谢活动静止和发育活动停滞的时期。取决于基因型和环境条件的不同，这个时期（休眠期）可以持续数天到数月甚至数年，在这段时间内胚在正常的情况下不能萌发。因此，胚的发育是一个很有规律的过程。

离体的未成熟胚在培养基上不仅能越过休眠期，而且还常常终止进行此后的胚胎途径的发育。它们并不表现晚期胚胎发生过程所特有的正常生物合成活

表 9.7 菜豆胚胎发育的几个主要时期

时 期	特 征
1. 分裂和分化期	细胞分裂但很少生长；分化各种主要组织
2. 生长期	细胞体积迅速增大并分裂
3. 成熟期	很少发生或不发生细胞分裂或体积增大，合成并贮存各种贮藏物质
4. 休眠期	发育停滞
5. 萌发期	细胞体积重新增大并发生分裂；胚生长

引自 Walbot，1978。

性。相反地，它们长成弱小的幼苗，而且这些幼苗只具有那些当胚离体时已具有的结构（图 9.5）。这种未经完成正常的胚胎发育过程而形成幼苗的现象叫作早熟

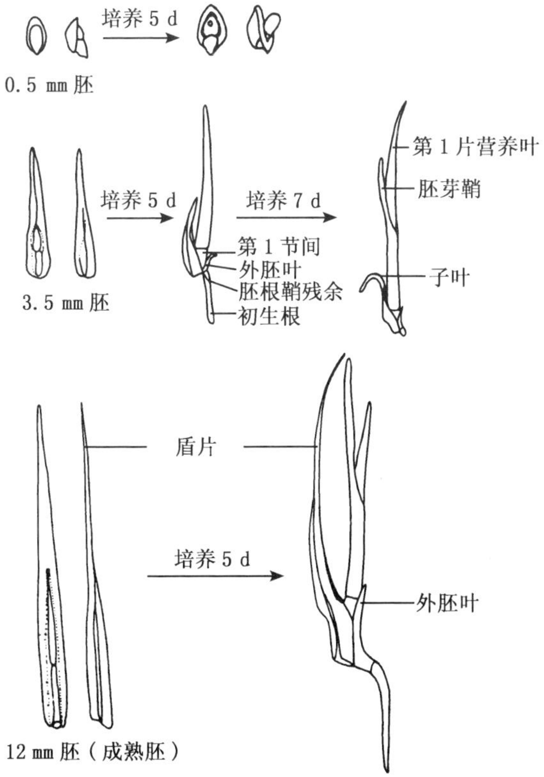

图 9.5 由不同发育时期的胚珠中剥离的菰属植物（*Zizania aquatica*）的胚在离体条件下的生长。0.5 mm 长的胚在离体培养中很少生长。较大的未成熟胚（3.5 mm 长）早熟萌发形成幼苗，但这些幼苗在发育上劣于经同样时间培养的成熟胚所形成的幼苗（引自 LaRue 和 Avery，1938）

萌发。培养未成熟胚的目的之一是模拟正常的胚胎发育过程，以便了解在天然条件下控制胚珠内有规则的胚胎发育过程的因子。

Kent 和 Brink(1947)报道，在大麦未成熟胚离体培养中，CH 能促使胚胎发育继续进行，抑制早熟萌发。后来，Zeibur 等(1950)发现，培养基内高水平的蔗糖(12.8%)在大麦未成熟胚培养中也能抑制早熟萌发，只是效力不如 CH 那么明显。培养基中高浓度的蔗糖(12%～18%)同样能抑制荠菜胚的早熟萌发。这些实验结果正与以下的发现一致：无论是在单子叶植物中还是在双子叶植物中，胚珠液的渗透压和蔗糖浓度在胚胎发育早期较高，而随着胚珠年龄的增加逐渐降低。Norstog(1972)以及 Norstog 和 Klein(1972)指出，能够抑制大麦离体未成熟胚早熟萌发的外界因子，除了高渗透压之外，还有低氧压、高温和高光强度。

Andrews 和 Simpson(1969)指出，已经过后熟的野燕麦非休眠种子的裸胚在某种培养基上能够萌发，而在同一种培养基上，同一品系野燕麦处于高度休眠状态的刚收获的成熟种子的裸胚则不能萌发。不过，若供以外源 GA_3 或先让它们在一种琼脂培养基上经过渗漏以后，这些休眠胚在同一种培养基上就能萌发。红豆杉种子需要有一个后熟期才能完成胚胎发育过程。在这段时间内胚一般不能萌发。但若把这些休眠胚在液体培养基中培养 8 d，它们就获得了萌发的能力。由此可见，在这些胚中所存在的某种或某些可渗漏的抑制因子是阻止早熟萌发的原因。这类萌发抑制因子之一看来是脱落酸(ABA)，已知在某些植物种子发育后期，这种物质累积的浓度很高。有关 ABA 类似物在天然情况下具有抑制早熟萌发作用的假设，得到了 Norstog(1972)研究结果的支持，该作者观察到，在通常能够抑制早熟萌发的培养条件下(培养基的高渗透压、高光照强度和较高的温度)，加入 GA_3 可以诱使大麦未成熟胚早熟萌发。然而，这种由 GA_3 诱发的早熟萌发，通过 ABA 处理可以得到抑制。

在棉花中，与羧肽酶 C、异柠檬酸酶和蛋白酶(这些酶的作用是在种子萌发的最初几小时内水解贮藏物质)合成有关的 mRNA，是在种子达到成熟和胚进入休眠之前很久即被转录的。然而，种子休眠期间由于在胚周围组织中有高水平 ABA 的存在，这些 mRNA 的翻译过程受到了抑制。Walbot(1978)提出，ABA 所以能抑制早熟萌发，可能是由于它具有阻止胚汲取水分的作用，而汲取水分是胚萌发的必要条件。若将棉花幼胚在这些 mRNA 正常转录发生之前剥离培养，在早熟萌发过程中其转录和翻译之间就不再出现时间间隔，这些离体胚的萌发和上述各种酶的出现，可被胚珠浸提液以及外源 ABA 所抑制，表明棉花中抑制胚早熟萌发的因子存在于种子的胚外组织中。

9.7 胚分化不全的种子在培养中的形态发生

在很多显花植物(属于19个科)中,在植株上已发育充分的种子其胚内并无胚根、胚芽和子叶的分化。在菟葵(毛茛科)中,种子在脱落时所含的胚为梨形,只包含几百个细胞,有一个长的胚柄。待种子落到地面之后,胚通过种子内生长,最后才具备了一个成熟的双子叶植物胚的一般形态。在兰花以及在列当科的若干根寄生成员中,种子中的胚也是尚未分化的;但在这些植物中,胚不能发生种子内生长现象,球形胚不经进一步胚胎分化即直接形成幼苗。在这类植物的胚中,靠近珠孔的一端称做"胚根极",背离珠孔的一端称做"胚芽极"。有趣的是,在兰花和这些列当科植物中,胚的两极中都只有一极参与种苗的发育。

在兰花种子萌发期间,胚的胚芽极增大,形成一个类似小球体的结构,称做原球茎。起初原球茎不含叶绿素,以后逐渐转绿。达到一定大小之后,原球茎分化出根和茎。在兰花中整个幼苗就是以这种方式,只是通过胚的胚芽极的分裂而形成的。在各种兰花的种子培养中,幼苗发育的方式几乎全是这样。

与兰花不同,在属于列当科的根寄生植物中,幼苗一般只是通过胚的胚根极的活动形成的。根据Kadry和Tewfic(1956)的研究,在列当科植物*Orobanche crenata*中,种子萌发时胚的胚根极形成一个"胚根柱",其顶端能穿入寄主的根。留在寄主根外的那部分胚根柱进行增殖,形成一团不规则的组织,称做小块茎,从中分化出茎。Rangan和Rangaswamy(1968)将列当科的另一成员*Cistanche tubulosa*的种子在离体条件下萌发,所看到的发育过程与Kadry和Tewfic(1956)所描述的*O. crenata*发育过程相似。Rangaswamy(1963)在*O. aegyptiaca*种子培养中也看到了这种单极性的幼苗发育方式。然而Kumar和Rangaswamy(1977)指出,若改变培养基成分,这类寄生植物幼苗发育的方式可由单极性变为双极性。在补加CM或酵母浸出物的TB培养基(无机盐按Tepfer等,1963;甘氨酸、烟酸、盐酸硫胺素、泛酸钙和蔗糖)上,萌发是单极性的(幼苗只是由胚根极的活动形成的)。在TB培养基中,若加入IAA(0.1 mg/L)、激动素(0.5~10 mg/L)和GA_3(5~30 mg/L),幼苗发育的方式即变为双极性的:胚芽极分化成一个茎芽,胚根极长出根。在TB培养基中,若以葡萄糖、甘露糖或棉子糖取代蔗糖,也会促进双极性萌发。在补加GA_3(7.5 mg/L)的TB培养基上双极性幼苗发育方式的频率最高。

菟丝子属(*Cuscuta*)植物的成熟胚具有一个明显的胚芽,但没有胚根。据Truscott(1966)报道,无论是在菟丝子的胚胎发生过程中还是在成熟胚中,看来都不存在原表皮层、根分生组织或下胚轴。当种子在活体中萌发时，由胚芽形成一个茎，但胚的胚根端在萌发开始后 4～5 d 逐渐死掉。因此在这种植物中完全没有根系。Truscott(1966)在菟丝子成熟胚和未成熟胚的培养中，为了试验能否人工诱发生根，曾在培养基中加入了各种生长物质，如腺嘌呤、激动素和 GA_3，或复合营养物质如 CM 或 CH，然而，所有这些处理没有一个能诱发生根。Truscott 由此断定，菟丝子不具生根潜力。与此相似的是，在云南菟丝子(*C. reflexa*)的胚或茎尖培养中，也从不出现根的分化。

9.8 胚愈伤组织的形态发生潜力

建立具有植株再生能力的细胞和愈伤组织培养物，是应用体细胞遗传学进行植物改良的重要前提之一。和由成熟器官如叶片、茎或根所产生的愈伤组织相比，已知胚愈伤组织具有高度的再生能力，特别是在禾谷类植物中，这种差别非常明显。Dale 和 Deambrogio(1979)培养了大麦的顶端分生组织、中胚轴、叶鞘、未成熟胚和成熟胚，其中由根和胚做外植体产生的愈伤组织长得最好，但只有未成熟胚愈伤组织能进行茎的分化。Green 和 Phillips(1975)报道，在 4 种不同基因型的玉米中，授粉后 18 d 剥离下来的胚产生具分化能力愈伤组织的频率最高，由成熟胚起源的愈伤组织不能发生分化(表 9.8)。Freeling 等(1976)也证实了玉米的胚龄能显著影响其愈伤组织的再生能力。珍珠粟、燕麦、高粱和小麦等其他禾本科植物的未成熟胚也是建立具有植株分化能力愈伤组织的优良外植体。在已有报道可由原生质体再生完整植株的若干禾谷类植物中，用于分离原生质体的悬浮培养物几乎都是由未成熟胚愈伤组织建立的。

表 9.8 玉米胚龄和基因型对盾片愈伤组织植株再生能力的影响①

基因型	胚龄(授粉后天数)					
	14	16	18	20	22	24
	形成具分化力愈伤组织的胚的%②					
A188	18	15	21	14	9	0
A619	0	5	6	5	0	0
A632	0	0	0	0	0	0
B9A③	0	5	8	0	0	0
W64A	0	0	11	0	0	0

①引自 Green 和 Phillips，1975；

②每个值皆代表 60 个胚的%；

③培养物在培养的第 4 个月(第 4 次继代期间)死掉。

蔡体树等(1989)曾对34种基因型的小麦未成熟胚对离体培养的反应进行了比较,结果表明,94%的供试基因型愈伤组织诱导频率都可达到80%以上,不同基因型幼胚愈伤组织诱导频率之间不存在显著差异。然而,愈伤组织分化频率则因基因型的不同而不同,变动在0～60%之间,平均为32.7%(表9.9)。此外,他们的研究还表明,虽然最适于培养的未成熟胚的大小为1 mm左右,但小至0.3 mm的未成熟胚仍能以几乎100%的频率形成愈伤组织,60%左右的愈伤组织能分化出再生植株(表9.10),只是所需的时间比1 mm左右的胚较长。

表9.9 34个小麦基因型未成熟胚愈伤组织分化频率的分布

	愈伤组织分化频率(%)			
	60～41	40～21	20～1	0
基因型数	8	14	7	5
占基因型总数%	23.5	41.2	20.6	14.7
代表基因型	丰抗8号	农大146	农大36	东方红3号
	农大142	农大139	红良5号	446
	京红5号	科春14	劳夫林	红良12
	中国春	京772	京花1号	唐白2号

表9.10 7个小麦品种不同大小未成熟胚愈伤组织的诱导频率和分化频率的综合结果

	胚的长度(mm)			
	0.3～0.6	0.7～1.0	1.1～1.4	1.5～2.5
接种胚数	203	286	171	125
愈伤组织诱导频率(%)	99	95	84	71
愈伤组织分化频率(%)	60	65	33	17

9.9 胚培养在植物改良中的应用

9.9.1 通过"胚拯救"获得远缘杂种

合子胚培养的最大用途是借以建立稀有的远缘杂种。在很多种间和属间杂交中,受精作用能正常完成,胚也能进行早期的发育,但由于胚乳发育不良,杂种胚最终将会夭折,即发生所谓的"受精后障碍",因而不能形成有萌发力的种子。在这种情况下,"胚拯救"(embryo rescue)即成为获得杂种的一个有力手段。"胚拯救"的方式有3种,一是杂种幼胚在人工培养基上培养,二是杂种幼胚的胚乳看护培养，三是杂种幼胚的愈伤组织培养。

9.9.1.1 杂种幼胚在人工培养基上培养

在发生“受精后障碍”的情况下，若把杂种胚在开始夭折之前剥离出来，置于一种适当的人工培养基上培养，则杂种胚常常表现出正常生长的潜力，最终长成杂种植株。例如，黄香草木犀(*Melilotus officinalis*)是一种很重要的牧草，但其植株中含有大量对牛有害的物质——香豆素。同属的另一个物种白香草木犀(*M. alba*)香豆素含量很低，为了把这个有利性状转入到前一个物种，将这两个物种进行了杂交，结果是，杂种胚虽能生长一段时间，但由于授粉 8～10 d 后胚珠夭折，未能得到种子。后来通过杂种幼胚培养的方法，终于由这个杂交组合中获得了杂种植株。采用类似方法，在花百合(*Lilium henryi*)与王百合(*L. regale*)之间，鹿子百合(*L. speciosum-album*)与天香百合(*L. auratum*)之间，以及车轴草属的若干物种之间也获得了杂种。

在稻属植物中，很多研究者都想通过种间杂交选育抗病虫害和抗逆的高产水稻品种，但胚的夭折一直是实现这个目标的一个严重障碍。胚培养正是克服这个障碍的有效途径。在若干个通常不能成功的稻属种间杂交中，Iyer 和 Govilla(1964)通过把 10～25 日龄的杂种胚进行培养而获得了正常的杂种植株。在一种含有 10%CM 和 0.1%麦芽浸出物的琼脂培养基上，离体杂种胚有 88%能够萌发。当幼苗在试管中长到一定大小以后，把它们移植到土壤中。如果在把幼苗移入土壤之前，先让它们在一种液体培养基中生长 10～12 d，则从试管中移出的所有幼苗都能成活。这个“炼苗”的中间步骤可以显著提高胚培养的总效率。

在番茄中，为了把抗病虫害的特性由野生物种转移到栽培物种，一个理想的途径是把栽培番茄(*Lycopersicon esculentum*)和野生番茄(*L. peruvianum*)进行杂交。当把野生番茄用做母本时，由于受精前障碍，杂交不能成功。然而反交时可以受精，只是由于胚的夭折不能形成有生活力的种子。据 Alexander(1956)报道，借助于胚培养，在以栽培番茄做母本的杂交中获得了杂种植株。

这里有必要顺便提及的是，在有些远缘杂交中，如在大麦×黑麦的杂交中，为了能够得到适于培养的胚，授粉之后必须在穗子上喷洒 GA_3，NAA 和 2ip 的混合液。在未经处理的穗子上，胚在达到适于培养的大小之前，种子的发育已经停止。

9.9.1.2 杂种幼胚的胚乳看护培养

如果胚的夭折发生在发育的极早期，由于人工培养基很难取代天然胚乳的作用，采用以上方法拯救杂种仍会遇到很大困难。在这种情况下，则可尝试胚乳看护培养法。例如，Ziebur 等(1951)在进行大麦未成熟胚(300～1 100 μm 长)离体培养的时候，发现如果在其周围培养基上存在着来自同一物种另一种子的离体胚乳，对胚的生长会有明显的促进作用。另外据 Kruse(1974)报道，在大麦×黑麦属间杂交中，若是把杂种未成熟胚置于事先培养的大麦胚乳上培养，则其中可以有 30%～40%发育成苗，而用传统的胚培养法只有 1%。进一步的研究还指出，和与胚同龄的胚乳相比，用做看护组织的胚乳比胚老 5 d 更为有效。

9.9.1.3 杂种幼胚的愈伤组织培养

在以上两种方法皆难奏效的情况下，则可尝试杂种幼胚愈伤组织培养法，即先把杂种幼胚诱导成愈伤组织，经过或长或短的继代培养之后，再诱导杂种愈伤组织分化植株。这种方法是 20 世纪 80 年代发展起来的一种十分有效的方法，例如，在小麦(*Triticum aestivum*，$2n=6x=42$)和簇毛麦(*Haynaldia villosa*，$2n=2x=14$)的属间杂交中，中国农业大学(1991)采用这种方法，由仅仅 2 个不足 1 mm 大小的杂种幼胚，在不到 1 年的时间内，获得了数以万计的杂种植株，通过杂种愈伤组织和杂种试管苗的染色体加倍，获得了数以千计的双二倍体种子。这项实验的大致过程如下：

1. 有性杂交：重复授粉 3 次，由首次授粉翌日开始每天傍晚在母本小花柱头上滴加 GA_3 溶液(25 mg/L)1 滴，连滴 7 d。

2. 杂种幼胚培养：授粉后 12 d，将偶然结实的无胚乳种子从穗上取下，表面消毒后用镊子挑出种胚，以盾片一面朝上，接种在愈伤组织诱导培养基(MS 基本培养基+2,4-D 1 mg/L)上，置 25℃下培养，对光照无严格要求。

3. 杂种愈伤组织形成和继代：接种 1 个月后，杂种幼胚形成致密的鹅黄色愈伤组织，上面并有少量绿色结构，此时进行第 1 次继代，所用培养基为 MS+2,4-D 0.5 mg/L。继代后愈伤组织生长加快，并继续分化绿色结构(图 9.6A)。

4. 愈伤组织增殖与茎芽分化：2～3 周后由愈伤组织上切取无茎芽分化的部分继代培养，进行愈伤组织增殖；同时由愈伤组织上切取已有茎芽分化的部分转入 MS+2,4-D 0.1～0.2 mg/L 或无 2,4-D 的培养基中，促进茎芽发育和生根(图 9.6B)。

5. 愈伤组织继续边增殖边分化，再生植株边增殖边壮苗：再生植株增殖方法是，将原来形成的苗丛撕成 2～3 株一簇，剪掉根和茎叶，各留 1 cm 左右，栽于以下培养基中：N_6+IAA(10 mg/L)+蔗糖(80 g/L)，以 4～5 g/L 琼脂固化；增殖过程同时起到壮苗作用。对再生植株进行的细胞学检查表明，其中绝大多数染色体数为 $2n=4x=28$(图 9.7A)。

6. 第 4 项和第 5 项操作可以多次重复进行，每 2～3 周一次，直到接种 1 年之后，增殖速度不减。

7. 杂种愈伤组织细胞染色体加倍：挑选生长旺盛的愈伤组织转至含有 100 mg/L 秋水仙素的培养基上。当在秋水仙素处理之后需要继续对愈伤组织进行继代增殖时，上述培养基中的 2,4-D 浓度可以是 0.5～1 mg/L；若在处理之后立即诱导成苗，其中的 2,4-D 浓度可降至 0.1～0.2 mg/L。在一般的光照强度和光周期条件及 20～25℃温度下处理 9 d 之后，再将愈伤组织转到新配制的不加秋水仙素的培养基上，置于较低的温度下进行毒性缓解 10～15 d，然后再置回培养室中，于正常的培养温度下继续继代培养或诱导成苗。

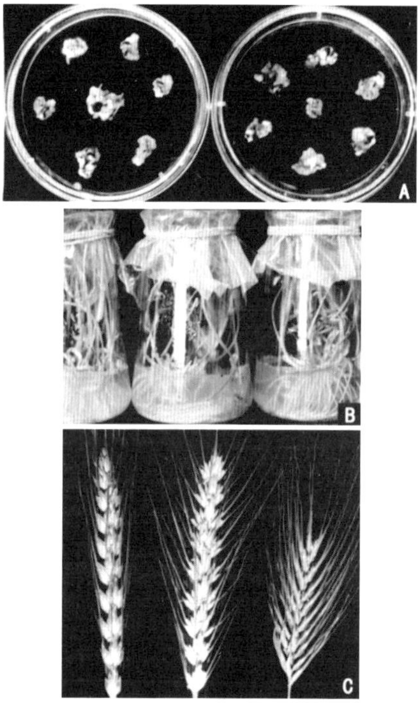

图 9.6 普通小麦与簇毛麦属间杂种幼胚的愈伤组织培养和双二倍体的合成（Ⅰ）
A. 普通小麦×簇毛麦杂种愈伤组织；B. 杂种试管苗；C.（自左至右）：普通小麦（品种农大 146），普通小麦-簇毛麦杂种 F_1 和簇毛麦穗形的比较

8. 杂种试管苗染色体加倍：使用的秋水仙素溶液浓度为 0.025%，并加有 1.5%二甲基亚砜（DMSO）。加倍可以在有菌条件下进行，也可以在无菌条件下进行。在前一种情况下，处理之后经过炼苗立即移栽，在后一种情况下，处理之后可继续对试管苗进行无性繁殖。

9. 炼苗和移栽：开瓶炼苗 3～5 d 后，洗净试管苗根上附着的培养基，将苗直接栽于土中，在栽后 1 周内无风吹日晒的情况下，无须遮荫保湿，100%成活。

10. 再生植株（图 9.6C）抽穗开花后，部分结实，获小簇麦双二倍体种子 4 000 余粒（图 9.7D）。经细胞学检查，它们的染色体数变动范围是 $2n=53$～56，其中 $2n=8x=56$ 者（图 9.7B）占全部受检植株的 57.68%。所有双二倍体对白粉病都表现免疫（图 9.7C），且极易与普通小麦杂交，杂交结实率与小麦品种间杂交无异。

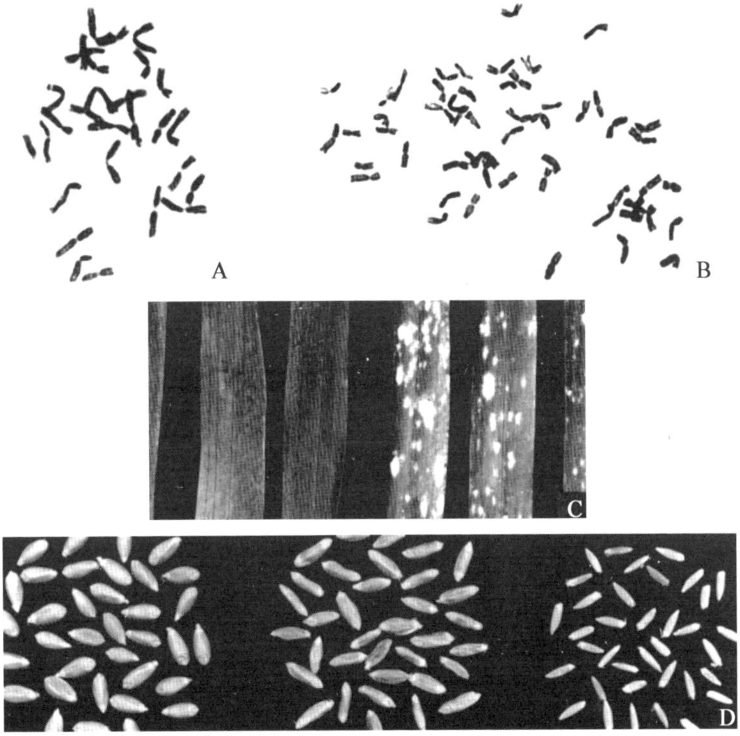

图 9.7 普通小麦与簇毛麦属间杂种幼胚的愈伤组织培养和双二倍体的合成(Ⅱ)
A.普通小麦×簇毛麦 F_1 根尖细胞染色体,$2n=4x=28$;B.普通小麦-簇毛麦双二倍体根尖细胞染色体,$2n=8x=56$;C.普通小麦-簇毛麦双二倍体(左)和普通小麦(农大146)对白粉病抗性的比较;D.(自左至右):普通小麦,普通小麦-簇毛麦双二倍体和簇毛麦粒形的比较

除了以上介绍的例子外,采用未成熟胚愈伤组织培养方法,在大麦(*Hordeum vulgare*)×小麦,栽培番茄(*Lycopezsicon esculentum*)×智利番茄(*L.chilense*)等远缘杂交中也都取得了成功。

9.9.2 单倍体的产生

在远缘杂交之后,通过染色体的定向消除而产生单倍体,是胚培养的另一项新用途(见第6.9节)。简单地说,在栽培大麦×球茎大麦的杂交中,受精作用不难完成,但在胚胎发生的最初几次分裂期间,球茎大麦染色体受到选择性地淘汰,结果形成了单倍体的胚,它们生长相当缓慢,加之受精后2~5 d胚乳逐渐解体,因此为了得到大麦的单倍体植株,必须把胚剥离出来进行培养。

9.9.3 缩短育种周期

在有些情况下，园艺植物如落叶树的育种工作，会因种子休眠期太长而延误。通过胚的离体培养，可使休眠期缩短。例如，Randolph 和 Cox(1943)通过胚培养使鸢尾的生活周期由 2～3 年缩短到 1 年以下。蔷薇属植物通常需要整整 1 年才能开花，通过胚培养产生的幼苗在 2～3 个月内即能开花。

Nickell(1951)报道，垂枝山楂子(苹果属)的离体胚在培养中 48 h 内即开始萌发，4 周之内即能形成适于移栽的幼苗，5 个月之后幼苗就能长到大约 1 m 高。而种在土中的种子需要 9 个月才能萌发。在桃和杏的某些杂种中，通过胚培养得到的植株开花早，每株花数多，在这些方面都优于通过种子沙藏处理产生的植株。

9.9.4 种子生活力的快速测定

由于通过胚培养可以打破种子休眠，因而也可以利用这项技术进行种子生活力的快速测定。和一般用于种子生活力测定的染色方法相比，离体胚的萌发被认为是一个更可靠和更精确的测定方法。研究指出，桃的未后熟种子离体胚的生长速度和已后熟种子的萌发率之间，存在着紧密的相关。

9.9.5 稀有植物的繁殖

芭碧蕉(*Musa balbisiana*)是商品香蕉的一个野生亲缘物种，其种子在自然条件下不能萌发，然而通过离体胚的培养很容易产生幼苗。

作为一种异常现象，有些椰子不能生成液体胚乳，取而代之的是一种柔软肥厚的组织。这些果实被称做“Makapuno”。由于十分罕见，“Makapuno”的价格非常昂贵，在菲律宾只有盛大宴会才供应这种果实。可以设想，由“Makapuno”种子繁殖的植株应当都是长“Makapuno”的。然而在正常情况下，这种椰子的种子不能萌发。使用离体胚培养技术，现已成功地由“Makapuno”种子获得了植株，它们种在田间后有 85%所结的果实都是“Makapuno”。

9.10 结束语

在某些不易成功的远缘杂交中，胚培养是获得杂种植株的一个很有价值的工具。虽然对于有关胚的形态发生的各种问题已经有了越来越多的了解，然而对于在胚珠内控制胚胎发育的因子还所知甚少。迄今为止，只有已分化出器官原始体的胚，才能在离体条件下培养成功。球形期以前的胚在离体培养中或是不能存活，或是只生长而不分化。与此相反，据报道，合子期的离体胚珠在培养中能正常进行胚胎分化(见第 8 章)。这或许表明，胚囊能为胚的循序渐进的发育提供一种必需的独特环境。但实际情况并非如此，因为在花药药室内(见第 6 章)或甚至在茎表面(见第 4 章)，也能形成发育充分的胚。现有的证据表明，在合子胚和非合子胚的胚胎发育过程中，原胚与亲体组织的联系对于正常的胚胎发育是必不可少的，其原因可能是，通过这种联系，由亲体组织所提供的营养和生长因子可保持一定的梯度，而只有在这种梯度下，胚才能进行正常的极性分化。然而在合子胚培养中，培养基中的营养物质和生长因子是由与培养基接触的胚的整个表面吸收的。当然以上这种分析并不等于说我们就已经满足了正常胚胎发生过程的其他需要。对于实验胚胎学家来说，如何成功地进行合子及原胚的胚珠外培养，仍然是一项艰巨的任务。在这方面，Kranz 等(1993)将由体外受精形成的玉米合子培养成植株的成功(见第 8.7 节)，是一项突破性的进展。

10 原生质体的分离和培养

10.1 引言

原核生物遗传饰变过去几十年取得了很大进展，转导和转化现已成为对微生物进行遗传操作的标准方法。利用微生物进行遗传操作研究的优点是：①这些单细胞和单染色体系统既简单又容易控制；②它们的复制周期很短。在真核生物中将遗传物质由一个个体转移给另一个个体的传统方法是有性杂交，它所能进行的范围极为有限，尤其在动物中是这样。就是在植物中，虽然远缘杂交并非不可能，但由于有性不亲合性的影响，有时在选定的亲本之间也难以获得完全的杂种(见第 8 章和第 9 章)，这是通过杂交进行作物改良的一个严重障碍。在这一点上细胞融合为远缘杂交提供了一个很有潜力的新途径(体细胞杂交)。无论是在植物中还是在动物中，细胞融合必须穿越质膜才能完成。植物与动物不同，在质膜之外还有一层坚硬的纤维素壁，相邻的细胞被一层主要由果胶质构成的基质粘连在一起。主要由于这个原因，体细胞遗传学在动物中的发展远远超过了在植物中的发展。只是自 1960 年以来，由于 Cocking 证实了通过酶解细胞壁可以获得大量有活力的裸细胞(原生质体)，对高等植物体细胞遗传饰变的真正兴趣才与日俱增。实际上，这一领域的研究甚至是更晚——1970 年以后——才活跃起来的。

高等植物原生质体除了可用于细胞融合的研究以外，还能通过它们裸露的质膜摄入外源 DNA、细胞器、细菌或病毒颗粒。原生质体的这些特性与植物细胞的全能性结合在一起，已经在遗传工程和体细胞遗传学中开辟了一个理论和应用研究的崭新领域。

通过原生质体系统对植物细胞进行遗传饰变方法的要点是：①原生质体的分离；②培养原生质体并使之再生完整植株；③细胞融合；④把外源遗传物质、细胞器或微生物导入原生质体。本章讨论原生质体分离和培养的技术，现将其主要环节示于图 10.1，与体细胞杂交有关的细胞融合技术将在第 11 章中讨论。

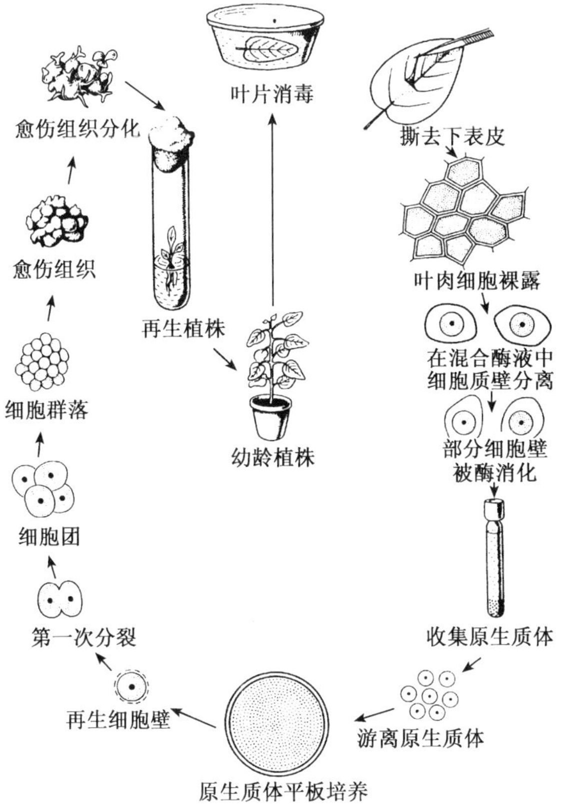

图 10.1 叶肉原生质体的分离、培养和植株再生(引自 Bajaj,1977)

10.2 原生质体的分离

10.2.1 原生质体分离的方法

10.2.1.1 机械法

由高等植物中分离原生质体的研究最早是 Klercker 在 1892 年进行的。当时他所用的主要是机械法——把细胞置于一种高渗的糖溶液中,使细胞发生质壁分离,原生质体收缩成球形,然后用利刃切割。在这个过程中,有些质壁分离的细胞只被切去了细胞壁,从而释放出完整的原生质体。在某些贮藏组织中,如洋葱的鳞片、萝卜的根、黄瓜的中皮层、甜菜的根组织等,应用这个方法可由它们高度液泡化的细胞中分离出原生质体。然而,这个方法有明显的缺点:一是产量很低,二是在由分生细胞和其他液泡化程度不高的细胞中分离原生质体时不适用。

10.2.1.2 酶解法

1960 年,Cocking 证实了用酶解法由高等植物细胞中大量分离原生质体的可能性。他使用了一种由疣孢漆斑菌(*Myrothecium verrucaria*)培养物制备的高浓度的纤维素酶溶液以降解细胞壁。然而,进一步的研究只是到了有商品酶供应之后才成为可能。自从 1968 年纤维素酶和离析酶投入市场以后,植物原生质体才变成了一个热门的研究领域。

首先用商品酶进行原生质体分离的是 Takebe 等(1968)。在他们分离烟草叶肉原生质体的程序中,上述两种酶是依次使用的,即先用离析酶处理叶片小块,使之释放出单个细胞,然后再以纤维素酶消化掉细胞壁,释放出原生质体。Power 和 Cocking(1968)证实,这两种酶也可一起使用。这种“同时处理法”或“一步法”比“顺序处理法”快,并且由于减少了步骤,从而减少了微生物污染的机会。多数研究者现在都使用这种简化的一步法。现在市面上有各种酶制品出售(表 10.1),取决于组织性质的不同,它们可以不同配比搭配使用。

表 10.1 在原生质体分离中常用的商品酶

酶	来 源	生 产 厂 家
纤维素酶类		
Onozuka R-10	绿色木霉	Yakult Honsha Co. Ltd. ,Tokyo,Japan
Meicelase P	绿色木霉	Meiji Seika Kaisha Ltd. ,Tokyo,Japan
Cellulysin	绿色木霉	Calbiochem. ,San Diego,CA 92037,USA
Driselase	*Irpex lutens*	Kayowa Hakko Kogyo Co. ,Tokyo,Japan
果胶酶类		
Macerozyme R-10	根霉	Yakult Honsha Co. Ltd. ,Tokyo,Japan
Pectinase	黑曲霉	Sigma Chemical Co. ,St. Louis,MO 63178,USA
Pectolyase Y-23	日本黑曲霉	Seishin Pharm. Co. Ltd. ,Tokyo,Japan
半纤维素酶类		
Rhozyme HP-150	黑曲霉	Rohm and Haas Co. , Philadelphia, PA 19105, USA
Hemicellulase	黑曲霉	Sigma Chemical Co. ,St. Louis,MO 63178,USA

由于商品酶的出现,现在实际上已有可能由每种植物组织分离出原生质体,只要该组织的细胞还没有木质化即可。据报道,由以下各种组织中都已分离出原生质体:叶肉细胞,根组织,豆科植物的根瘤,茎尖,胚芽鞘,块茎,花瓣,小孢子

母细胞，果实组织，糊粉细胞，下胚轴和培养的细胞等。图 10.2 所示是由叶肉细胞分离原生质体的程序。

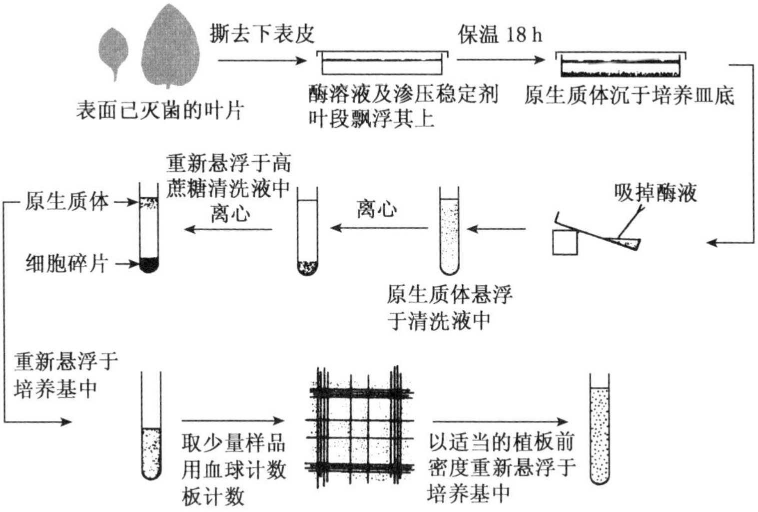

图 10.2 分离叶肉原生质体的技术流程(引自 E. C. Cocking)

有活力和适于培养的原生质体的大量分离受到若干因素的影响，一个实验体系所需的最适条件主要是靠经验确定的。在想用一个新的实验系统分离原生质体时，可以参考 Uchimiya 和 Murashige(1974)在烟草培养细胞上所做的工作，和 Scott 等(1978)在禾谷类植物叶肉组织上所做的工作(见表 10.2)。

表 10.2 在两个物种中原生质体分离的最适条件

项 目	烟草的培养细胞①	禾谷类叶肉细胞②
植物材料	4～5 日龄继代培养物	5～6 日龄幼苗
纤维素酶	1%Onozuka R-10	2%Cellulysin
果胶酶(离析酶)	0.1%～0.2% Onozuka R-10	0.5%
半纤维素酶	—	1%
酶溶液的 pH	4.7 或 5.7	4.6～5.4
酶溶液容积/组织鲜重	10 mL/g	10 mL/g
保温时间	2～3 h	2 h
最适温度	22～37℃	20～25℃
振荡速度	50 r/min	80 r/min
渗压剂	300～800 mmol/L	600 mmol/L
	甘露醇	山梨醇

①引自 Uchimiya 和 Murashige(1974)；②引自 Scott 等(1978)。

10.2.2 影响原生质体产量和活力的因子

10.2.2.1 材料来源

植物原生质体最方便和最普遍的来源是叶片，因为由叶片中可以分离出大量的比较均匀一致的细胞，而又不致使植物遭到致命的破坏。由于叶肉细胞排列疏松，酶的作用很容易达到细胞壁。当由叶片制备原生质体时，植株的年龄和生长条件十分重要。为了能在最大程度上控制供体植株的生长条件，一些作者使用了离体培养的植物，对这些植物的叶片无须进行表面消毒。不过多数作者还是使用温室或生长室栽种的植物，在这种情况下，一般以生长在下述条件下的植株能产生较好的结果：低光照强度（1 000 $\mu W/cm^2$），短日照，温度范围 20～25℃，相对湿度 60%～80%，以及充足的氮肥供应。

由于从禾本科和其他一些物种的叶肉细胞分离适于培养的原生质体相当困难。因此在这些植物中最好是用培养细胞做为供体材料。不过较老的愈伤组织容易产生巨型细胞，壁厚，难于被酶消化，故以选用活跃生长的幼龄愈伤组织为宜。在选用悬浮细胞游离原生质体时，则以频繁继代（每 3 d 一次）的处于指数生长早期的细胞最为理想。将这些细胞悬浮液离心，弃掉上清液，然后即可将细胞置入三角瓶内进行酶解。

10.2.2.2 前处理

由生长在非无菌条件下的植株上取来的组织，首先必须进行表面消毒。一般来说，消毒方法与第 1 章中介绍的用于组织和器官培养的消毒方法相同。根据 Scott 等（1978）的实验结果，对禾谷类植物叶片进行表面消毒时，效果最好效率最高的方法是把它们用苄烷铵（Zephiran）（0.1%）-酒精（10%）溶液漂洗 5 min。叶片表面消毒的另一种方法是用 60%～70%的酒精漂洗，然后再在超净工作台上使叶表面的酒精蒸发掉。

要保证酶解能充分进行，必须促使酶溶液渗入到叶片的细胞间隙中去，为达到这个目的可以采用几种不同的方法，其中应用最广泛的方法是撕去叶片的下表皮，然后以无表皮的一面向下，使叶片飘浮在酶溶液中。如果叶片的下表皮撕不掉或很难撕掉，则可把叶片或组织切成小块（约 1 mm^2），投入到酶溶液中。若与真空渗入相结合，后一种方法不但十分方便，而且也非常有效。据 Scott 等（1978）报道，若以真空处理 3～5 min，使酶溶液渗入叶片小块，在 2 h 内即可把禾谷类植物的叶肉原生质体分离出来。检查酶溶液是否已充分渗入的标准，是当真空处理结束后大气压恢复正常时叶片小块能否下沉。代替撕表皮的另一种有效方法是用金刚砂(246 目)摩擦叶的下表面。

在酶处理期间进行搅拌或振动可以增加培养细胞的原生质体产量。

10.2.2.3 酶处理

原生质体分离的情况在很大程度上取决于所用酶的性质和浓度。分离植物细胞原生质体所必需的两种酶是纤维素酶和果胶酶,后者的作用主要是降解中胶层,前者是消化细胞壁纤维素。市售的最早真菌酶制品是 Onozuka 纤维素酶 SS 和 Onozuka 离析酶 SS,这两种酶一直得到了广泛的应用。由于对这类酶的需求与日俱增,现在又有其他很多公司进行这类酶的生产(见表 10.1)。崩溃酶同时具有纤维素酶、果胶酶、地衣多糖酶和木聚糖酶等几种酶的酶解活性,对于由培养细胞中分离原生质体特别有用。即使是纯化的酶,如纤维素酶 R-10,看来也含有相当数量的果胶酶。果胶酶 Y-23 是一种效力很高的离析酶,若与纤维素酶结合使用,可在 30 min 内由豌豆叶肉细胞中把原生质体释放出来。

对于某些组织来说,除了纤维素酶和离析酶之外可能还需要半纤维素酶。大麦的糊粉细胞以纤维素酶处理之后并不能把原生质体释放出来,这是因为在原生质体周围还留下一薄层抗纤维素酶的壁。这类细胞称做原生质球,只有用 Glusulase 酶处理才能把它们剩余的壁消化掉。

粗制的商品酶含有核酸酶和蛋白酶等杂质,它们对原生质体的活力可能是有害的。因此有些研究者常在使用之前将这些酶纯化,方法是使它们通过聚丙烯酰胺凝胶或葡聚糖凝胶 G25 进行过滤洗涤。不过在多数情况下,这些酶的粗制形式也能产生令人满意的结果。例如,Arnold 和 Eriksson(1976)观察到,酶的纯化会导致存活原生质体数目的减少,相比之下,粗制酶效果更好。

酶的活性与 pH 值有关。按照生产厂家的说明,Onozuka 纤维素酶 R-10 和离析酶 R-10 的最适 pH 值分别为 5~6 和 4~5。不过实际上酶溶液的 pH 值经常被调节在 4.7~6.0 之间。Uchimiya 和 Murashige(1974)观察到,用于由烟草的培养细胞分离原生质体的混合酶溶液有 2 个最适 pH 值,一个是 4.7;另一个是 5.7。

对这些酶的活性来说,最适温度是 40~50℃,而对细胞来说,这样的温度碰巧是太高了。一般来说,分离原生质体时温度以 25~30℃ 为宜。酶的浓度和酶处理的持续时间须经若干次实验后才能决定。在酶溶液中保温处理的时间可以短至 30 min 或长至 20 h。可能影响原生质体产量的另一个因子是酶溶液的容积和植物组织数量之间的相互关系。一般来说,每 1 g 组织用 10 mL 酶溶液常可产生令人满意的结果。

酶溶液可以在低温冰箱中贮存数月而不丧失活性。

10.2.2.4 渗压剂

离体原生质体的一个基本属性是它们的渗透破碎性，因而在酶溶液、原生质体清洗介质和原生质体培养基中必须加入一种适当的渗透压稳定剂。在具有合适渗透压的溶液中，新分离出来的原生质体看上去都是球形的（见图 10.3）。根据定量观察，原生质体在轻微高渗溶液中比在等渗溶液中更为稳定。较高水平的渗透剂可以阻止原生质体的破裂和出芽，但与此同时也可能会抑制原生质体的分裂。

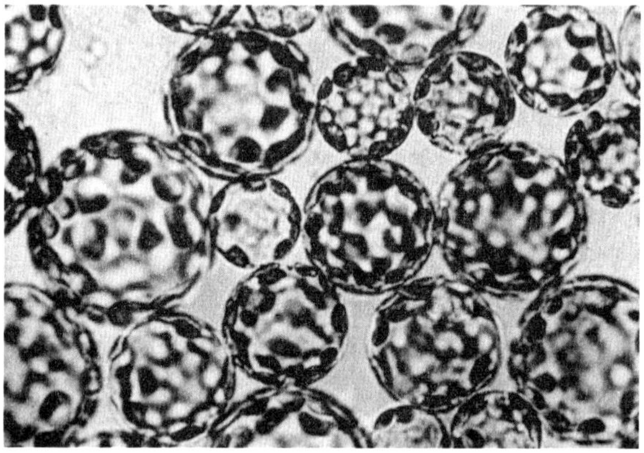

图 10.3　刚游离出来的叶肉原生质体（引自 J. B. Power）

为了调节用于原生质体分离和培养的各种溶液的渗透压，已经对很多电解质和非电解质进行过试验，但应用得最广泛的渗透压稳定剂是山梨醇和甘露醇，适宜的浓度范围是 450～800 mmol/L。Uchimiya 和 Murashige（1974）注意到，当由烟草悬浮培养物分离原生质体时，几种可溶性碳水化合物——包括葡萄糖、果糖、半乳糖、山梨醇和甘露醇等，都是同样有效的。当把非电解质用做渗透压稳定剂时，常要在酶溶液中补加上某些盐类——尤其是 $CaCl_2$（50～100 mmol/L），以便提高质膜的稳定性。

据一些作者报道，使用电解渗压剂（335 mmol/L KCl 和 40 mmol/L $MgSO_4 \cdot 7H_2O$）能够提高原生质体的活力，产生更为纯净的制品。然而，若以盐类调节培养基的渗透压则是有害的。

10.2.3 原生质体的纯化

当材料已在酶溶液中保温足够的时间以后，小心地振动容器或轻轻地压挤叶块，以使原来组织中的原生质体释放出来。此时容器内经过酶解后的混合物中除了完整的未受损伤的原生质体之外，还含有亚细胞碎屑，尤其是叶绿体、维管成分、未被消化的细胞和碎裂的原生质体，因而必须把这些杂质除掉。清除较大碎屑的方法是使酶解后的混合物穿过一个镍丝网（50～70 μm）。进一步的纯化则需采用以下 3 种方法中的一种：

10.2.3.1 沉降法

将镍丝网滤出液置于离心管中，在 75～100 *g* 下离心 2～3 min 后，原生质体沉于离心管底部，残渣碎屑悬浮于上清液中。弃去上清液。再把沉淀物重新悬浮于清洗液中，在 50 *g* 下离心 3～5 min 后再悬浮，如此反复 3 次。常用的原生质体清洗液为 CPW 盐溶液（Cocking 和 Peberdy，1974），成分为（mg/L）：

KH_2PO_4	27.2	KI	0.16
KNO_3	101.0	$CuSO_4 \cdot 5H_2O$	0.025
$CaCl_2 \cdot 2H_2O$	1 480.0	pH	5.8
$MgSO_4 \cdot 7H_2O$	246.0		

10.2.3.2 漂浮法

根据原生质体来源的不同，利用比重大于原生质体的高渗蔗糖溶液，离心后使原生质体漂浮其上，残渣碎屑沉到管底。具体做法是，将悬浮在少量酶混合液或清洗液中的原生质体沉淀和碎屑置于离心管内蔗糖溶液（21%）的顶部，在 100 *g* 下离心 10 min。碎屑下沉到管底后，一个纯净的原生质体带出现在蔗糖溶液和原生质体悬浮培养基的界面上。用移液管小心地将原生质体吸出，转入到另一个离心管中。通过反复地离心和重新悬浮之后，如在沉降法中一样，再将原生质体清洗 3 次，最后以适当的密度悬浮在培养基中。

10.2.3.3 界面法

这种方法的原理是，采用两种密度不同的溶液，离心后使完整的原生质体处在两液相的界面。最早使用这种方法纯化原生质体的 Hughes 等（1978）在离心管底部注入的是 450 mmol/L 蔗糖，在顶部注入的是 450 mmol/L 甘露醇。1 年后 Piwowarczyk（1979）改进了这种密度梯度法，只通过一次离心即可得到不混有酶和碎屑的完整无损的原生质体。这种梯度的制备方法是，在离心管中依次加入一层溶于培养基中的 500 mmol/L 蔗糖，一层溶于培养基中的 140 mmol/L 蔗糖和 360 mmol/L 山梨醇，最后是一层悬浮在酶溶液中的原生质体，其中含有

300 mmol/L 山梨醇和 100 mmol/L $CaCl_2$。经 400 g 5 min 离心之后，刚好在蔗糖层之上会出现一个纯净的原生质体层，而碎屑则移动到管底。

10.2.4 原生质体活力的测定

对于新分离出来的原生质体的活力有几种不同的测定方法：①以胞质环流作为进行活跃代谢的指标，但对在细胞周缘携有大量叶绿体的叶肉细胞原生质体来说，这种方法的作用不大；②以氧的摄入量做指标，摄入量可通过一个能指示呼吸代谢强度的氧电极进行测定；③以光合活性做指标；④以完整的质膜排斥伊凡蓝的能力做指标；⑤以荧光素双醋酸酯（FDA）的染色能力为指标。上述测定细胞（原生质体）活力的方法有些已在第 5.3.6 节中做过介绍。

10.3 胞质体和微小原生质体的制备

在典型的情况下，原生质体融合的最初产物是一个双核异核体，其中有来自双亲的细胞核，还有来自双亲但混在一起的细胞质。在这种情况下，研究者很难得到成分比较确定的核-质组合，特别是在以获得胞质杂种为目的的实验（11.5 节）中，这个问题十分突出。解决这个问题的方法有两个，一个是用亚原生质体（由一个原生质体的一部分形成的小原生质体）取代一个融合亲本甚至是两个融合亲本的完整原生质体，另一个是通过辐照灭活其中一个融合亲本的核基因组，以产生一个“生理上的”亚原生质体。

亚原生质体有两类，一类叫做微小原生质体（miniprotoplast），另一类叫做胞质体（cytoplast）。微小原生质体也叫核质体（karyoplast 或 nucleoplast），指的是具有核物质的亚原生质体，它可以分裂，在有些例子中还能产生再生植株。胞质体是无核亚原生质体，它虽不能分裂，但可用于合成胞质杂种。

在自然条件下，某些茄科植物成熟中的果皮细胞能自发产生亚原生质体。在实验条件下，亚原生质体则是利用离体原生质体在离心过程中由不连续密度梯度所产生的离心力差异造成的。由于离心力的作用，原生质体会严重变形和拉长，又由于各种细胞组分密度不同，高密度组分（核）向离心管底部移动，低密度组分（液泡）向离心管的上部移动，经过较长时间的离心之后，核连同其周围的少量细胞质脱落，形成一个有核的微小原生质体，而无核的细胞质则形成一个胞质体。在去掉梯度之后，这两种类型的亚原生质体最终都变成了球形（图 10.4）。若以细胞松弛素 B（cytochalasin B）处理与离心处理相结合，还可增进原生质体的去核效果。

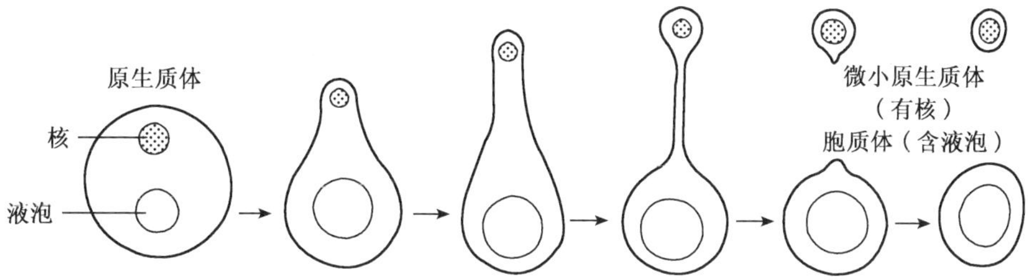

图 10.4 在等渗密度梯度离心期间 1 个原生质体断裂成 2 个亚原生质体
（1 个有核的微小原生质体和 1 个无核的胞质体）

对梯度组成、离心速度、细胞松弛素 B 处理等的具体要求，因用于去核的原生质体的类型而异。Lörz(1984)勾画了一个大致的框框，在为某种特定的原生质体系统制订去核方法时可供参考。按照他的建议，适用于构建梯度的成分是无机盐、糖和硅胶(Percoll)。表 10.3 列出了含有细胞松弛素 B 的等渗密度梯度的组成及不含这种物质的梯度的组成。在制备不连续梯度时，将不同溶液由Ⅰ到Ⅳ依次加入到一个 10 mL 离心管中，不能混合。每管中装入的原生质体数量为(2～5)×10^5 个。然后，在 2 000～4 000 g/37℃下离心 15～20 min(梯度 A)，或 12℃下离心 45 min(梯度 B)。离心后，去核原生质体处在梯度的上层，有核的微小原生质体则在层Ⅰ和层Ⅱ之间形成一条带。用吸管收集这 2 种亚原生质体，把它们重新悬浮在培养基中，以供融合之用。

表 10.3 用于原生质体去核的梯度组成

梯度 A		梯度 B
	Ⅳ	悬浮于 0.22 mol/L $CaCl_2$ 中的原生质体
悬浮于培养基中的原生质体	Ⅲ	0.5 mol/L 甘露醇，5% Percoll
1.5 mol/L 山梨醇，50 μg/mL 细胞松弛素 B	Ⅱ	0.48 mol/L 甘露醇，20% Percoll
饱合蔗糖溶液	Ⅰ	0.45 mol/L 甘露醇，50% Percoll

据 Lörz(1984)。

10.4 原生质体培养

10.4.1 供体植物的选择

现在已愈来愈清楚地认识到，为了能够获得可重复的高植板效率，供体组织的生理状态和原生质体的质量即使不比培养条件更重要，其重要性也和培养条件相当。如前所述,如果要使用由完整的植物器官得到的组织制备原生质体,供体植株应当栽培在光、温和湿度可控的条件下。由田间植株上取得的叶片常产生难以重复的结果。据 Schenck 和 Hoffmann(1979)报道,由种在温室或生长箱中的植株制备的油菜和甘蓝的叶肉原生质体不能进行分裂,而由在无菌条件下生长的幼苗制备的原生质体则能形成愈伤组织。Shepard 等(1980)建议,用于制备原生质体的马铃薯植株应种在营养、温度、光强和光周期等可严格控制的条件下,否则无论采用什么培养基原生质体也不能进行分裂。

在若干物种(如甘蓝、甘薯、大豆和陆地棉等)中,由新采集的叶片制备的原生质体不能进行持续的分裂,在这种情况下,若先把叶片在适当的培养基中预培养 3～7 d,则有可能获得可分裂的原生质体。

10.4.2 原生质体培养基

10.4.2.1 成分

在多数情况下原生质体培养所用的为 MS,B_5,或它们的衍生培养基的盐类。据 Kao 等(1973)报道,在一种蚕豆属植物 *Vicia hajastana* 和无芒雀麦的原生质体培养中,若在 B_5 培养基中加入 1 mmol/L $CaCl_2$,能提高分裂细胞百分数。然而,若在该培养基中补加 20 mmol/L NH_4NO_3,则会降低分裂细胞的频率。在烟草和马铃薯中,Meyer(1974)和 Upadhya(1975)也分别报道了铵离子对叶肉原生质体的存活率具有类似的效应。

在原生质体培养中所用的维生素与标准组织培养基中的相同。生长激素,尤其是生长素和细胞分裂素,几乎总是必不可少的。然而对于禾谷类植物原生质体培养来说,单是 2,4-D 或者已经足够,或者比和细胞分裂素配合使用效果更好。为了诱导细胞能以理想的速率进行分裂,在培养基中所须加入的生长素和细胞分裂素的种类及之间的配比因植物材料而不同。在生长素中最常用的是 2,4-D,但据 Uchimiya 和 Murashige(1976)报道,对于烟草悬浮细胞原生质体培养来说,NAA 效果比 2,4-D 或 IAA 更好。在细胞分裂素中最常用的是 BAP、激动素和 2iP。虽然由活跃生长的培养细胞分离的原生质体要求较高的生长素/细胞分裂素配比才能进行分裂,但是由高度分化的细胞如叶肉细胞等得到的原生质体,常常需要较高的细胞分裂素/生长素配比才能进行脱分化。

虽然有些时候根据完整细胞和组织对培养条件的要求,可以推测出适于其原生质体培养的培养基成分,但认为原生质体在培养中的表现与无壁细胞相当的这样一种简单概念并非总是正确的。例如,当去掉细胞壁以后,培养的冠瘿瘤细胞就会失去其生长调节物质的自养性,而在多细胞阶段,这种自养性又得到了恢复。同样,豌豆根尖原生质体对培养条件的要求与其细胞也有所不同。Scott等(1978)发现,刚分离出来的禾谷类植物原生质体对培养基中的植物激素很敏感,但由这些原生质体再生的细胞则可转移到含有生长素和细胞分裂素的培养基中诱导分裂。

10.4.2.2 渗压剂

在还没有再生出一个坚韧的细胞壁之前,原生质体必须有培养基渗透压的保护。像在酶溶液中一样,培养基中的渗透压一般是以 500～600 mmol/L 甘露醇或山梨醇调节的。据 Scott 等(1978)以及 Arnold 和 Eriksson(1976)报道,对于禾谷类植物和豌豆的叶肉原生质体来说,蔗糖或葡萄糖不能取代甘露醇或山梨醇用做培养基中的渗透压稳定剂。然而有些作者则发现,葡萄糖的作用优于其他的渗压剂。Shepard 等(1977,1980)在马铃薯、甘薯和木薯原生质体培养中则经常用蔗糖作为渗透压稳定剂。在雀麦草的原生质体培养中,实验表明蔗糖的效果比葡萄糖或甘露醇好。在培养基中使用电解质渗压剂会抑制壁的再生,导致不能进行正常的有丝分裂。

培养开始后 7～10 d,大部分有活力的原生质体已经再生出细胞壁并进行了几次分裂,此后通过定期加入几滴不含渗压剂或渗压剂水平很低的新鲜培养基,可使培养基的渗透压逐渐下降。若还把渗压剂保持在原来的高水平上,若干时间以后细胞就会停止分裂。最后将肉眼可见的细胞团转入到不含渗压剂的新鲜培养基中。

10.4.3 培养条件

新分离出来的原生质体应在散射光或黑暗中培养。在某些物种中原生质体对光非常敏感,最初的 4～7 d 应置于完全黑暗中培养。在显微镜台上以加绿色滤光片的白炽灯光照射 5 min 后,豌豆根原生质体的有丝分裂活动就会受到完全的抑制。经过 5～7 d,当完整的细胞壁形成以后,细胞就具备了耐光的特性,这时才可把培养物转移到光下。因此,在原生质体对光敏感的情况下,应当尽量少做观察,凡经观察过的原生质体不应包括在以后的实验结果中。

原生质体培养一般是在 25～30℃下进行的。有关在原生质体培养中温度对壁的再生和以后分裂活动的影响研究得很少。当培养在 25℃温度下时,番茄和秘鲁番茄的叶肉原生质体以及陆地棉培养细胞的原生质体,或是不能分裂,或是分裂的频率很低;但在 27～29℃下,这些原生质体发生分裂,植板效率很高。

据认为,较高的温度不仅能影响分裂的速率,而且在迄今不能分裂的原生质体系统中,还可能是启动和维持分裂的一个前提。

10.4.4 培养方法

10.4.4.1 固体培养——琼脂糖包埋

原生质体的培养方法和对培养条件的要求常与单细胞培养相似。故原生质体可按 Bergmann 的细胞植板法(见第 5 章)用琼脂平板进行培养(图 10.5)。不过近年来发现,用琼脂糖代替琼脂可以提高植板效率。特别是对于那些在琼脂培养基上不易发生分裂的原生质体,使用琼脂糖可能会取得比较好的效果。低融点琼脂糖可在 30℃左右融化,与原生质体混合不影响原生质体的生活力。使用半固体培养基的优点是原生质体的位置固定不变,这就为跟踪观察某一个体的发育过程提供了方便。

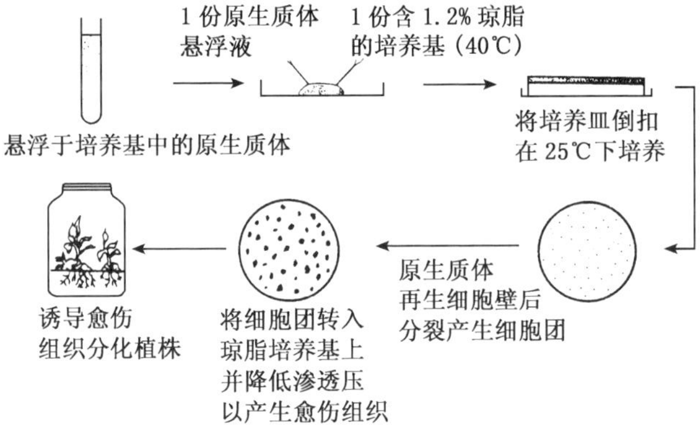

图 10.5 原生质体培养的技术流程(引自 E. C. Cocking)

10.4.4.2 液体培养

尽管半固体培养基有上述优点,但很多研究者还是喜欢使用液体培养基,这是因为,当使用液体培养基的时候:①经过几天培养之后,可用有效的方法把培养基的渗透压降低;②如果原生质体群体中的蜕变组分产生了某些能杀死健康细胞的有毒物质,可以更换培养基;以及③经过几天高密度培养之后,可把细胞密度降低,或可把特别感兴趣的细胞分离出来。在液体培养基中进行原生质体培养可采用不同的方式,如:

1. 液体浅层培养：将含有一定密度原生质体的液体培养基在培养皿底部铺成一薄层，厚 1 mm 左右，用封口膜封口后进行培养。

2. 微滴培养：用滴管将原生质体悬浮液分散滴在培养皿底部，每滴 50～100 μL，盖好封严后置于潮湿的容器中培养。

液体培养方法尽管有上述优点，但在浅层培养情况下原生质体间容易发生粘连，影响它们的生长发育，在微滴培养情况下则必须注意防止失水变干。

10.4.4.3 双层培养

在培养皿底部先铺一层琼脂固化培养基，然后在它上面滴加原生质体悬浮液。这种培养方法的好处是固体培养基中的养分可以不断地向液体培养基中释放，同时培养基亦不易失水变干。

10.4.4.4 电击和热激

电击能够刺激原生质体的分裂和植株再生（Ochatt 和 Power，1992）。方法是：先将原生质体以其 4 倍的植板密度悬浮于缓冲液中，然后以 10 s 间隔对其施以高压（250～2 000 V）直流脉冲（脉冲宽度 10～15 μs）。在游离的原生质体中，电击能够增强 DNA 的合成，并进而促进与分化和再生有关的基因的表达。另据报道，在苜蓿中，低压电对原生质体的分裂也有刺激作用。此外，热激处理（45℃ 5 min 后，置于冰上 10 s）对一种狼尾草属植物（*Pennisetum squamulatum*）原生质体的分裂和再生具有和电击类似的刺激效果（Gupta 等，1988）。

10.4.5 植板密度

与在细胞培养中的情况相似，原生质体初始植板密度对植板效率有显著的影响。原生质体培养的一般密度是每毫升培养基 1×10^4 到 1×10^5 原生质体。在这样一种高密度的情况下，由个别原生质体形成的细胞团常在相当早的培养期就彼此交错地长在一起，倘若该原生质体群体在遗传上是异质的，其结果就会形成一种嵌合体组织。在体细胞杂交和诱发突变的研究中，最好是能获得个别细胞的无性系，为此就需要在低密度（每毫升培养基 100～500 个原生质体）下培养原生质体或由原生质体产生的细胞。通过这个途径还可追踪个别细胞的发育过程，因而即使缺少适当的选择系统——这是目前体细胞杂交中的一个困难环节——也有可能把杂种细胞团分离出来。

10.4.6 低密度培养的对策

10.4.6.1 培养基

为了培养低密度原生质体，Kao 和 Michayluk(1975)配制了一种复杂的培养基，即 KM8p 培养基(表 10.4)，在其中，一种蚕豆属植物(*Vicia hajastana*)的单个细胞能再生出壁，进行持续的分裂并形成愈伤组织。在这种培养基中，苜蓿、豌豆和上述蚕豆属植物的叶肉原生质体在较低的群体密度(少于 100 个原生质体/mL)下比在较高的密度下分裂得快。用 KM8p 培养基培养马铃薯原生质体以及马铃薯＋番茄原生质体融合产物也获得了成功。在应用 KM8p 培养基的时候，应将培养材料置于黑暗或近于黑暗(50 lx)的条件下，因为在强光下这种培养基对植物有毒。

表 10.4 适于在低密度下培养原生质体的 KM8p 培养基①②

成　分	数量(mg/L)	成　分	数量(mg/L)
无机盐			
NH_4NO_3	600	KI	0.75
KNO_3	1 900	H_3BO_3	3.00
$CaCl_2 \cdot 2H_2O$	600	$MnSO_4 \cdot H_2O$	10.00
$MgSO_4 \cdot 7H_2O$	300	$ZnSO_4 \cdot 7H_2O$	2.00
KH_2PO_4	170	$Na_2MoO_4 \cdot 2H_2O$	0.25
KCl	300	$CuSO_4 \cdot 5H_2O$	0.025
NaFe · EDTA	28	$CoCl_2 \cdot 6H_2O$	0.025
糖			
葡萄糖	68 400	甘露糖	125
蔗糖	125	鼠李糖	125
果糖	125	纤维二糖	125
核糖	125	山梨醇	125
木糖	125	甘露醇	125
有机酸			
丙酮酸钠	5	苹果酸	10
柠檬酸	10	延胡索酸	10
维生素			
肌醇	100	生物素	0.005
尼克酰胺	1	氯化胆碱	0.5

续表 10.4

成　分	数量(mg/L)	成　分	数量(mg/L)
盐酸吡哆醇	1	核黄素	0.1
盐酸硫胺素	10	抗坏血酸	1
D-泛酸钙	0.5	维生素 A	0.005
叶酸	0.2	维生素 D_3	0.005
p-对氨基苯甲酸	0.01	维生素 B_{12}	0.01
激素		大豆＋小麦	大豆＋豌豆或粉蓝烟草
2,4-D		1	0.2
玉米素		0.1	0.5
NAA		—	1
不含维生素水解酪蛋白 125 mg/L			
椰子汁(取自成熟果实,加热到 60℃ 30 min,过滤)10 mL/L			

①引自 Kao 和 Michayluk,1975 及 Kao 和 Wetter,1977;②过滤灭菌。

10.4.6.2 培养方法

1.饲养细胞层法:这是 Raveh 等(1973)建立的一种在低密度下培养原生质体的方法。在一般情况下,当植板密度低于 10^4 原生质体/mL 时,烟草原生质体不能分裂,但通过饲养细胞层法,这些细胞可在低至 10～100 原生质体/mL 的密度下进行培养。饲养细胞层的制备方法是,先以剂量为 2×10^3 R 的 X-射线照射原生质体(10^6 细胞/mL),这一剂量能抑制细胞分裂,但并不破坏细胞的代谢活性。照射后将原生质体清洗 2～3 次(洗净由照射所产生的有毒物质是重要的一环),以一般原生质体培养中的最适植板密度(2.4×10^4 原生质体/mL)植板于软琼脂培养基中,形成一个饲养细胞层,然后将悬浮于琼脂培养基中未经过照射的低密度(10～100 原生质体/mL)原生质体,铺在饲养细胞层上。用于制备饲养细胞层的原生质体可以和低密度原生质体来自同一物种,也可来自不同物种(Jain 等,1998)。

2.共培养法:两个不同物种原生质体共培养的方法也可用于某些物种的原生质体或杂种细胞的培养。具体做法是把两种类型的活跃代谢和正在分裂的原生质体混合在液体培养基中,一起进行培养。这种方法只适用于以下情况,即在这两种类型的原生质体之间能发生有效的互馈,同时由这两种类型细胞所产生的愈伤组织在形态上能够彼此区分。例如 Menczel 等(1978)曾把用机械方法分离出来的烟草属两个物种种间融合杂种细胞转移到林生烟草一个白化品系的原生质体培养物上，由于杂种细胞是绿色的，因而能与白化类型的非绿色细胞团清楚地区分开来。

3. Cuprak 微滴法：高国楠(1977)及 Gleba(1978)等曾使用一种构造特别的“Cuprak”培养皿，培养单个原生质体及由这些原生质体再生的细胞。这种培养皿有两室：小的外室和大的内室。内室中有很多编码的小穴，每个小穴能装 0.25～25 μL 培养基。把原生质体悬浮液的微滴加入到小穴中，在外室内注入无菌蒸馏水以保持培养皿内的湿度。把培养皿盖上盖子以后，用封口膜封严。通过这个方法，Gleba(1978)由单个的培养在 0.25～0.5 μL 小滴的原生质体获得了完整的烟草植株。对于单个原生质体的分裂来说，微滴的大小是关键因素。每 0.25～0.5 μL 的小滴内含有一个原生质体，在细胞数对培养基容积的比率上相当于细胞密度为 $2\sim4\times10^3$ 细胞/mL。增加微滴的大小将会降低有效植板密度。据 Gleba(1978)报道，在大于 2 μL 的微滴中，单个细胞不能分裂。在粉蓝烟草＋大豆和拟南芥＋油菜杂种细胞培养中，应用微滴法已取得了成功。

10.4.7 细胞壁的形成

开始培养后 2～4 d 之内，原生质体将失去它们所特有的球形外观，这种变化被视为再生新壁的象征。证明细胞壁再生的更可靠和更直接的方法是以卡氏白(Calcafluor white)染色或利用各种电镜技术。在使用前一种方法时，将原生质体置于浓度为 0.01%或 0.1%并含有适当渗透压稳定剂的卡氏白溶液中保温 5 min。经过清洗除去多余染料后，再把原生质体置于载玻片上渗透压适当的溶液中。卡氏白能与细胞壁物质结合，当使用配有激发滤片 BG12 和吸收滤片 K510 的水银蒸气灯观察时，能发出荧光。据认为，一旦把酶洗掉，原生质体立即开始合成新壁。一般说来，和已分化的叶肉细胞原生质体相比，在活跃生长的悬浮培养细胞的原生质体中微纤丝的沉积快得多。例如，蚕豆培养细胞的原生质体在培养后 10～20 min 即能开始壁的合成，而叶肉原生质体经 8～24 h 培养后在其周围才能见到细胞壁物质，大约 72 h 后才能形成完整的壁。在有些情况下原生质体保持无壁状态可长达 1 周以上，甚至数月之久。燕麦胚芽鞘和蔷薇培养细胞的原生质体则只能轻度地再生细胞壁。

新形成的细胞壁是由排列松散的微纤丝组成的，由这些微纤丝后来组成了典型的细胞壁。迄今所能得到的证据表明，微纤丝的合成是发生在质膜的表面。然而，对于特定的细胞器是否与微纤丝的合成有关还没有取得一致的看法，Robenek 和 Peveling(1977)以日本茵芋(*Skimmia japonica*)原生质体所做的研究,指出了内质网与壁物质的合成有关,并排除了高尔基体参与的可能性。

Horine 和 Ruesink(1972)报道,旋花科植物原生质体只有在外源供应一种易于代谢的碳源(如蔗糖)时,细胞壁才能再生,否则细胞壁就不能形成。培养基中若存在电解质渗透压稳定剂会抑制壁的发育。对于胡萝卜细胞悬浮培养物的原生质体来说,若在培养基中加入聚乙二醇 1 500,细胞壁的发育就既快又比较均匀。

壁的形成与细胞分裂有直接关系,凡是不能再生细胞壁的原生质体也就不能进行正常的有丝分裂。细胞壁发育不全的原生质体常会出芽,或体积增大,相当于原来体积的若干倍。此外,由于在核分裂的同时不伴随发生细胞分裂,这些原生质体可能变成多核原生质体。所以会出现这些异常现象,除了其他原因之外,原生质体在培养之前清洗不彻底可能是一个重要原因。

10.4.8 细胞分裂和愈伤组织的形成

虽然细胞壁的存在是进行规则有丝分裂的前提,但并非所有的原生质体再生细胞都能进行分裂。因此,原生质体植板效率可以有很大变化:低至 0.1%,高达 80%。

凡能分裂的原生质体,可在 2～7 d 之内进行第一次分裂。在少有的情况下,第一次分裂之前的滞后期可持续长达 7～25 d 之久。与已经高度分化的叶肉细胞原生质体相比,活跃分裂的悬浮培养细胞的原生质体进入第一次有丝分裂的时间照例要早。凡能继续分裂的细胞,经 2～3 周培养后可长出细胞团。再经过 2 周之后,愈伤组织已明显可见,这时可把它们转移到不含渗压剂的培养基中,依一般的组织培养方法处理。

10.4.9 植株再生

只有由经过饰变的细胞能获得完整的植株时,才有可能通过对离体原生质体的遗传饰变进行作物改良。已经证明细胞的全能性是一个显性性状。因此,在一项体细胞杂交研究中,至少应有一个亲本的原生质体能表现全能性。能够影响愈伤组织培养物进行植株分化的因素已在第 3 和第 4 两章讨论过。

有关离体原生质体再生植株的第一篇报道发表于 1971 年,作者为 Takebe 等,材料为烟草。此后表现出这种潜力的物种名单不断增加。尤其引人瞩目的是,1980 年,一个禾本科物种珍珠粟和 2 个豆科牧草物种苜蓿和白车轴草由原生质体形成了完整的植株。在 20 世纪 80 年代,这一名单中新增加的其他重要栽培植物还有棉花、大豆、木薯、番茄、黄瓜、新疆甜瓜、草莓、杨树、中华猕猴桃、川芎和当归等，连同70年代的报道加在一起，到1997年止，已由原生质体再生植株的植物已有分属于46科160多属的360多种(许智宏，1997)。

在过去几十年间，高等植物原生质体培养已经取得了重大成绩，但就若干重要的农作物来说，到目前为止成功还仅限于少数基因型，并且一般而言再生植株的频率也不高。因此尚须不断改进培养基和培养方法，力争克服基因型的局限性并提高植株再生的频率。此外，目前所用的原生质体分离和培养的程序还比较复杂，可重复性也不高，所知道的一些有关培养的规律多数只是经验的总结。从这个角度考虑，今后的工作应更注意研究基本规律，并使培养技术系统化、程序化、更简单实用。

10.4.10 禾谷类植物原生质体培养

与公认的模式植物如烟草、矮牵牛、曼陀罗、胡萝卜以及十字花科的芸苔属植物相比，禾谷类植物原生质体培养曾一度停滞不前，但是，由于禾谷类植物是粮食和饲料的主要来源，世界各国在禾谷类植物原生质体培养上都投入了大量的人力和物力。通过众多实验室坚持不懈的努力，禾谷类植物原生质体培养在20世纪80年代终于取得了一连串突破，几种主要禾本科农作物——水稻、玉米、小麦、高粱和大麦等的原生质体培养相继告捷。回顾禾谷类植物原生质体培养的整个发展过程，可将其大致分为三个主要阶段：

第一阶段为1980年以前，是摸索和尝试阶段。在此阶段中，多数研究者仿效茄科植物叶肉原生质体培养方法，希望能从禾谷类植物叶片或根、茎等组织分离原生质体并培养成植株。然而，尽管使用了各种不同的培养基和培养方法，获得再生植株的努力都没有成功，Deka等(1976)从水稻叶鞘分离的原生质体，Potrykus等(1977)从玉米茎分离的原生质体，培养后都只产生了愈伤组织。此后很多研究者转而利用培养的组织或细胞作为分离禾谷类植物原生质体的材料，逐渐有了一些成功的报道，研究进入了第二阶段。

由第一阶段向第二阶段的转折是在1980年。这一年，Vasil等从珍珠粟原生质体培养获得了再生小植株。这是禾谷类植物原生质体培养的首次成功报道。他们所采用的分离原生质体的材料是从珍珠粟幼胚愈伤组织建立的胚性细胞悬浮培养物。所谓胚性细胞悬浮培养物，是指在一定条件下具有体细胞胚胎发生能力的细胞悬浮培养物。这类悬浮培养物多半是由幼穗、幼胚、成熟胚和花药等诱导的愈伤组织经液体振荡培养后建立起来的，而禾谷类植物的根、茎、叶等组织由于在培养中通常不表现形态发生潜力，因此在多数情况下由它们的愈伤组织很难建立起胚性细胞悬浮培养物。采用与珍珠粟原生质体培养或多或少相似的方法，后来又从羊草的幼胚、紫狼尾草的花序、水稻的盾片和花药、小麦及玉米的幼胚等诱导的愈伤组织建立了胚性细胞悬浮培养物。以此作为材料分离原生质体进行培养，已先后在几种禾谷类作物原生质体培养中获得了再生植株。基于以上事实，在第二阶段研究中人们普遍认为，利用胚性细胞悬浮系分离原生质体进行培养，是禾谷类作物原生质体培养获得成功的一条主要途径。但是，这种方法在应用中仍存在一些问题，主要表现为在一个物种内成功只局限于少数基因型，而且即使是能获得成功的基因型，植株分化频率也不高。因此，为了建立良好的胚性细胞悬浮系，不得不对基因型和愈伤组织进行大量的筛选。为了改变这种局面，探讨更有效地建立胚性细胞悬浮系的途径，研究者们又做了不少工作，取得了一些新的进展，使这一领域的研究进入了第三阶段。

第三阶段的重点是进一步扩大已获得再生植株的基因型的再生频率，并力争使更多的基因型培养成功，为此对培养方法又做了若干改进，其中以王海波等(1989)的工作最具代表性，克服了前一阶段较多地注意原生质体游离前细胞状态的选择和对游离条件的优化，而很少把对组织和细胞状态的调控与原生质体培养结合起来的片面性(参见第 3.5 节)。

经过将近 20 年的不懈努力，到 1990 年，在几乎所有重要的禾本科农作物中都已由原生质体获得了再生植株(表 10.5)。然而，要使这项技术真正达到实用水平，仍须做出很大努力。

表 10.5 已由原生质体培养获得再生植株的禾本科农作物

植物名称	外植体	原生质体来源	作　者
水　稻	盾　片	悬浮细胞	Fujimura 等(1985)
	胚芽鞘	愈伤组织	Coulibaly 等(1986)
	根　尖	悬浮细胞	Yamada 等(1986)
	花　药	悬浮细胞	Toriyama 等(1986)
	幼　胚	悬浮细胞	Thompson 等(1986)
	成熟胚	悬浮细胞	王光远，夏镇澳(1986)
	幼　穗	悬浮细胞	雷鸣，李向辉(1986)
	种　子	悬浮细胞	Kyozuka 等(1987)
	花药及幼穗	悬浮细胞	李良材等(1988)
	幼　胚	悬浮细胞	陈秀芝，夏镇澳(1989)
	幼　穗	悬浮细胞	孙宝林，李向辉等(1986)
	成熟胚	悬浮细胞	李家新等(1990)
玉　米	花　药	悬浮细胞	蔡起贵，郭仲琛等(1987)
	幼　胚	悬浮细胞	Rhodes 等(1988)

续表 10.5

植物名称	外植体	原生质体来源	作　者
	花　药	悬浮细胞	孙勇如，张丽明(1988)
	幼　胚	悬浮细胞	Prioli 等(1989)
	幼　胚	悬浮细胞	Shillito 等(1989)
	花　药	悬浮细胞	张士波，郭仲琛(1989)
小　麦	花　药	悬浮细胞	Harris 等(1988)
	成熟胚	悬浮细胞	王海波，李向辉等(1989)
	幼　穗	愈伤组织	任延国等(1989)
	幼　胚	愈伤组织	郭光沁等(1990)
	未成熟胚	悬浮细胞	Vasil 等(1990)
小-偃麦	幼穗	悬浮细胞	王铁邦等(1990)
小-簇麦	幼胚	悬浮细胞	张宏等(1994)
谷　子	成熟胚	愈伤组织	董晋江，夏镇澳(1989)
高　粱	幼　穗	悬浮细胞	卫志明等(1989)
大　麦	幼　胚	悬浮细胞	Luhrs 等(1988)①
	幼　胚	悬浮细胞	颜秋生，张雪琴等(1990)
甘　蔗	幼　叶	悬浮细胞	Srinivasan 等(1986)

①只分化出白苗。

附录 10.1　细胞筛孔径(μm)与目①换算表

目	孔径(μm)	目	孔径(μm)	目	孔径(μm)	目	孔径(μm)
20	900	100	154	250	61	360	40
30	600	120	125	280	55	400	38.5
40	450	140	105	300	50	500	30
50	355	150	100	320	45	600	20
60	280	160	98	325	43	700	15
80	180	180	90	350	41	800	10
		200	76				

目(mesh)：每英寸的孔数。

附录 10.2 离心机转数与离心力的列线图

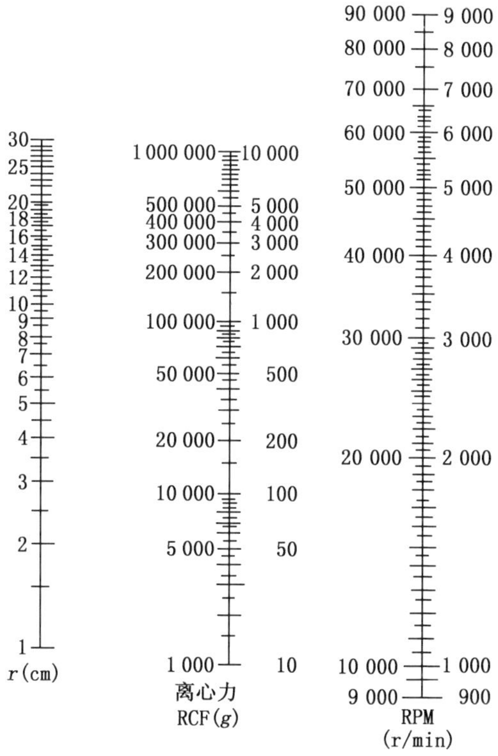

图 10.6 离心机转数与离心力的列线图

在计算离心管上任何一点的相对离心力(RCF,以 g 表示)时,首先须量出离心机转轴中心与该点的距离,即该点的转动半径(以 r 表示,单位 cm)。然后用 1 把直尺,左侧对准已知的 r 值,右侧对准已知的 RPM 值,直尺与中间标尺的交叉点即为相应的 RCF 值。注意:若已知的转数值处于 RPM 标尺的右侧,则应读取 RCF 标尺上右侧的数值;若处于 RPM 标尺的左侧,则应读取 RCF 标尺上左侧的数值。

附录 10.3 用血球计数板计数原生质体的方法

Ⅰ.血球计数板的构造

计数板是 1 块特制的厚载玻片,上面有 4 条与玻片长边垂直的槽,每 2 个槽之间构成1个平台，故共有3个平台。其中两侧平台比中间平台高0.1 mm。中间平台较宽，又有一条与玻片长边平行的短槽将其一分为二，在每一半上各刻有一个计数室(图10.7,A,B)，每个计数室划分为9个大方格，每个大方格面积为1 mm×1 mm＝1 mm^2，深度为0.1 mm，盖上盖片后容积为0.1 mm^3(即0.1 μL或10^{-4} mL)。中央的一个大方格又用双线划分为25个中方格。每个中方格又用单线划分为16个小方格，共计400个小方格(图10.7C)，原生质体计数即可在中央的这个大方格内进行。

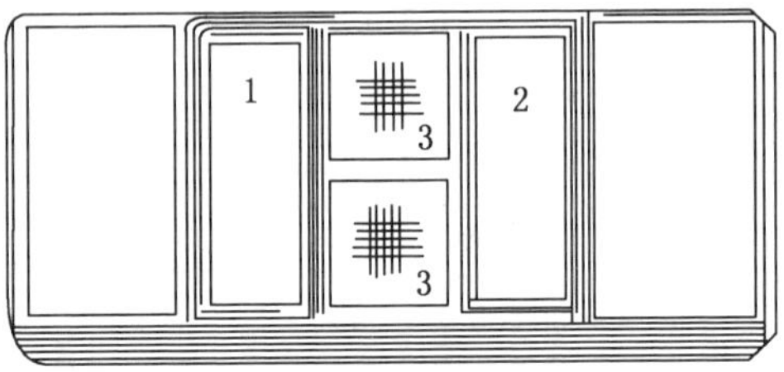

A

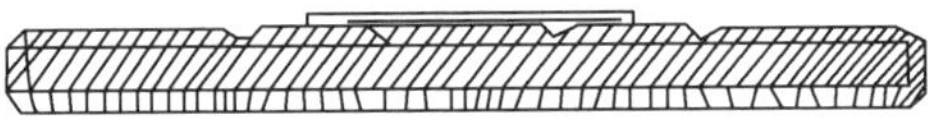

B

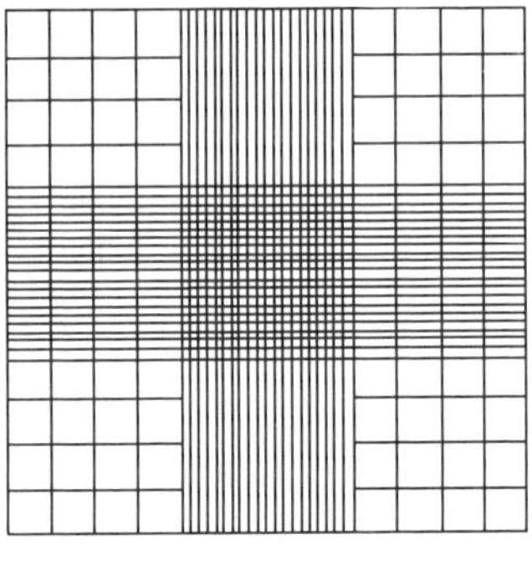

C

图10.7 血球计数板的构造。A.顶面观，1,2,3分别为3个平台，其中3又被分为两半；B.侧面观；C.计数室(含9个大方格)

Ⅱ.计数方法

1.首先在显微镜下检查计数板上的计数室是否干净，若沾有污物，须用酒精棉轻轻擦洗，用蒸馏水冲净，再用吸水纸吸干。

2.将盖玻片盖在计数室上面。

3.将悬浮在CPW 13M(CPW盐＋13%甘露醇)培养基中的原生质体悬浮

液滴在盖玻片一侧边缘，使它沿着盖玻片和计数板间的缝隙渗入计数室，直到充满计数室为止。

4. 计数时要使显微镜载物台保持水平，不能倾斜。依次逐个计数中央大方格内 25 个中方格里的原生质体，然后根据下式求出每毫升中的原生质体数。

1 mL 悬浮液中的原生质体数＝1 个大方格悬浮液（0.1 mm^3，即 0.1 μL）中的原生质体数×10×1 000。

5. 计数完毕后，将计数板洗净吸干。

11 体细胞杂交和胞质杂交

11.1 引言

有性杂交是植物遗传改良的一种传统手段，但它的作用空间主要限于种内的品种之间，种及种以上分类单位之间的杂交，例如种间或属间杂交，则常常遭遇有性不亲合性障碍；在无性繁殖植物和性不育植物中，如在马铃薯、甘薯、木薯、甘蔗、薯蓣和香蕉中，更是难以通过有性杂交进行遗传改良。因此，建立在原生质体全能性基础上的体细胞杂交和胞质杂交技术，对于植物的遗传改良具有重要的意义。

所谓体细胞杂交(somatic hybridization)，指的是在离体条件下通过两个亲本体细胞原生质体的融合以及随后将融合产物(异核体)培养成杂种植株的过程。自从 Carlson 等(1972)在粉蓝烟草和郎氏烟草之间通过原生质体融合获得首例体细胞杂种以来，体细胞杂交技术不断发展和完善，它在植物遗传改良中的应用潜力现在已开始显现出来。

在有性杂交中，质体和线粒体只能通过母本遗传给下一代。而在由原生质体融合产生的杂种细胞中，双亲的核和细胞质"齐聚一堂"，其结果就会产生各种不同的核-质组合。核基因组和细胞质基因组互作的结果，有时会产生胞质杂种，它与传统意义上的杂种不同，其中只具有一个亲本的核基因组但具有两个亲本的细胞质基因组。导致形成胞质杂种的原生质体融合过程叫做胞质杂交(cybridization)。通过胞质杂交，我们可以获得染色体外遗传物质的杂合性，这在植物育种中具有直接的应用价值。

目前，在很多重要农作物中，虽然要想通过体细胞杂交和胞质杂交获得性状优异的新类型还存在若干制约因素，但过去 30 多年的研究已经指出，对于创造自然界中尚不存在的新的遗传变异和新的性状组合来说，原生质体融合应该是一个有用的工具。

体细胞杂交过程包括一系列相互依赖的步骤：原生质体制备，原生质体融合，杂种细胞选择，杂种细胞培养，由杂种愈伤组织再生植株，以及杂种或胞质杂种植株的鉴定等(图 11.1),其中原生质体的制备和培养已在第 10 章中讨论过,另外,由杂种细胞诱导植株再生的方法与在第 10.4.9 节中介绍过的由未经融合的原生质体再生植株的方法相同,也无须再作进一步的讨论。以下只介绍体细胞杂交技术中的其他几个问题。

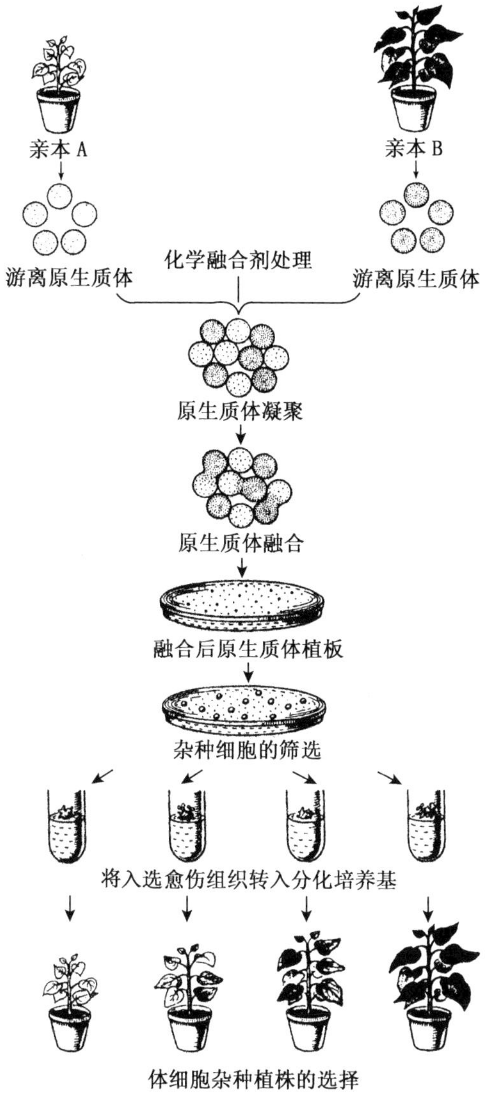

图 11.1 体细胞杂交过程的主要环节(引自 Bajaj,1977)

11.2 原生质体融合

11.2.1 自发融合

在酶解细胞壁过程中，有些相邻的原生质体能彼此融合形成同核体(homokaryon)，每个同核体包含 2～40 个核。这种类型的原生质体融合称做“自发融合”，它是由不同细胞间胞间连丝的扩展和粘连造成的。在由分裂旺盛的培养细胞制备的原生质体中，这种多核融合体更为常见。例如，在玉米胚乳愈伤组织细胞和玉米胚悬浮细胞原生质体中，大约有 50% 是多核融合体。采用两步法制备原生质体，或在用酶混合液处理之前先使细胞受到强烈的质壁分离药物的作用，则可切断胞间连丝，减少自发融合的频率。

11.2.2 诱发融合

在体细胞杂交中，彼此融合的原生质体应有不同的来源，因此自发融合是无意义的。为了实现诱发融合，一般需要使用一种适当的融合剂。在 20 世纪 70 年代，为了融合植物原生质体，曾经试验过各种不同的处理：$NaNO_3$、人工海水、溶菌酶、用机械方法诱导粘连、病毒、明胶、高 pH-高浓度钙离子、聚乙二醇、抗体、植物凝血素伴刀豆球蛋白 A、聚乙烯醇以及电刺激等。在这些处理中，只有 $NaNO_3$、高 pH-高浓度钙离子、聚乙二醇及电融合法得到了广泛的应用。

11.2.2.1 $NaNO_3$ 处理

早在 1909 年 Kuster 就曾证实，在 1 个发生了质壁分离的表皮细胞中，低渗 $NaNO_3$ 溶液可以引起 2 个亚原生质体的融合。然而，由 $NaNO_3$ 诱导的可重复可控制的离体原生质体融合则是由 Power 等(1970)报道的。利用这一融合剂，Carlson 等(1972)虽然在植物中获得了第一个体细胞杂种，但这个方法的一个缺点是异核体(heterokaryon)形成频率不高，尤其是当用于高度液泡化的叶肉原生质体时更是这样。因此有必要探索更为有效的融合技术。

11.2.2.2 高 pH-高浓度钙离子处理

1973 年 Keller 和 Melchers 报道，当用强碱性(pH 10.5)的高浓度钙离子(50 mmol/L $CaCl_2 \cdot 2H_2O$)溶液在 37℃ 下处理约 30 min 以后，两个品系的烟草叶肉原生质体很容易彼此融合。应用这个方法，Melchers 和 Labib(1974)及

Melchers(1977)在烟草属中分别获得了种内和种间的体细胞杂种。对于各种矮牵牛的体细胞杂交来说，这种原生质体融合方法据说在杂种产量上优于其他几种常用的方法。不过，对于有些原生质体系统来说，这样的高 pH 可能是有毒的。关于这种方法的细节可参见附录 11.1。

11.2.2.3 聚乙二醇(PEG)处理

聚乙二醇分子式为 $HOCH_2(CH_2-O-CH_2)_nCH_2OH$，水溶性，pH 从 4.6 到 6.8，因聚合程度不同而异。采用聚乙二醇作为融合剂时，异核体形成的频率很高，可重复性很强，而且对大多数细胞类型来说毒性很低，因此自 1974 年高国楠等提出这一方法以来，聚乙二醇作为一种融合剂已被广泛采纳。PEG 诱导融合的另一个优点是形成的双核异核体的比例很高。据 Burgess 和 Fleming (1974)报道，当在 37℃下用含有钙离子的强碱性溶液处理时，产生的聚集体很大，每个聚集体中包含很多原生质体，而当以 PEG 处理时，多数聚集体只包含 2～3 个原生质体。PEG 诱导的融合没有特异性。除了能使完全没有亲缘关系的植物原生质体融合，形成如大豆-烟草、大豆-玉米和大豆-大麦等异核体外，PEG 还能诱导动物细胞间的融合，动物细胞与酵母原生质体的融合，以及动物细胞和植物原生质体的融合。

附录 11.2 列出了用 PEG 处理法进行原生质体融合的各个步骤，简单地说，先把两种选定植物刚游离出来的原生质体以适当比例混合，用 28%～58%的 PEG(分子量为 1 500～6 000)溶液处理 15～30 min，然后将原生质体用培养基逐步进行清洗。高国楠等(1974)发现，用含有高浓度钙离子(50 mmol/L $CaCl_2 \cdot 2H_2O$)的强碱性溶液(pH 9～10)清洗 PEG，比用培养基清洗能产生更高的融合频率。这实质上是 Kao 和 Michayluk(1974)原来提出的 PEG 法与 Keller 和 Melchers(1973)的高 pH-高浓度钙离子法的结合，据认为，对于植物原生质体融合来说，这是一个最成功的方法。使用这个方法最多可以形成 50%的豌豆-大豆异核体，而单独使用高 pH-高浓度钙离子法只能形成 4%～5%。

有若干因子可影响 PEG 诱导的原生质体融合，这些因子是：

1. PEG 的分子量(MW)大于 1 000 时，才能诱导原生质体发生紧密的粘附和高频率的融合。一般所用的 PEG 分子量为 1 500～6 000，浓度范围为 15%～45%。

2. 酶溶液稀释过度不利于融合，原因可能是，在这种情况下原生质体很快合成新壁。

3. 由幼叶和快速生长的愈伤组织制备的原生质体融合效果较好。

4. PEG 的稀释应逐步进行，剧烈洗提的结果将只能形成很少的异核体。

5. 高温(35～37℃)能提高融合频率，低温(15℃)可促进原生质体的粘连，按照 Burgess 和 Fleming(1974)的实验结果，高温特别有利于高度液泡化的原生质体的融合。不过，实际上整个融合实验都是在 24℃上下进行的。

6. 在 PEG 溶液中，加入钙离子可以提高由 PEG 诱导的融合频率。

7. 原生质体的群体密度也会影响融合频率。一般来说，4%～5%的原生质体悬浮液(原生质体容积/液体容积)所能形成的异核体频率最高。

8. 制备原生质体时所用的酶的种类和浓度是影响原生质体融合的另一个因子。使用崩溃酶制备的原生质体最易融合，只是这种酶对原生质体活力有不利的影响。

9. 虽然培养细胞的原生质体对酶、PEG 以及高 pH-高浓度钙离子处理有相当强的忍耐力，但叶肉细胞对这些条件相当敏感。先把叶片预培养几天可以提高叶肉原生质体对这些处理的忍耐力。

10. 若融合实验是在离心管中进行的，在融合处理后必须进行反复的离心，而这对融合原生质体的产量和活力有不利的影响。因此最好采用 Kao 和 Michayluk(1974)所介绍的方法，在盖玻片上的 150 μL 小液滴中进行原生质体融合(此法细节见附录 11.2)。

11. 在 PEG 溶液中保温处理时间太长会降低异核体形成频率。

11.2.2.4 电融合

电融合是 20 世纪 70 年代末 80 年代初开始发展起来的一项融合技术。在进行电融合时，须将一定密度的原生质体悬浮液置于一个融合小室中，小室两端装有电极。在不均匀的交变电场的作用下，原生质体彼此靠近，紧密接触，在 2 个电极间排列成串珠状(图 11.2，A)。这时若施以强度足够的电脉冲，就可使质膜发生可逆性电击穿，从而导致融合(图 11.2，B)。用这种方法获得的融合产物多数只包含 2 个或 3 个细胞。和化学融合法相比，电融合法的优点是简单、迅速、效率高。尤其重要的是，原生质体经电融合处理后没有中毒反应。然而，电融合所需的最适条件因材料而异，使用时应当注意。

11.2.3 化学诱导融合的机制

原生质体的融合过程包括 3 个主要阶段：①凝聚作用阶段，其间两个或两个以上的原生质体的质膜彼此靠近(图 11.3A，B)；②在很小的局部区域质膜紧密粘连，彼此融合，在两个原生质体之间细胞质呈现连续状态，或是出现桥(图

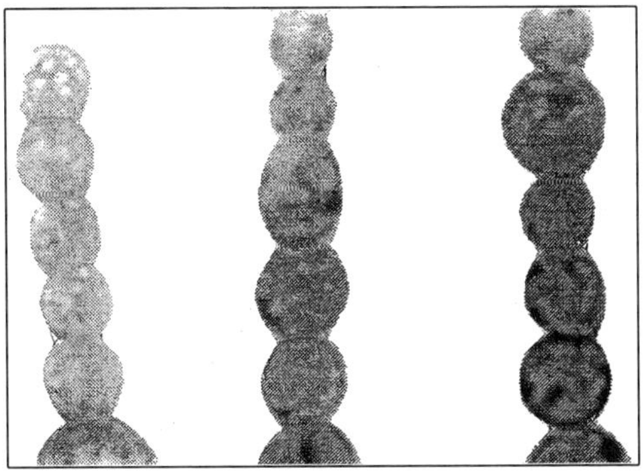

A

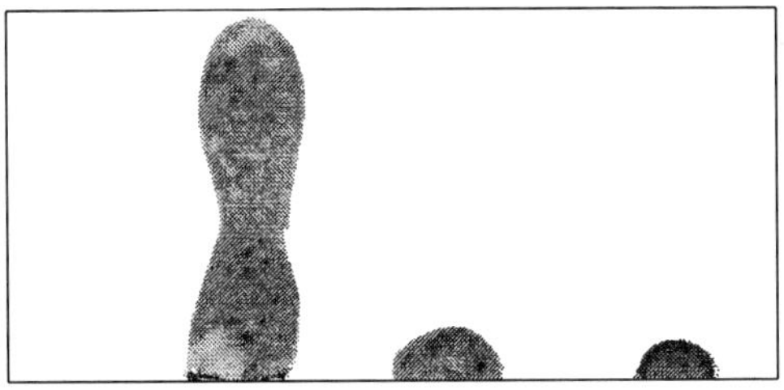

B

图 11.2 A. 芹菜原生质体在交变弱电流作用下排列成串珠状；
B. 在高压脉冲刺激下原生质体彼此融合(H. A. Collin 等,1998)

11.3C,D)；③由于细胞质桥的扩展,融合完成,形成球形的异核体或同核体(图 11.3E)。

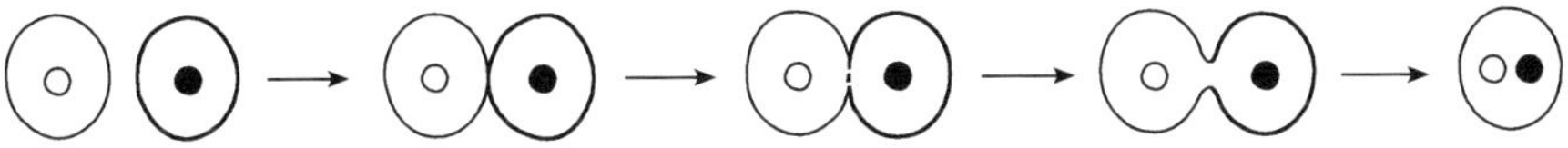

图 11.3 原生质体融合过程示意图

A. 2 个彼此独立的原生质体；B. 2 个原生质体间发生凝聚作用；
C. 在局部位置上膜融合；D、E. 形成 1 个球形异核体

原生质体粘连与温度高低无关。已知有很多种处理都可诱导原生质体粘连,但发生粘连以后并不一定就能导致膜的融合。有些物质如伴刀豆球蛋白 A 或抗体都能促成原生质体的凝聚,但之后很少发生或不发生融合。即使是在最有效的融合剂如 PEG 和高 pH-高浓度钙离子的作用下,也不是所有发生了凝聚的原生质体最终都能融合。

植物原生质体表面带有负电荷。取决于物种的不同,表面电荷可变化在

$-30\sim-10$ mV之间。由于所带电荷性质相同，彼此凝聚的原生质体的质膜并不能靠近到足以融合的程度。膜融合发生的条件是，膜的贴近程度必须相当于分子距离1 nm或更小。已知高pH-高浓度钙离子能够中和正常的表面电荷，因而可使凝聚原生质体的质膜紧密接触。10 mmol/L $CaCl_2 \cdot 2H_2O$ 能够完全除掉烟草原生质体的电荷。高温无论在植物中还是在动物中都能促进膜的融合，其原因正如动物研究者指出的，是由于引起了质膜中脂类分子的紊乱，然后通过在紧密粘连的质膜中脂类分子的互作和混合，于是发生融合。

原生质体经PEG处理后立即凝聚，形成由两个或更多原生质体组成的聚合体。质膜的紧密粘连既可发生在相当大的表面区域上，也可能局限于凝聚区域内很小的部位，或是两种情况兼而有之。在紧密粘连区域彼此贴靠在一起的质膜发生局部融合之后，其间就会形成细小的细胞质通道。随着这些通道的逐渐扩展，融合中的原生质体经过哑铃形期而后变成球形。当通过洗提把PEG去掉之后，这些融合体由质壁分离状态中恢复正常，重新出现了活跃的胞质环流。这些现象又促进了融合体变圆和细胞质混合，后者在3～10 h内全部完成。

对于PEG诱导融合的真正机制尚不明了。Kao和Wetter(1977)认为，由于PEG分子具有轻微的负极性，故可与具有正极性基团的水、蛋白质和碳水化合物等形成氢键。当PEG分子链大到足够程度时，它在相邻的原生质体表面之间可起到一个分子桥的作用，于是发生了粘连。PEG可与 Ca^{2+} 以及其他阳离子结合。由于 Ca^{2+} 可以在蛋白质(或磷脂)和PEG的负极性基团之间形成桥，因而可促进粘连。在清洗过程中，与膜直接结合或通过 Ca^{2+} 结合的PEG分子将被洗掉，从而使电荷发生紊乱并重新分配。由于在两层膜紧密接触区域电荷重新分配的结果，就可能使一种原生质体的某些带正电荷的基团连到另一种原生质体的带负电荷的基团上去，或是情况相反，从而导致原生质体的融合。

在动物细胞中，据报道PEG能引起膜结构的改变，如膜内蛋白或糖蛋白颗粒的凝聚，结果就会在质膜中出现不含蛋白质的双层脂类分子区。据认为，在PEG处理期间膜的融合就是发生在这些区域内。

曾有人试图合成一种带正电荷的无毒磷脂，以利用这种磷脂改变游离原生质体的表面电荷。如果这项试验能够成功，或许可以通过带负电荷的正常原生质体与改变成带正电荷的原生质体的适当混合，从而实现对异核体形成的有效控制。

11.2.4 融合产物的细胞学

在膜融合后的数小时之内，2个细胞的细胞质混在一起，形成一个双核异核体。在双亲亲缘关系较近的异核体中，例如在郎氏烟草和粉蓝烟草的异核体中，两个核有可能同步进行第一次有丝分裂，而且在这个过程中，二者的染色体被一个共同的纺锤体所牵引，在有丝分裂末期形成2个杂种子细胞，继而通过进一步分裂，形成细胞团，并最终分化出完全的体细胞杂种，其核内具有双亲的染色体组。然而，在双亲亲缘关系较远的杂种细胞中，两个来源不同的染色体组常常不能完全结合在一起。在动物体细胞杂种细胞系中，已知双亲之一的染色体会逐渐消除，在植物中也已见到了这种现象。例如在大豆＋粉蓝烟草细胞系中，由第一次核分裂就可见到染色体异常现象。经常见到的异常现象包括极长的染色体、环状染色体、染色体断片、染色体桥和具有多个缢痕的染色体等。这些细胞系也表现烟草染色体选择性消除的现象。1个月以后，粉蓝烟草的大染色体很少能再见到，7个月后，只剩下少数几条已经变了形的烟草染色体。7个月之后所进行的酶谱分析表明，在这个组合的某些杂种细胞系中，已完全不存在粉蓝烟草所特有的谱带。这些细胞系在乙醇脱氢酶和天冬氨酸转氨酶的同功酶分布上与大豆细胞系相似。在另一个属间组合拟南芥＋油菜中，上述有丝分裂异常现象虽然也非常普遍，但直到4～5个月后，杂种细胞中仍然保持着双亲的所有染色体。即使7个月后，虽然油菜的某些染色体已经丢失，但仍然可以找到来自双亲的染色体。只是在这个组合杂种细胞的再生植株中，有些细胞已完全失掉了油菜染色体。这种双亲之一的染色体遭到选择性淘汰的现象还见之于爬山虎＋矮牵牛和蚕豆＋矮牵牛的体细胞杂种组织中，在这些组合中，多数都是一个亲本的原生质体来自活跃生长的悬浮细胞，另一个亲本的原生质体来自叶肉细胞。有趣的是，在这种情况下，总是以叶肉做原生质体来源的亲本的染色体遭到选择性淘汰。

体细胞杂种的胞质内含物也表现分离的现象。无论检查哪些细胞，它们都只含有2个亲本之一的叶绿体，而不是2个亲本的叶绿体。在烟草属中，通过种间细胞融合产生的同一块愈伤组织的2个再生植株，各含有来源不同的叶绿体；这种差别甚至还表现在同一植株的2个不同枝条上。其他细胞器是否也发生类似的分离现象还有待研究。然而在2个亲本中总是某1个亲本的叶绿体不丢失，而不是任一个。这个特点为我们提供了获得核-质杂种的可能性(见第11.5节)。

此外，当两个亲本的亲缘关系较远时，异核体中的2个核或是不能同步分裂，或是虽能同步分裂，但二者的染色体并不被一个共同的纺锤体所牵引，如果随后再发生胞质分裂，最终就会形成嵌合组织。

11.3 杂种细胞的选择系统

在经过融合处理后的原生质体群体内，既有未融合的2种亲本类型的原生质体，也有同核体、异核体和各种其他的核-质组合。异核体是未来杂种的潜在来源，但在这个混合群体中只占一个很小的比例(0.5%～10%)，而且在生长和分化两个方面皆无竞争优势可言，若不受到特别“关照”，则将必遭淘汰。因此，如何能有效地鉴别和选择杂种细胞，一直被视为体细胞杂交成功的关键。为了解决这个问题，文献中已经报道了很多方法，现将这些方法分为3类，简要介绍如下：

11.3.1 根据物理特性直观选择

11.3.1.1 根据可见标志选择

这种选择方法主要用于非绿色原生质体与含有叶绿体的原生质体的融合。高国楠(1977)证实，如果把一个亲本的绿色的、液泡化的叶肉原生质体，与由另一亲本培养细胞得到的具有浓厚细胞质的非绿色原生质体融合，在融合后的短时间内，融合产物半绿半白，是不难鉴别的。使用高国楠的方法，Gleba和Hoffmann(1978，1979)在拟南芥和油菜之间合成了一个属间杂种，方法是把油菜的叶肉原生质体与拟南芥培养细胞的原生质体融合，然后由3～5日龄的培养物中，用微吸管将单个的融合产物(多数为4个或8个细胞)分离出来，分别置于“Cuprak”培养皿中进行培养。Menczel等(1981)通过类似的办法获得了烟草和金氏烟草之间的体细胞杂种。这种方法的主要缺点是效率太低。由于用微吸管所能挑选出来的杂合体数量有限，还必须用特制的培养皿和特别设计的培养基培养，难度较大。

11.3.1.2 根据荧光标记选择

对于在形态上彼此无法区分的原生质体(如2个品种的叶肉原生质体)融合形成的异核体来说，要进行目测选择可采用Galbraith和Mauch(1980)的方法：将2种原生质体群体分别用不同的荧光染料标记，然后通过荧光显微镜检鉴别异核体。他们用异硫氰酸荧光素(发绿色荧光)和碱性蕊香红荧光素(发红色荧光)分别标记了2种烟草的叶肉原生质体，标记方法是在18 h的保温期间把染料(0.5 mg/L)加到酶混合液中。由于在杂种细胞内应存在着这两种荧光染料，因此可以把它们鉴别出来。当以荧光特性作为鉴别的依据时，对异核体进行直接选择不仅可通过显微观察的方法，而且还有可能采用一种电子分拣技术，这种技术不但准确，而且特别迅速(大约5×10^3细胞/s)。用荧光化合物标记原生质体，并不影响细胞再生植株的能力。

11.3.1.3 低密度植板选择

如果融合产物在失掉可供鉴别的特征之前，不可能分离出来单独培养，则可在融合处理之后，把原生质体以低密度植板在琼脂培养基上，以便追踪个别的杂种细胞及它们的后代。采用这样一种选择方法，以后就无须再进行突变系的分离。

11.3.2 突变互补选择

11.3.2.1 隐性突变互补选择

在体细胞杂交实验中，常被用作选择标记的隐性突变是叶绿素缺失突变和营养缺陷型突变。当2个融合亲本各自的突变性状受不同的等位基因控制时，杂种内的这2个突变基因都将处于杂合状态，杂种于是表现野生型性状，可以很容易地被选择出来。例如，Melchers和Labib(1974)将彼此互补的叶绿素缺失突变体和光敏突变体(在高强度光照条件下失绿的突变体)的原生质体融合后，培养在高光强条件下，2个月后选出了1个绿色的细胞团，从中再生的植株也为正常绿色。在F_2代2种突变类型发生了分离，证明入选的细胞确为融合杂种。

营养缺陷型突变种类很多，最早被用于体细胞杂种选择的是硝酸还原酶缺失突变(NR^-)。这种突变体缺少硝酸还原酶活性，只有在外供还原态氮的条件下才能存活。但表型同为NR^-的突变体，因其突变位点的不同可以分为2种类型：一种是nia型(NR脱辅基酶缺失突变体)，另一种是cnx型(钼辅助因子缺失突变体)。这2种类型的突变细胞原生质体融合后可以互补，在以硝酸盐为唯一氮源的选择培养基上，杂种细胞能够正常生长，而两个亲本的细胞不能生长。通过这个选择系统，Glimelius等(1978)在烟草中获得了很多体细胞杂种。

11.3.2.2 显性抗性互补选择

在很多情况下，植物对抗生素、除草剂或其他有毒药物的抗性为显性。当2个融合亲本各有1个显性等位基因控制它们对不同药物的抗性表现时，单抗的双亲细胞融合后将会产生1个双抗的融合杂种，其中每个亲本对药物的敏感性分别被另一亲本对该药物的抗性所掩盖。因此，利用同时添加这两种药物的培养基即可把融合体选择出来。根据这个原理，以抗5-甲基色氨酸(5-MT)的胡萝卜原生质体与抗S-氨乙基半胱氨酸的烟草原生质体作亲本，融合处理后通过对双抗融合体的选择，已经获得了这2个亲本之间的体细胞杂种。

抗性互补选择法还可与其他选择方法结合起来使用。例如，在拟矮牵牛（*Petunia parodii*）和矮牵牛（*P. hybrida*）种间体细胞杂交中，Cocking 等所设计的选择程序既利用了这 2 个亲本原生质体对放线菌素 D 抗性的差异，又利用了它们对培养基反应的差异。在 MS 培养基中，矮牵牛叶肉原生质体能形成肉眼可见的愈伤组织，但拟矮牵牛的原生质体只能形成很小的细胞团，不能进一步生长。若在这种培养基中加入放线菌素 D(1 mg/L)，矮牵牛原生质体完全不能分裂，而拟矮牵牛原生质体的反应却不受影响。因此，当这 2 个物种的叶肉原生质体经过融合处理，并植板于补加了放线菌素 D 的 MS 培养基上以后，只有杂种细胞才能长到愈伤组织阶段。由这些愈伤组织再生的植株具有预期的染色体数范围 24～28。它们的花色、花形以及过氧化物酶同功酶谱带全都证实了它们的杂种性质。

11.3.2.3 隐性突变与野生型互补选择

同样是在上述的拟矮牵牛和矮牵牛种间体细胞杂交研究中，Cocking 等（1980）后来没再使用放线菌素 D，他们改用绿色野生型拟矮牵牛作为一个亲本，用细胞质白化的矮牵牛隐性突变体作为第二个亲本，在融合处理之后把原生质体混合群体植板在 MS 培养基上，并在拟矮牵牛原生质体形成很小的细胞团阶段即将其淘汰（见上节），结果只有矮牵牛白化突变体原生质体和杂种原生质体能够长成愈伤组织。其中杂种愈伤组织由于表现绿色，可以很清楚地与矮牵牛的白色愈伤组织区分开（图 11.4）。

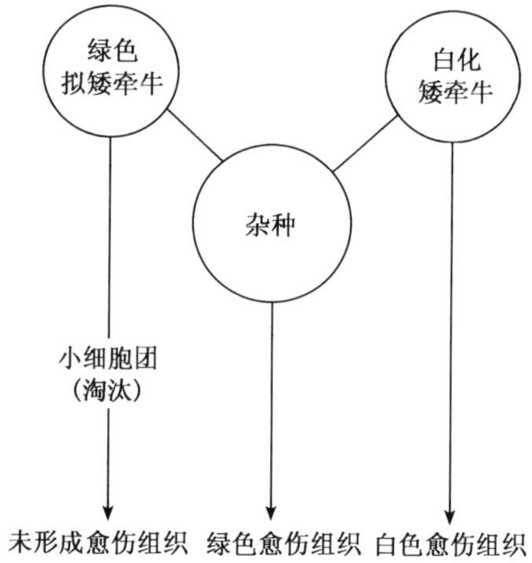

图 11.4 在绿色野生型拟矮牵牛和矮牵牛白化突变体种间体细胞杂交中所用选择系统的示意图

11.3.2.4 显-隐性双突变体在选择中的应用

当某个融合亲本不存在任何选择标记时，可利用特别合成的显-隐性双突变体作另一亲本，从而将杂种细胞选择出来。Hamill 等（1983）首先通过有性杂交，将烟草的硝酸还原酶缺失突变（隐性）与抗链霉素突变（显性）组合在一起，创造了一个双突变系，当它的原生质体与其他任何无选择标记的植物原生质体融合后，利用加有链霉素但不含还原态氮的培养基，即可将杂种细胞选择出来。

以上介绍的是几种应用突变互补效应进行杂种细胞选择的方法。采用这些方法的前提是必须拥有各种突变体或显性抗性亲本。当我们的目的只是进行体细胞杂交可行性实验时，上述各类突变体对于异核体的鉴别肯定很有价值，但若想真正应用这项技术进行作物改良，就不应把突变体包括到选择系统中去，因为诱变处理的结果可能会产生一些不良性状，或是使原有的优良性状发生劣变。然而，两种类型原生质体天然存在的对理化因素敏感性的差异，则是很有价值的。

11.3.3 根据生长和再生能力的差别选择

11.3.3.1 根据愈伤组织生长差别选择

在曼陀罗和烟草种间体细胞杂交以及在小麦和某些其他禾谷类植物属间体细胞杂交中，发现杂种愈伤组织表现生长优势现象，因此融合处理后只要挑选那些生长最快、长得最大的愈伤组织，就会从中分化出体细胞杂种植株。

11.3.3.2 植株再生能力的差别在选择中的作用

在现有的实验条件下，不同来源的原生质体分化再生植株的能力有很大差异，有些植物的原生质体完全不能再生植株。然而，在种内、种间或属间的所有体细胞杂交实验中，只要有一个亲本的原生质体能够再生植株，融合产生的杂种细胞就能再生植株，另一亲本的未融合细胞若不具再生能力，最终就会自行淘汰。在这种情况下，只要通过某种选择策略再将具再生能力亲本的未融合细胞淘汰，即可得到体细胞杂种。因此，原生质体再生潜力的差异在体细胞杂种的选择中具有广泛的应用价值。

11.3.3.3 根据生长和分化对培养基要求的差别选择

不同来源的原生质体对培养基成分和激素组成有不同要求。利用原生质体的这一特性，可以设计出一种培养基，在其中只有杂种细胞能够生长。例如在粉蓝烟草（*N. glauca*）和郎氏烟草（*N. langsdorffii*）的体细胞杂交实验中，根据事前通过常规有性杂交得到的资料（这 2 个物种是有性亲合的），已知杂种组织对生长激素的要求与双亲不同，前者具有生长激素自养能力，而双亲细胞只有在外供激素的条件下才能生长。在对这 2 个物种的原生质体混合群体进行了融合处理之后，把它们接种在不含生长激素的培养基上培养，结果这2个亲本的原生质体都不能分裂，只有杂种细胞最终形成了植株。当然，这只是一个特殊的例子，没有广泛的应用价值，因为一个真正有用的选择系统应该不依赖于对该杂种植株任何事先的了解。不过，利用同样道理，有些研究者以烟草瘤细胞作为一个亲本，当与其他原生质体融合后，由于前者是激素自养的白化细胞，因此利用无激素培养基选出的绿色愈伤组织即为杂种细胞。

11.4 体细胞杂种植株的核型

在迄今所得到的各种体细胞杂种中，只有少数几种是双二倍体，染色体数恰为两个亲本染色体数之和。现在还难以断定，是否近缘物种间通过体细胞杂交所产生的就会是真正的双二倍体。即使在两个有性亲合亲本之间产生的体细胞杂种中，也会出现染色体数不正常的现象。这表明，由于核质之间的互作，导致了与有性杂种不同的结果。

有证据表明，染色体数偏差的另一个原因是两个以上的原生质体发生了融合，而无论融合之后的有丝分裂规则与否。在这方面令人感兴趣的是，迄今有3个研究组都已由粉蓝烟草（*N. glauca*，$2n=24$）和郎氏烟草（*N. langsdorffii*，$2n=18$）获得了体细胞杂种，他们的结果表明，改变融合方法和选择体系，可以产生倍数性水平不同的植株。如Carlson等(1972)使用$NaNO_3$为融合剂，所得到的全部杂种植株都具有正常的42条染色体；Smith等(1976)使用的是最有效的融合剂PEG，所得到的杂种没有一株是真正的双二倍体，其染色体数变动在56和64之间；Chupeau等(1978)所得到的杂种，则是双二倍体和各种不规则类型的混合群体。

体细胞杂种倍数性水平的变异也可能是由原生质体的自发融合造成的，或是由原生质体供体细胞的细胞学状态造成的。培养细胞的原生质体可能比叶肉细胞原生质体更容易发生变异。为了减少染色体变异，应当尽量缩短由原生质体培养到植株再生所经历的时间。

在两个亲本中，只要一个亲本的染色体组确有一部分能够充分整合到另一亲本的染色体组，那么染色体的选择性丢失可能会有其好处。确实，两个亲本的染色体组完全组合到一起可能并不理想，特别是当两个亲本由于亲缘关系太远而表现有性不亲合时更是这样。

11.5 胞质杂交和胞质杂种

在有性杂交中,细胞质基因组只是来自双亲之一(母本),而在体细胞杂交中,杂种却拥有两个亲本的细胞质基因组。从实用上考虑,应用细胞融合技术,有可能使两种来源不同的核外遗传成分(细胞器)与一个特定的核基因组结合在一起,这种杂种称做细胞质杂种(cybrid)。而一个亲本的细胞核与另一亲本的细胞质基因组相结合,则会形成核质杂种(nucleo-cytoplasmic hybrid)。

制造胞质杂种的方法叫做胞质杂交。在这一过程中,常常先要把异种胞质供体物种原生质体的核灭活,然后再将它与异种胞质受体物种的原生质体融合。相对于制造完全杂种(拥有 2 个亲本全部核基因和细胞质基因的杂种)时所用的对称融合的方法而言,这种“供体-受体”的融合过程叫做非对称融合。由非对称融合所产生的胞质杂种因此也就是一种非对称杂种。制造胞质杂种所用的非对称融合方法有 2 种:

11.5.1 通过射线辐照灭活胞质供体细胞核

为了确保细胞质基因的有效转移,可用剂量为 50～300 Gy 的 X-或 γ-射线辐照细胞质供体细胞,以将它们的细胞核部分或全部灭活。这项处理可以完全阻止未融合的胞质供体细胞的分裂,因此可同时做为一个选择因子用于筛选胞质杂种。与此同时,对受体原生质体可用碘乙酰胺(IOA)或碘乙酸处理,以抑制它们的代谢活性,使未融合的受体细胞也不能进行分裂。IOA 处理的有效剂量为 1～30 mmol/L,最适处理温度 4℃(温度范围为 0～25℃),处理时间 5～30 min(图 11.5)。

融合处理后,杂种细胞通过连续分裂形成克隆,其间细胞质供体物种的染色体遭到不定向淘汰,细胞质中的叶绿体和线粒体发生随机分离。在由融合产物最终形成的再生植株中,将既有具不同组合细胞器的杂种类型,也有受体亲本类型以及异胞质代换的胞质杂种类型,即核-质杂种类型。

11.5.2 胞质体和原生质体的融合

制造胞质杂种的另一种方法是利用细胞质供体细胞的去核原生质体(胞质体,见 10.3 节)与受体亲本的完整原生质体融合。例如,Maliga 等(1982)通过这一途径转移了由叶绿体编码的对链霉素的抗性。Tan(1987)通过矮牵牛胞质体和秘鲁番茄原生质体融合获得了胞质杂种。有更多作者则通过胞质杂交在不同植物间转移了细胞质雄性不育性(见第 11.7 节)。

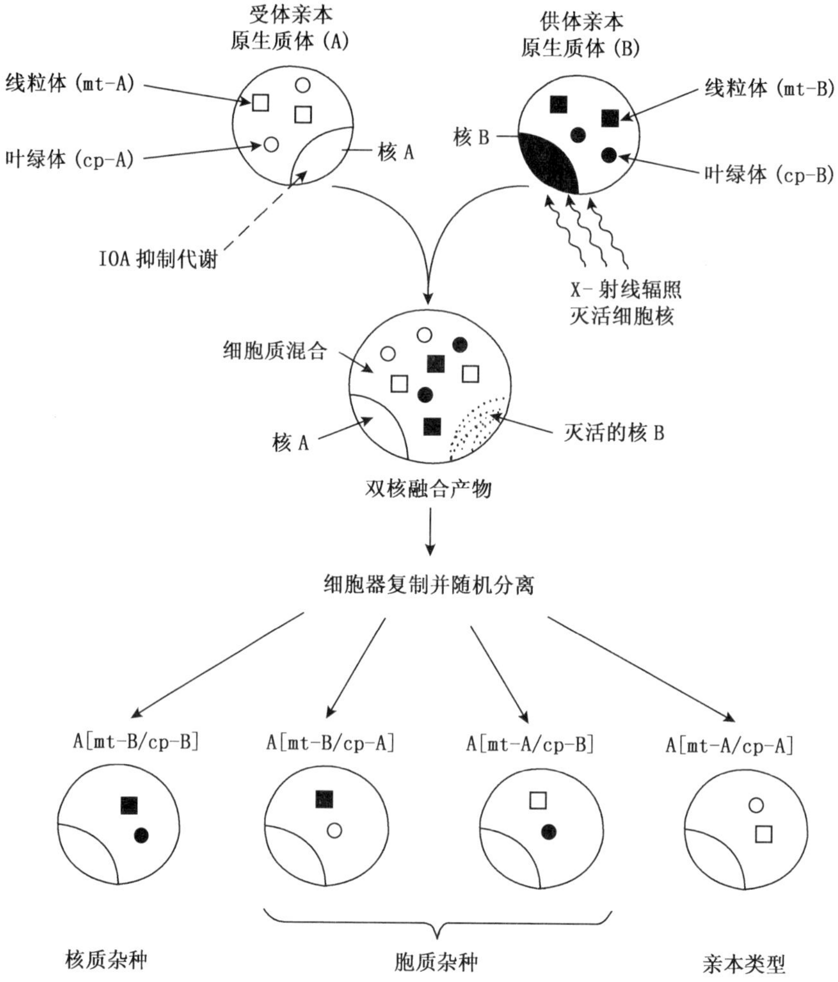

图 11.5 非对称融合及其融合产物中细胞器的随机分离(据 Razdan,2003)

11.6 体细胞杂种和胞质杂种的鉴定方法

尽管对融合处理后的细胞群体已进行过巧妙的筛选,但由筛选“过关”的细胞所再生的植株也只能是推测中的体细胞杂种,要无可置疑地确定它们的杂种性质,还要对它们进行严格的鉴定。鉴定方法大致可以分为 4 类,即形态学和育性鉴定、细胞学和分子细胞学鉴定、生化鉴定和分子生物学鉴定。

11.6.1 形态和育性鉴定

在多数体细胞杂交组合中，所用的亲本为二倍体，杂种预期应为双二倍体，它们在株型、叶形、花形以及某些更细微的性状上，如茎、叶上茸毛的有无等，或多或少应同时具有两个亲本的特点，而且象通过有性过程合成的双二倍体一样，取决于双亲亲缘关系的远近，杂种或是育性很低，或是完全不育。

11.6.2 细胞学和分子细胞学鉴定

传统的细胞学鉴定方法是通过根尖压片确定杂种的染色体数和染色体形态。在典型的情况下，杂种染色体数应为两个亲本体细胞染色体数之和。但是，在两个亲本的染色体组不能和谐共处的情况下，杂种最终的染色体组成将存在各种可能性，极端情况下，亲本之一的染色体被完全淘汰，更常见的则是形成各种非整倍体组合。在后一种情况下，惟有采用染色体分带技术或基因组原位杂交(GISH)技术才能揭示特定染色体或一定长度的染色体片段的来源。

11.6.3 生化鉴定

常用的生化鉴定方法有 2 种，一种是同功酶谱分析法，另一种是部分Ⅰ蛋白亚基多肽图谱分析法。

1. 同功酶谱分析法　同功酶指的是催化同一生化反应而分子结构不同的酶。在杂种鉴定中常用的同功酶有酯酶、过氧化物酶、苹果酸脱氢酶和 6-磷酸葡萄糖脱氢酶等。如果将体细胞杂种的同功酶谱与其双亲的酶谱进行比较，可以看出，杂种植株的酶谱可能是双亲酶带的总合，也可能只出现双亲的部分酶带，或缺少双亲的某些酶带而出现新的杂种带。根据酶谱的这些表现，于是可以对杂种做出鉴定。不过，在采用同功酶法进行杂种鉴定时必须注意，同功酶谱会随着植物的发育时期、组织类型和生理状态而改变，取材时只有保持这些因素的一致性，才能得到正确的鉴定结果。

2. 部分Ⅰ蛋白亚基多肽图谱分析法　部分Ⅰ蛋白(fraction Ⅰ protein)是叶绿体中含量最丰富的可溶性蛋白，具有 1,5-二磷酸核酮糖羧化酶(RUBPcase)和加氧酶的双重酶活性。部分Ⅰ蛋白由 2 个亚基组成，其中小亚基多肽是由核 DNA 编码的，大亚基是由叶绿体 DNA 编码的，因此通过它的亚基多肽图谱分析，既可鉴别杂种，又可鉴别胞质杂种。

11.6.4 分子生物学鉴定

分子生物学的发展为我们提供了在 DNA 水平上对体细胞杂种的遗传结构进行精确鉴定的手段。这些方法中包括 RFLP(限制性片段长度多态性)、RAPD(随机扩增多态性 DNA)和 AFLP(扩增片段长度多态性)等,它们既可用于对对称杂种的鉴定,也可用于对非对称杂种的鉴定,其中 RAPD 还特别适合于对原生质体融合处理后大量再生植株的初步筛选鉴定。

在体细胞杂交研究中,上述几种鉴定方法可以单独使用,也可同时使用。在后一种情况下,可以得到更为精确和全面的结果(图 11.6)。

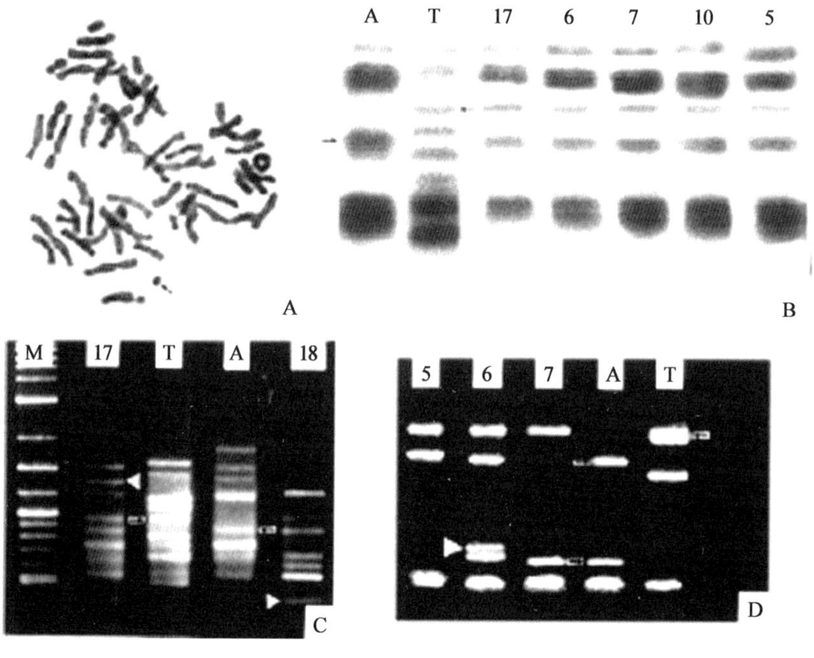

图 11.6 小麦和燕麦体细胞杂种白化植株的染色体、同功酶、RAPD 和 5S rDNA 间隔序列分析

(A)再生植株染色体,$2n=48$。↑:染色体断片。(B)再生植株的酯酶同功酶谱带。(C)再生植株的 RAPD 带型。(D)再生植株的 5S rDNA 间隔序列带型。T:小麦,A:燕麦,5,6,7,10,17,18:杂种再生植株的编号。↑:双亲特异带,▲:新带(引自 Xiang 等,2003)

11.7 体细胞杂交和胞质杂交在农业上的应用

11.7.1 对无性繁殖植物或性不育植物进行遗传重组

要想在2个不能进行有性繁殖的物种之间实现基因组的重组，体细胞融合看来是唯一可行的途径。性不育植物（单倍体、三倍体和非整倍体）的原生质体，融合后也可能产生可育的二倍体或多倍体。在有些例子中，通过单倍体烟草原生质体的融合产生了双二倍体和六倍体植株。来源于不同品种水稻花药愈伤组织的单倍体原生质体，融合后产生了可育的二倍体。将双单倍体马铃薯无性系的原生质体与 *Solanum brevidens* 的原生质体融合，产生了具有实际育种价值的杂种。

11.7.2 克服有性不亲合性障碍

由于存在不亲合性障碍，种间或属间有性杂交虽能进行，但常常难以产生杂种，而通过体细胞融合，就有可能突破有性杂交的这种局限性。

Schieder(1978)通过二倍体叶肉细胞原生质体的融合，获得了毛曼陀罗（*Datura innoxia*）和 *D. discolor* 以及毛曼陀罗和曼陀罗（*D. stramonium*）之间的双二倍体，这些双二倍体由于表现杂种优势以及比亲本有更高的莨菪胺（一种抗晕车晕船等晕动病的药物）含量（20%～25%），已被繁殖推广，供医药工业之需。

烟草属中有些种具有很好的抗病性，但与烟草（*Nicotiana tabacum*）有性杂交不能成功。然而，通过原生质体融合，现已获得了烟草＋*N. nesophila* 以及烟草＋*N. stockonii* 的可育杂种。双单倍体和四倍体马铃薯原生质体与 *Solanum brevidens* 等3个茄属物种体细胞杂交的结果，合成了可育的部分异源整倍体。它们具有优良的农艺性状，如抗马铃薯叶毒病、马铃薯γ病毒和软腐病等。应用体细胞杂交方法，还在番茄（*Lycopersicon esculentum*）与若干野生物种之间合成了可育杂种。茄子（*Solanum melongena*）与若干有性不亲合物种之间的种间体细胞杂交产生了抗萎蔫病的双二倍体。

油菜（*Brassica napus*）是甘蓝（*B. oleracea*）和白菜型油菜（*B. campestris*）之间的一种天然双二倍体。Schenk(1982)最先使用原生质体融合技术离体重新合成了油菜。油菜和携有一种抗病基因的黑芥（*B. nigra*）之间的体细胞杂交产生了携有这个抗病基因的双二倍体植株，这些体细胞杂种拥有芸苔属所有3个染色体组（A，B和C），现已被用于常规育种。

11.7.3 细胞质遗传性状的转移

在通过供体-受体系统转移细胞质遗传性状的研究中，最令人感兴趣的是细胞质雄性不育（cms）性状的转移，在这方面已有不少成功的例证。较早的如Belliard等（1978）通过把雄性不育的 *Nicotiana techne* 和雄性可育的烟草（*N. tabacum*）进行细胞融合，将前者的细胞质雄性不育性导入了后者，从而获得了细胞质雄性不育的烟草。后来，Kyozuka等（1989）将一个雄性不育的籼稻品种与经过IOA处理的粳稻品种"日本晴"的原生质体融合，在融合后产生的21株再生植株中，有1株虽然发育正常，但是雄性完全不育，只有用粳稻亲本的花粉授粉后才能正常结实。这显然是一种cms性状。继续以"日本晴"回交，这种cms性状稳定遗传。生物化学和分子生物学鉴定结果表明，在这项实验中获得的胞质杂种的酯酶同功酶谱与粳稻亲本的完全一致，但做为供体的籼稻亲本的线粒体DNA已转移到受体细胞质中。

在这个研究领域中另一个引人注目的成果，是Chuong等（1988）采用单倍体原生质体融合策略，把油菜（*Brassica napus*）中的cms特性与抗除草剂特性组合在一起。油菜中有一个由叶绿体基因组（cpDNA）控制的抗除草剂阿特拉津（atrazine）突变体，作者将这个突变体的小孢子原生质体与由线粒体基因组（mtDNA）控制的雄性不育油菜的小孢子原生质体进行种内单倍体原生质体融合，结果在融合产物中以0.4%的机率获得了兼具抗阿特拉津和cms两种细胞质特性的二倍体胞质杂种（表11.1），以保持系授粉后正常结实，且其后代全部既抗阿特拉津又表现雄性不育。在这项工作中，由于采用了单倍体原生质体融合策略，因而避免了在二倍体原生质体融合时对其中一个亲本必须进行的核灭活处理。

表11.1 油菜中抗阿特拉津突变体与细胞质雄性不育系单倍体原生质体融合的实验结果（Chuong等，1988）

表现型	类型	株数				
		n	2*n*	4*n*	总数	%
抗阿特拉津/雄性可育	亲本	128	90	8	226	86.6
抗阿特拉津/雄性不育	胞质杂种	0	1	0	1	0.4
不抗阿特拉津/雄性不育	亲本	11	22	1	34	13.0
	总数	139	113	9	261	
	%	53.3	43.3	3.4		

除了雄性不育之外，通过体细胞杂交还可以转移几种由细胞质基因控制的重要农艺性状，如光合速率、对高温和低温的耐性，以及抗病性和抗除草剂特性等。

11.8 结束语

过去几十年间,在原生质体研究领域中已经取得了很大进展,在大多数植物组织中,已经建立起获得大量有活力原生质体的常规实验方法,而且依照现成的方法已可实现种间、属间、科间甚至是界间的细胞融合,在有性亲合以及有性不亲合的亲本之间,已经育成了若干体细胞杂种。

在体细胞融合研究早期所得到的杂种,绝大部分属于烟草种内杂种,一小部分属于曼陀罗种内杂种。种间体细胞杂种则可分为3类,第一类集中于烟草属植物,第二类是在矮牵牛种间,第三类集中于曼陀罗属。在以上各类种内和种间体细胞杂种所涉及到的组合中,原先一般都已存在有性杂种。在有性不亲合的属间植物体细胞杂种中,著名的有番茄+马铃薯(pomato)和拟南芥+油菜(arabidobrassica)。前者果实外形似番茄,但花和叶有杂种特点,果实小而畸形,不结籽。至于科间体细胞杂交,直到不久前才有成功的报道,例如通过胡萝卜悬浮细胞原生质体和大麦叶肉细胞原生质体的融合,Kisaka等(1997)获得了大麦($2n=14$)和胡萝卜($2n=18$)之间的体细胞杂种,但杂种在形态上类似于胡萝卜(图11.7),染色体分析结果表明,多数杂种细胞具有24条染色体,而不是预期的双亲体细胞染色体数之和32。

图11.7 大麦与胡萝卜的体细胞杂种

自左至右:胡萝卜,杂种细胞再生植株,大麦(Kisaka等,1997)

近年来，随着原生质体培养技术的发展，研究重点已逐渐转移到农作物上来。对于那些通过常规遗传改良手段没能取得令人满意结果的农作物，若辅以体细胞杂交等非常规手段，或许就有可能充分展示出它们的生产潜力。即便是有性亲合植物间的体细胞杂种，由于在原生质体融合期间双亲细胞质基因组互作的结果，也可能会表现出新的变异。通过原生质体不对称融合和细胞质杂交技术，不但能把抗性基因等导入新物种，而且能把雄性不育特性导入新物种。然而，在展望离体培养技术这些诱人前景的时候，我们也应当看到，体细胞杂种和胞质杂种只能是一个新的变异来源，它的真正作用只有与常规育种程序相结合才能发挥出来。

附录 11.1 高 pH-高浓度 Ca^{2+} 诱导原生质体融合的实验程序①

1. 将选中的 2 个亲本的新分离出来的原生质体 1∶1 混合，并使最终密度约为 2.5×10^5 原生质体/mL。

2. 在 50 *g* 下离心 3～5 min，使原生质体沉积在一起。

3. 去掉上清液，加入 2 mL 促融液，其中含有 50 mmol/L 甘氨酸-NaOH 缓冲液，50 mmol/L $CaCl_2\cdot2H_2O$ 以及 400 mmol/L 甘露醇，pH 10.5。

4. 在 50 *g* 下离心 3～5 min，使原生质体沉积。

5. 把离心管置于 37℃水浴中 10～30 min。

6. 用清洗介质(600 mmol/L 甘露醇，50 mmol/L $CaCl_2\cdot2H_2O$)置换掉促融液，放置 30 min。

7. 用清洗介质洗 2 次。

8. 将原生质体悬浮在培养基中并进行微滴培养。

附录 11.2 PEG 诱导原生质体融合的实验程序②

1. 将 2 个亲本新分离出来的原生质体(仍停留在酶溶液中)1∶1 混合，使悬浮液通过 1 个 62 μm 孔径的滤网，将滤出液收集在 1 个离心管中，管口用螺丝帽盖严。

① 引自 Keller 和 Melchers，1973；Melchers 和 Labib，1974。

② 引自 Kao，1976。

2. 将滤出液在 50 g 下离心 6 min，使原生质体沉积。

3. 用吸管将上清液弃掉。

4. 将原生质体用 10 mL 溶液Ⅰ(500 mmol/L 葡萄糖，0.7 mmol/L $KH_2PO_4 \cdot H_2O$ 和 3.5 mmol/L $CaCl_2 \cdot 2H_2O$，pH 5.5)进行清洗。

5. 将洗过的原生质体重新悬浮在溶液Ⅰ中，制成密度为 4%～5%(V/V)的原生质体悬浮液。

6. 在 1 个 60 mm×15 mm 的培养皿中放 1 滴(2～3 mL)硅液 200。

7. 在这滴硅液上面放一张 22 mm×22 mm 的盖片。

8. 用吸管吸取大约 150 μL 原生质体悬浮液置于盖片上。

9. 等待大约 5 min，以使原生质体沉降在盖片上形成一个薄层。

10. 在原生质体悬浮液中，逐滴加入 450 μL PEG 溶液(50%PEG 1 540，10.5 mmol/L $CaCl_2 \cdot 2H_2O$，0.7 mmol/L $KH_2PO_4 \cdot H_2O$)，在一个倒置显微镜下观察原生质体粘连的情况。

11. 在室温(24℃)下，将 PEG 溶液中的原生质体保温 10～20 min。

12. 以 10 min 间隔轻轻加入 2 滴(每滴 0.5 mL)溶液Ⅱ(50 mmol/L 甘氨酸，50 mmol/L $CaCl_2 \cdot 2H_2O$，300 mmol/L 葡萄糖，pH 9～10.5)，再过 10 min 后，加入 1 滴原生质体培养基。

13. 每次用 10 mL 新鲜的原生质体培养基，以各为 5 min 的间隔，将原生质体清洗 5 遍，每次洗完之后，不要把盖片上的培养基全部去掉，要在原生质体上留下一薄层旧培养基，而将新鲜培养基加于其上，如果 2 个亲本的原生质体是通过视觉可以分辨的，在这个阶段就有可能确定异核体形成的频率。

14. 在同一张盖玻片上的一薄层 500 μL 培养基中，将融合产物与未融合的原生质体一起培养。在盖玻片周围以小滴形式再加入 500～1 000 μL 培养基，以保持培养皿内的湿度。

12 植物脱毒技术

12.1 引言

多数农作物，特别是无性繁殖作物，都易受到一种或一种以上病原菌的周身侵染。例如，已知草莓能感染 62 种病毒和类菌质体，因而每年都必须更新母株。病原菌的侵染不一定都会造成植物的死亡，很多病毒甚至可能不表现任何可见症状。然而，在植物中病毒的存在会减少作物的产量和(或)品质。据报道，当以特定的无毒植株取代了被病毒侵染的母株之后，产量最多可增加 300%(平均为 30%)。因此，为了提高产量和促进活体植物材料的国际交换，根除病毒和其他病原菌是非常必要的。虽然通过杀细菌和杀真菌的药物处理，可以治愈受细菌和真菌侵染的植物，但现在还没有什么药物处理可以治愈受病毒侵染的植物。

由于大部分病毒都不是通过种子传播的，因此，若是使用未受侵染或侵染程度较轻的个体的种子进行繁殖，就有可能得到无病毒植株。不过有性繁殖后代常常表现遗传变异性，在园艺和造林业中，品种的无性繁殖十分重要，而这一般都是通过营养繁殖实现的(见第 13 章)。如果在一个品种中，并非全部母株都受到了侵染，那么只要选出一个或几个无病株进行营养繁殖，也有可能建立起无病的核心原种。但是，若一个无性系的整个群体都已受到侵染，获得无病植株的唯一办法，就是由该植株的营养体部分把病原菌消除，并由这些组织中再生出完整的植株。一旦获得了一个不带病原菌的植株，然后就可在不致受到重新侵染的条件下，对它进行营养繁殖。

众所周知，病毒在植物体内的分布是不均匀的。在受侵染的植株中，顶端分生组织一般说或者是无病毒的，或者是只携有浓度很低的病毒。在较老的组织中，病毒数量随着与茎尖距离的加大而增加。分生组织所以能逃避病毒的侵染，可能的原因是：①在一个植物体内，病毒易于通过维管系统而移动，但在分生组织中不存在维管系统。病毒在细胞间移动的另一个途径是通过胞间连丝，但它的速度很慢，难以追赶上活跃生长的茎尖；②在旺盛分裂的分生细胞中，代谢活性很高，使病毒无法进行复制；③倘若在植物体内确实存在着“病毒钝化系统”的话，它在分生组织中应比在任何其他区域都有更高的活性，因而分生组织不受侵染；④在茎尖中存在高水平内源生长素，可以抑制病毒的增殖。

由于了解到病毒在茎尖中呈梯度分布的特性，Holmes(1948)通过茎尖扦插的办法，由受侵染的大丽花中获得了无病毒植株。根据同一原理，Morel 和 Martin(1952)建立了消除病毒的茎尖培养方法。他们把 100 μm 长的大丽花茎尖切下以后，在培养基中进行培养，不过，由这些茎尖长成的苗没能生根。为了得到完整的无病毒植株，他们又把这些无根苗嫁接到健康大丽菊的砧木上。此后茎尖培养方法得到了长足的进展，现已成为最有效的获得完全无毒植物的方法，成功地用于多种栽培植物。茎尖培养方法虽然主要用于消除病毒，但也可消除植物中各种其他病原菌，包括类病毒、类菌质体、细菌和真菌。现在这一方法已在园艺上得到了普遍的应用。在茎尖培养法建立之前，在活体上消除病毒的方法是对整个植株进行热处理。

12.2 “无病毒”词义辨析

在文献中，“无病毒”植物一词的使用一直相当粗放。植物常常受到不止一种类型病毒的侵染，而且可能还带有某些未知病毒。因此，只有当某些病毒在特定的检验中为负结果时，才能说该植物不带有那些病毒。现在有人建议使用“特定无病毒”或“特定无病原菌”植物这两个术语；不过，倘若由于其魔术般的魅力或其他原因，园艺家仍然要使用“无病毒”一词时，最好在标签上进一步注明，通过可靠的检验究竟有哪些病毒和(或)其他病原菌已被消除。在本书中，为了方便起见，“无病毒”一词的应用带有“特定无病毒”的含义。

12.3 通过热处理消除病毒

长期以来，在各种植物中为了由受侵染的个体得到无病毒植物，一直有效地使用着热疗法。通过热处理消除病毒所根据的基本原理是，在高于正常的温度下，植物组织中的很多病毒可被部分地或完全地钝化，但很少伤害甚至不伤害寄主组织(图 12.1)。在热处理期间，寄主植物对于病毒在活体中的钝化似乎也起某种作用。

热处理可通过热水或热空气进行。热水处理对休眠芽效果较好；热空气处理对活跃生长的茎尖效果较好，既能消除病毒，又能使寄主植物有较高的存活机会。热空气处理比较容易进行：把旺盛生长的植物移入到一个热疗室中，在35～40℃下处理一定时间即可；处理时间的长短，可由几分钟到数周不等。Baker和Kinnaman(1973)把康乃馨植株在38℃下连续处理2个月，从而消除了茎尖内的所有病毒。然而，马铃薯病毒X(PVX)则要求在35℃下处理几个月才能得到一些无病毒茎尖。热处理之后要立即把茎尖切下来嫁接到无病的砧木上去。

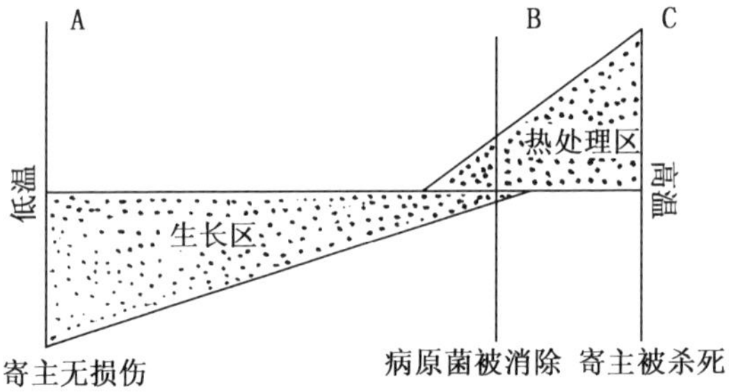

图12.1 植物生长区与热处理区关系图解。在热处理中B～C区是个关键；在寄主的热死点(C)和寄生物热死点(B)之间的距离越大，热疗法成功的机会也就越大

热处理时，最初几天空气温度应逐步增高，直到达到要求的温度为止。若钝化病毒所需要的连续高温处理会伤害寄主组织，则应当试验高低温交替的效果(见12.4.3.5节)。在热处理期间应当保持适当的湿度和光照。根据Baker和Kinnaman(1973)的建议，在对康乃馨进行脱毒热处理时，相对湿度必须保持在85%～95%之间，准备接受热处理的植株必须具有丰富的碳水化合物贮备。为达到这个目的，事前应对植物进行缩剪(pruning back)。Hollings(1965)报道，缩剪能够增加植物忍受热处理的能力。

应用热疗法消除病毒的一个主要限制在于，并非所有的病毒都对热处理敏感，例如在马铃薯中，应用这项技术只能消除卷叶病毒(Leaf roll virus)。一般来说，对于等径的和线状的病毒，以及对于已知是由类菌质体引起的病害，热处理是有效的。延长寄主植物的热处理时间，也可能会钝化植物组织中的抗性因子，因而和对照相比会降低处理效果。此外，在有些植物中，对植株进行较长时间的低温(2～4℃)处理也能消除病毒，例如通过低温处理可以由啤酒花中消除啤酒花潜伏类病毒(Adams，1996)等。

和单独采用热疗法相比，茎尖培养具有更广泛的适用性。很多不能由单独的热处理消除的病毒，可以通过茎尖培养和热处理相结合，或单独的茎尖培养而消除。因而，茎尖培养现在已成为消除病毒的一个很常用的手段。

12.4 通过茎尖培养消除病毒

12.4.1 外植体名称

在应用组织培养方法以获得无病原菌植物时，所用的外植体可以是茎尖（shoot tip, meristem tip, shoot apex），也可以是茎的顶端分生组织（apical meristem, apical dome）。在这里，顶端分生组织是指茎的最幼龄叶原基上方的一部分，最大直径约为 100 μm，最大长度约为 250 μm。茎尖则是由顶端分生组织及其下方的 1～3 个幼叶原基一起构成的（图 12.2）。虽然通过顶端分生组织培养（图 12.3）消除病毒的机会较高，但在大多数已发表的工作中，无病毒植物都是通过培养 100～1 000 μm 长的外植体得到的，即通过茎尖培养得到的。

图 12.2 马铃薯茎尖照片，上面带有 2 个叶原基（引自 Morel，1972）

12.4.2 剥取茎尖的方法

进行脱毒时，大小合乎理想的外植体实际上是太小了，很难靠肉眼进行制备，因而需要一台带有适当光源的简单的体视显微镜（8～40×）。除了在进行植物组织无菌培养时一般所需的工具（见第 1 章）外，为了进行解剖还需要一套解剖针和刀片（可用刀刃锋利的剃须刀碎片）。解剖时必须注意防止由于超净台的气流和体视显微镜上光源散发的热而使茎尖变干，因此茎尖暴露的时间应当越短越好。使用冷源灯（荧光灯）或玻璃纤维灯则更为理想。若在一个衬有无菌湿滤纸的培养皿内进行解剖，也有助于防止这类小外植体变干。

和其他类型的组织培养一样，在进行茎尖培养时，首要一步是获得表面不带病原菌的外植体。一般来说，茎尖分生组织由于有彼此重叠的叶原基的严密保护，只要仔细解剖，无须表面消毒就应当能得到无菌的外植体。消毒处理有时反会增加培养物的污染率。如果可能，应把供试植株种在无菌的盆土中，并放在温室中进行栽培。十分重要的是，在浇水时，水要直接浇在土壤上，而不要浇在叶片上。另外，最好还要给植株定期喷施内吸杀菌剂。Wang 和 Hu(1980)所用的杀菌剂混合液含有杀真菌药物苯菌灵(0.1%)和抗生素链霉素(0.1%)。使用这样一种杀菌剂混合液，对于田间种植的材料是格外重要的。对于某些田间种植的材料来说，还可以把切取的插条先在实验室中插入 Knop 溶液中令其生长。由这些插条的腋芽长成的枝条，要比由田间植株上直接取来的枝条污染问题小得多。

尽管茎尖区域是高度无菌的，在切取外植体之前一般仍须对茎芽进行表面消毒。Wang 和 Hu(1980)建议，叶片包被严紧的芽，如菊花、菠萝、姜和兰花等，只需在 75%酒精中浸蘸一下，而叶片包被松散的芽，如蒜、康乃馨和马铃薯等，则要用 0.1%次氯酸钠溶液表面消毒 10 min。对于这些消毒方法，在工作中应灵活运用，以便适应具体的实验体系。如在进行大蒜茎尖培养时，Bhojwani 等(1982)使用的方法是：先把小鳞茎在 95%酒精中浸蘸一下，再用灯火烧掉酒精，然后解剖出无菌茎芽。

在剖取茎尖时，要把茎芽置于体视显微镜下，一手用一把细镊子将其按住，另一手用解剖针将叶片和叶原基剥掉，解剖针要常常蘸入 90%酒精，并用火焰灼烧以进行消毒。为了在烧过之后重新使用之前有足够的时间冷却，至少应准备三根解剖针轮流使用，或是把针蘸入无菌蒸馏水中进行冷却，当形似一个闪亮半圆球的顶端分生组织充分暴露出来之后，用一个锋利的长柄刀片将分生组织切下来，上面可以带有叶原基，也可不带(图 12.2)，然后再用同一工具将其接种

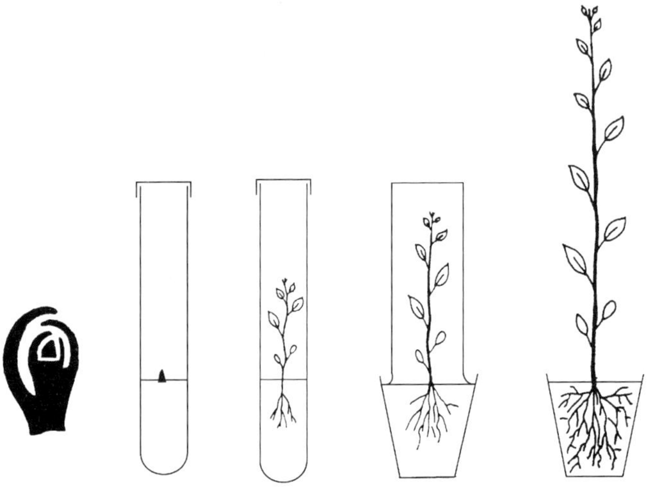

图 12.3　顶端分生组织培养示意图。左：分生组织的供体茎尖。由这个茎尖分生组织长出 1 个小植株，生根后被栽入土中(引自 Pierik，1987)

到培养基上。重要的是必须确保所切下来的茎尖外植体一定不要与芽的较老部分或体视显微镜台或持芽的镊子接触,尤其是当芽未曾进行过表面消毒时更须如此。茎尖在培养基上的方向看来关系不大。

由茎尖长出来的新枝,常常会在原来的培养基上生根,但若不能生根,则须另外采取措施(见第 13 章)。偶然情况下,如 Morel 和 Martin(1952)在大丽花中所遇到的一样,在培养中长出的新枝无论经过怎样的处理都不生根。在这种情况下,只有把脱毒的新枝嫁接到健康的砧木上,才能得到完整的无毒植株。

12.4.3 在茎尖培养中影响脱毒效果的因素

诸如培养基、外植体大小和培养条件等因子,不但会影响离体茎尖(100~1 000 μm 长)再生植株的能力,而且也会显著影响这一方法的脱毒效果。此外,在培养前或培养期间进行的热处理或冷处理,也会显著影响这一方法的效率。外植体的生理发育时期也与茎尖培养的脱毒效果有关。

12.4.3.1 培养基

通过正确选择培养基,可以显著提高获得完整植株的成功率。所应考虑的培养基的主要性质是它的营养成分、生长调节物质和物理状态。表 12.1 列出了几种用于栽培植物茎尖培养的培养基成分。不过,在很多情况下,MS 培养基对茎尖培养都是有效的。碳源一般是用蔗糖或葡萄糖,浓度范围为 2%~4%。

虽然较大的茎尖外植体(500 μm 或更长)在不含生长调节物质的培养基中也能产生一些完整的植株,但一般来说,含有少量(0.1~0.5 mg/L)的生长素或细胞分裂素或二者兼有常常是有利的。在被子植物中,茎尖分生区不是生长素的来源,不能自我提供所需的生长素。生长素可能是由第 2 对幼叶原基形成的。在洋紫苏、胡萝卜、烟草、粉蓝烟草、旱金莲以及一种百合属植物中,要能成功地培养不带任何叶原基的分生组织外植体,外源激素的存在是必不可少的。在康乃馨离体顶端分生组织培养中,则既需生长素,也需细胞分裂素。可能凡是只需生长素的植物,在其分生组织中内源细胞分裂素的水平很高。在各种不同的生长素中,应当避免使用 2,4-D,因为它通常能诱导外植体形成愈伤组织,广泛使用的生长素是 NAA 和 IAA,其中 NAA 由于比较稳定,效果更好。

GA_3 在茎尖培养中的作用,最初是由 Morel 等(1968)证实的。据他们报道,在大丽花中,加入 0.1 mg/L GA_3 能抑制愈伤组织的形成,有助于更好地生长和分化。GA_3 与 BAP 和 NAA 搭配使用,对于木薯离体茎尖(200~500 μm)形成完整植株是必不可少的。然而其他一些作者却发现,GA_3 并没有什么显著

表 12.1　几种用于栽培植物茎尖培养的培养基成分

	培　养　基(数量单位 mg/L)[①]							
成　分	a	b	c	d	e	f	g	h
NH_4NO_3	—	—	—	—	—	60	60	—
KNO_3	125	125	125	200	125	—	—	125
$(NH_4)_2SO_4$	—	—	—	—	1 000	—	—	—
KCl	—	—	—	—	1 000	80	80	—
$CaCl_2 \cdot 2H_2O$	—	500	500	—	—	—	—	—
$Ca(NO_3)_2 \cdot 4H_2O$	500	—	—	800	500	170	170	500
$MgSO_4 \cdot 7H_2O$	125	125	125	200	125	240	240	125
KH_2PO_4	125	125	125	200	125	40	40	125
$FeCl_3 \cdot 6H_2O$	—	—	—	—	1	—	—	—
柠檬酸铁	—	—	—	—	5	5	—	—
$Fe_2(SO_4)_3$	—	25	—	—	—	—	27.8	25
$Na_2 \cdot EDTA$	—	—	—	—	—	—	37.3	—
$MnSO_4 \cdot 4H_2O$	↑	0.8	↑	—	0.1	—	22.3	1
$ZnSO_4 \cdot H_2O$	↑	0.04	↑	0.2	1	0.05	8.6	0.05
$NiCl_2 \cdot 6H_2O$	↑	0.025	↑	0.3	—	—	—	0.025
$MnCl_2 \cdot H_2O$	↑	—	↑	1.8	—	0.4	—	—
$CoCl_2 \cdot 6H_2O$	(10 滴	0.025	(10 滴	—	—	—	0.025	0.025
$CuSO_4 \cdot 5H_2O$	Berthelot	0.025	Berthelot	0.08	0.03	0.05	0.025	0.025
$AlCl_3$	溶液)[②]	—	溶液)[②]	—	0.03	—	—	—

续表 12.1

成　分	培　养　基(数量单位 mg/L)①							
	a	b	c	d	e	f	g	h
$H_2MoO \cdot H_2O$②	↓	—	↓	0.02	—	0.02	—	—
$Na_2MoO_4 \cdot 2H_2O$	↓	—	↓	—	—	—	0.025	—
KI	↓	0.25	↓	—	0.01	—	0.83	0.25
H_3BO_3	↓	0.025	↓	2.8	1	0.6	6.2	0.025
肌-肌醇	0.1	0.001	0.1	—	100	0.1	0.1	—
泛酸钙	10	0.001	10	—	1	10	10	—
烟酸	1	—	1	5	1	1	1	—
盐酸吡哆醇	1	—	1	1	1	1	1	—
盐酸硫胺素	—	0.001	—	1	1	1	1	1
生物素	0.1	0.001	0.01	—	0.01	0.01	0.01	—
半胱氨酸	—	0.001	10	—	1	10	10	—
腺嘌呤	—	—	—	—	0.1	5	5	—
硫酸腺嘌呤	—	—	—	—	—	—	—	8
水解酪蛋白	—	—	1	—	—	1	1	—
蔗糖	20 000	—	20 000	30 000	20 000	—	—	—
葡萄糖	—	40 000	—	—	—	10 000	30 000	40 000

①引自：a. Morel，1948；b. Morel 和 Martin，1955；c. Kassanis，1957；d. Nielsen，1960；e. Morel 和 Muller，1964；f. Mori，1971；g. Wang 和 Huang，1975；h. Baker 和 Kinnaman，1973；

②Berthelot 溶液含(mg/L)：$MnSO_4$(2 000)，$NiSO_4$(60)，TiO_2(40)，$CoSO_4$(60)，$ZnSO_4$(100)，$CuSO_4$(50)，$BeSO_4$(100)，H_3BO_3(50)，$Fe_2(SO_4)_3$(5 000)，KI(50)，H_2SO_4(比重 1.83)(1 mL)。

的作用,在高浓度时甚至有抑制效应。

虽然在茎尖培养中,既试用过液体培养基,也试用过半固体培养基,但是由于操作方便,一般都更愿使用琼脂培养基。不过,在琼脂培养基能诱导外植体愈伤化的情况下,最好还是使用液体培养基。在进行液体培养时,须制作一个滤纸桥,把桥的两臂浸入试管内的培养基中,桥面悬于培养基上,外植体放在桥面上(见实验 17/图 1)。

12.4.3.2 外植体大小

在最适培养条件下,外植体的大小可以决定茎尖的存活率。外植体越大,产生再生植株的机会也就越多,在木薯中,只有 200 μm 长的外植体能够形成完整的植株,再小的茎尖或是形成愈伤组织,或是只能长根。小外植体可能也不利于茎的生根。然而,不应当离开脱毒效率(它与外植体的大小呈负相关)单独看待外植体的存活率,因此,外植体应小到足以能根除病毒,大到足以能发育成一个完整的植株。现将在几种植物脱毒培养中茎尖外植体的适宜大小列于表 12.2。

表 12.2 在一些植物脱毒培养中茎尖外植体的适宜大小

植物	病毒	茎尖大小(mm)	植物	病毒	茎尖大小(mm)
甘薯	斑纹花叶病毒	1.0~2.0	康乃馨	花叶病毒	0.2~0.8
	缩叶花叶病毒	1.0~2.0	百合	各种花叶病毒	0.2~1.0
	羽毛状花叶病毒	0.3~1.0	鸢尾	花叶病毒	0.2~0.5
马铃薯	马铃薯 Y 病毒	1.0~3.0	大蒜	花叶病毒	0.3~1.0
	马铃薯 X 病毒	0.2~0.5	矮牵牛	烟草花叶病毒	0.1~0.3
	马铃薯卷叶病毒	1.0~3.0	菊花	花叶病毒	0.2~1.0
	马铃薯 G 病毒	0.2~0.3	草莓	各种病毒	0.2~1.0
	马铃薯 S 病毒	0.2 以下	甘蔗	花叶病毒	0.7~3.0
大丽花	花叶病毒	0.6~1.0	春山芥	芜菁花叶病毒	0.5

引自裘文达,1986。

除了外植体的大小之外,叶原基的存在与否也影响分生组织形成植株的能力。在甘薯中,为了既能取得适当的成苗率,又能脱除大多数病毒,应选取带有 2~3 个叶原基的茎尖做外植体(表 12.3)。在马铃薯中,则以带有 1~2 个叶原基的茎尖培养后脱毒效果较好(表 12.4)。Shabde 和 Murashige(1977)以及 Smith 和 Murashige(1970)在若干种植物中,虽然证实了不带叶原基的离体顶端分生组织有可能进行无限生长,并发育成完整的植株,但他们认为,叶原基能向分生组织提供生长和分化所必需的生长素和细胞分裂素。在含有必要的生长调节物质的培养基中,离体顶端分生组织能在组织重建过程中迅速形成双极性轴。根的形成出现于叶原基分化之前,根的发育是轴向的,而不是侧向的(图12.4)。一旦根-茎之间的轴建立起来以后,进一步的发育将与种子苗发育的方式相同。虽然培养不带叶原基的顶端分生组织是可能的,但对于脱毒来说,看来并不实际可行。正如 Murashige(1980)所说的,"如果培养方法得当,用较大的茎尖做外植体,其消除病毒的效果并不一定比只用分生组织差"。

表 12.3 叶原基数目对甘薯茎尖培养成苗率的影响

茎尖大小(mm)	叶原基数	接种茎尖数	成苗率(%)
0.12	1	50	17
0.25	2	50	63
0.45	3	50	89
0.65	4	50	100

引自胡琳,2000。

表 12.4 离体茎尖大小和叶原基数对马铃薯脱毒效果的影响

茎尖大小(mm)	叶原基数	再生株数	脱 PVX 的株数
0.12	1	50	24(48.0%)
0.27	2	42	18(42.9%)
0.60	4	64	0(0)

引自 Millor 等,1972。

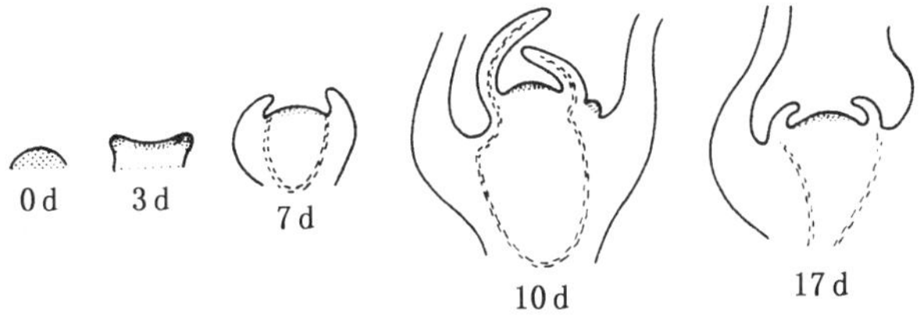

图 12.4 在康乃馨离体顶端分生组织培养中植株发育过程示意图。培养基为 MS 补加激动素和 IAA。所示的时期为开始培养后 0~17 d。在开始培养后 7 d 之内根和茎轴形成,10 d 后出现叶片(引自 Shabde 和 Murashige,1977)

12.4.3.3 培养条件

在茎尖培养中,照光培养的效果通常都比暗培养好。在多花黑麦草中 Dale(1980)观察到,照光(6 000 lx)培养中的茎尖有 59%能再生植株,而暗培养中的只有 34%。在马铃薯中建立茎尖培养物的最适光照强度是 100 lx,但 4 周后应增加到 200 lx。当茎已长到 1 cm 高时，光照强度还应进一步增加到 4 000 lx。在进行天竺葵茎尖培养的时候，需要有一个完全黑暗的时期，这可能有助于充分减少多酚物质的抑制作用。

关于在离体茎尖培养中温度对植株再生的效应，现在还没有什么资料，培养物通常都是放在标准的培养室温度下：25℃±2℃。

12.4.3.4 外植体的生理状态

茎尖最好要由活跃生长的芽上切取。在康乃馨和菊花中，培养顶芽茎尖比培养腋芽茎尖效果好。但在草莓中 Boxus 等(1977)没有看到这种差别。即使在腋芽比顶芽表现较差的情况下，为了增加脱毒植株的总数也还是要采用腋芽，这是因为腋芽在每个枝条上有好几个，而顶芽只有一个。

取芽的时间也是个重要因素，这对于表现周期性生长习性的树木来说更是如此。在温带树种中，植株的生长只限于短暂的春季，此后很长时间茎尖处于休眠状态，直到低温或光打破休眠为止。在这种情况下，茎尖培养应在春季进行，而若要在休眠期进行，则必须采用某种适当的处理。Boxus 和 Quoirin(1974)指出，在李属植物中，取芽之前必须把枝条保存在 4℃下近 6 个月之久。

茎尖培养的效率除取决于外植体的存活率和枝条的发育程度以外，还取决于枝条的生根能力及其脱毒程度。在康乃馨中，虽然冬季培养的茎尖产生的枝条最易生根，但夏季得到无毒植株的频率最高。在所研究过的大多数马铃薯品种中，在春季和初夏采集的茎尖比在较晚季节采集的容易生根。

12.4.3.5 热疗法和冷疗法

尽管顶端分生组织常常不带病毒，但不能把它看成一种普遍现象。现有足够证据表明，某些病毒实际上也能侵染正在生长中的茎尖的分生区域。Hollings 和 Stone(1964)证实，在康乃馨茎尖 100 μm 长的顶端部分，有 33%带有康乃馨斑驳病毒(Carnation mottle virus)。在菊花中，由 300～600 μm 长茎尖的愈伤组织形成的全部植株都带有病毒。已知能侵染茎尖分生区域的其他病毒有 TMV、马铃薯 X 病毒以及黄瓜花叶病毒(CMV)。在这种情况下，若把茎尖培养与热疗法结合起来，也有可能获得脱毒植株。热处理可在切取茎尖之前在母株上进行，也可在茎尖培养期间进行。应用前一个方法还另有一个优点，即由受热处理之后的母体植株上，可以切取较大的外植体进行培养，因而可以增加能够存活并发育成无病毒植株的茎尖的百分数。据 Mullin 等(1974)报道，在草莓中，将热处理(36℃，6 周)与茎尖培养结合起来，比单独茎尖培养对于消除温性黄边病菌(Mild yellow edge strain)更有效。在大多数草莓品种中,热处理还能提高植株的生长速率。

马铃薯S病毒(PVS)和马铃薯X病毒(PVX)是两种常见的马铃薯病毒,单独通过热疗法或单独通过茎尖培养都不容易消除。然而,通过培养经过热处理的植株上的茎尖,已在几个马铃薯品种中消除了这2种非常稳定的病毒。Stace-Smith和Mellor(1968)发现,PVS比PVX更难消除。当茎尖外植体是取自只受过短时间热处理的植株,或是未受过热处理的植株时,外植体的大小对于实验的成败非常关键;但对于受过较长时间热疗的植株来说,情况就不是这样。在马铃薯品种"白玫瑰"中,不带PVX病毒的外植体的频率,在8周热处理后为50%,18周热处理后上升到几乎100%。但在最好的条件下,不带PVS病毒的植株也只能有15%。

Mellor等(1970)的研究表明,要消除马铃薯纺锤块茎病毒(PSTV),在茎尖培养之前要连续进行2个周期的热处理。第一个周期之后,由茎尖培养得到66个再生植株,其中62个带有严重的PSTV感染。对其余4株(只有轻微感染)再进行热处理,由它们的茎尖获得了248个再生植株,其中有6株完全不带PSTV。

对于热处理时间的长短应当慎重决定。高温处理时间太长,可能对植物组织造成不良影响。据Hakkaart和Quak(1964)报道,在菊花中,热处理时间由10 d增加到30 d,可使无毒植株百分数由9%增加到90%。处理40 d或更长并不能再增加无毒植株的百分数,却会显著减少能形成植株的茎尖的总数。有迹象表明,高温处理除可消除病毒之外,也能钝化寄主组织中的抗病毒因子。

如果连续进行高温处理会引起受处理寄主组织的损伤,可以试用昼夜或隔日高低温交替处理。Hamid和Locke(1961)为消除马铃薯芽眼中的马铃薯卷叶病毒,使用的方法是40℃(4 h)+6~20℃(20 h)两种温度的交替处理。若用40℃高温连续处理会杀死芽眼。为了钝化黄花烟草中的CMV而又不致严重伤害寄主植株,最适合的交替处理方案是每天40℃(16 h)+22℃(8 h);或是40℃,2 d/35℃,2 d。繁缕(*Stellaria media*)是一个耐低温的物种,钝化其中CMV所要求的温度与黄花烟草相同,虽然后者是一个耐高温的物种。

用低温处理脱毒的方法叫做冷疗法。菊花植株在5℃下经过4个月冷处理后进行茎尖培养,在离体形成的植株中有67%脱除了菊花矮化病毒(CSV),22%脱除了菊花褪绿斑驳病毒(CCMV);若把冷处理的时间延长到7个半月,脱除这2种病毒的株数分别增加到73%和49%。只进行茎尖培养而未予冷处理的植株则没有这种脱毒效果。

12.4.3.6 化学疗法

虽然对于感染病毒的整体植株来说，目前还缺乏有效的治疗药物，但是通过在培养基中加入某些化学试剂，却有可能抑制植物组织和原生质体中的病毒。例如加在培养基中的一种核苷类似物三氮唑核苷（ribavirin 或 virazole）能有效消除马铃薯叶肉原生质体再生植株中的 PVX 病毒（Shepard，1977），以及各种类型离体培养组织中的 CMV 病毒和苜蓿花叶病毒（Pierik，1989）。另一种核苷类似物 vidarbine 则有效地脱除了经过组织培养的苹果中的一种病毒。此外，RNA 合成抑制剂放线菌酮和放线菌素 D 也能抑制原生质体中病毒的复制。至于先前曾报道过的抗代谢物孔雀绿、硫尿嘧啶和乙酰水杨酸等，对于消除茎尖培养再生植株中的病毒作用有限或是没有作用。

12.5 消除病毒的其他离体培养方法

12.5.1 愈伤组织培养脱毒

在由受感染的组织形成的愈伤组织中，并非所有的细胞都均匀一致地带有该种病原菌。在用机械方法由受 TMV 侵染的烟草愈伤组织分离出来的单个细胞中，只有 40％带有这种病毒。由受侵染的愈伤组织中能再生出很多不含有 TMV 的植株，这一事实也证明了愈伤组织中的某些细胞实际上是不含病毒的。由若干种其他植物的茎尖愈伤组织中也已经再生出无病毒植株。在受病毒全面侵染的愈伤组织中，某些细胞所以不带病毒，可能是由于：①病毒的复制速度赶不上细胞的增殖速度；②有些细胞通过突变获得了抗病毒的特性。抗病毒侵染的细胞甚至可能与敏感型细胞一起存在于母体组织中。Murakishi 和 Carlson（1976）利用病毒在烟草叶片中分布不均匀的特性，曾经获得了不带 TMV 的植株。在一个受到 TMV 侵染的叶片中，暗绿色的组织或者是不含病毒的，或者是病毒的浓度很低。由这些组织中切取直径 1 mm 的外植体进行培养，在再生植株中有 50％是无毒的。

据 Wang 和 Huang（1975）报道，在马铃薯茎尖愈伤组织再生植株中，不含 PVX 植株的频率（46％）比由茎尖直接产生的植株中的频率要高得多。不过，在考虑采用愈伤组织培养消除病毒的时候，不能忽略培养细胞在遗传上的不稳定性，以及某些农作物还不能由愈伤组织再生植株。

12.5.2 微型嫁接脱毒

在有些植物中，特别是在多年生木本植物中，茎尖培养很难成苗，或者即使成苗，也往往难于生根。在这种情况下，就需要另辟蹊径，通过微型嫁接以获得完整的脱毒植株。微型嫁接方法源于 Morel 和 Martin(1952)早年在大丽花上的工作，是组织培养方法与传统嫁接方法相结合用以获得无毒苗木的一种技术。用作微型嫁接的砧木通常是试管内培育的无菌实生苗，接穗则是由成年无病毒植株的枝条上采集的茎尖，或是由经过热处理的植株上采集的茎尖，以及脱毒试管苗的茎尖等。嫁接后在培养基上培养，直到接口愈合形成完整植株。Murashige 等(1972)最早获得了微型嫁接的成功。稍后，Navarro 等(1975)通过微型嫁接获得了脱毒柑橘的完整试管苗。现在，微型嫁接已成为获得无病毒柑橘的最有效的方法。此外，在杏、桃等果树、葡萄、桉树和山茶等植物中，微型嫁接对于消除病毒也是非常有效的。

12.5.3 花药培养脱毒

花药培养的初衷本是获得单倍体，但大泽胜次等(1974)在草莓中发现，由花药培养可以产生脱毒植株。后来的很多研究证实了这项发现，并且表明，草莓花药经愈伤组织培养产生的再生植株不仅脱毒率可高达 85%以上，而且其中有 95%以上都是能开花结果的二倍体。因此，这项技术现已被广泛用于草莓无毒苗的生产。

12.5.4 珠心胚培养脱毒

柑橘类植物中有不少多胚品种，一颗种子内除一个合子胚外，还有数个至数十个由珠心细胞形成的无性胚，称做珠心胚。珠心胚具有 3 个特征：①它与合子胚不同，不是受精的产物，而是由体细胞产生的，因此具有和母体相同的遗传组成；②与合子胚一样，在珠心胚和植株之间无维管组织连系，因此即使母体植株感染了病毒，珠心胚也是无毒的；③在自然条件下，珠心胚一般都不能发育成熟，只有适时从种子中剥离出来，接种在人工培养基上，珠心胚才能长成植株，而这些植株应当是不带病毒的母体无性系。

由以上介绍可以想见，珠心胚培养应是获得柑橘脱毒苗的一条有效途径。然而，由于珠心胚经历了返幼过程，由它长成的植株会出现各种童期性状，长势过旺，结实太迟，加之还会出现多刺等一些野生性状，从而使这种方法的利用受到了限制，现在珠心胚培养主要用于无毒砧木的培育。

12.6 脱毒效果的检测

应当认识到，尽管我们在切取茎尖时十分当心，并且对它们进行了各种有利于消除病毒的处理，也只有一部分培养物能够产生无病毒植株。因此，对于每一个由茎尖或愈伤组织产生的植株，在把它们用做母株以生产无病毒原种之前，必须针对特定的病毒进行检验。在通过培养产生的植物中，很多病毒具有一个延迟的复苏期。因此在头 18 个月必须对植株进行若干次检验。只有那些始终表现负结果的个体，才能说是已经通过了对某种或某些特定病毒的检验，可以在生产上推广使用。由于经过病毒检验的植株仍有可能重新感染，因而在繁殖过程的各个阶段还须进行重复的检验。脱毒效果检测方法有以下几种：

12.6.1 直观检测法

直观检测法是根据植株茎叶是否表现某种病毒特有的可见症状来确定脱毒效果，这种方法虽然简便，但由于有些病毒在寄主植物上并不表现明显的可见症状，或是只有经过相当长时间才表现可见症状，因此还有必要寻求更灵敏可靠的检测方法。

12.6.2 指示植物检测法

指示植物又称鉴别寄主，指的是对某种或某些特定病毒非常敏感，而且症状表现十分明显的植物。表 12.5 列出了几种马铃薯病毒的指示植物。

表 12.5 几种马铃薯病毒的指示植物及其感病症状

病毒种类	指示植物	症状
马铃薯 X 病毒(PVX)	千日红，曼陀罗，辣椒，番茄，心叶烟	脉间花叶
马铃薯 S 病毒(PVS)	苋色藜，千日红，光曼陀罗，昆诺阿藜	叶脉深陷粗缩
马铃薯 Y 病毒(PVY)	野生马铃薯，洋酸菜，曼陀罗	轻微花叶或粗缩，敏感品种坏死
马铃薯卷叶病毒(PLRV)	洋酸菜	感染初期叶尖浅黄白色，有些品种紫色或红色

资料引自潘瑞炽，2000。

针对病毒侵染途径的不同，指示植物法可分为汁液感染法和嫁接检测法两种：

12.6.2.1 汁液感染法

由受检植株上取下叶片，置于等容积的缓冲液(0.1 mol/L 磷酸钠)中，用研钵和研杆将叶片研碎。然后在指示植物的叶片上撒上少许600号金刚砂，用受检植物的叶汁轻轻涂于其上。适当用力摩擦，以使指示植物叶表面细胞受到侵染，但又不要损伤叶片。大约5 min后，用水轻轻洗去接种叶片上的残余汁液。把接过种的指示植物放在一间温室或防蚜罩内，株间以及与其他植物间都要隔开一定距离。取决于病毒的性质和汁液中病毒的数量，大概需要6～8 d或是几周，指示植物即可表现症状。

12.6.2.2 嫁接检测法

有些植物病毒，如草莓黄化病毒和丛枝病毒等，不是通过汁液传染的，而是通过某种蚜虫传播的，在这种情况下，则须将脱毒培养后的芽嫁接到指示植物上，根据指示植物的症状表现，判断是否脱除了病毒。

12.6.3 抗血清检测法

植物病毒是一种由核酸和蛋白质组成的抗原。当把经过纯化的某种已知病毒注射到脊椎动物(通常是兔)体内后，就会产生一种相应的抗体。抗体主要存在于血清中，含有抗体的血清称为抗血清。注射到动物体内的病毒不同，所产生的抗血清也不同。抗原和抗体之间能发生高度专一性的免疫反应，借助这种反应，就可用已知病毒的抗血清鉴定未知病毒的种类。其方法之一是：将待测植株的一滴汁液加到几种不同的抗血清中，在哪一种抗血清中出现沉淀，就证明该植株带有哪一种病毒。这个过程在很短时间内即可完成。因此，病毒的抗血清鉴定法既灵敏又快捷，是目前常用的一种病毒检测方法。

12.6.4 酶联免疫吸附法

酶联免疫吸附法(enzyme linked immunosorbent assay，ELISA)是把抗原-抗体的免疫反应与酶的催化反应相互结合而发展起来的一种综合性技术，它的灵敏度高，特异性强，特别是当寄主体内病毒浓度很低或同时存在病毒钝化物或抑制剂时，它的优势尤为明显，因而是近年来病毒检测方法中发展最快、应用最广的一种方法。

酶联免疫吸附法的原理是：利用以酶标记的特异抗体来指示抗原-抗体的结合，从而检出样品中的抗原。具体操作程序是：将待检植物汁液(抗原)注入酶联板(聚苯乙烯多孔微量反应板)中,使抗原吸附于它的孔壁,然后加入以酶标记的特异抗体,待抗原与抗体充分反应后,洗去未与抗原结合的多余酶标记抗体,于是在固相载体酶联板表面就只留下以酶标记的抗原-抗体复合物。这时加入酶的无色底物,复合物上的酶催化底物降解,生成有色产物。这一结果可用肉眼识别,也可用分光光度计对底物的降解量进行测定。

12.6.5 电子显微镜检测法

利用电镜直接观察脱毒培养后的植物材料,确定其中是否存在病毒颗粒,以及它们的大小、形状和结构。这种方法对于检测潜伏病毒非常有用,只是所需的设备昂贵,技术复杂,不易在一般苗圃中推广。

检验脱毒效果的方法除以上介绍的5种外,还有免疫吸附电镜法(ISEM)、电泳检测法、点免疫结合测试法(DIBA),以及分子生物学鉴定法(如双链RNA法和RT-PCR法)等。但在所有这些方法中,指示植物法是一种基本方法,其他各种方法通常都要与指示植物法同时并用,而不是完全取代指示植物法。当然,对于不表现可见症状的潜伏病毒来说,则必须采用其他方法进行鉴定。

12.7 无毒原种的保存

如前所述,无毒植株并不具有额外的抗病性,它们有可能很快又被重新感染。为了解决这个问题,应将无毒原种种在温室或防虫罩内灭过菌的土壤中。在大规模繁殖这些植物的时候,应把它们种在田间的隔离区内,其中应很少有或完全没有重新感染的机会。另外一种更容易也是更便宜的方法,是把由茎尖得到的并已经过脱毒检验的植物通过离体培养进行繁殖(见第13章)和保存(见第14章)。

虽然由茎尖培养得到的植株一般很少或没有遗传变异,但最好还是要检查一下这些脱毒植株是否仍保持了原来的种性。据报道,在苹果和大黄中,经过脱毒之后曾出现了轻微的生理变异。

12.8 脱毒植株的应用

在研究特定病毒对寄主植物的影响时,无毒植株是非常有用的实验材料。更重要的是,主要是通过茎尖培养所得到的无毒植株的发育情况表明,很多病毒能在寄主植物中造成生活力、品质和产量的严重损失。通过把已知病毒引入无毒植株，并比较同一个无性系的感病株和无毒株的表现，可以对病毒造成的产量损失做出更精确的估计。

通过茎尖培养的方法，Stone(1973)由一个品种的水仙中获得了一个无阿拉伯花叶病毒和水仙退化病毒的无性系。这种无毒鳞茎比普通原种长得快，生活力强，比受侵染的植株花大，颜色丰富，每个茎的花多。大黄脱毒后叶柄产量增加了60%～90%。天竺葵的很多品种带有不表现症状的病毒。据报道，由其茎尖培养产生的植株比未受过处理的植株生活力强，产生插条的数目多20%～30%，而且这些插条很容易生根。

12.9 病毒以外病原菌的离体消除方法

迄今为止，茎尖培养和愈伤组织培养主要用于消除病毒，但有些证据表明，也可通过培养消除其他病原菌如类菌质体、细菌和真菌。Jacoli(1978)指出，胡萝卜外植体经过反复转管后，其中感染的星黄菌(类菌质体状小体)逐渐退化并在80 d内消失。培养的植物组织内带有的细菌和真菌，由于在培养基上增殖很快，在一般情况下很容易表现出来。通过茎尖培养已经在花叶万年青和天竺葵中消除了这类周身侵染的细菌。在康乃馨中已经消除了由蔷薇镰孢霉(*Fusarium roseus*)引起的茎腐病。

12.10 通过茎尖培养消除病毒的注意事项

要想得到和繁殖一个品种的脱毒植株，首先必须了解有关该种植物的一些背景知识，特别是可能周身侵染该种植物的病原菌以及这种植物的繁殖方法等。然后应当检查实验植物是否携带所疑有的病原菌，并确定茎尖外植体的适当大小，能导致生长最快和最有可能消除病毒的培养条件。最后要反复检查茎尖产生的植株是否还带着疑有的病原菌，并在能杜绝任何再侵染可能性的条件下，繁殖那些确已脱毒的植株。

12.11 结束语

现在，植物组织离体培养，特别是茎尖培养，已成为一种公认的有效技术，运用这种技术，就有可能消除存在于植物组织内的病原菌，从而获得不带病原菌的植株。这项技术所能带来的好处已受到园艺生产者的重视。一方面它可导致农作物产量的增加和品质的改善;另一方面,它能促进植物活体材料的进口和出口。随着越来越多的国家规定只能进口经过检验证明的无病植物,这后一种应用途径将会变得日益重要。

虽然通过茎尖培养消除病原菌看来只是一项简单的技术,但它的全部操作涉及到无病原菌植物的生产、繁殖和保存(图 12.5),因此除了组织培养技术之外,还要对植物病理学、温室栽培学等具有良好的知识。

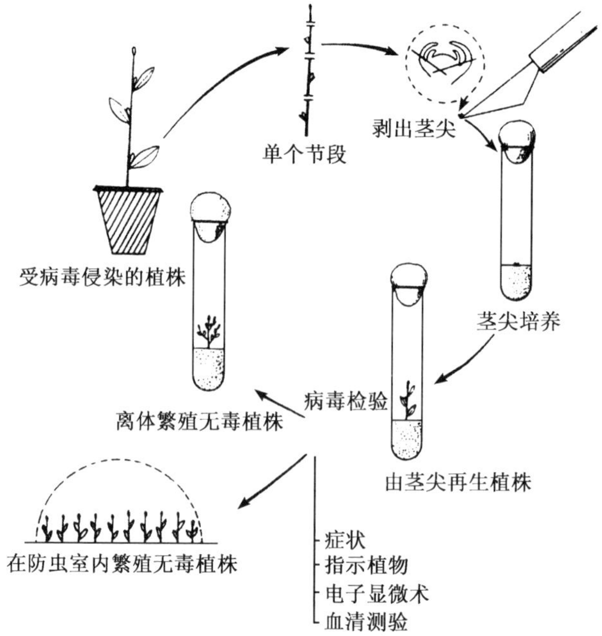

图 12.5 通过茎尖培养生产无病毒植株程序总结图解

脱毒带来的好处可能被寄主植物对于致病性更强的病毒或真菌感病性的增加部分地抵消。病毒交叉保护现象(一种病毒的存在可使寄主植物有能力抵抗另一种病毒)现在已受到广泛的注意,Jones 和 Mullin(1974)发现,不含 PVX 的马铃薯块茎在地上部分收割之后,若留在土中 2～3 周,对镰孢菌干腐病的敏感性比相应的受 PVX 侵染的块茎更强。在日本,用通过茎尖培养得到的脱毒原种取代了受 PVX 侵染的马铃薯品种后,造成了花叶病的严重泛滥。现在,日本科学家正在考虑选择一个虽有轻度感染力,但交叉保护能力十分显著的 PVX 株系,以用它来重新接种这种脱毒马铃薯原种。感病性增加的原因可能是在消除了病毒之后,寄主植株的营养和生理状态发生了改变。

13 离体无性繁殖方法

13.1 引言

由于大多数果树和观赏植物都是高度杂合的，因此它们的种子后代不可能与原种完全相同。只有由无性繁殖产生的植株，在遗传上才能与其亲本植物完全相同，从而可使品种的特性代代相传。一个品种通过无性繁殖可产生在遗传上等同的多个拷贝，其中由一个个体通过无性繁殖产生的一个群体称为一个无性系(克隆)。在自然界中，无性繁殖的途径有二，一是无融合生殖，即不经过减数分裂和受精而形成种子；二是营养繁殖，即由母株的营养体部分再生出新的植株。

无融合生殖只发生在少数几个物种，因此，园艺家一直采用营养繁殖的方法对入选品种进行无性繁殖。有些栽培植物，例如香蕉、葡萄、无花果、矮牵牛和菊花等的某些品种，很少产生或不产生有生活力的种子，所以营养繁殖是唯一的繁殖方法。和有性生殖相比，营养繁殖的其他优点是：①在种子休眠期很长的植物中，营养繁殖可能比种子繁殖速度快；②在某些品种的实生苗中，常会出现一个没有实效的幼年期，而在用营养繁殖方法由成年材料产生的植株中，不存在这样的幼年期。

作为植物营养繁殖的一个新手段，组织培养技术现正日益普及。这种通过无菌方法进行的无性繁殖(现在通称为"快繁")和常规方法相比最显著的优点是：它可以用较短的时间和较少的空间，由一个个体开始产生大量的植株。对于兰科植物来说，快繁是唯一有效的进行大规模无性繁殖的方法。在第 13.5 节中，将详细讨论这种离体无性繁殖方法的优点。

兰花离体无性繁殖的成功，引起了人们对于用组织培养方法进行无性繁殖的普遍兴趣。在这方面荣誉应归于 G. Morel。出于对这段历史的兴趣，以及兰花离体生长和繁殖的方式与其他植物颇有不同，我们在讲述离体培养的一般技术之前，在这里先介绍一下兰花的快繁技术。

13.2 兰花的繁殖

栽培兰花是十分复杂的杂种。有些兰花结合了 3～4 个不同属的染色体组，

例如 *Sophrolaeliocattleya* 是一个三属杂种，其中涉及了 *Sophronitis*，*Laelia* 和 *Cattleya*。对这类植物进行常规无性繁殖的唯一方法是分株法。这个方法速度极慢，充其量每年只能使株数增加 1 倍。此外，分株法只适用于合轴兰花的无性繁殖，单轴兰花不能形成侧芽。因此，兰花种植者曾经长期采用种子繁殖法，结果在后代中出现高度异质性，造成很大经济损失。

1960 年，Morel 提出了一个离体无性繁殖兰花的方法，繁殖系数极高。他发现，当把兰花（*Cymbidium*）离体茎尖进行培养时，它们不是长成带叶的枝条，而是形成一个扁球状体，基部着生假根（图 13.1A）。这些结构后来被称为原球茎（protocorm），它们在形态上与种子萌发时由胚形成的原球茎相似。在茎尖培养中，这种原球茎起源于叶片的表皮或下表皮细胞。某些原球茎还能进行增殖，形成原球茎丛，其中最多可包含十几个原球茎。Morel 把每个原球茎切成 3～6 块，接种在新配制的 Knudson C 培养基上，由于其表面细胞的活动（原球茎的内层组织不具备再生新原球茎的潜力），每一块又形成若干新的原球茎（图 13.1B 和图 13.2）。在不到 1 个月的时间内，由一个切块最多能产生 12 个原球茎。这种增殖原球茎的过程可以无限反复进行。如果停止切割，每个原球茎就能在原来的培养基上长成 1 个完整的小植株（图 13.1C 及图 13.2）。总起来算，若由每一个茎芽在大约 2 个月的时间内形成 3～5 个原球茎，把每一个原球茎切成 4～6 块，其中每一块在 1 个月内又产生 3～5 个原球茎，以这样一种繁殖速度，由一个不到 1 mm 长的茎尖开始，在一年中可以产生几百万个植株。

由于 Morel 建立的方法有巨大的实用价值，很快就被兰花的生产经营者所采纳。现在，组织培养已经成为兰花无性繁殖最常用的方法，快繁技术正在以商业规模用于合轴兰花及单轴兰花的繁殖。现在各种具有重要经济价值的兰花，除兜兰（*Paphiopedilum*）之外，已都能在离体条件下进行无性繁殖。若干研究者也曾试图对兜兰进行快繁，但在这种兰花中，迄今还不能诱导形成原球茎。

兰花（*Cymbidium*）和其他合轴兰花的组织培养物，一般都是由从顶芽或腋芽切割下来的茎尖建立起来的。茎尖外植体的大小，可以决定它是形成原球茎还是长成植株。一般来说，小于 1.5 cm 的茎尖能产生原球茎，而较大的外植体则会发育成一个植株，虽然较小的茎尖可能需要 2～4 个月才能形成第一个原球茎，不过我们不用因此而灰心，因为原球茎的进一步增殖是相当快的。商品生产上是使用 5～10 mm 长的茎尖进行培养。

在单轴兰花（如万带兰、蝴蝶兰）中，打掉顶芽就意味着牺牲入选的植株，因此要用带有营养芽的花梗节段进行培养。即使在合轴兰花中，这类气生外植体也有其优越性：①方法比较简单；②培养物的污染率低；③能形成原球茎的培养物的百分数高。

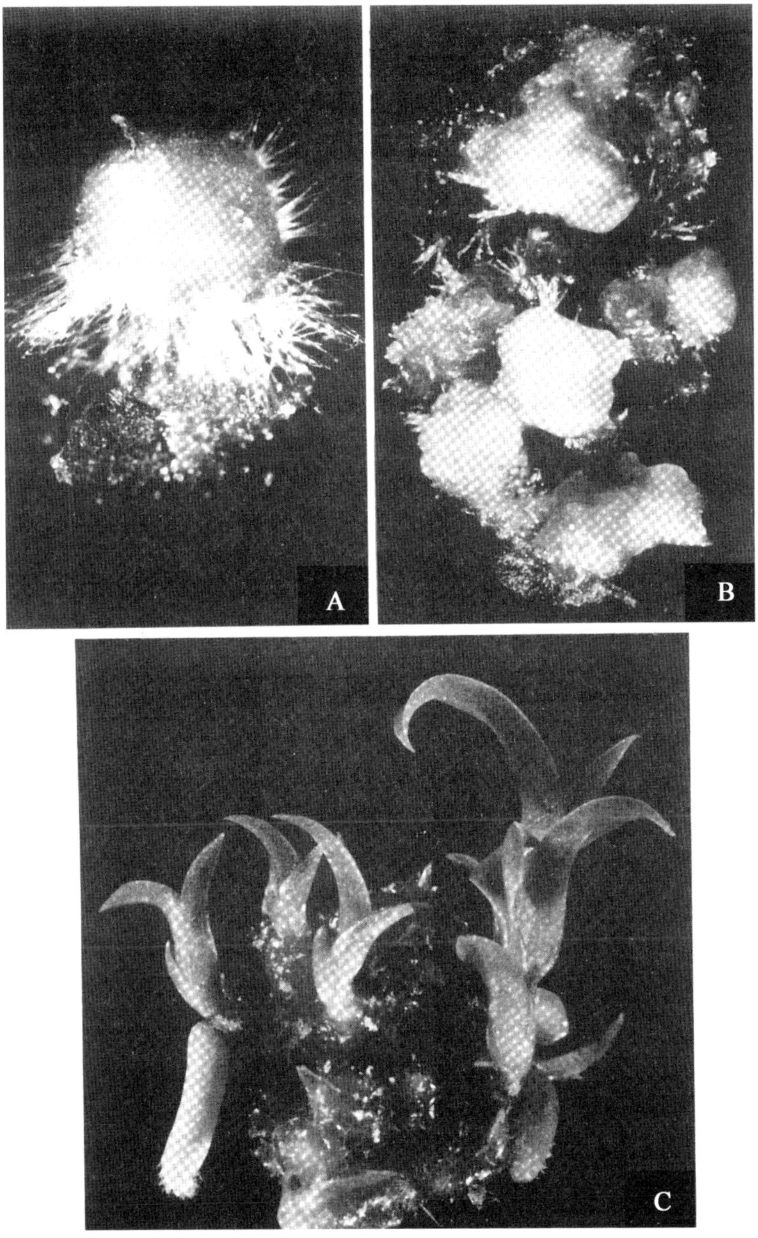

图 13.1 兰花的离体无性繁殖技术。A 及 C，兰花(*Cymbidium*)；B，卡特兰(*Cattleya*)
A. 由一个离体茎尖产生的带有假根的原球茎的放大观；B. 在培养中由一个茎尖形成的一群原球茎；C. 由离体形成的原球茎分化出带叶的茎

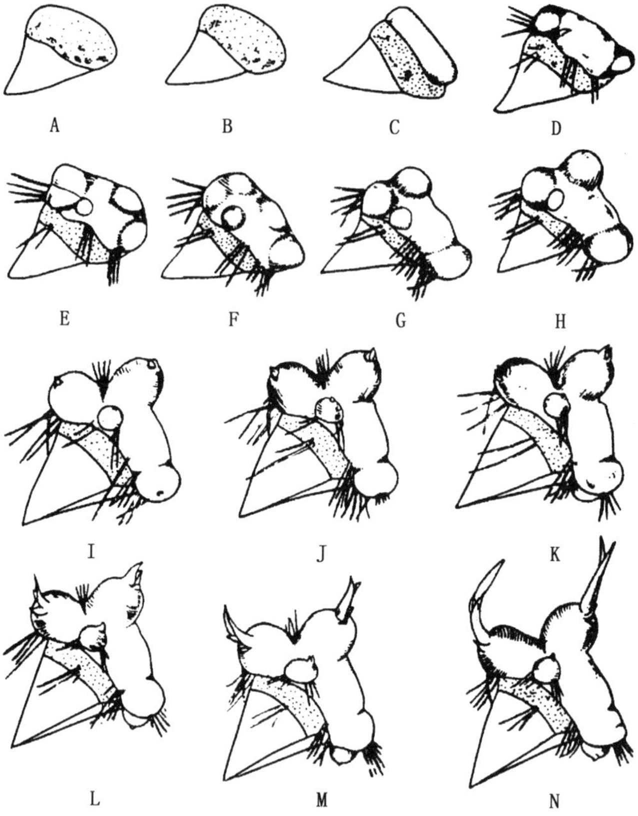

图 13.2 由兰花(*Cymbidium*)原球茎的一个切块(A)再生出若干个原球茎(B～H),随后又形成了茎(I～N)(模式图,引自 Morel,1972)

兰花快繁的效果除与培养基成分有关外,还受培养基物理状态的影响。在万带兰(*Vanda*)的培养中,据报道液体培养基的效果比半固体培养基好。在半固体培养基上,只有 8%的外植体能够增殖,而在液体培养基中有 30%。在液体培养中,培养基的振荡可促使新形成的原球茎彼此分离,因而在每次继代时,就无须再用手工切割那些成丛生长的原球茎。

13.3 离体无性繁殖的一般方法

离体无性繁殖是一个相当复杂的过程,包括好几个步骤或阶段。Murashige(1978)提出,可以把商业上进行无性繁殖的整个过程分为 4 个不同的阶段,各阶段的主要任务是:阶段Ⅰ,无菌培养物的建立;阶段Ⅱ,茎芽的增殖;阶段Ⅲ,离体形成的枝条的生根;阶段Ⅳ,植株的移栽。以上4个阶段中前3个都是在无菌条件下进行的,第4个则是在温室环境中完成的。后来,Debergh和Maene(1981)建议,在阶段Ⅰ之前再加上一个阶段0,其间要把供体植株在仔细监控的环境条件下栽种至少3个月,保持较低的环境湿度,用软管或滴灌法灌溉,并且要采取措施减少供体植株的表面污染和内生菌污染。现将这5个阶段的主要任务列于表13.1。

表13.1 离体无性繁殖的5个主要阶段

阶段	主要任务
0	选择供体植株,并为它们创造有利于启动离体培养的环境条件
Ⅰ	建立无菌培养(主要步骤:外植体的采集,表面灭菌、接种在培养基上,所用培养基的组成通常与阶段Ⅱ相同)
Ⅱ	采用一定的培养基促成茎芽的增殖或体细胞胚的快速形成
Ⅲ	离体再生茎芽的生根或体细胞胚的萌发
Ⅳ	将生根试管苗经炼苗后栽入灭过菌的土壤中(少数情况下再生植株可越过阶段Ⅲ在试管外生根)

13.3.1 培养物的建立

13.3.1.1 外植体

在一定程度上,用于离体繁殖的外植体的性质,是由所要采用的茎芽繁殖方法决定的(见第13.3.2节)。例如,为了增加腋芽生枝的数目,就应当使用带有营养芽的外植体。为了由受感染的个体生产脱毒植株,就必须使用不足1 mm长的茎尖做外植体(第12章)。不过,倘若母株是无毒的,或是不需要脱毒,最适用的外植体则是带节的插条。这是因为,小的茎尖外植体不但存活率不高,初期生长很慢,而且还潜伏着使某些由病毒造成的特殊园艺性状消失的危险,如天竺葵品种"鳄鱼"的透明叶脉就属于这种性状(图13.3)。

根据一般经验,茎尖以下的较老节段对于杀菌剂毒性的忍耐力比顶端要强得多,不过,Miller和Murashige(1976)在铁树和龙血树的培养中使用的是顶芽,这是因为侧芽不能产生可供再培养的枝条。在花椰菜的无性繁殖中,Crisp和Walkey(1974)使用了尚未展开的花序的切段,它们含有大量的分生组织,这些分生组织在培养中能回复为营养芽,并形成带叶片的枝条。在对根状茎植物如草莓等进行离体无性繁殖时,通常是使用匍匐枝的茎尖。

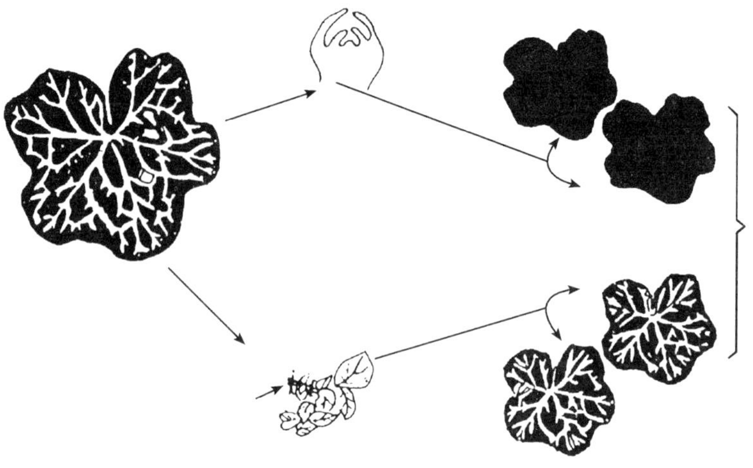

图 13.3 天竺葵品种“鳄鱼”的茎尖培养(上)和叶柄培养(下)。其中的透明叶脉是由一种病毒或类病毒体造成的。注意:透明叶脉能通过叶柄培养而传递,但不能通过茎尖培养而传递(引自 Cassells 等,1980)

在切取外植体的当时供体植株的生理状态,对于芽的反应能力有明显的影响。在生长季开始时由活跃生长的枝条上切取的外植体,通常能产生最好的效果。若把供体植株种在温室或生长箱中,使它们保持在连续进行营养生长所需的光照和温度条件下,有可能把茎芽对培养反应的季节性波动减少到最低限度。

对于需要低温、高温或特殊的光周期才能打破休眠的鳞茎、球茎、块茎和其他器官,应当在取芽之前进行必要的处理。由经过 11℃冷处理 6～8 周的水仙鳞茎上切取的茎尖,比由未经处理的鳞茎上切取的茎尖在离体培养中生长快,存活率高。

在通过形成不定芽进行快繁的时候,无论是否要经历愈伤组织阶段,都可用根段、茎段、珠心、叶片或花瓣等已分化组织做外植体。对于用做外植体源的器官的选择,是由其天然形成不定芽的能力决定的。在单子叶植物中,叶和鳞片的分生组织处在近基部一端,在那里它们与基板(basal plate)连在一起。若以叶片基部和鳞片基部做外植体,其中必然包含有一小段基板。

在愈伤组织培养中,正确选择外植体对茎芽的分化也起很大作用。在柠檬桉中,只有起源于木质块茎(lignotuber)的愈伤组织才能分化茎芽,由茎或根形成的愈伤组织没有这种能力。同样,在咖啡中,茎芽和小植株的分化只发生在直生枝条(orthotrophic shoots)节段的培养物中。

13.3.1.2　消毒

一般来说，第 1.3.2 节和第 12.4.2 节中所介绍的植物组织和器官无菌培养的标准方法，应当足以保证培养物的无菌性。在对优良树种进行无性繁殖的时候，通常必须由生长在田间的材料上切取外植体，因此需要特别当心。在这种情况下，理想的办法是先由入选的植株上切取插条，然后把它们种在温室中。对于插枝难于生根的物种，应把树上正在生长着的枝条松松地套在一个聚乙烯袋中，此后长出的新枝，由于不带风媒污染物，即可用来进行培养。或者是把由田间采回来的枝条在室内遮光水培，进行黄化预处理，然后，消毒接种。在准备外植体的时候，弃去植物材料的表面组织，也能减少由于微生物污染给培养带来的损失。在顶端茎段和整芽的培养中，污染的机会很多，而若在去掉几层老叶之后切取 0.5～1 mm 的茎尖进行培养，污染的机会就少得多。对于包在很多成熟叶片中的茎尖或是鳞茎中央的鳞片来说，只要把芽或鳞茎用 70%酒精擦拭消毒，并小心地剥掉外层结构，解剖出来即是无菌的。用自来水把植物材料冲洗 20～30 min，可以显著减少微生物区系的群体数量。

13.3.2　茎芽增殖的 4 种途径

茎芽增殖是快繁的关键时期，快繁的失败多数都是在这个时期发生的。概括地说，茎芽的离体增殖，除了兰花所特有的原球茎途径之外，有以下 4 个途径。

13.3.2.1　通过愈伤组织

利用植物细胞在培养中无限增殖的可能性以及它们的全能性，可以对若干种植物类型进行快速繁殖。由这些植物的器官或组织诱导形成的愈伤组织，通过器官发生(第 3 章)或体细胞胚胎发生(第 4 章)都有可能分化出植株。在能够适用的情况下，这常常是进行植物繁殖的最快的方法，因而也是克隆植物物种的一种潜在的方法。不过，这种方法也有若干缺点，因此在对一个品种进行无性繁殖的时候，如果可能，应当避免使用这种方法。用愈伤组织培养进行植物繁殖时遇到的最严重问题，是细胞在遗传上的不稳定性(见第 15 章)。例如，当通过细胞和愈伤组织培养繁殖石刁柏时，所得到的植株表现多倍性和非整倍性，而由茎芽培养所得到的植株都是二倍体的。用愈伤组织培养进行植物繁殖的另一个缺点是，随着继代保存时间的增加，愈伤组织最初表现的植株再生能力可能逐渐下降，最后甚至完全丧失(见第 4 章)。不过，对于某些重要的物种如柑橘、咖啡、小苍兰和棕榈来说，这是目前进行离体营养繁殖的唯一方法。

13.3.2.2 不定芽形成

凡是在叶腋或茎尖以外任何其他地方所形成的芽统称为不定芽。严格地说，由愈伤组织分化形成的茎芽也应当视为不定芽。然而在本章中，不定芽这个术语的应用只局限于由一个植物器官或其一个节段直接起源的芽，其间不插入愈伤组织时期。

若干种植物在活体的情况下即能由不同的器官产生不定芽：根（福禄考属植物、苹果的某些无性系、悬钩子属植物），鳞茎（风信子——基部受伤以后）和叶（秋海棠、天竺葵等）。Broertjes 等（1968）曾列出了 350 个物种，它们的叶片都能产生不定芽。在很多栽培植物中，通过由根（黑莓、木莓）或叶（秋海棠、青锁龙、草胡椒等）形成不定芽进行营养繁殖是一个标准的园艺方法。然而在培养的条件下，这些植物产生不定芽的频率可以显著提高。例如在秋海棠中，一般情况下芽只是沿着切口形成，但在含有 BAP 的培养基中，形成的芽如此之多，以致整个外植体表面都被芽所覆盖。据 Takayama 和 Misawa（1982）报道，在用离体方法大量繁殖一种秋海棠杂种时，由幼叶的一个 7 mm×7 mm 切段在一年中产生了 10^{14} 个植株。捕虫堇（*Pinguicula moranensis*）在正常情况下也是通过叶段繁殖的。用传统的方法，每个叶片只能产生一个植株，但通过培养，产生植株的数目增加了 15 倍。这种离体无性繁殖方法的另一个优点是，小到 20～50 mg 重的外植体在培养中也能产生不定芽，而在天然情况下则不能成活。

通过培养基中适当配比的激素的影响，就是那些在正常情况下不能进行营养繁殖的植物，如芸苔属植物、除虫菊、亚麻以及番茄等，也能由叶段和茎段上长出不定芽来。

某些蕨类植物在离体条件下产生不定芽的能力十分惊人。例如，若把骨碎补（*Davallia*）和鹿角蕨（*Platycerium*）放在无菌搅拌器中粉碎之后，由它们的组织碎片就能够产生大量的新植株。

很多有特化贮藏器官的单子叶植物也具有强大的产生不定芽的能力。据报道，当培养在无激素培养基上时，由风信子和虎眼万年青的几乎每一种器官，都能长出很多不定芽来。

Sheridan（1975）报道了通过愈伤组织培养繁殖麝香百合的方法，并指出这些愈伤组织细胞在细胞学上是稳定的，因此当时对于用这种方法进行百合属植物的无性繁殖并没有什么犹豫。但后来知道，这些细胞核型的稳定并不持久，因此通过愈伤组织对百合品种进行营养繁殖是不安全的。Hackett（1969）和 Gupta 等(1978)介绍了一种由百合鳞片切段直接形成不定小鳞茎的离体培养方法(图 13.4)。若是培养整个鳞片,15 d 之内由其中约能形成 10 个小鳞茎;但若是培养鳞片的小切段,由每个鳞片所能产生的小鳞茎数目显著增加。据 Gupta 等(1978)报道,在 30～45 d 内,在由一个鳞片的基部一半切割成的 6 个切段中,平均每个切段能产生 18 个小鳞茎,因此,从一个鳞片可以产生 100 多个小鳞茎。鳞茎的外层鳞片再生能力最强,内部各鳞片再生能力递减。

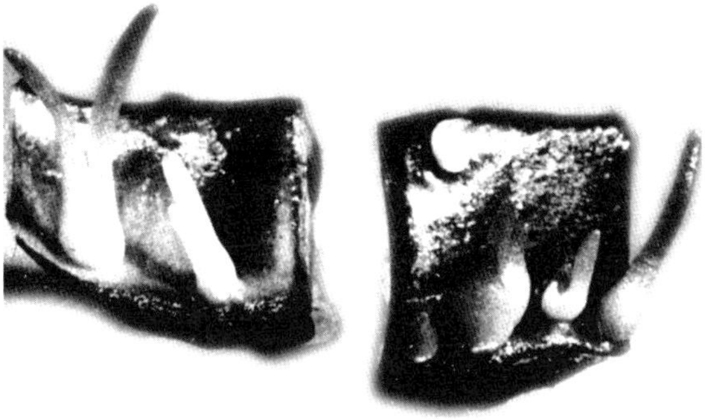

图 13.4　百合鳞茎的鳞片在培养中形成不定小鳞茎

在水仙属植物活体营养繁殖中,最为有效的方法莫过于双生鳞片法,但这实际上是一个极慢的方法:由 1 个繁殖体(其中包含 1～2 个连在一片基板上的鳞片)只能产生 1～2 个小鳞茎。而类似的外植体若是培养在含有 4～12 mg/L BAP 和 1～2 mg/L NAA 的培养基上时,则可产生 20 个或更多的小鳞茎。

对于植物的无性繁殖而言,由离体器官直接形成不定芽,肯定比通过愈伤组织更好。常常是,在愈伤组织产生细胞学异常植株的情况下,不定芽却形成了彼此一致的二倍体个体。然而,这并不意味着不定芽总是与原种相同。当把通过不定芽进行营养繁殖的方法,用在一个具有遗传嵌合性的品种上时,会产生一个严重的问题:不定芽的形成会招致嵌合体裂解从而出现纯型植株的风险。例如,由疏果后苹果树节间区域通过不定芽产生的某些植株,在生长习性、结果特性以及果实颜色等方面与其亲本无性系不同,原因据认为是由于某些苹果无性系具有复杂的嵌合性。花斑叶天竺葵品种 Mme Salleron 也是一个嵌合体,不经愈伤组织由叶柄节段直接形成的不定芽长成植株后或是绿的,或是白的,从不表现嵌合性。与此相反,所有由茎尖培养产生的植株都表现典型的花斑性状(图 13.5)。

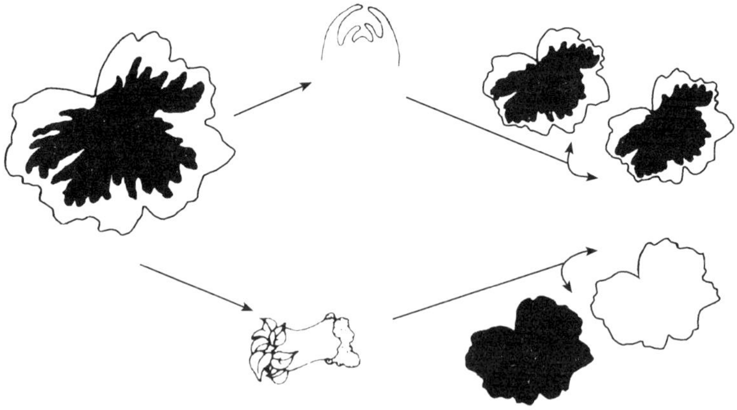

图 13.5 花斑叶天竺葵品种 Mme Salleron 的茎尖培养(上)和叶柄节段培养(下)。嵌合性保存在分生组织培养中,但在叶柄培养中嵌合性解体

13.3.2.3 增强腋芽生枝能力

腋芽存在于每个叶片的叶腋中,每个腋芽都有发育成一个枝条的潜力。在自然情况下,取决于植株的生长类型,这些腋芽可以在长短不同的时间内保持休眠。在具有很强顶端优势的物种中,要刺激顶芽下面的一个腋芽长成枝条,必须打掉或伤害顶芽。这种顶端优势现象是由几种生长调节物质的互作控制的。在腋芽上施用细胞分裂素可以克服顶端优势效应,并在顶芽存在的情况下刺激侧芽生长,但这种效应只是暂时的,当这种外源生长调节物质减少时,侧芽即停止生长。

传统的通过插条进行营养繁殖的方法,是利用在不存在顶芽的情况下,腋芽具有取代主茎功能的能力。但一年中由一个植株上所能得到的插条数目极为有限,原因是自然界营养生长有季节性,而为了能从中长成一个植株,最小的插条也须有 25～30 cm 长。

当把小枝条放在一种含有适当种类和适当浓度细胞分裂素的培养基(生长素或有或无)上培养时,则可增强腋芽生枝能力,使枝条的繁殖系数显著提高。由于能连续得到细胞分裂素,原来存在于外植体(节段或茎尖)上的芽所形成的枝条就会长出腋芽,这些腋芽又可以提前直接发育成枝条。这个过程可以重复发生若干次,结果原来的外植体就变成了一丛新枝,其中既有二级枝条,也有三级枝条,等等(图 13.6)。在一次培养中,枝条的增殖数目虽然有限,之后腋芽生枝活动就停止了,不过,此时若把这些小枝条切下来,放在成分相同的新鲜培养基上,枝条的增殖又可重复发生。这个过程能够无限继续,周年保持。无论是对

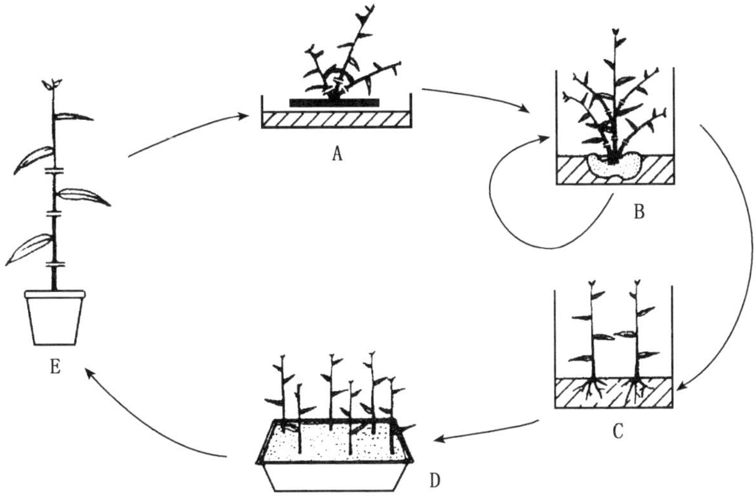

图 13.6 通过促进腋芽生枝进行快繁的各步骤模式图

由亲本植株(E)上切取单个带节茎段,表面消毒后置于培养基上。在含有适当激素的培养基上,腋芽发育成一个或一个以上的枝条(A);把其中每个枝条切下来转到新鲜的培养基中,经过3～6周,每个枝条又长成若干新枝条(B)。再把每个枝条切下来,用相同方法进行繁殖,这一过程可无限重复(B);在产生了数目足够的枝条以后,留下一部分继续进行繁殖,其余的即可转到生根培养基中(C);长出良好的根系以后,把小植株移栽到渗水性能良好的土壤中(D);在最初10～15 d内要保持高湿

于莲座叶丛型植物,还是对于茎干伸长型植物,采用这种繁殖方法都可以取得令人满意的效果(图13.7)。例如,在草莓中,通过这个方法每2周可增殖10倍。按照Boxus(1974)的估计,由一个草莓母株开始,在一年内可以得到几百万(15^6～25^6)个植株。对于其他植物来说,每月5倍的繁殖系数是相当常见的。

13.3.2.4 单节茎段扦插

在某些植物中,通过调节培养基中的激素组成还不能使腋芽由顶端优势下解放出来,原来存在于外植体上的芽只能长成一个不分枝的茎。在这种情况下,则须将待繁殖的枝条剪成单节茎段,接种在培养基上,过一定时间成苗后,再将它剪成单节茎段,经继代培养后又可成苗。采用这种方法,枝条的繁殖系数取决于每个培养周期之末,由茎上所能切取的单节茎段的数目。在果树中,单节茎段扦插是一种最常用的离体快繁手段,繁殖系数有可能达到每6周3～4倍(图13.8)。

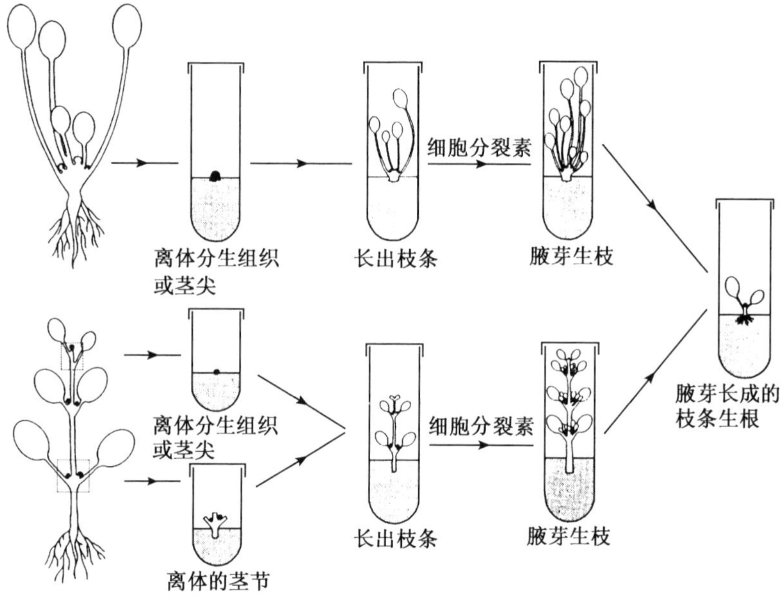

图 13.7 在不同生长类型植物中腋芽生枝快繁方法模式图

上行:莲座叶丛型植物;下行:茎干伸长型植物(引自 Pierik,1987)

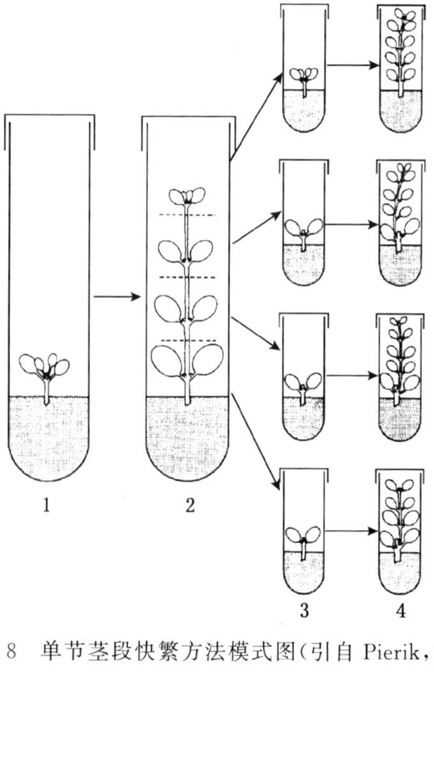

图 13.8 单节茎段快繁方法模式图(引自 Pierik,1987)

用促进腋芽生枝和单节茎段扦插的办法进行快繁,比用其他两种方法在开始时速度较慢。但每经历一个培养周期,枝条的数目都以几何级数增加,在一年之内就会达到天文数字。在栽培植物的无性繁殖中,这一方法的应用日益普遍,这是因为茎尖细胞都是二倍体,在培养的条件下不易发生基因型的变化。此外,在不定芽形成和愈伤组织方法中,茎芽须重新形成,而很多重要栽培植物并不具备这种可能性。在不定芽发育过程中,嵌合体的裂解是很常见的,而在茎芽培养中,嵌合体可无限期保持下去(图 13.5)。

凡是能形成休眠器官的植物,应使其在培养中形成休眠器官。这是因为休眠的块茎、小球茎、根茎或小鳞茎,比脆弱的植株在移栽和运输时容易对付。不过在某些情况下,为了打破休眠可能需要对它们进行低温或激素处理。

13.3.3 影响茎芽增殖的因素

13.3.3.1 基本培养基

对很多栽培植物来说,MS(1962)培养基的无机盐可以产生令人满意的结果(见附录 13.1)。同一种培养基常常既可用于培养的起始,也可用于茎芽的增殖。不过对有些植物来说,MS 培养基中的无机盐水平或者有毒或者太高。例如乌饭树的茎芽在一种只含 1/4 强度 MS 无机盐的培养基中就能长得很好,无机盐水平再高或是有毒或是并没什么好效果。捕虫堇的叶片外植体甚至在半强度 MS 培养基无机盐中就会死亡。因此对捕虫堇进行快繁时,盐的浓度必须减少到 1/5。与此相似,费约果的茎芽在含盐量低的 Knop 培养基中,比在 MS 培养基中存活率和繁殖系数都要高得多。由此可见,倘若一个物种在 MS 培养基标准配方的情况下不能存活,则应试验减少培养基中的盐浓度,对于多数物种的快繁来说,MS 培养基中的有机成分都是适当的。

由于半固体培养基容易使用和保存,快繁所用的培养基通常都用 0.6%~0.8%的琼脂固化。不过在有些植物中,使用液体培养基对于组织的存活可能是个关键。例如,在卡特兰和大多数凤梨科植物中,只有在液体培养基中才能把培养建立起来。在大瓶草(*Cephalotus follicularis*)中,液体培养基的效果与半固体培养基相同,有时甚至更好。应用液体振荡培养的一个特殊优点是茎芽一边增殖一边彼此离散,不必像使用固体培养基那样必须人工把成簇的茎芽切开。

13.3.3.2 植物激素

Skoog 和 Miller(1957)所提出来的一般概念,即植物的器官分化是受两类激素(生长素和细胞分裂素)的互作控制的,是一个普遍适用的概念,当为一种新的植物类型研配新的培养基时,应作为一个指导原则。按照这个假说,器官分化的性质是由这两种激素的相对浓度决定的。当细胞分裂素对生长素的比率较高时,可促进茎芽的形成;当生长素对细胞分裂素的比率较高时,有利于根的分化。但这并不意味着为了促进不定芽形成或腋芽生枝,必须把这两种激素都包括在培养基中。对外源激素的要求取决于在该植物系统中内源激素的水平,而内源激素的水平随组织、植物类型和植物的生长时期而变化。因此,为了进行茎芽的增殖,培养基中并不一定非加生长素不可,在若干情况下,单独一种细胞分裂素即足以很好地促成茎芽的增殖。关于在愈伤组织培养物中对器官发生和体细胞胚胎发生的激素控制问题,已分别在第3章和第4章进行过讨论。

在接手一种新的植物材料时,为了取得最高但又安全的繁殖效率,需要通过一系列的实验确定它们对细胞分裂素和生长素在种类和数量上的要求。在离体繁殖中可以使用各种细胞分裂素,不过对现有文献的广泛比较表明,BAP是最有用和最可靠的(也是最便宜的)细胞分裂素,其次是KT和2iP,因而在建立一个新的培养系统时,首先应当试验BAP的效果。玉米素因为太贵,一般不愿使用。细胞分裂素的使用浓度通常为0.1~10 mg/L。

在各种生长素中,IAA最不稳定,因此在培养基中最好使用合成生长素如NAA或IBA。由于2,4-D很容易引起愈伤组织的形成,因此当要通过腋芽生枝或不定芽发育进行离体繁殖时,应当避免使用2,4-D。不过对于体细胞胚胎发生来说,2,4-D是最重要的生长素(见第4章)。生长素的用量范围一般是0.1~1 mg/L。

在诱导不定芽时,通常采用细胞分裂素浓度高于生长素浓度的配比,但在有些实验中也采用二者浓度比值接近于1的配比。较高水平的细胞分裂素有利于诱导不定芽的形成,但是细胞分裂素浓度的增加也可能引起形态上的异常,如在秋海棠中出现畸形叶。

在采用促进腋芽生枝方式进行离体繁殖时,培养基中除须加入较高浓度(1~10 mg/L)的细胞分裂素外,还经常加入低浓度的生长素,少数情况下还加入低浓度GA_3,以促进腋芽生长,形成丛芽。

用于单芽茎段增殖的培养基可不加细胞分裂素或只加低浓度(0.1 mg/L以下)细胞分裂素,但一般须加入适量生长素以促进芽的生长。

做为一个实例,表13.2列出了在通过不同途径进行菊花离体繁殖时所用培养基中的激素组成。

表 13.2 菊花快繁所用培养基的激素组成

外植体	培养基成分(mg/L)	增殖途径
茎段	MS+KT(1～2)+IAA(0.3～3)	不定芽
带节茎段	MS+BAP(1～2)+NAA(0.2～0.5)	腋芽生枝(丛生芽)
单芽茎段	MS+NAA(0.1～0.5)	单芽茎段扦插
叶片	MS+BA(2)+NAA(0.2)	愈伤组织

摘引自王清连(2002)。

13.3.3.3 光照和温度

在离体条件下生长的幼枝尽管是绿色的，但它们并不靠光合作用制造食物。它们是异养型的，所有的有机营养和无机营养皆来自培养基，光的作用只是满足某些形态发生过程的需要，因此 1 000～5 000 lx 的光强即已足够。据 Murashige(1974)报道，在大丁草属和很多其他草本植物中，茎芽增殖所需的适宜光照强度是 1 000 lx，但 300 lx 即可满足基本要求，3 000 lx 或更高的光强表现严重的抑制作用。在低光强下幼茎较绿较高。光周期严格地说也是不重要的。每天 16 h 光照/8 h 黑暗交替照明，即可产生令人满意的效果。

培养室的温度一般恒定在 25℃左右。在水仙叶片基部组织培养中，Seabrook 和 Cumming(1982)曾试验过不同温度条件对幼茎和小鳞茎形成的影响，结果发现，在 25℃恒温下能长出更多的茎芽。

13.3.4 离体形成的枝条的生根

除了体细胞胚带有原先形成的胚根，可以直接发育成小植株外，在有细胞分裂素存在的情况下，由不定芽和腋芽长成的枝条一般都没有根。诱导无根苗生根的方法有以下 2 种：

13.3.4.1 试管内生根

把大约 1 cm 长的小枝条逐个剪下，转插到生根培养基中。如果茎芽增殖是在全强度 MS 培养基上进行的，生根培养基中盐的浓度应减少到 1/2 或 1/4。此外，对于大多数物种来说，诱导生根需要有适当的生长素，其中最常用的是 NAA 和 IBA，浓度一般为 0.1～10.0 mg/L，但唐菖蒲、水仙和草莓等例外，它们的枝条很容易在无激素培养基上生根。

如果有些植物的无根茎段在上述生根培养基中仍不能生根，则可尝试把它们的下端浸在高浓度生长素溶液中若干时间(由几秒到几小时)之后，再插于无激素培养基中。例如朱登云等(1997)把杜仲无根胚乳苗切口一端在 300 mg/L 的 ABT 生根粉溶液中浸泡 3～5 s 后,再插入 1/4 强度无激素 MS 培养基中,取得了很好的生根效果。

另外,如果在诱导生根之前将离体繁殖的试管苗多次继代,在一些木本植物中会出现返幼效果(见第 13.4.1 节),生根能力显著增强。黄丽春在杜仲上,常永健在苹果上,都曾发现这种现象(表 13.3)。

表 13.3 继代次数对苹果离体生根能力的影响

品种	生根能力	继代次数				
		3	6	10	16	20
长富 2	生根率(%)	0	28.2	80.0	98.2	97.8
	平均生根数	0	1.8	3.9	7.1	7.6
新红星	生根率(%)	0	10.8	28.3	62.2	59.8
	平均生根数	0	1.3	2.1	2.9	3.4

摘引自常永健(1991)。

离体培养中的生根期也是前移栽期。因此,在这个时期必须使植物做好顺利通过移栽关的各种准备。在生根培养基中减少蔗糖浓度(如减到大约 1%)和增加光照强度(如增至 3 000～10 000 lx),能刺激小植株使之产生通过光合作用制造食物的能力,以便由异养型过渡到自养型。较强的光照也能促进根的发育,并使植株变得坚韧,从而对干燥和病害有较强的忍耐力。虽然在高光强下植株生长迟缓并轻微退绿,但当移入土中之后,这样的植株比在低光强下形成的又高又绿的植株容易成活。

枝条在离体条件下生根所需的时间由 10 d 到 15 d 不等。经验表明,根长 5 mm 左右时移栽最为方便,更长的根在移栽时易断,因此会降低植株的成活率。

13.3.4.2 试管外生根

在有些植物中,可以把在离体条件下形成的枝条当做微插条处理,使它们在土中生根。在这种情况下,须把插条的基部切口先用标准的生根粉或混在滑石粉中的 IBA 处理,然后再把它们插在花盆中;在另外一些植物如月季中,则可先在试管内诱导枝条形成根原基,然后再移栽土中,遮荫保湿,待其生根。离体条件下长成的杜鹃花的枝条在试管内外都能很好生根。一种银花球属植物长 1 cm 的枝条在非无菌条件下能 100%生根。越橘在离体条件下长成的枝条在试管外比试管内根长得更好。除此之外,在苹果、猕猴桃、葡萄和毛白杨等的离体繁殖中,试管外生根方法也已取得成功。在可能的情况下,试管外生根由于减少了一个无菌操作步骤，因而可降低成本。

13.3.5 无根苗的嫁接

当试管内难于诱导枝条生根，或在市场拒绝自根苗的情况下，嫁接就成了完成离体快繁最后一步的必然选择。嫁接又可分为试管内嫁接和试管外嫁接两种情况：

试管内嫁接又叫微体嫁接，即以试管苗的 0.1～0.2 mm 长的茎尖为接穗，以在试管内预先培养出来的带根无菌苗为砧木，在无菌条件下借助体视显微镜进行嫁接，之后继续在试管内培养，愈合后成为完整植株再移入土中。这种嫁接方法技术难度高，不太容易掌握，但在苹果和柑橘脱毒苗生产中，已取得了一定进展。

试管外嫁接方法在三倍体无籽西瓜试管苗生产中应用较早，当把上述试管苗嫁接到瓠子上后，在温度为 25～30℃，相对湿度基本饱和的条件下，3 d 后伤口长出愈伤组织，1 周后成活并长出新叶。苹果苗试管外嫁接的主要环节是：选取苗高 2 cm，茎粗 0.1～0.2 cm 的试管苗为接穗，在室温下锻炼 1～2 d 后，劈接或皮接于大树新梢上，3 周后愈合（杨玉梅，1986）。

13.3.6 壮苗、炼苗和移栽

移栽是离体快繁全过程中的最后一个环节，看似简单，实则充满风险，若盲目为之，轻则大量死苗，重则前功尽弃，因此对这项工作的艰巨性绝不能掉以轻心。为了保障万无一失，我们首先需要对试管苗的特点有所了解。试管苗生长在恒温、高湿、弱光、无菌和有完全营养供应的特殊条件下，虽有叶绿素，但营异养生活，因此在形态解剖和生理特性上都有很大脆弱性，例如水分输导系统存在障碍，叶面无角质层或蜡质层，气孔开张过大且不具备关闭功能等。这样的试管苗若未经充分锻炼，一旦被移出试管，投入到一个变温、低湿、强光、有菌和缺少完全营养供应的条件下，必定要被剧变的环境所吞噬，很快失水萎蔫，最后死亡。因此，为了确保移栽成功，在移栽之前必须先要培育壮苗和开瓶炼苗。

壮苗是移栽成活的首要条件，但培育壮苗的方法则因材料和情况的不同而异，不过在培养基中加入一定数量的生长延缓剂如多效唑（PP_{333}），B_9 或矮壮素（CCC）等，在很多种植物中都是培育壮苗的一项有效措施，例如李明军等（1995，1997）在培养基中加入 2～4 mg/L PP_{333} 后，玉米试管苗茎高降低，茎粗加大，根数增多，叶色浓绿，移栽后成活率比对照大幅度提高。在水稻、小麦、怀地黄和怀山药中，PP_{333} 也表现了类似的效果。此外，中国农业大学利用高糖（蔗糖 9%）

和高生长素(IAA 10 mg/L)的 N_6 培养基(高温灭菌)在小麦及小麦远缘杂种试管苗中也取得了很好的壮苗效果,经数日炼苗后移栽成活率高达 100%。壮苗之后则须开瓶炼苗降低瓶中湿度,增强光照强度,以便促使叶表面逐渐形成角质,促使气孔逐渐建立开闭机制,促使叶片逐渐启动光合功能等。炼苗的具体措施则因苗的种类不同而异,有些单子叶草本植物,只要苗壮,炼苗方法十分简单:拿掉封口塑料膜,在培养基表面加上薄薄一层自来水,置于散射光下 3～5 d 即可。有些植物如霞草和刺槐试管苗极易萎蔫,封口膜在炼苗开始时只能半开,且要求炼苗环境有较高的相对湿度。喜光植物如枣和刺槐等可在全光下炼苗,耐阴植物如玉簪和白鹤芋等则须在较荫蔽的地方炼苗,萱草、月季、福禄考、油茶等可在 50%～70%的遮阳网下炼苗(李云,2001)。

移栽时先要轻轻地但彻底地洗掉沾在根上的琼脂培养基,以免栽后发霉。要选用排水性和透气性良好的移栽介质,例如蛭石、河沙、珍珠岩、草炭和腐植土等,栽苗之前须用 0.3%～0.5%高锰酸钾进行土壤消毒。移栽后,最初 10～15 d 要通过喷雾或罩上透明塑料膜以保持很高的湿度(90%～100%),这对移栽的成功是非常重要的。在塑料罩上可打些小孔,以利气体交换。在移栽时把小植株的一部分叶片剪掉也可能是有益的。在保湿数天之后,可把植株搬入温室,但仍须遮荫数日。总之,移栽苗成活的必要条件是:空气湿度高,土壤通气好,太阳勿直照。移栽后要完成上述各个步骤可能须花费 4～6 周的时间,此后即可让这些植物在正常的温室或田间条件下生长。

凡是能形成休眠器官的植物,应使其在培养中形成休眠器官。

13.4 木本植物的离体无性繁殖

对于木本植物来说,在成熟之前很难对它们性状的优劣进行评价。但在某些物种中,待植株达到这一生长期时,其营养繁殖即使不是不可能也是非常困难的。在这种情况下,离体无性繁殖方法就具有很大价值。

虽然在很多物种中都已建立了离体无性繁殖的有效办法,但成功主要限于那些插条易于生根的物种(如杨和柳)。大多数蔷薇科果树以及很多造林树种,如杨树、桉树和火炬松等,对离体无性繁殖的反应也十分理想,对这些植物现在已经建立了进行快繁的实用方法。不过,在一些难于用传统方法进行无性繁殖的植物,如费约果(Feijoa)、核果类树种、松树和很多种棕榈中,快繁还没有取得多大成功。虽然这些物种的胚或幼苗外植体在培养中生长很好,能进行茎芽增殖和长成完整植株,但由优良树种的组织或器官通常都不能得到令人满意的结果。在这方面快繁柠檬桉、檀香、柚木、油棕榈和椰枣成年植株的成功是非常令人鼓舞的。只是其中多数情况下,快繁过程都经历了一个愈伤组织阶段。

难于生根物种的幼龄外植体能在培养中进行繁殖的事实表明,如果通过根出条、萌条或激素处理可以诱导它们长出嫩枝,就应当有可能用离体方法繁殖它们的优良个体。经过一系列继代培养之后,茎在某种程度上也可发生返幼现象。例如以柠檬桉的成熟材料为外植体时,在茎芽离体繁殖的头 2 个周期中形成的枝条难以生根,但在第 3 次继代之后却可诱导生根。在费约果中,由具有 4 年树龄的个体上切取的末梢或亚末梢插条很少生根,但由同一棵树的带节插条离体形成的枝条,在非无菌条件下几乎 100%生根。关于对优良树种进行离体无性繁殖的某些问题将在下面讨论。

13.4.1 外植体生理年龄对离体无性繁殖效果的影响

除非目的在于消除病毒,否则最好是用带节茎段来建立培养物。不过在取材时应当充分理解,树木的生命周期较长,其个体发育过程须经历 2 个阶段:幼年期和成年期。这 2 个阶段在生物体上留下的烙印是,同一树上的不同部位生理年龄不同:离树干基部的距离越远,即越是新近长出来的枝条,生理年龄越老,而靠近树干基部的先前长出来的枝干,它们经历的岁月虽多,却表现明显的幼态(图 13.9)。成年期的枝条扦插不易生根,它们的芽和分生组织在离体培养中也是反应很差,或者不能成活。因此,在取材之前,最好先通过修剪、截干或平茬和以实生苗作砧木反复嫁接等方法,促使它们产生根蘖或不定芽,以便获得返幼的材料用于培养。

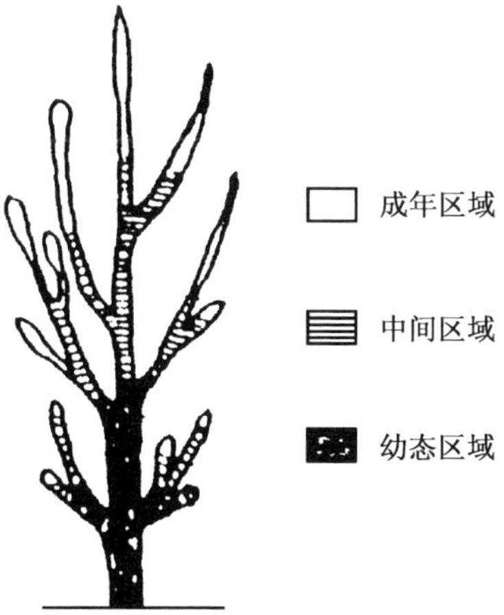

图 13.9 树木幼态梯度模式图(引自 Leopold,1975)

13.4.2 亲体组织对外植体培养效果的影响

在带节茎段培养中,微插条的亲体组织对于芽的存活和生长起着重要作用。如果不带亲体组织直接接种茎尖和嫩枝时,往往会落叶甚至死亡,但如果接种带芽的茎段,经继代后再逐渐切除亲体组织,则会得到较好的结果。费约果 4 年树龄个体的带节茎段在培养中很多腋芽都能萌动。这些在离体条件下长成的幼枝在试管外能够生根,并以很高的频率长成完整的植株。如果在剪割侧枝时将其基部节完整不动地留在亲体插条上,后者就能产生更多的茎芽。然而,若把离体侧枝直接插在新鲜培养基上以诱导茎芽增殖,侧枝则叶片脱落而死亡。曾试图用一种已知的处理,来取代原来的茎组织所提供的促进侧枝生长的因子,但没有成功。Kyte 和 Briggs(1979)介绍了一种杜鹃花的快繁方法,其中培养是由带节茎段开始,但在 2～3 次连续继代中先逐渐减少亲体组织,然后再由其上剪取腋芽长成的嫩枝。

13.4.3 培养基的褐变

在木本植物成年组织的培养中,以及在其他一些植物的组织培养中,常常遇到一个严重的问题,即由外植体的切口表面渗出的酚类物质氧化后成为醌类物质,使培养基变成暗褐色,从而对组织产生毒害作用。若以几天的时间间隔将外植体很快转到新鲜培养基上 2～3 次,在某些情况下这个问题可以得到缓解。在这段时间内外植体的切口愈合,外渗停止。在有些兰花的芽培养中使用了这个方法。在一个树龄 20 年的柠檬桉的快繁中,为解决这个问题,必须把由亲本植株上直接采集的茎芽,先在一种液体培养基上培养 3 d(15℃,500 lx,连续光照),然后再在半固体培养基上培养。直接在半固体培养基上建立起来的培养物不能存活。Zimmerman(1978)在苹果和悬钩子属植物上也使用了类似的方法。先在液体中培养可能有助于摆脱酚类物质和其他生长抑制物质的毒害作用。在山月桂树茎尖培养中,于接种的第一个星期之内,每天更换一次液体培养基,使褐化得到了有效控制。

如果培养基褐变问题在每一次继代培养中都不能消除,则可试验在培养基中加入一些抗氧化物,如盐酸半胱氨酸(100 mg/L)、抗坏血酸(50～100 mg/L)或者是柠檬酸(150 mg/L)。也有人使用能够吸收酚类化合物的聚乙烯吡咯烷酮(PVP,用量一般为 0.01%),以拯救组织免于氧化酚的毒害作用。PVP 有可溶的和不可溶的两种,在柚木中,不溶性 PVP 比可溶性 PVP 效果更好。此外,在培养基中加入活性炭(0.1%～0.5%)也能使情况有所改善。

由于光能促进酚的氧化，因此，开始时把培养物置于暗处也可能有助于减轻褐变的问题。

13.4.4 间苯三酚(PG)的作用

间苯三酚又称根皮酚(phloroglucinol)，是根皮苷(phloridzin)分解的产物，存在于苹果木质部汁液中。在若干蔷薇科果树品种中，Jones 等曾强调指出这种物质对于茎芽增殖和生根的意义。McComb(1978)也证实了 PG 在这些植物快繁中的促进作用。在金鸡纳树幼苗外植体的培养中，不加 PG 就难以成功。在一种李树上，PG 也能促进茎芽的增殖和生根。不过，其他很多研究者在比较了蔷薇科果树在加或未加 PG 的培养基中的反应以后发现，加这种化合物并没有什么好处，甚至有抑制作用。由此看来，PG 的刺激效应可能因基因型而不同。PG 在组织培养中的用量一般为 1～7 mg/L。

13.5 离体无性繁殖的应用

虽然通过离体培养方法可以既经济又安全地生产、保存、繁殖和运输无病毒植物，但当前快繁最主要的用途是替代传统的营养繁殖方法以增加繁殖系数。通过组织培养，由一块很小的、甚至是极微的植物组织，在 12 个月之内可以产生 100 万以上植株，如此之高的繁殖速度是用任何传统的无性繁殖方法所不能达到的。用组织培养方法进行植物繁殖的优点在于枝条的增殖周期很短(2～6 周)，而每个周期都能导致枝条数的几何级数增长。此外，在组织培养中，植物的繁殖可以不受季节影响，一年到头连续进行。目前，有很多种园艺植物，如非洲紫罗兰、香蕉、桉树、蕨类植物、非洲菊、大岩桐、兰花和杜鹃花等，都正在大规模地用组织培养方法进行繁殖。

在离体条件下植物繁殖系数的提高，必然会显著缩短一个新品种由选育到推广所需的时间。由于通过检疫的植物材料其数量一般都是有限的，因此，快繁也应当能够加速通过检疫之后新作物的引种。

在存在着严重病害问题的情况下，植物离体繁殖方法比非无菌繁殖法有一个突出的优点：通过离体方法不仅可把无病原菌植物既可靠又经济地保存起来，而且一旦需要，无论什么季节都可立即进行快速繁殖。树番茄属(*Cyphomendra*)植物虽然很容易用插枝法繁殖，但为了确保植株的直立生长习性和不带病毒，实际上几乎总是用种子繁殖。从成年树上切取外植体进行离体繁殖，不但同样能确保直立生长习性和不带病毒，而且还一箭双雕——同时可对最优良的植物个体进行无性繁殖。

在雌雄异株植物中，种子繁殖后代有50%雄株和50%雌株，但在有些情况下，生产上只希望种植其中一个性别的植株，因此营养繁殖就极为重要。例如在石刁柏中，雄株比雌株价值高，但现在还不能通过茎插条进行无性繁殖。Yang(1977)介绍了一种由嫩芽快速克隆这种植物的离体方法。木瓜是另一种雌雄异株植物，在靠种子进行繁殖的果园中，由于要淘汰大量雄株，而淘汰又只有在植株长到开花期时才能进行，因此造成的损失很大，若对雌株进行离体无性繁殖，就可以避免这种损失。

在苗圃中，通过组织培养可以最大限度地减少用于保存原种所需的土地面积，在一个大约3 m×3 m×5 m房间里的培养架上所放置的培养瓶，即可保存几十亿个植株。

13.6 离体无性繁殖中存在的一些问题

13.6.1 物种的局限性

离体无性繁殖是一种生产技术，现已被世界上很多苗圃用于各种各样的草本和木本植物。不过，很多难于用传统方法繁殖的重要树木，包括若干裸子植物，离体繁殖技术还未过关。为了克服这个局限性仍须进行大量的研究工作。

13.6.2 无性系变异

在商业性快繁当中，一旦无菌培养已经建立，人们就禁不住以此为起点连续繁殖若干世代，而不将它们与原来的亲本植物进行比较，结果就有可能使培养早期发生的变异(芽变或偶然变异)累积起来。或者，如果是通过愈伤组织进行快繁的话，经过长期继代培养之后，再生植株中出现变异的可能性更大。为了尽量减少这类无性系变异，最好由选定亲本的一个外植体只繁殖几千个植株为止。限制离体繁殖周期的数目，是保障试管苗质量的一个重要因素。

13.6.3 培养物污染

在植物大规模快繁期间，即使外植体在一开始进行了严格的表面消毒，某些慢速生长的病原菌(特别是内生菌)可能依然存在，但只有在培养物经过多次继代之后，这些污染物才表现出来并被人们所发现。在某些木本植物离体繁殖中常见的一种内生污染源是迟缓芽孢杆菌(*Bacillus lenlus*),它一般在接种数周或数月后才表现症状,在培养物周围的培养基中形成乳白色云雾状污染。这种内生菌外被荚膜,用各种灭菌方法都很难杀死。污染物的长期存在会引起试管苗生活力下降,叶片缺绿,甚至死亡。在培养基中添加抗生素或杀菌剂有可能控制这些污染物的进一步扩展,但不可能杀灭这些污染物,同时还可能暂时抑制培养物的生长。所以最好的办法还是要从未受病原菌侵染的或已经过脱毒检验的植株上切取外植体。

13.6.4 玻璃化

玻璃化现象(vitrification)是植物组织培养过程中特有的一种生理失调或生理病变,多数发生在植物茎尖培养和离体快繁中。玻璃苗生长繁殖速度下降,最后甚至死亡。自从 Debergh 等(1981)在洋蓟(*Cynara scolymus*)中报道了这种现象以后,有关玻璃化成因和防止措施的研究受到了广泛的注意。

13.6.4.1 玻璃苗的形态解剖学特点

和正常苗相比,玻璃苗矮小肿胀,节间很短或几乎没有,叶片水渍化,半透明,厚而狭长,皱缩或纵向卷曲,脆弱易碎,叶表缺少角质层,没有功能性气孔器。显微观察表明,玻璃苗叶片不具有栅栏组织,仅有海绵组织。

13.6.4.2 玻璃苗的生理生化特点

玻璃苗细胞中含水量高,叶绿素、蛋白质、纤维素和木质素等含量低。此外,一些酶的活性也发生了明显的变化,例如,与木质素合成有关的羟基肉桂酸:CoA 连接酶及与木质化进程有关的苯丙氨酸氨解酶的活性比正常苗低得多。另据 Kevers 和 Gaspar(1986)报道,石竹玻璃化组织的乙烯产量高于正常组织。

13.6.4.3 玻璃化的诱因和克服方法

目前,对玻璃化现象的发生规律和机理还缺少真正的了解。已有的研究表明,外植体类型、培养基成分和培养条件等各种内外因素都可能是玻璃化现象出现的原因,其中比较重要的如琼脂用量太低或细胞分裂素浓度过高,培养温度过高,光照不足以及乙烯合成增加等。然而,在不同植物中主导的影响因素可能不尽相同,因而有各种不同的防止措施。表 13.4 提供的资料可供参考。

表 13.4 组织培养中不同植物玻璃化的主要原因和对策

植　物	主要原因	对　策	作　者
康乃馨	液体培养基	固体培养基	Sutter & Langhans(1979)
垂柳	激素浓度过高 NH_4^+ 浓度过高(MS)	降低激素浓度 降低 NH_4^+ 浓度(Knop)	Kevers *et al*. (1984)
洋蓟	培养基水势过高	增加琼脂浓度	Debergh (1981) Debergh (1983)
康乃馨	培养基水势过高 试管透气性不好	增加琼脂浓度 加强试管透气性	Hakkaart *et al*. (1983)
苹果	内源根皮苷含量低	培养基中加入根皮苷	周菊华等(1990)
瑞香	激素种类不当	以 KT+IBA 替代 BA+NAA 40℃(热击处理)	郭东江等(1989)
扁桃	碳源种类不当	以 4.5%果糖替代 4.5%蔗糖	王家旺等(1991)
油菜		培养基加入活性炭	

引自蒋金火,1997。

13.7 结束语

本章介绍了快繁技术及其在园艺和农业上的应用。在采用组织培养方法进行植物的无性繁殖时,首先必须对这一方法的优点与它所需的成本和技术进行认真的权衡。要建立一套组织培养设备,投资是很高的,研究每种植物的快繁方法,也是一件很花钱的事,因为没有一种培养基配方或一套互相配合的环境条件能够适用于每一种植物类型。在探讨一个新品种的培养方法时,工作必须是极为系统的,并且必须由富有经验的科学工作者来进行。由于方法的探索是经验性的,因而在工作开始之前不可能精确地预测成功的几率。好在在若干种作物中已有文献可以参考,现在在很多地区又都时常举办无菌操作和植物生物技术的短训班,受过训练的栽培工作者,可以采用文献中介绍的现成方法。

在从事组织培养事业之前,一个苗圃的经营者必须预见到这项实验室技术能否真正发挥作用,以及对某一种植物来说,究竟能在多大程度上获利。在某些情况下,例如在刚引进一个新品种时,为了获得数目足够的植株,以便进行田间试验和生产评价,可能只是在一开始的"爆炸性繁殖期"才有必要进行快繁。这个时期之后,传统的繁殖方法可能已经足够,若再用组织培养方法就难以获得经济效益。

现在,人们对通过组织培养产生的植株在遗传上的一致性日益关心。如果采用促进腋芽生枝这个保守的途径进行植物繁殖，出现变异的机会即使有也是极低的。这里还须强调指出的是，不能在组织培养产生的植株中每看到一点轻微的变异，就不假思索地把它归结为离体培养的结果。例如，倘若在经过组织培养产生的苹果树中发现3%左右的突变，不应当把它视为异常现象，因为在通过传统无性繁殖方法产生的植株中，一般也会发生程度相仿的变异性。最后，只有把植物移出试管后再过一定的时间，才能对由试管中得到的植物和用传统繁殖方法得到的植物进行比较，这是因为离体繁殖的最后阶段对于植物的生长和发育可能有一种延续效应。

附录 13.1 应用 MS 基本培养基

植物名称	培养基 (mg/L)	
	基本培养基(BM)	起始(IM)
石刁柏	MS 无机盐 + $NaH_2PO_4 \cdot H_2O$(170) + 肌醇(100) + 烟酸(5) + 盐酸吡哆醇(5) + 盐酸硫胺素(1) + 硫酸腺嘌呤 · $2H_2O$(40) + 麦芽浸出物(500) + 蔗糖(2.5%) + 琼脂(0.6%)	BM + 激动素(0.1) + NAA(0.3)
桑叶菊	MS 无机盐 + 肌醇(100) + 盐酸硫胺素(0.4) + 蔗糖(3%) + 琼脂(0.5%)	BM + 激动素(2) + NAA(0.02)
铁　树	MS 无机盐 + 肌醇(100) + 盐酸硫胺素(0.4) + 蔗糖(3%) + 琼脂(0.8%)	BM 或 BM(无琼脂) + NaH_2PO_4(170) + 硫酸腺嘌呤(80) + IAA(3)
康乃馨	MS 无机及有机成分 + 蔗糖(3%) + 琼脂(0.5%)	BM + BAP(1) + IAA(0.1)
多花薯蓣	MS 无机及有机成分 + 蔗糖(3%) + 琼脂(1%)	BM + 硫酸腺嘌呤(15) + NAA(0.1)
龙血树	MS 无机盐 + 肌醇(100) + 盐酸硫胺素(0.4) + 蔗糖(3%) + 琼脂 0.8%	BM 或 BM(无琼脂) + NaH_2PO_4(170) + 硫酸腺嘌呤(120) + 激动素(0.3～1) + IAA(1)
非洲菊	MS 无机盐 + $NaH_2PO_4 \cdot H_2O$(85) + 肌醇(100) + 烟酸(10) + 盐酸吡哆醇(1) + 盐酸硫胺素(30) + 硫酸腺嘌呤 · $2H_2O$(80) + *L*-酪氨酸(100) + 蔗糖(4.5%) + 琼脂(1%)	BM
唐菖蒲	MS 无机盐(1/2 强度，铁用乙二胺硫酸亚铁-25) + 肌醇(50) + 盐酸硫胺素(0.5) + 蔗糖(2%) + 琼脂(0.7%)	BM + BAP(0.12～0.5，因品种而异)

进行快繁的一些栽培植物

茎芽增殖	生根	作者
同 IM	BM＋激动素(0.1)	Murashige 等(1972) Hasegawa 等(1973)
BM(无琼脂)＋激动素(2)＋NAA(0.02)	BM＋NAA(0～0.02)；在转生根培养基前将茎培养在茎伸长培养基：BM＋激动素(0.5～2)＋GA_3(10)	Earle 等(1974)
BM＋NaH_2PO_4(170)＋硫酸腺嘌呤(80)＋激动素(3)	BM＋IAA(1)	Miller 等(1976)
同 IM	BM(蔗糖减至 2%)＋IAA(0.1)	Roest 等(1981)
BM＋BAP(2)	BM＋NAA(0.5)	Chaturvedi(1975)
BM＋NaH_2PO_4(170)＋硫酸腺嘌呤(80)＋激动素(3)＋IAA(1)	BM＋IAA(10)	Miller 等(1976)
BM＋激动素(10)＋IAA(0.5)	BM＋IAA(10)	Murashige 等(1974)
同 IM	同 IM	Hussey(1977)

续表附录 13.1

植物名称	培 养 基 (mg/L)	
	基本培养基(BM)	起始(IM)
麝香百合	MS 无机盐＋肌醇(50)＋盐酸吡哆醇(0.1)＋甘氨酸(3)＋抗坏血酸(5)＋硫酸腺嘌呤(25)＋蔗糖(2%)＋琼脂(0.7%)	BM＋BAP(0.25)＋IAA(1)
苹　果	MS 无机及有机成分＋蔗糖(2%)＋琼脂(0.7%)	BM＋BAP(1.126)
水　仙	MS 无机盐(用 300 mg/L NaH_2PO_4 取代 KH_2PO_4)＋肌醇(100)＋烟酸(5)＋盐酸吡哆醇(1)＋盐酸硫胺素(0.5)＋甘氨酸(2)＋硫酸腺嘌呤(160)＋CH(1 000)＋蔗糖(3%)＋琼脂(0.6%)	BM＋BAP(10)＋NAA(1)
天竺葵杂种		
茎尖培养	MS 无机及有机成分＋蔗糖(3%)＋琼脂(0.6%)	BM＋NH_4NO_3(825)＋$NaH_2PO_4 \cdot H_2O$(150)＋硫酸腺嘌呤(50)＋激动素(4)＋IAA(2)＋GA_3(1)＋CH(1 000)
叶柄切段	MS 无机及有机成分＋蔗糖(3%)＋琼脂(0.6%)	BM＋玉米素(1)
悬钩子	MS 无机盐($MnSO_4 \cdot H_2O$ 减至 16.9)＋肌醇(100)＋盐酸硫胺素(0.4)＋蔗糖(3%)＋琼脂(0.5%)	BM＋BAP(1)＋IBA(0.1)＋GA_3(0.5)
檀　香	MS 无机及有机成分(以 16 mg/L 柠檬酸铁取代 Fe・EDTA)	BM＋激动素(0.2～0.5)＋2,4-D(1)
葡　萄	MS 无机及有机成分＋蔗糖(3%)＋琼脂(0.8%)	BM(不加琼脂)＋BAP(2.25)

续表附录 13.1

茎芽增殖	生 根	作 者
同 IM	同 IM	Gupta 等(1978)
同 IM	BM(有机及无机成分减至 1/2)+NAA(1.86)	Lane(1978)
BM+BAP(2)+NAA(0.05)	BM(1/2 强度;琼脂和蔗糖用量不变)	Seabrook 等(1976)
同 IM	BM(1/2 强度;琼脂用量不变)+激动素(0.01)+IAA(0.1)	Cassells 等(1980)
同 IM	BM(1/2 强度;琼脂用量不变)+激动素(0.01)+IAA(0.1)	Cassells 等(1980)
同 IM 但不加琼脂	试管外生根;切下 1～2 cm 长的茎,用 0.1%IBA 处理其基部一端,栽于盆土中	Zimmerman 等(1980)
BM+GA_3(1)(用于体细胞胚胎发生)	WM 或 WM(White,1954)+IAA(0.5)(用于试管苗发育)	Lakshmi Sita 等(1979)
BM+BAP(2.25)	WM(White,1943)	Barlass 等(1980)

14 种质离体保存

14.1 引言

栽培植物的原始品种及其野生亲缘物种构成了一个丰富的种质库，它对植物育种的发展是无价之宝。不过，这些植物的存在正受到不断引进的新品种的排挤。为了应对遗传资源受到侵蚀的危险，国际农业研究顾问组于1974年决定成立一个国际植物遗传资源委员会，后来改称为国际植物遗传资源研究所(IPGRI)，以负责组建全球性的遗传资源中心网，对栽培植物遗传资源进行搜集、保存和评价，并为世界上任何地方的育种家提供他们所需要的种质。

种质保存的主要目的，是最大限度地保持每种植物的遗传多样性。植物的遗传多样性可以表现在物种的水平上，也可以表现在品种和个体的水平上。保存这种多样性的方法可以分为两类，一类是原生境保存(*in situ* conservation)，另一类是异生境保存(*ex situ* conservation)。

原生境保存是指在自然生态条件下对传统的地方品种及其野生亲缘物种的保存，保存手段主要是建立自然保护区。在保护区内，野生物种自我繁衍，并有可能与地方品种天然杂交，从而形成一个植物育种家难以模拟的进化系统。

异生境保存则指在人工创造的环境条件下对种子或离体的植物细胞、组织和器官的保存，其中种子保存是种质保存的一种传统方式。以种子形式保存种质的优点是，种子容易干燥和包装，所占空间较小，能够保存的时间很长。不过，种子保存也有其局限性：①随着贮存时间的延长，种子的生活力逐渐下降，并常受到病虫害的侵袭；②除了无融合生殖物种以外，难以保存各种来源不同的无性系；③不适用于营养繁殖作物如薯蓣、甘薯和马铃薯等。另一方面，在苗圃或田间大量保存各种植物基因型，不但成本极高，而且还有受到天灾毁灭的危险。因此，随着由体细胞、配子细胞以及微小的茎尖再生完整植株的成功，促使研究者不断探讨在试管中保存基因型的可行性。

在试管中保存种质可能具有的优点是：①只需要较少的空间就能保存大量的用无性系方法繁殖的植物；②可把植物保存在不受病虫害侵染的条件下；③在特定的保存条件下，不需要经常对植物进行分株和修剪；④当需要的时候，可把所保存的材料用做核心原种迅速繁殖出大量植株；⑤由于不带已知的病毒和病原菌，因此可以把这些植物的克隆在国际间进行交换，从而最大限度地减少了检疫机关对活植株穿越国境所加的限制。

在培养中若每 4～8 周继代一次，实际上可把植物无限期进行保存。不过，通过连续继代进行种质保存，也有使植物材料受到微生物污染和人为错误造成损失的危险，并且不够经济。因此，要使植物组织培养方法在遗传资源保存中成为一项实际可行的措施，一个基本的要求是把继代的次数减少到最低限度。达到这个目的的途径有 3 种：①超低温保存，②低温保存，和③低气压和低氧压保存。

14.2 超低温保存

超低温保存技术的特点，是把植物材料在液氮（LN）温度（约－196℃）下进行冷冻和保存，致使细胞停滞在完全不活动的状态。从理论上讲，若能有令人充分满意的方法，使植物材料经冻结和融化后多数细胞或器官仍能恢复生机，在正常的条件下可以重新生长，那么就有可能把它们在液氮中无限期保存。当然，为了使材料长期保存在安全温度下，必须不断地补充液氮。这个方法在动物细胞的保存中已应用了几十年，在液氮中贮存精子以进行人工授精，现在已是一种常规的方法。

曾有些作者提倡，把液氮冷冻保存悬浮培养细胞作为植物种质保存的一种可能方法。然而离体培养的细胞并不是达到这个目的的理想体系。相反地，这一领域的研究重点现在已由培养细胞转移到有组织的结构，如茎尖、胚和幼苗，其原因是：

1. 长期培养的愈伤组织和悬浮细胞在遗传上的不稳定性是一种非常普遍的现象，并且迄今还没有有效的方法控制这种现象。此外，大多数愈伤组织都是由植物体内的非分生细胞起源的，在很多被子植物中，这些细胞都表现体细胞多倍性（见第 15 章）。因此，离体培养的细胞可能由一开始就具有遗传上的异质性。与此相反，由茎尖培养得到的植株一般都与亲本类型相同。

2. 在若干重要的栽培植物中，培养细胞不表现全能性，在另外一些植物中，培养细胞起初虽能形成器官和完整植株，但经过若干时间培养之后，常常失去这种潜力。与此相反，离体的茎尖具有高度的再生能力。茎尖还被广泛地用于建立脱毒植物（见第 12 章）和快速无性繁殖（见第 13 章）。

3. 单倍性在愈伤组织和悬浮培养细胞中是高度不稳定的，但它可通过茎尖培养和腋芽增殖得到保存。

4. 在茎尖和幼胚中细胞很小，又具有分生能力，在经过液氮冷冻和融化后，它们比大细胞容易存活。

据报道，已有若干种栽培植物的茎尖，在液氮中冷冻后又获得了有生活力的植株。另一些报道还指出，体细胞胚、花粉胚和试管苗也能忍受－196℃下的冷冻。在某些例子中，解冻后茎芽的存活率可高达100%。

对植物活细胞进行冷冻保存需要有高度的技术，粗略地讲，它包括4个步骤：①冷冻；②保存；③解冻；④重新培养。在冷冻保存中主要问题是如何保护细胞不受冷害。细胞冷害有两个可能的原因，一是在细胞内形成大的冰晶，导致细胞器和细胞本身的破裂；二是细胞内溶质浓度增加到毒性水平。在冷冻过程中，细胞还可能由于渗漏作用而丧失某些重要的溶质。除了冷冻和解冻过程之外，当冷至冻结温度时影响细胞生活力的因素已知还有：①植物材料的性质；②冷冻前的预处理；③冷冻防护剂。

14.2.1 植物材料的性质

冷冻前植物材料的形态和生理状态可以显著影响它们在－196℃下冷冻后的存活能力。一般来说，小而细胞质浓厚的分生细胞比大而高度液泡化的细胞容易存活。因此，悬浮培养的细胞应当常常继代，冷冻处理应选在延迟晚期或指数期进行，因为这时多数细胞处在比较理想的状态当中。在较大的材料如茎尖、胚或试管苗中，由于高度液泡化的细胞受到严重损伤，冷冻后只有分生细胞能够重新生长。幼小的球形胚比老龄胚存活率高。成熟胚或是完全不能恢复生机，或是需要特殊的处理。

14.2.2 冷冻前的预处理

有些例子说明，冷冻前对茎尖进行短暂的培养，有助于冷冻处理后的存活，在一种茄属植物 *Solanum etuberosum* 中，新采集的茎尖若不在光下经过至少48 h的培养，冷冻处理后不能存活。在马铃薯的某些品种中，Grout 和 Henshaw(1978)也发现了类似的情况：为了保障茎尖在液氮处理后存活率高而稳定，必须在有5%二甲基亚砜(DMSO)存在的情况下，将它们预培养48 h。Seibert 和 Wetherbee(1977)指出，在切取茎尖进行冷冻保存之前，若先对植株进行4℃低温处理3 d，则会使材料的存活率由30%提高到60%。

将细胞脱水到适当程度，也能显著提高植物材料在冷冻和解冻后的存活率。此外，这项措施还能给以后的操作带来方便：当把细胞含水量降到适当程度以后，对解冻速度就不再有很严格的要求，而含水充足的材料只有快速解冻，才能保障细胞的存活。

14.2.3 冷冻防护剂

由于在冷冻前或冷冻期间细胞脱水的结果，原生质体冻结之前细胞内溶质的浓度将会增加。在冷冻混合液中加入冷冻防护剂可以保护细胞免受这种“溶液效应”的毒害。根据 Withers 和 Street(1977)的报道，冷冻防护剂也能防止细胞内大冰晶的形成。

Uemura 和 Sakai(1980)认为，应把冷冻防护剂溶解在含糖或不含糖的水中。不过通常的做法都是把它们溶解在培养基中。

已经证明，二甲基亚砜(DMSO)是最有效的冷冻防护剂；另一种有效的防护剂是甘油，它可单独使用，也可与 DMSO 结合使用。不过，甘油对豌豆茎尖完全无效，用甘油取代 DMSO 对康乃馨和草莓的茎尖效果也不好。Withers 和 King(1979)证实，对于玉米和某些其他植物的悬浮培养细胞来说，脯氨酸的防护效果比 DMSO 或 DMSO 和甘油的混合液好得多。值得指出的是，在补加了 10%脯氨酸的培养基中培养了 3～4 d 的悬浮细胞，甚至无须再加冷冻防护剂，在冷冻保存后也能存活。已知植物细胞在水和盐的胁迫下能积累游离脯氨酸，因而可以认为，脯氨酸在这些条件下是酶和细胞结构的一种天然保护剂。

当用于离体培养的细胞时，DMSO 的适宜浓度为 5%～8%。不过有些茎尖和试管苗可以忍受更高的浓度(5%～20%)。脯氨酸的最适浓度是 10%。

有人认为，为了保护细胞不受渗透压变动的影响，冷冻防护剂应当在一段时间(30～60 min)内逐渐加入。甘油由于渗透性低，加入的速度应更缓慢。在 DMSO 处理期间，为了尽量减少这种冷冻防护剂的毒害效应，应把植物材料保存在 0℃左右的温度下。

14.2.4 冷冻

植物细胞对低温的敏感性因物种不同而有很大变化，因此找不到一种方法可以普遍适用。一般的做法是，先把悬浮在培养基中并用适当的冷冻防护剂处理过的材料，转入到无菌聚丙烯安瓿中，把安瓿上的螺丝盖盖严，然后用以下方法之一进行冷冻。

14.2.4.1 慢冷法

先把材料以 0.5～4℃/min 的冷却速度由 0℃冷却到－100℃，然后转入液氮。这个方法对于悬浮培养的细胞特别有效(图 14.1)。

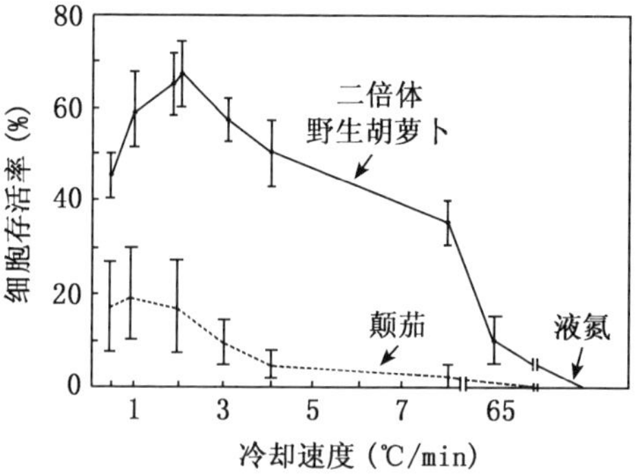

图 14.1 胡萝卜和颠茄培养细胞的冷冻保存。冷却速度对细胞存活率的影响(引自 Nag 和 Street,1975)

14.2.4.2 快冷法

这种方法非常简单:把装有植物材料的小玻璃瓶直接投入液氮中即可。在这种方法中,温度下降速度极快,可达 300~11 000℃/min。用干冰代替液氮也能产生类似效果。

Seibert(1976)和 Reed(1992)在使用快冷法时,先把液氮直接倾注到装有材料的小玻璃瓶上,然后再把小玻璃瓶放入一个装满了液氮的容器中,其间由 −10~−70℃的冷却速度大于 1 000℃/min。用这种方法,他们把康乃馨和草莓的茎尖在−196℃下保存了 2 个月仍能存活,培养后又再生了完整植株。在超速冷却之后茎尖所以能够存活,是因为当茎尖很快通过导致冰晶生长的临界温度范围(−10~−140℃)时,在细胞内来不及形成大小可以致死的冰晶。在这之后,细胞内的水虽已固化,但不是冰,而是所谓的“玻璃化状态”,这种状态对细胞结构不会产生破坏作用。快冷法现已被成功地用于很多物种的种质保存。

在决定是采用慢冷法还是快冷法的时候,样品含水量是个关键因素。低含水量的小样本如草莓茎尖等适用于快冷法。快冷法的主要缺点是有些植物材料直接浸入液氮快速冷冻之后不能存活,在这种情况下,就需要采用分步冷冻法。

14.2.4.3 分步冷冻法

这种方法结合了慢冷法和快冷法二者的优点,先把材料分步冷却(1~5℃/min)到一个适宜的中间温度(−30℃~−50℃),在这个温度下停留约 30 min,然后再投入到液氮中快速冷却。已经证明这个方法对于茎尖和芽的冷冻保存最为有效。草莓茎尖经超速冷却后存活率为 40%~60%,但若采用分步冷冻法,存活率可提高到 60%～80%。此外,分步冷冻法对于悬浮培养的细胞也同样有效。

最初进行的慢冷却可使细胞脱水,从而减少了细胞内能发生冻结的水的数量。在慢冷却过程早期,冰首先在细胞外形成,由于在超冷的原生质体和细胞外冰晶之间蒸汽压的亏缺,细胞内未冻结的原生质体失去水分。

14.2.4.4 干燥冷冻法

据报道,凡是在烘箱中或真空下经过干燥脱水的材料,都有显著的抗冻害能力。众所周知,未发芽的干种子能忍受极低的温度,而吸水之后则容易发生冻害。同样,当把豌豆幼苗置于 27～29℃ 的烘箱中,使其含水量由 72%～77%下降到 27%～40%时,浸入液氮后则可全部免遭冻死。根据 Withers(1979)的报道,若是用真空干燥法使细胞脱水,植物器官在经受 －196℃ 冷冻之后存活的情况更好。最适的脱水程度(见图 14.2)在不同物种和不同组织中可能是不同的。

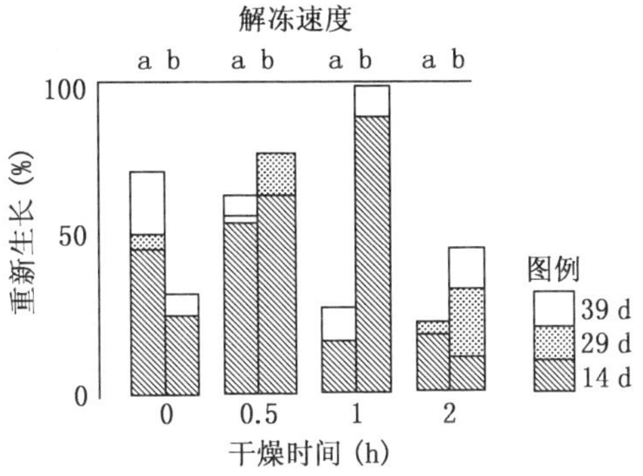

图 14.2 胡萝卜试管苗冷冻保存后,重新生长所经历的时间。所用的冷冻和解冻方法是:部分脱水干燥,以 2℃/min 的速度冷却至 －100℃,投入液氮,经冷冻保存后,以两种不同的速度解冻:(a)快;(b)慢(引自 Withers,1979)

14.2.4.5 玻璃化冷冻法

液体的固化有两种方式,一种是形成尖锐的冰晶,另一种是进入无定形的玻璃化状态。玻璃态是一种过度冷却的液态而非真正的固态,其中由于水分子未发生重排,没有产生结构和体积的变化,因而不会发生由于冰晶或溶液效应对组织和细胞造成的伤害。玻璃化又可分为部分玻璃化和完全玻璃化两种类型。在部分玻璃化中,玻璃化只发生在细胞内部,从而保障了细胞结构不致遭到破坏,但存在于细胞间隙中的溶液所形成的胞外冰晶仍会对组织造成机械性损伤。我们在“快冷法”一节中所讲的玻璃化即属于这种类型。完全玻璃化则指在超速降温过程中，待保存的细胞连同冷冻保存剂一起都发生玻璃化，胞内和胞间都不产生冰晶，从而使细胞的内部结构和胞间结构都不致遭到破坏，因此在冷冻保存组织和器官而不只是单细胞时，这种类型的玻璃化尤为必要。本节中所讲的玻璃化，就是指这种完全玻璃化，它适用于大多数植物材料的离体保存。

要实现完全玻璃化，一个途径是极大幅度地提高冷冻速度。因为从理论上讲，只要降温过程足够迅速，任何溶液都可进入玻璃化状态。例如，当降温速度达到 10^{10}℃/sec 时，纯水即可进入玻璃态。但这样高的降温速度实际上是难以达到的，所以目前有关玻璃化方法的研究重点，是寻求易于玻璃化的冷冻防护液配方，以通过添加这种防护液显著降低玻璃化所要求的降温速度。近年来推出的玻璃化冷冻防护液有 PVS-2(Sakai 等，1990)和 PVS-3(Nishizawa 等，1993)等数种，其成分多是以甘油为主，例如 PVS-2 的配方是：30%甘油＋15%聚乙二醇＋15% DMSO＋0.4 mol/L 蔗糖＋MS-NH_4^+ 无激素培养基。将这种防护液用于若干种植物材料的玻璃化冷冻保存已获得成功。

整个玻璃化冷冻保存的程序是：①用一种中等浓度的冷冻防护剂处理细胞或分生组织，②用高浓度的玻璃化溶液使细胞或分生组织脱水，③将细胞或分生组织转入微型冷冻管(1.8 mL)，加盖后浸入液氮，④保存后在 40℃水浴中快速解冻，⑤去掉玻璃化溶液，重新培养。Takagi 等(1997)采用玻璃化方法将芋头茎尖在液氮中保存 1 年以上，存活率超过 65%。

14.2.4.6 包埋-脱水冷冻法

在这种方法中所采用的植物材料包埋技术与制造人工种子的方法(第 4.10.2 节)相似：将待保存的细胞或组织与藻酸钠(2%～3.2%)混合，滴入硝酸钙或氯化钙溶液(100 mmol/L)中，30 min 后固化过程完成，植物材料即被包埋在由藻酸钙形成的球形颗粒中。将这些球形颗粒置于高浓度(0.85 mol/L)蔗糖溶液中培养 4～16 h，然后在超净台内以无菌空气风干 3～4 h，最后把它们直接投入液氮。

在这种方法中，由于除蔗糖之外不使用任何其他冷冻防护剂，因而不会产生二甲基亚砜和甘油等的化学毒害，加之包埋后植物材料所处的环境比较稳定，在实验操作过程中不易受到机械伤害，对脱水和降温过程的要求也不很严格，因此对于那些对冷冻防护剂敏感的植物材料有显著的应用价值。近年来，这种包埋-脱水方法在胡萝卜和咖啡等体细胞胚以及苹果、梨和桑等分生组织的冷冻保存中的应用日益增加。Bumet 等(1997)还发现，如果把油棕体细胞胚在浸入液氮前置于一个装有 40 g 硅胶的气密盒子中，在暗处额外脱水 6～18 h，可以显著提高它们对冷冻的耐受力。

用于冷冻植物材料的冷冻装置有各种不同类型，为了能够比较严格地控制冷冻速度(特别是当使用慢冷法时)，以及能一次处理大量材料，最好使用数控冷冻机。

由于很多种植物的茎尖能够忍受快速冷冻，因此用一个简单的办法就可取得令人满意的结果：取一个液氮瓶，测出液氮表面之上不同距离处的致冷速度，然后把装有植物材料的安瓿吊在预定位置的液氮蒸气中，这样就有可能达到所要求的冷却速度。当预冷温度达到之后，即可把安瓿沉入液氮中贮存起来。

14.2.5 保存

在一个正确的温度下保存冷冻材料的重要性，不亚于采取适当的方法进行冷冻。保存期间温度若高于－130℃，细胞内的冰晶就可能生长，结果就会造成细胞生活力的下降。因此，要长期保存在－196℃下冷冻起来的材料，就需要有一个液氮冰箱。一个冰箱大约能装 4 000 个 2 mL 的安瓿，估计每周要消耗 20～25 L 液氮。理论上，只要保证能不断补充液氮，无须再费什么事就可以长期保存冷冻的材料。但是在这种条件下，长期保存茎尖的实际结果如何还有待证明。在文献中有某些迹象表明，随着保存时间的延长，冷冻茎尖的生活力可能下降，因此技术上还有待进一步改进。

如果保存的种质数目很多，必须建立有效的记录制度，这不仅可使我们对保存了什么和保存了多长时间心中有数，而且当提取某一种材料的时候，还可减少其他材料暴露于周围环境温度的时间。

14.2.6 解冻

把在－196℃下冷冻起来的材料投入到 37～40℃的水中，即可使其快速解冻，解冻速度是 500～750℃/min。大约 90 s 以后，把材料转入到冰槽中保存，直到进行重新培养或生活力测定时再由冰槽中取出。在室温下慢速解冻通常都会造成材料的死亡。当温度慢慢升高时，细胞内可能会出现冰晶，从而对细胞的生活力造成损伤，而通过快速解冻即可避免这种现象，所涉及的原理与冷冻法相同。但是，如果在冷冻之前已把细胞的含水量降到一个适当的水平，解冻速度的影响就会变小。

14.2.7 重新培养

由于冷冻防护剂对植物细胞可能有毒害作用，因此在培养之前，一般要把已解冻的材料清洗若干次，以除掉冷冻防护剂。为了避免质壁分离复原过程对细胞造成伤害，冷冻防护剂最好是逐渐稀释。不过 Withers(1980)认为，对已解冻的材料不必进行彻底的清洗。在胡萝卜悬浮培养的细胞中，已经发现 DMSO 的稀释是必要的，而在胡萝卜体细胞胚和试管苗中，没有必要逐渐稀释。确实，当把经过冷冻和解冻的玉米细胞带着其周围培养基重新培养时，生机恢复得较快，存活率也较高。这可能是由于当进行彻底冲洗的时候，细胞在冷冻过程中渗漏出来的某些重要物质被洗掉了的缘故。

当重新培养曾在－196℃下冷冻过的材料时，为了提高存活率，可能需要某些特殊的条件。例如，只有当培养基中补加了 GA_3 以后，冷冻过的番茄幼苗的茎尖才能直接发育成小植株。若不加 GA_3，茎尖则形成愈伤组织，然后分化出不定芽。但对照(未经冷冻过的)茎尖不需要 GA_3 就能直接长成小植株。此外，加入活性炭可以显著提高经过冷冻和解冻的胡萝卜试管苗的总的存活率。

14.2.8 细胞和器官超低温保存后的存活率

通过几种特殊的染色法，如荧光素双醋酸酯(FDA)、伊凡蓝和氯化三苯基四唑(TTC)等，即可测定出冷冻保存细胞的生活力。其中有的方法已在第 5 章中做了介绍。然而，染色法并不能说明哪些活细胞能够重新生长。在一个起初似乎是活细胞的群体中，只有一小部分能完全恢复生机，进行分裂。因此，存活细胞的最好标志是经过培养能进行分裂并重新长出茎尖或胚。于是，生活力就成了存活率的同义语，可以表示如下：

$$存活率=\frac{重新生长的细胞(或器官)数目}{解冻的细胞(或器官)数目}\times 100\%$$

对在－196℃下冷冻后离体培养的植物器官的超微结构研究表明，甚至那些能够再生成完整植株的器官，在冷冻和化冻期间也曾遭受过程度不同的细胞伤害，这种伤害可能造成整个胚组织的损伤，但也可能只局限于分生组织中。在前一种情况下，完整植株的再生或是由于分化出了次生的茎分生组织的结果，或是由于和原来的分生组织(或胚)相邻的细胞分化成胚的结果。已经证明，完整的分生组织对于整个植株的再生并不必要。顶端分生组织的一部分或是由顶端分生组织切下来的叶原基，都能再生完整的植株。

14.3 低温保存

种质也可用离体培养方式保存在非冻结程度的低温下(1～9℃)。在这样的温度下，植物材料的老化过程减慢，但不像在超低温保存中那样完全停止，因此仍须对这些材料进行继代，只是间隔时间可以拉长。迄今为止，在若干果树和草本植物中，已经进行过离体培养的茎芽或苗的冷藏（表14.1）。Mullin和Schlegel（1976）曾在4℃下把脱毒草莓植株保存了6年之久，其间每3个月给培养物加入几滴液体培养基，但该作者并未明确这样做是否必不可少。

表14.1 在1～9℃下离体保存试管苗的若干实例

植物	保存时间（月）	生活力（%）
凤梨草莓（*Fragaria ananassa*）	72	100
深红草莓（*F. virginiana*）	72	100
多花黑麦草（*Lolium multiflorum*）	10～11	88～100
百脉根（*Lotus corniculatus*）	1	90
苹果（*Malus domestica*）	12	100
苜蓿（*Medicago sativa*）	15～18	94～95
悬钩子属植物（*Rubus* sp.）	14	95
红车轴草（*Trifolium pratense*）	15～18	70～86
白车轴草（*T. repens*）	15～18	89～92
葡萄（*Vitis vinifera*）	12	?

在非冻结的低温下长期保存培养的植物材料不仅非常简单，而且存活率也很高。利用生长抑制剂如多效唑、矮壮素、脱落酸以及高浓度的蔗糖、甘露醇或PEG等（增加渗透压），可能有助于进一步延长两次继代培养之间的时间间隔。

通过每年转换一次新鲜培养基，在9℃下可把葡萄植株保存15年之久。根据Morel的估计，在2 m^2 的实验室面积上，可以保存离体培养的800个品种的葡萄，每个品种重复6次，若是种在田间，这大概需要1 hm^2 的土地。

在使用快繁技术的苗圃业中，用冷藏法保存离体培养的植物具有广阔的前景。如果某个基因型或某个物种虽然今后有推广的可能，但目前需求量不大，就可以把它们的培养物置于冰箱中，从而可以节省采用连续继代或重新培养的方式进行保存所需的时间和金钱。这种方法同样可用于研究材料。

14.4 低气压和低氧压保存

除了超低温保存和低温保存外，这些年人们还在设法通过低气压保存（LPS）和低氧压保存（LOS）来保存培养的植物材料。在前一种方法中，通过降低组织培养物周围的大气压以造成与植物材料接触的所有气体分压的下降，从而达到抑制生长的目的。在后一种方法中,虽然大气压正常(760 mmHg),但通过外加惰性气体(特别是氮)而使氧分压下降(图 14.3)。实验结果表明,无论植物的种类如何,这两种方法对植物组织培养物的效果相差不多,即:

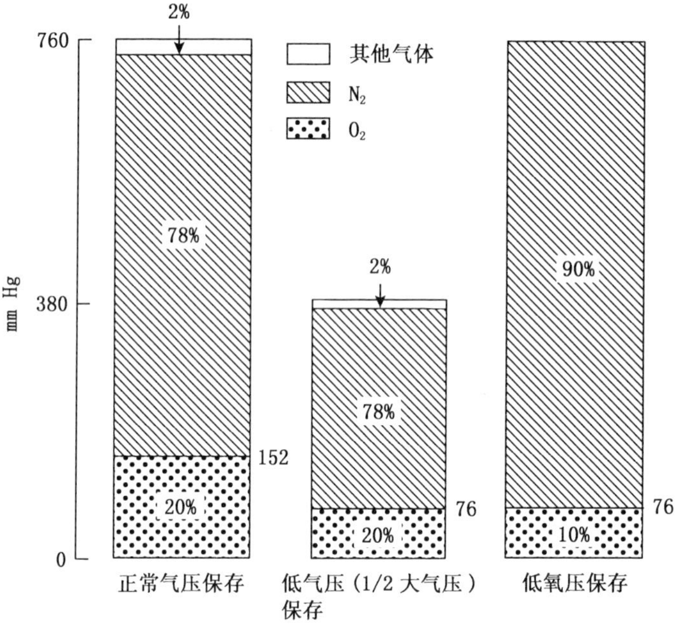

图 14.3 保存植物组织培养物的 3 种不同气压条件

1. 低于 50 mmHg 的氧分压能减少离体保存的植物的生长速率。

2. 在 LPS 或 LOS 中气体分压的下降对植物组织培养物的效果相似。

3. 低氧分压既影响有结构的组织也影响无结构的组织。

4. 经过无论是 LPS 或 LOS 保存之后,当对组织进行再培养时,未发现任何表现型上的生长差异。

低氧分压有利于植物组织培养物的保存这一想法最初是由 Caplin(1959)提出的,他以胡萝卜组织培养物所做的实验表明,覆盖在矿物油下的组织的生长量受到对组织供氧量的影响。由于矿物油能阻止气体的扩散,因此在矿物油下氧的水平会由于培养组织的摄入而逐渐减少。这最终导致了组织生长的停止。

在使用 LOS 进行种质保存时遇到的一个主要问题,是低氧分压对植物组织生长的抑制作用并不能马上表现出来。对烟草和菊花的研究表明,在最初 6 周内组织或植物的生长不受 LPS 或 LOS 处理的限制,以后,保存材料的生长才会显著不同。另外,在这些处理中,培养基的失水变干限制了培养物的保存时间,除非对培养室中的相对湿度有一种监测和调控机制。

14.5 结束语

受动物细胞超低温保存成功的启示，植物学者也想利用这种方法进行植物种质的长期保存。在这方面最有可能的植物材料是脱毒的茎尖和胚。现已充分证明，很多栽培植物的茎尖能浸入液氮而不致冻死。这项技术要能真正发挥应有的作用，必须建立简单的常规的实验室方法，使茎尖经过冻结和解冻后，仍然稳定保持较高的存活率。此外，受过冷冻防护剂（特别是 DMSO）处理和在液氮中长期保存过的细胞，必须能保持遗传上的稳定性。

在离体条件下保存种质的第二种方法，即冷藏法，有其自己独特的优点。由于方法简单可靠，对于育种工作中重要基因型的保存极有价值。设在秘鲁的国际马铃薯中心，现在就是采用茎尖培养的方法保存一部分种质资源。

利用低气压或低氧压保存种质可以在常温下进行，因此这种方法特别适合于对不耐冷的热带植物的离体保存。但在可以普遍应用之前，这种方法的若干缺点，如生长抑制作用不能马上表现，易引起玻璃化，以及恢复生长缓慢等，还有待克服。

无论是采用上述 3 种方法中的哪一种进行种质保存，所保存的材料都应当有重复，并且一次不应当把一种样本的所有材料全部提走。

15 体细胞遗传学研究

15.1 引言

体细胞遗传学(somatic cell genetics)是细胞遗传学(cytogenetics)的一个分支,它与细胞遗传学的区别在于,细胞遗传学是遗传学和细胞学相结合的产物,核心内容是研究染色体在减数分裂过程中的行为及其遗传后果;而体细胞遗传学则是遗传学、细胞学和组织培养相结合的产物,主要研究体细胞,特别是离体培养的体细胞在有丝分裂过程中的遗传规律。

那么,什么是体细胞呢?在真核生物中,体细胞至少具有以下2个明显的特征:①在二倍体生物中,未分化的体细胞都具有 $2n$ 染色体数;②在上代与下代体细胞间,染色体都是通过有丝分裂而传递的。由此可知,大小孢子和雌、雄配子都不属于体细胞范畴,因为它们只具有单倍体染色体数;其次,孢子母细胞虽然具有 $2n$ 染色体数,但由于它们行将进行的分裂是减数分裂而不是有丝分裂,也不属于体细胞范畴。因此,所谓体细胞,即是指植物体内除了孢子、配子和孢子母细胞之外的所有细胞。

但是,既然如此,那么对小孢子或花药培养中染色体遗传行为的研究是否属于体细胞遗传学的范畴呢?答案是肯定的。这是因为,在小孢子或花药的离体培养过程中,花粉粒的发育途径偏离了正常方向,其结果不是形成雄配子体,而是通过连续多次有丝分裂,形成单倍体愈伤组织或花粉胚。因此,不但花药培养中的一些遗传问题也属于体细胞遗传学的研究范畴,而且由花药培养产生的单倍体,更是体细胞遗传学研究的理想材料。

在植物体细胞遗传研究中,根据实验中所涉及的细胞是来自同一个物种还是来自两个不同物种,体细胞遗传学又发展为两个不同的分支,即种内体细胞遗传学和种间体细胞遗传学。种内体细胞遗传学指的是对来自同一物种的培养细胞的遗传研究,通过对这些细胞进行诱变、选择和互补分析等,不但可以获得新的基因型,而且还有助于对某些一般性问题的了解,如基因的结构与功能,基因的表达与调控,细胞分化与发育的机制等。种间体细胞遗传学的主要内容是研究不同物种体细胞融合后异核体的遗传行为,对人工合成体细胞杂种具有重要的指导意义。本章主要介绍种内体细胞遗传学的一些研究结果，有关种间体细胞遗传学的内容在第 11 章中已做简要介绍。

15.2 供体植株在活体条件下的染色体变异

我们常常有一个不正确的概念，认为一个植物体内的所有细胞都含有数目相同的染色体。事实上，在迄今所研究过的 90%以上的植物中，成熟的分化组织，如皮层和髓，在细胞的染色体组成上都有很大变异。在顶端分生组织（根尖和茎尖）中，由于 DNA 合成之后立即进行核与细胞质的分裂（正常细胞周期），故细胞全部都保持在二倍体水平上（图 15.1）。然而，这些分生细胞的衍生细胞，在以后的分化过程中，不是进行正常的有丝分裂，而是进行核内有丝分裂及核内复制（图 15.1 和图 15.2），其结果，在活体组织分化期间就会出现体细胞多倍性（polysomaty）。不过，与在顶端分生组织中一样，中柱鞘、原形成层和形成层细胞则都保持二倍体状态，因此，通过茎尖培养产生的植株和中柱鞘起源的侧根始终都是二倍体的。

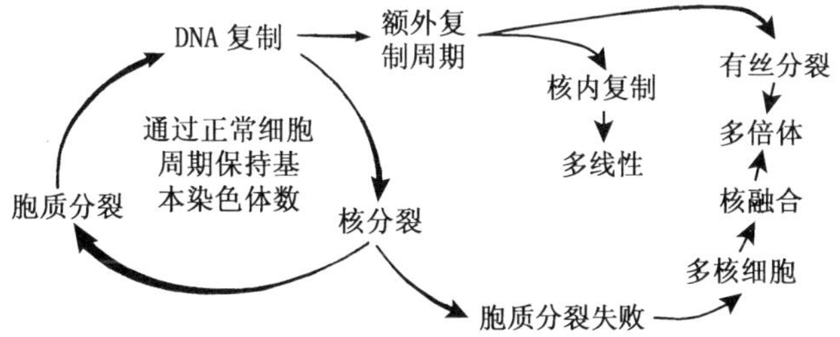

图 15.1 自然条件下的正常细胞周期和导致细胞多倍化的异常细胞周期

核内有丝分裂（endomitosis）指的是染色体复制发生于完整的核膜之内，核内复制（endoreduplication）则指每条染色体的 2 个染色单体在分裂间期复制，但染色体数不变。通过核内复制可形成双分染色体（具有 4 个染色单体的染色体，其细胞 DNA 水平为 4C），四分染色体（具有 8 个染色单体的染色体，细胞的 DNA 水平为 8C），以及多线染色体。D'Amato（1965）等很多学者都认为，与核内有丝分裂相比，核内复制是体细胞多倍性更常见的起因。

在组织培养中，多数外植体都含有分化组织或细胞，根据对它们的染色体组成的研究结果，可以把植物分为 2 种类型：①在裸子植物和迄今所研究过的大约 10%的被子植物中，细胞和组织都是以二倍体状态分化，因此在分化组织中不存在染色体倍数性变异，这类植物叫做非体细胞多倍体物种（non-polysomatic species),如向日葵、菊芋、还阳参、胡萝卜、欧洲黑松和麝香百合等。②在大约90%的被子植物中,成熟的分化组织,如皮层和髓,细胞的染色体倍数性都有很大变异,这类植物称做体细胞多倍体物种(polysomatic species),如豌豆、烟草、毛曼陀罗、红花菜豆、蚕豆、天竺葵和芍药等。由后一类物种的分化细胞作为外植体,是愈伤组织染色体变异的最初来源。

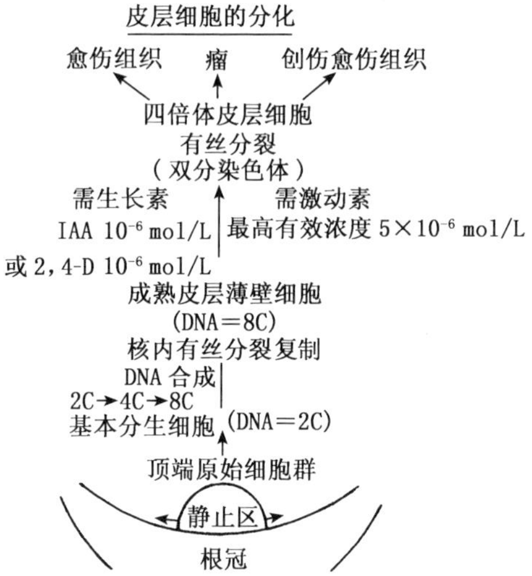

图 15.2 根的纵切面示意图,从中可见由根尖二倍体细胞通过核内有丝分裂产生多倍体皮层细胞的过程。在这些细胞中,由生长素和细胞分裂素诱导细胞分裂产生一个四倍体细胞群

在分化细胞中广泛出现的多倍性引出了一个重要的问题:体细胞的核内多倍性是否是组织分化的一个大前提?很明显,回答是否定的,因为在有些物种,如菊芋、向日葵、还阳参、印度五蕊寄生和麝香百合中,已经发现,在完全不存在核内多倍性的情况下,即可发生正常的组织分化。因而,体细胞多倍性可能只是分化过程的结果,其可能意义之一,是阻止这些分化细胞在正常条件下发生进一步的分裂——因为多倍体细胞的分裂必须有生长调节物质(如激动素或酵母浸出液)的特殊刺激才能发生。

15.3 培养细胞的一般特征

关于培养细胞的生理行为和形态发生行为的自发变异已屡见报道。本来必须有外源激素才能生长的培养组织,后来获得了激素的自养能力,是这种变异的一个有力证明。虽然在某些情况下,我们可以把这些在长期培养中发生的突然变异归因于核的异常,但在另外一些情况下,则还没有发现这些变异与任何可见的染色体变异之间的关系。不过,因为很多新的特性能在反复的继代培养中长期存在,所以它们必然是通过遗传或后生遗传的变异而产生的。

Fox(1963)由烟草髓愈伤组织的一个无性系(KX-1)分离出2个新的无性系(X-1,O-1),亲本无性系只有在外供一种生长素和一种细胞分裂素时才能生长,而X-1系只需要一种生长素,O-1系则对生长素和细胞分裂素都是自养的。细胞学检查表明,这3个系的染色体数都有变异,在O-1,X-1和KX-1中分别为70~100,123~275和150以上。Stickland和Sunderland(1972)报道,在由无色素纤细单冠菊(*Haplopappus gracilis*)愈伤组织分离出来的具花青素的组织中,大约90%细胞的核型是不规则的。

在表现体细胞多倍性的物种中,若使细胞脱离完整有机体的稳定环境,把它们置于培养瓶内的人工环境中,就会增加核的不规则性。另外,有很多物种在活体中的组织分化并不导致体细胞多倍性,但在培养中却发生一定程度的多倍化现象。向日葵是一种不表现体细胞多倍性的物种。Butcher等(1975)在其中发现,经过16个月的离体培养,原来的正常细胞和瘤细胞多数仍为二倍体。但此后多倍体细胞的频率增加,28个月以后,4个正常组织无性系中有2个表现为四倍体,在一个瘤细胞系中多达96%的细胞是八倍体。

15.4 核变异的起源

组织培养物在细胞学上的异质性可能是由2个因子引起的。首先,原来存在于外植体中的倍数性和遗传组成不同的细胞,经诱导后都能发生分裂;其次,培养条件可能引起新的不规则性。这2个因子常常同时发挥作用。

15.4.1 初生愈伤组织

当把外植体接种到人工培养基上以后,细胞核内可能出现3种不同的过程:正常有丝分裂;先进行核内复制,然后进行有丝分裂;先发生核碎裂(无丝分裂),然后进行有丝分裂。

1.有丝分裂:在非体细胞多倍体物种中,外植体的所有细胞都是二倍体,经过有丝分裂产生的子细胞群仍然是二倍体。当外植体是取自一个体细胞多倍体物种时,其中二倍体细胞和核内复制的细胞都可进入有丝分裂,二倍体细胞通过有丝分裂形成二倍体子细胞,具有$2n$个双分染色体的细胞(4C)通过有丝分裂将会形成2个四倍体的子细胞，具有 $2n$ 个四分染色体的细胞(8C)通过有丝分裂将会形成2个八倍体的子细胞。结果就会产生一个混倍体(二倍体-多倍体)的细胞群，这显然是存在于活体中的体细胞多倍性的一种反映。

2. 先核内复制后有丝分裂：在经常发生核内复制的物种中，外植体内某些分化细胞可能先进行核内复制然后再进行有丝分裂，结果也会形成混倍体愈伤组织。

3. 先发生核碎裂再进行有丝分裂：在离体环境诱导下，烟草茎髓、红花菜豆胚柄以及蚕豆子叶等外植体中，不同倍数水平(2C～128C)的整倍体细胞常常出现核碎裂现象，结果在细胞内造成多核状态(图15.3A,B)。核碎块的大小各不相同，因而它们的DNA水平也不一致。在有些情况下，多核细胞内出现隔膜，使一个多核细胞变成多个单核细胞(图15.3C)。当完整的核和碎裂的核进入正常有丝分裂以后(图15.3D)，初生愈伤组织就会成为一个包括各种倍数性不同的整倍体和非整倍体(亚单倍体，单倍体，亚二倍体和二倍体等)细胞的混合群体。然而，由于整倍体细胞的竞争能力较强，后来通过有丝分裂选择，很多非整倍体细胞可能被淘汰。由此可见，先发生核碎裂再进行有丝分裂是离体培养中导致染色体减数或单倍化的一个重要过程。至于培养基中哪些因素能够影响愈伤组织发生的细胞学方式：是通过有丝分裂，还是先发生核碎裂再进行有丝分裂？这在烟草茎髓离体培养研究中已经找到了答案——当培养基中生长素/细胞分裂素的比率较低时(IAA 2 mg/L，KT 0.5 mg/L或1 mg/L)，外植体的最初有丝分裂发生在接种2 d之后，所有有丝分裂细胞都是整倍体(二倍体和多倍体)。但当把其中生长素/细胞分裂素的比率提高以后(IAA 2 mg/L，KT 0.2 mg/L)，最初有丝分裂出现在接种6 d之后，而且除整倍体细胞外，还有比例相当高的非整倍体细胞，可见较高的生长素/细胞分裂素比率是促成有丝分裂前先发生核碎裂的因素。

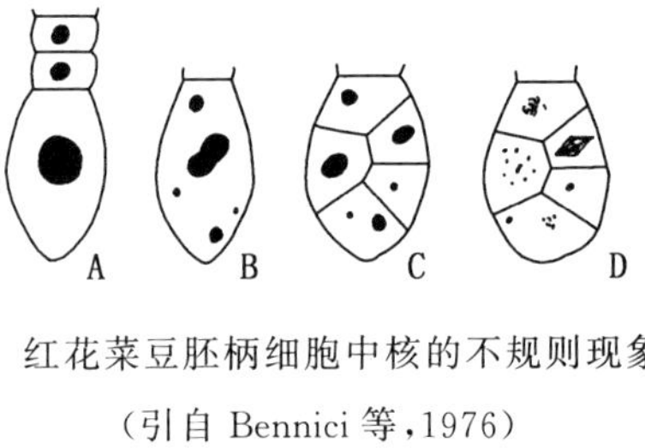

图15.3 红花菜豆胚柄细胞中核的不规则现象模式图

(引自Bennici等，1976)

由以上介绍可知，初生愈伤组织可能是一个异质细胞群体，它一方面反映了既存于外植体中的染色体状况，另一方面又是愈伤组织诱导期间核变异的结果。

在愈伤组织和悬浮细胞生长期间，染色体数目还可能发生进一步变异，这既取决于培养物的内在特性，又取决于各种外在因素，尤其是培养基的激素组成，培养方式，以及继代间隔时间的长短。一般来说，在愈伤组织和悬浮培养物中核的状态可以有以下几种类型：二倍体、多倍体、单倍体、非整倍体和染色体结构变异体等。

15.4.2　建成愈伤组织

就染色体数来说，在培养的愈伤组织细胞中异常现象主要有 2 种类型：①整倍性：增加的染色体数是基本染色体数的整倍数（$2n$，$3n$，$4n$，$5n$ 等）；②非整倍性：细胞所具有的染色体数不是基本染色体数的整倍数。虽然体细胞多倍性一般不涉及非整倍性，但已证明非整倍性在培养细胞中确实存在。

在离体培养中，由于多倍化作用的结果，会出现四倍体、八倍体、十六倍体等一系列的整倍体细胞。这种多倍化作用的一个重要机制，可能是纺锤体的形成受阻或染色体在后期落后。多核细胞的出现和其中各个核在同步分裂期间纺锤体的融合，是组织培养中多倍体细胞的另一来源。核融合甚至在间期也能发生。在组织培养中奇数系列（$3n$，$5n$，$7n$ 等）的整倍体细胞也很常见，这可能是核融合的结果，也可能是在多倍体细胞有丝分裂期间染色体组发生分离的结果。这后一种过程可以发生在下述情况下：倘若一个四倍体细胞在分裂时不是形成一个双极性的纺锤体，而是形成一个三极性的纺锤体，染色体的分配就可能出现奇数形式（1∶3∶4，3∶2∶3，2∶4∶2 等）。在某些情况下，甚至可能形成一个四极性的纺锤体，导致染色体的分配形式为 2∶2∶2∶2。在离体培养的二倍体组织中偶尔会出现单倍体细胞，可能就是这种过程的结果。

除了杂种起源的植物（印度甘蔗）和新合成的多倍体外，在自然界一般并不出现非整倍性。然而，在组织培养中非整倍性却不罕见。当把粉蓝烟草的茎髓组织接种在含有 2,4-D 的培养基上以后，2～6 d 之内普遍出现核碎裂现象（无丝分裂），结果就会造成多核细胞，其中各个核的大小互不相同。在理论上，若是在这种无丝分裂之后接着再进行正常的有丝分裂，就应当出现具有各种不同染色体数的细胞。在红花菜豆胚柄培养和蚕豆子叶培养中即已看到过这种现象（见第 15.4.1 节）。在纤细单冠菊的悬浮培养中，还看到过通过染色质断裂而产生非整倍体细胞的现象。

在组织培养中，由于选择作用的结果，在最终形成的细胞群体中占优势的只是一种主要的核型，即一种染色体数。这种选择作用受到培养基成分和培养类型的影响，同时也受到一个异质群体中细胞间的竞争和互作的影响。Singh

(1975)由纤细单冠菊中曾分离出具有4条、6条和16条染色体的3个细胞系。当在补加了2,4-D的B_5培养基上长期培养时,具4条和6条染色体的细胞系表现稳定,而具16条染色体的细胞系逐渐失掉一些染色体,最后变成了一个具有13条染色体的稳定核型。Smith和Street(1974)在一项实验中把取自胡萝卜二倍体细胞系和四倍体细胞系的细胞等数混合,原来这2个细胞系在单独培养时生长速率相同,混合后经反复继代培养,四倍体细胞的频率不断增加,最后整个培养物都成了四倍体的。

Johri和Nag(1974)的研究表明,在印度五蕊寄生和怒江钝果寄生中,胚和胚乳愈伤组织以及在30个月中由这些愈伤组织分化的器官,都保持了外植体原有的倍数性。根据Sheridan(1975)的实验结果,在麝香百合中,大多数愈伤组织系统在培养了7年之后仍是二倍体细胞占优势,由这些愈伤组织再生的植株全都是二倍体的。不过Bennici(1979)看到,由保存了一年的麝香百合愈伤组织分化的植株多数都具有混倍体特征,只有少数植株完全是由二倍体细胞组成的。

培养细胞染色体数目的稳定性并不排除它们在细胞遗传学上的不稳定性。有些变异可能是由或大或小的染色体结构变异引起的,而染色体数目并未受到影响。Sacristan(1971)在还阳参中即曾看到过由于染色体重排导致的核型变异现象。这种植物有3对染色体,根据它们的形态很易区分,第1对染色体较长(L),第2对具有中等大小的随体染色体(Sat),第3对染色体较小(S)。Sacristan注意到,在长期培养中重排的频率因染色体而异:L染色体是47%,Sat染色体是82.3%,S染色体是64.6%。在纤细单冠菊的组织培养中,经常出现无着丝粒断片,微染色体,缺失染色体,双着丝粒染色体和环状染色体(图15.4)。染色体长度的变化主要是由易位引起的。

迄今为止,在进行培养细胞核型研究时,所使用的都是传统的醋酸洋红或孚尔根压片法。采用这种方法可对染色体的数目和大的形态进行研究,但难以发现染色体中的细微结构变异。这可能是关于培养细胞染色体结构变异的报道很少的原因之一。为了能对培养细胞的染色体变异进行更深入的研究,应当采用细胞学新技术如吉姆沙和奎吖因染色体分带方法等。

15.5 影响离体培养细胞核型变异的因子

除了组织的自然倾向之外,在离体培养中细胞的核型变异还受若干其他因子的影响,其中最重要的是培养基成分。

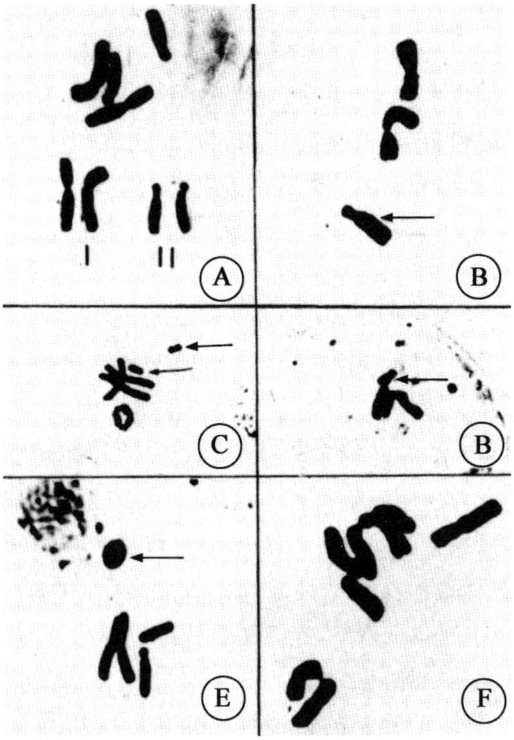

图 15.4　纤细单冠菊(*Haplopappus gracilis*)悬浮培养细胞有丝分裂的中期表现
A. 一个二倍体细胞($2n=4$)的核型；染色体Ⅱ有一个随体；B. 一个染色体Ⅱ为单体的细胞；C. 一个染色体断裂(如箭头所示)的细胞；D. 一个染色体Ⅱ局部缺失(如箭头所示)的二倍体细胞；E. 一个具环形染色体的非整倍体细胞；F. 一个四倍体细胞(引自 Singh 和 Harvey，1975)

15.5.1　培养基

Torrey(1961)曾经指出，通过改变培养基成分，可以有选择地诱导和保持倍数性较高的细胞的分裂。他注意到，在只补加了 2,4-D 的培养基上，豌豆根段培养物中二倍体细胞发生分裂，但当培养基中除 2,4-D 之外还含有激动素和酵母浸出液时，则能有选择地诱导四倍体细胞发生分裂。激动素和酵母浸出液也能提高多倍体细胞有丝分裂的频率。

关于组织培养物的多倍性与培养基中 2,4-D 之间的关系，既有正相关的报道，也有负相关的报道。有些作者把 2,4-D 视为多倍性的一个直接诱导因素，另一些作者则认为,2,4-D的作用只是有选择地促进多倍体细胞的分裂。Sunderland(1977)看到,在含有2,4-D的培养基中,纤细单冠菊的悬浮培养物在6个月之内可由完全二倍体状态变为完全四倍体状态。如果以NAA取代培养基中的2,4-D,这种变化就要慢得多。Haddon和Northcote(1976)报道,在培养基中加入椰子汁,可以部分地中和2,4-D对多倍化作用的影响。

Butcher等(1975)在向日葵的组织培养物中没能证实2,4-D、NAA或IAA对细胞多倍化的促进作用。Kallack和Yarvekylg(1971)在豌豆的培养细胞中则看到,在2,4-D浓度和多倍化程度之间呈现负相关。按照这些作者的看法,如果使用激素的作用浓度(0.25 mg/L),2,4-D能增加多倍体细胞的有丝分裂,减少二倍体细胞的有丝分裂;但若使用除草剂的作用浓度(20 mg/L),2,4-D则能促进二倍体细胞的分裂。有趣的是,当所用的2,4-D浓度高达20 mg/L时,组织中有丝分裂指数竟与当使用生长素作用浓度(0.25 mg/L)时相差无几。在纤细单冠菊和一种蚕豆属植物(*Vicia hajastana*)悬浮培养中,也看到当2,4-D浓度增加时,可以有选择地淘汰倍数性较高的细胞,从而增加了二倍体细胞的数量。Singh和Harvey进一步指出,当2,4-D浓度较高时,有丝分裂不规则现象,如染色体桥和染色体互锁等,也比较少见。

除了化学组成之外,培养基的物理状态也能影响培养细胞的细胞学行为。虽然较早的研究者即已注意到悬浮培养物在细胞学上的不稳定性,但对悬浮培养物和生长在半固体培养基上的培养物的细胞核型的比较研究指出,在悬浮培养的条件下,选择压有利于二倍体细胞,而在半固体培养的条件下,四倍体细胞出现的频率较高。在每2 d继代1次的纤细单冠菊悬浮培养物中,Singh和Harvey(1975)注意到,在300 d内细胞群体一直处于平衡状态:二倍体细胞占93%,四倍体细胞占7%。在愈伤组织培养和细胞悬浮培养中,延长培养周期能扩大异常核型的变异范围。

15.5.2 组织原有的倍数性

Sacristan(1971)的研究指出,供体植株原有的倍数性在培养细胞多倍化过程中起着重要作用。他比较了在长期培养的还阳参单倍体细胞系和二倍体细胞系中发生的细胞学变化,看到单倍体组织的二倍化现象比二倍体组织的四倍化现象更为常见,表明在培养中处于二倍体水平上的细胞比处于单倍体水平上的细胞较为稳定。在单倍体组织和二倍体组织中,出现四倍体细胞的频率相似。

15.6 染色体变异与形态发生的关系

有些愈伤组织起初具有形态发生能力，但经过反复继代培养之后，这种形态发生能力常常逐渐下降，有时甚至完全丧失。此外，在由老龄培养物分化出来的器官中，有很大一部分可能是形态异常的。造成这些问题的原因有生理的和遗传的两个方面，而后一方面主要是多倍性、非整倍性和染色体结构变异。例如，根据对2个染色体变异程度不同的烟草细胞系的研究发现，这2个细胞系虽然都能够生长和分化，但和染色体变异程度较高的细胞系相比，变异程度较低的细胞系茎芽分化开始早，频率高(表15.1)。此外，由染色体变异程度较高的愈伤组织产生的植株生长极慢，难于生根。当然，并非在任何情况下，都能把长期培养物形态发生能力的丧失归因于可见的核内变异。

表15.1 2个烟草细胞系的细胞学行为和形态发生情况的比较

观察项目	细胞系Ⅰ	细胞系Ⅱ
细胞畸变		
第4次继代	16.7±1.85	26.2±3.09
第7次继代	19.6±1.71	28.2±3.01
染色体数	主要是$2n$和$3n$	$2n$～$8n$
有丝分裂活性	高	低
器官发生		
茎芽分化	早	晚
平均茎芽数/管	3.80	1.93

引自Zagorska等，1974。

尽管在组织培养中细胞间的倍数性不同，但由这些细胞再生的植株可能都是二倍体的。Torrey(1967)看到，在保存了1年的豌豆根愈伤组织中，既有二倍体细胞也有四倍体细胞，但由这些细胞分化出来的根全部是二倍体的。随着愈伤组织年龄的增加，也会出现一些四倍体的根。不过，当大部分愈伤组织细胞都变为$4n$或倍数性更高时(发现过的倍数性最高的细胞为$16n$)，愈伤组织的生根能力也就完全丧失了。Torrey的这些实验结果后来被Haddon和Northcote(1976)的研究所证实。据后者报道，在菜豆愈伤组织中，虽然二倍体细胞的数目很少，但由愈伤组织形成的根都是二倍体的。目前，对于在细胞的一个随机群体中所以会选择二倍体(或四倍体)细胞参与器官的分化，原因不清。看来，在一个倍数性不同的细胞混合群体中，倍数性较高($8n$或更高)的细胞是处于一个在选择上不利于细胞分裂的位置上。据信,在反复的继代培养中,高度多倍化细胞的出现是由于倍数性较低的细胞不断进行核内复制的结果,而不是这些多倍体细胞自我繁殖的结果。如果事实果然如此,在这些高度多倍化细胞不能持续进行分裂的情况下,不能期望会由它们分化出器官。

虽然非整倍性可导致器官分化能力的丧失,但至少有几个例子已经表明,由非整倍体细胞也可能再生完整的植株。

15.7 花粉植株中的倍数性变异

在某些物种中,花药培养是产生单倍体的一种有效方法(见第 6 章)。在烟草属的各物种中,由花药培养产生的植株多数都是单倍体。但在大部分其他植物中,由花药培养产生的植株多数具有较高的倍数性水平,或者是非整倍体(表 15.2)。在矮牵牛花药培养中,Wagner 和 Hess(1974)获得了 33 个植株,其中只有 1 株是单倍体,其余 32 株或是二倍体,或是三倍体。黄佩霞等(1978)曾对 2 496 株水稻花粉植株进行了染色体计数,其中单倍体占 35.3%,二倍体占 53.4%,多倍体占 5.2%。在小麦花粉植株中,自然加倍率为 20%~30%,单倍体约占 70%。

表 15.2 在花药培养中形成高频率非单倍体的一些物种

物 种	发育方式	植株染色体数	作 者
颠茄($2n=72$)	花粉胚	36,72,108	Zenkteler(1971)
毛曼陀罗($2n=24$)	花粉胚	12,24,36,48,72	Sunderland 等(1974)
光叶曼陀罗($2n=24$)	花粉胚	12,24,36	Narayanaswamy 和 Chandy(1971), Iyer 和 Raina(1972)
假白花曼陀罗($2n=24$)	花粉胚	12,24	Kohlenbach 等(1972)
栽培大麦($2n=14$)	愈伤组织	7,14,28	Clapham(1973), Malepszy 等(1974)
百脉根($2n=24$)	愈伤组织	24,28	Niizeki 和 Grant(1971)
水稻($2n=24$)	愈伤组织	12,24,36,48,60	Niizeki 和 Oono (1968, 1971), Iyer 和 Raina(1972), Guha 等(1970)
矮牵牛($2n=14$)	花粉胚(愈伤组织)	7,14,21,28	Raquin 和 Pilet(1972), Wagner 和 Hess(1974)
龙葵($2n=72$)	愈伤组织	36,72,108 及非整倍体	Horn(1972)

在花药培养中,一个植株可能是通过胚胎形成过程由花粉粒直接起源的,也可能是花粉粒先形成愈伤组织,然后再由愈伤组织分化出植株。如果花粉植株的发育方式是通过先形成愈伤组织,那么这些非单倍体植株的起源或是由于愈伤组织是由花药的二倍体组织产生的,或是由于花粉起源的单倍体组织具有核内多倍性。如前所述,单倍体组织在培养中是很容易发生多倍化的。

如果花粉植株的产生没有经历形成愈伤组织这个中间阶段,核融合即可能是多倍性的原因。Sunderland 等(1974)在毛曼陀罗中详细研究了通过这个过程产生的二倍体、三倍体和四倍体植株的起源(图 15.5A～C)。在这个物种中,花粉胚的发育有 3 种不同的方式:①小孢子核进行正常分裂,形成一个营养细胞和一个生殖细胞,花粉胚是由营养细胞单独形成的;②营养细胞和生殖细胞是通过正常方式形成的,2 个核都参与胚胎发育;③小孢子进行均等分裂,所产生的 2 个子细胞进一步分裂,并参与胚的形成。根据 Sunderland(1974)的研究结果,经由途径①起源的胚都应当是单倍体。然而,在其他两个途径中,由于在不同水平上进行核融合的结果,就会形成 $2n$,$3n$ 和 $4n$ 的胚。在途径②中,二倍性是通过营养核和生殖核在同步分裂中彼此融合产生的,其结果是形成 2 个二倍体核。这 2 个核再进行正常的有丝分裂,最终即形成一个二倍体的胚。不过,倘若在营养核和生殖核融合之前,生殖核已经进行过核内复制(DNA 含量变为 4C,图 15.5A),那么最终结果将是形成 $3n$ 的胚。如果是一个已经进行过核内复制的生殖核(DNA 含量为 4C)和营养核的 2 个子核(每个 DNA 含量为 2C,图 15.5B)融合,结果就会形成四倍体的胚。对途径③来说,迄今只能通过 2 个子核在同步分裂期间彼此融合来解释二倍性的起源。

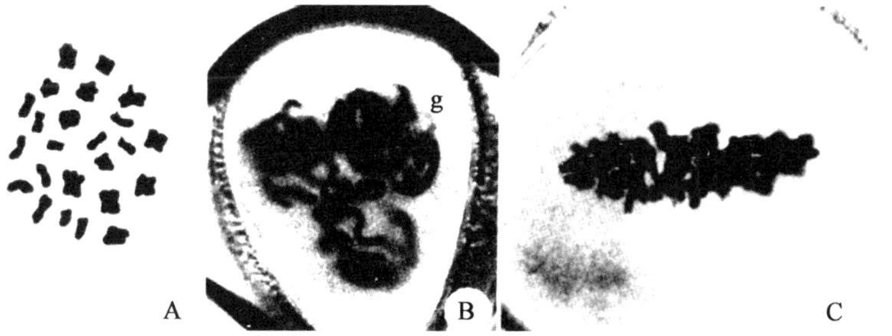

图 15.5　在毛曼陀曼花药培养中导致形成多倍体花粉植株的某些核型不规则现象
A. 1 个中期花粉粒,内有 12 条由生殖核核内复制形成的双分染色体(粗者),和 12 条营养核的普通染色体;B. 胚性花粉粒,其中 1 个生殖核(g)和 2 个营养核同时进入有丝分裂前期;C. 1 个花粉粒的混合中期构型,营养核起源的普通染色体在左方,生殖核起源的双分染色体在右方(引自 Sunderland)

染色体自发加倍，无论是通过核内多倍性还是核融合，由于可免去采用秋水仙素处理的麻烦，对于获得纯合二倍体来说具有重要的实际意义。然而，在通过花药培养生产单倍体的时候，出现较高的倍数性或非整倍性则是一个严重的问题。

在单倍体细胞培养中，核型不稳定性的普遍存在是用其进行遗传和生化研究的一个主要障碍。因此，为了保持培养细胞的单倍性，研究者们已经进行了一些尝试。据 Gupta 和 Carlson(1972)报道，在烟草中，荧光苯丙氨酸(PFP)能显著抑制二倍体细胞的分裂，但并不影响单倍体细胞系的生长。然而，在林生烟草中 Dix 和 Street(1974)看到，细胞对 PFP 的敏感性因组织的来源而异，而不因倍数性(n 和 $2n$)而不同。尽管如此，Matthews 和 Vasil(1975)支持 Gupta 和 Carlson 的实验结果，并进一步指出，在细胞和组织培养中，PFP 的浓度对获得和保持细胞的单倍体形式是一个重要的因素。

15.8 嵌合性

嵌合性指的是遗传组成不同的细胞在同一个有机体中同时存在的现象。在自然界，染色体数的嵌合性常常是由杂种或新近合成的多倍体的遗传不稳定性造成的。甘蔗无性繁殖系 H50-7029 的每个植株都表现染色体数的嵌合性($2n=108\sim128$)，由它们的愈伤组织再生的植株表现幅度更大的嵌合性($2n=94\sim120$)。

据 Bennici 和 D'Amato(1978)报道，硬粒小麦的中胚轴节段在培养开始 10～15 d 之内能够分化茎芽。在由这些茎芽长成的植株中，根尖和茎尖都表现染色体数的嵌合性。组成嵌合体的细胞除了二倍体的以外，还有亚单倍体的、单倍体的和亚二倍体的。这种非整倍体细胞和整倍体细胞共存(同体异数，aneusomaty)的现象能够长期存在，直到穗的发育后期。但由于二倍体细胞具有选择上的优势，非整倍体细胞逐渐被淘汰。在小孢子母细胞和大孢子母细胞中，直到减数分裂之前，非整倍体细胞才被完全淘汰。在由秘鲁番茄花药培养产生的植株中，可见到平周嵌合体和边缘嵌合体。由蚕豆子叶愈伤组织分化出了混倍体的根。组织培养再生混倍体植株的其他例子有烟草、大麦和麝香百合。这种混倍体现象的出现表明，再生植株可能是由愈伤组织中一个以上细胞起源的。

15.9 植株再生的遗传控制

由愈伤组织再生完整植株显然是一个基因型特征。在离体培养的条件下，一个物种内并非所有的品种都能表现同样的生长和分化能力，其结果就会妨碍把离体培养技术用于很多农艺性状优良的品种。为了克服这种局限性，首先必须搞清是哪些基因或基因块（gene block）控制着离体条件下的生长和再生，然后再把它们转入到那些虽然农艺性状优良，但缺少这些组织培养属性，因而不能通过体细胞遗传学或其他离体方法进行改良的基因型中去。Bingham 等(1975)在四倍体苜蓿中就曾做过这种尝试。在这种植物中，虽然 1972 年 Saunders 和 Bingham 即报道过可以由愈伤组织形成植株，但是具有这种潜力的基因型所占比例极低(0～5%)。Bingham 等(1975)利用自然变异，并通过筛选和轮回选择，育成了一些新的种质，它们在培养中再生植株的能力得到了显著的提高。与此类似，Jacobsen 和 Sopory(1978)通过把 2 个在离体培养中反应能力很差的品系进行杂交，选育出了 1 个新的马铃薯品系，这个品系具有相当高的形成花粉胚的能力。

15.10 体细胞无性系变异

在长期的组织培养实践中，人们发现，无论是无性繁殖植物还是种子繁殖植物，当它们的细胞或组织经历了一段时间的离体培养之后，在由愈伤组织分化形成的再生植株中，常常产生明显的变异。这些变异既可能是染色体变异，也可能是基因突变。对于以建立无性系为目的的植物营养繁殖过程来说，这些变异常会导致优良种性的丧失，显然是有害的；但对于植物育种家来说，这些变异却是除有性杂交和诱发突变之外的第 3 个变异来源，为优良品种的选育提供了更加丰富的材料。1981 年，Larkin 和 Scowcroft 建议使用体细胞无性系（somaclone）这一术语，表示由任何形式组织培养产生的再生植株，而用体细胞无性系变异（somaclonal variation）这一术语表示在这些再生植株中出现的变异。现在这 2 个术语已经得到了普遍的承认和广泛的应用，但体细胞无性系在植物遗传改良中的利用潜力，在一定程度上还取决于对以下 2 个问题的深入探讨。

15.10.1 体细胞无性系变异的普遍性

在离体培养的细胞中，染色体数量变异和结构变异是经常发生的，但作为一项规律，再生植株无论是通过胚胎发生途径产生的还是通过器官发生途径产生的，培养细胞中的大部分染色体变异都不能传递给再生植株。也就是说，在培养细胞的再分化过程中，细胞的染色体组有一种恢复正常的强烈倾向。一部分染色体变异，如非整倍体，即使能够传递给再生植株，在再生植株个体发育过程中也会逐渐受到淘汰，结果在孢子母细胞中所含的染色体变异就很少，整个过程可以称做“二倍体选择”(diplontic selection)。如果再经历一次“单倍体选择”(haplontic selection),那么通过组织培养获得的染色体变异,特别是染色体的数量变异,能够遗传的机会就很少。但某些染色体结构变异或许有较多的遗传机会,只是由于确定染色体结构变异需要大量艰苦的细胞学工作,这方面的报道不多。不过,尽管存在着上述的一般规律,但由于在培养的细胞中染色体变异的频率很高,有关在再生植株中存在着染色体数量变异的结果仍然时有报道。如Ogura(1987)证实,在由水稻原生质体培养获得的126个再生植株当中,有1株是三倍体,10株是四倍体,1株是非整倍体。

如果不计染色体变异,而只考虑基因突变或在表现型效果上类似于基因突变的现象,那么在已发表的有关报道中,有些提出了肯定的结果,有些提出了否定的结果,甚至在同一种植物上,不同作者的报道常常相互矛盾,究其原因,可能是由于以下3个方面因素的影响。

15.10.1.1 植株再生方式的影响

一些研究结果表明,经由胚胎发生途径产生的再生植株在遗传上是相对稳定的。例如根据Vasil等人的研究结果,在羊草和珍珠粟等禾本科植物由胚胎发生途径产生的再生植株中,有丝分裂细胞的染色体数、减数分裂细胞的染色体构型、花粉的育性和形态特征等都与对照植株相似,并且没有白化现象。植株再生的另一种方式是器官发生,Vasil认为,在很多情况下,遗传变异都是发生在这类再生植株中。但与这些观点不一致的报道也是存在的。例如Armstrong和Phillips根据对玉米愈伤组织再生植株的研究,认为由两种方式产生的再生植株都能表现遗传变异性,只是通过器官发生途径产生的再生植株变异频率比较高。在培养16周的情况下,由器官发生和胚胎发生所产生的再生植株的变异频率分别为33.3%和20.8%。

15.10.1.2 离体培养时间的影响

无性系变异频率随着离体培养时间的延长而增加,这一现象最初是在燕麦和小黑麦上发现的,后来又在包括玉米和小麦等其他植物上得到证实。因此,为了提高无性系变异频率,在保障植株分化能力不致丧失的前提下,继代培养的时间应当是长些为好。

15.10.1.3 基因型的影响

许多报道已经反复证实,同一物种不同基因型经历了条件相似的离体培养后无性系变异频率可能不同。例如，据 Larkin 等(1984)报道，小麦品种 Yaque 50E 的无性系，既有形态变异，又有生化变异；既有简单遗传性状的变异，又有数量遗传性状的变异；一个无性系变异体还可同时包含若干个性状的变异。变异频率很高，单以芒长、颖色、粒色和蜡质层厚度 4 个性状来说，每个再生植株大约就包含 1 个突变。然而 Maddock(1986)报道，根据对 26 个不同小麦品种 2 623 个再生植株后代的分析，95%以上的再生植株与对照相比形态上没有差异，无性系变异频率不足 5%。就是 Larkin 本人，当再用其他小麦品种进行实验时，变异频率也没有 Yaque 50E 高。造成这种差异的原因，据 Maddock 推测，可能是由于不同品种在离体培养中的遗传稳定性不同。

15.10.2 体细胞无性系变异的类型和理化诱变的比较

和理化诱变相比，无性系变异还是一个很年轻的研究领域，这种产生遗传变异的新方式能否被植物育种家所接受，在很大程度上取决于它能否产生更高的突变频率，尤其是能否产生更广泛的、包括自然界原先不存在的变异类型。但是，迄今在这方面做过系统比较的研究很少，Sanford 等(1984)曾经把马铃薯原生质体再生植株所表现的无性系变异与田间自发变异进行了比较，结论是变异谱没有差别，唯一的差别是变异频率的不同。在小麦中，根据 Larkin 等的实验结果，株高、芒性、穗形和抽穗期的突变，既是常见的无性系变异类型，也是常见的理化诱变的变异类型，两种诱变方式所产生的突变谱基本上是一样的。Maddock 在一篇报告的结尾部分也说：本文所报道的在小麦上的研究结果没有展示出任何明显的新变异。不过在番茄上 Ramulu 提供了一个情况相反的例子。据他报道，在很多实验室中通过大量的理化诱变都没能得到控制配子体不亲合性的新的 S-等位基因，然而在由一个基因型所得到的 37 个花药培养再生植株中，出现了 16 个 S-等位基因发生了变异的植株。自交和测交的分析表明，这些变异都是简单遗传的。

15.11 突变细胞的离体选择

上一节所介绍的对体细胞无性系变异的选择是在组织培养之后进行的，也就是在再生植株群体中进行的，因而是一种个体水平上的选择。然而，对体细胞突变体的选择也可以在组织培养期间进行。在这后一种选择方式中，选择的对象不是发生了变异的植物个体，而是单个的自发或诱发的突变细胞。因此，这种选择方式的最大特点就是把高等植物的育种程序微生物化，使我们可以在完全均匀一致的人工条件下，在很小的空间和很短的时间内，一次就筛选大量细胞。此外，在细胞水平上进行选择，一年四季任何时候都能进行，这也是在大田条件下难以办到的。

15.11.1 突变细胞离体选择的方法

15.11.1.1 正选择和负选择

离体选择方法可以分为正选择和负选择两种。所谓正选择就是把受选择的细胞群体置于一定的选择压之下，从而使正常的细胞受到淘汰，而只有我们所需要的突变细胞才能生长的一种选择方法（图 15.6）。正选择适用于对抗性突变体的选择，如以 NaCl 为选择剂选择耐盐突变体，以除草剂为选择剂选择抗除草剂突变体等，都属于正选择。正选择可以一步完成，也可以分多步完成。一步正选择是指所用的选择压足以一次性地消灭正常细胞，多步正选择则是分数次由低到高增加选择压逐步消灭正常细胞。一般认为，一步选择法有利于筛选单基因突变的细胞，而对于遗传背景不详且可能是多基因的突变或是细胞质基因突变，采用多步选择法可能较为妥当，以有利于增加突变基因的拷贝数量，但不利的一面是其间某些正常细胞可能产生生理性适应，从而混存于突变细胞当中，其后必须反复采用加压-去压交替的培养方法才能将正常细胞淘汰。

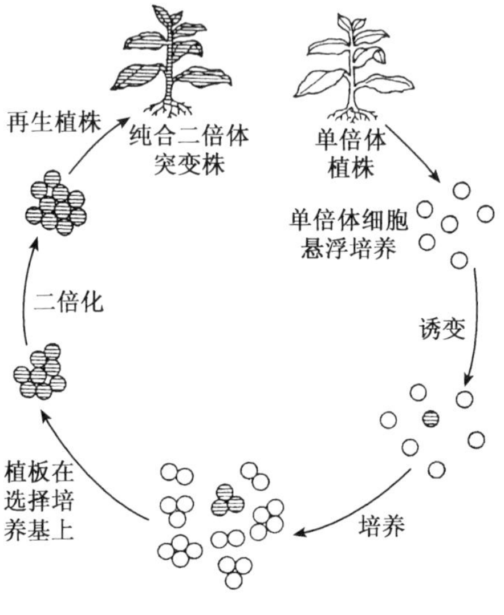

图 15.6 突变细胞正选择程序示意图（引自 Chaleff，1983）

负选择的情况和正选择恰恰相反，在一项负选择实验中，选择的对象是在一定选择压的作用下不能生长的那些细胞，而能够生长的细胞受到淘汰。负选择适用于对营养缺陷型突变体的选择。Carlson(1970)使用 Puck 和 Kao(1967)为培养动物细胞而设计的 BUdR(5-溴脱氧尿苷)法，分离出烟草的营养缺陷型突变体，即是负选择的一个成功例证。这项选择的具体程序是：

先把已经过诱变处理的单倍体细胞培养在一种基本培养基中 96 h，于是有营养缺陷的细胞不能继续生长，奄奄一息，只有野生型细胞生长旺盛。这时把 BUdR 加入培养基，置暗处培养 36 h。由于 BUdR 只能与活跃生长的细胞中的 DNA 相结合，并使与它结合的 DNA 获得光敏特性，因此当把培养物再转到光下时，BUdR 的光解就引起了能在基本培养基上生长的那些野生型细胞的 DNA 的严重损伤。营养缺陷型细胞不结合 BUdR，因此不是光敏的。当把所有这些悬浮细胞植板到完全培养基上以后，只有突变细胞能够繁殖，再经过二倍化处理，最后即可得到纯合二倍体的营养缺陷型再生植株(图 15.7)。营养缺陷型突变体通过互补作用对于体细胞杂种的选择具有重要价值。

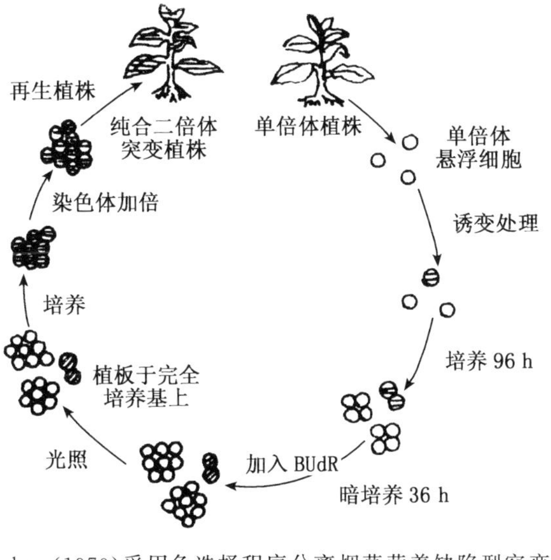

图 15.7　Carlson(1970)采用负选择程序分离烟草营养缺陷型突变体的示意图
(引自 Chaleff,1983)

获得营养缺陷型突变体的另一种策略是在诱变处理之后采用非选择性筛选技术，这类方法也已获得成功。将单倍体细胞占多数的毛曼陀罗的悬浮培养物过滤，从中得到单细胞和小细胞团，它们在转入到一种富集培养基上以后，表现了很高的植板效率。将由这些培养物中长出的各个细胞团分别一分为二,一半接种在基本培养基上,另一半接种在完全培养基上,观察它们的生长情况。通过这种方法已经分离出了若干稳定的细胞系,它们分别对泛酸和腺嘌呤表现出绝对的需要。这些营养缺陷型细胞系甚至在分离出一年之后也不会恢复为原养型。

15.11.1.2 直接选择和间接选择

以上介绍的是一种分类方法。如果从另外一个角度分类,还可以把离体选择方法分为直接选择和间接选择两种。所谓直接选择,指的是在一项选择实验中,所用的选择剂正是以后在整株水平上突变表现型的作用对象,如以 NaCl 为选择剂选择耐盐突变体等,既是正选择,也是直接选择。但是,如果目标表现型并不具有选择上的优势,则须采用"间接选择法",其中所加的选择剂不是突变表现型对其直接表现抗性的物质。如通过对抗氯酸盐细胞的选择而分离出硝酸还原酶(NR)缺失突变细胞系,即是间接选择法之一例。硝酸还原酶能把氯酸盐转变成亚氯酸盐,后者对细胞有毒害作用。因此,在加入了氯酸盐的培养基上,具有硝酸还原酶活性的野生型细胞将被杀死,只有硝酸还原酶缺失突变体能够生存。这类表现型在体细胞杂交研究中可用做互补选择的标记。

15.11.2 影响突变细胞离体选择效果的因素

无论采用哪种选择方法,在开始一项离体选择实验之前,都要充分考虑各种因素对选择效果可能产生的影响。这些影响因素至少有以下三类。

15.11.2.1 亲本材料对选择效果的影响

亲本材料的选用是否得当,对于离体选择的成败有重要的影响。在有些情况下,亲本材料的种类是由选择实验的目的决定的,例如,要想选择对玉米小斑病小种 C 的抗性,就必须采用 C-型细胞质雄性不育的玉米细胞系。在一般情况下,选择亲本材料时必须注意染色体的倍数性水平和培养细胞的再生能力。由于多数突变都是隐性的,而隐性突变只有在单倍体的背景下才能表现出来,所以从这个意义上说,在离体选择实验中应当尽量使用单倍体材料。但是,如果实验的目的是获得一个显性突变或细胞质突变,那么就不一定有必要使用单倍体细胞系。培养细胞的再生能力对选择效果的影响主要表现在:如果一个亲本细胞系不能再生植株,从其中筛选出来的变异细胞系也就不能再生植株。因此在选择实验中要避免使用那些不具再生能力或再生能力不强的细胞系。

15.11.2.2 培养方式对选择效果的影响

用来进行离体选择的组织培养方式可以分为 4 种:愈伤组织培养、细胞悬浮培养、细胞植板培养和原生质体植板培养,其中最常用的是愈伤组织培养。和其他三种选择系统相比,愈伤组织选择有明显的优点,但也存在着以下 4 个缺点:

1. 和悬浮培养的细胞相比,愈伤组织的生长速率比较慢,这在某些生化突变体的选择实验中,可能会产生不利的结果。例如,倘若所用选择剂在培养基中降解很快,而细胞生长速率很慢,因此在敏感型细胞死亡之前选择剂就可能已全部降解,致使敏感型细胞在不应存活的条件下也能存活下来。

2. 由于在一块愈伤组织中并非所有的细胞都能与培养基直接接触,因而这些细胞也就不可能均匀地受到选择压的作用,贴近培养基表面的细胞受到的选择压较大。

3. 在一块愈伤组织中,细胞之间的接触相当紧密,很容易产生互馈作用,使它们有可能逃脱选择压的作用。

4. 个别具有目的性状的细胞即使存在于一块愈伤组织中,但由于从四面八方包围着它的大量细胞都是在选择压的作用下不能生长的细胞,因而这个突变细胞也很难生长。

由于以上 4 个原因,愈伤组织实际上很难构成一个理想的选择系统,而且即使在这种选择系统中发现了个别愈伤组织块经受住了选择压的考验而存活下来,也必须注意它们很可能是个嵌合体,其中有大量细胞可能只是简单地逃脱了选择压的作用,而并非是所需要的突变体。

对于其他三种选择系统的利弊,这里就不再一一介绍。总的来说,培养物越是接近单细胞水平,离体选择的效果就越好;但与此同时,越是选择效果较好的培养方式,实验操作上的困难也就越多。在具体工作中究竟采用哪种选择方式,只能根据实际可能酌情而定。

15.11.2.3 选择压的施加方式对选择效果的影响

无论采用哪一种选择系统,选择压都可以突然施加,也可以逐步施加。在有些离体选择实验中,选择压的施加方式对最终的选择效果可能没有什么影响。但在另一些情况下,选择压的施加方式就有可能影响一项选择实验的成败。比如说,如果我们的实验目的是选择一个细胞器基因突变,那么最好就要采用渐进式的选择方式。这是因为,突变是一种罕见的事件,如果某个细胞在实验之初有一个线粒体发生了突变,就这整个细胞来说,因为其中多数线粒体都是正常的,那么它的突变表现型的作用必然很弱，这时如果突然施加一个强大的选择压，这个细胞很可能和正常细胞一样被淘汰。但是在一个比较温和的选择压下，这个细胞就有可能幸存下来。以后，随着选择压的逐渐增加，这个细胞系内突变线粒体的比例也逐渐增加，突变表现型随之增强，最终就可以被我们选择出来。

15.11.3 突变细胞离体选择的限制因素

突变体离体选择方法尽管有其独到的优点，但在使用时也常会受到以下4个因素的限制：

1. 培养的植物细胞不可能真正像微生物那样达到单细胞水平，即使是进行悬浮培养，细胞也经常是呈小聚合体状态存在，因而选择的结果所得到的往往是嵌合体，其中突变细胞和非突变细胞混杂在一起。

2. 在有些情况下，离体选择需要反复进行，选择压需要逐步加强，因此整个选择过程需要持续很长时间。例如Gengenbach选择玉米小斑病T小种抗性突变体的过程就持续了一年多的时间，但有些植物细胞在培养中很快丧失分化能力，结果虽然获得了抗性细胞系，但不能由这些细胞系获得再生植株。

3. 有些性状在细胞水平上的表现和在整体植株上的表现不一致，例如，20世纪70年代有人曾通过细胞选择的方法在烟草中获得了一种耐低温突变细胞系，但由这个细胞系所分化出来的植株并不耐低温。

4. 一个更严重的限制是，有些重要的农艺性状，如株型、产量、成熟期、果实味道和抗虫性等，不可能表现在细胞水平上，因此不能利用离体方法进行选择。在抗病性选择中也只限于对那些以毒素致病的病原菌才能有效。

最后必须指出，要想由细胞培养中分离出真正的突变体，还须进行一系列的连续研究：①对所分离出来的突变细胞系的特性进行鉴定；②确定目标性状在组织培养中的表现型表现；③由突变细胞产生 M_1 植株；④检验组织培养中的突变能否传给再生植株；⑤产生种子和后代；⑥对于突变能否通过种子而传递进行检验；⑦检验突变在种子后代的植株水平上的表达；⑧遗传研究并建立突变系的种子贮备；⑨突变性质的研究。

15.11.4 突变细胞离体选择实例

本节介绍在离体培养中进行变异细胞系选择的几个实例及其在作物改良中的应用前景。

15.11.4.1 对氨基酸和氨基酸类似物抗性的选择

由于在几种主要农作物的种子贮藏蛋白中，都缺少这种或那种必需氨基酸，例如，大豆：缺少甲硫氨酸，小麦：缺少赖氨酸和苏氨酸，玉米：缺少赖氨酸和色氨酸，水稻：缺少赖氨酸。因此，人们期望通过对氨基酸或其类似物抗性突变体的选择，以提高植物中游离氨基酸的含量，改善农作物或牧草的营养品质。这类选择根据的原理是：植物细胞中氨基酸代谢受其末端产物即各种氨基酸的反馈抑制调控，当以氨基酸或其类似物为选择剂施加于培养中的细胞时，它们将会抑制正常细胞中相应的天然氨基酸的合成，使细胞进入饥饿状态，或是因氨基酸类似物掺入蛋白质而对细胞产生毒性。已知反馈抑制的作用点是氨基酸生化合成过程中的某些关键酶，例如已知天冬氨酸族氨基酸合成途径中的天冬氨酸激酶和二氢吡啶二羧酸合成酶受赖氨酸的反馈抑制等。当这些关键酶基因发生突变，对各自的反馈抑制物不敏感时，就会过量地合成相应的氨基酸，而且这种过量的氨基酸还能稀释类似物，从而阻止其掺入蛋白质产生毒性。当把培养基中外源氨基酸或其类似物的浓度提高到一定程度，就有可能筛选出由于关键酶基因发生突变而能忍受过量氨基酸抑制的抗性突变体，在其细胞中游离氨基酸含量可提高几倍甚至更多。在这类突变体选择的研究中，虽然不乏以氨基酸作为选择剂的报道，但更多的作者是采用了氨基酸类似物作为选择剂，这是因为氨基酸类似物具有用量小和效果好等特点，它们能代替氨基酸作用于关键酶而起假反馈抑制作用，但由于不能代替氨基酸合成蛋白质，或只能错误地掺入蛋白质合成中，形成无活性的蛋白质，从而使细胞因氨基酸饥饿及代谢失调而受到抑制。然而，由于氨基酸有部分解除相应氨基酸类似物的抑制作用的能力，对于具有过量合成某种氨基酸能力的突变体来说，其中氨基酸类似物的毒害作用必然较轻。因此，人们可以通过对选择剂浓度的调节，使正常细胞致死，而突变细胞存活下来（王敬驹，1995）。

有关对氨基酸和氨基酸类似物抗性离体选择的研究以20世纪70年代和80年代较多，从中选出了若干个抗性细胞系，但普遍存在的一个问题是，游离氨基酸含量的增加往往只表现在这些突变细胞系中，由这些细胞系再生的植株并不具有相同的突变表现型，尽管由这些再生植株产生的二次培养物也可能具有较高的游离氨基酸含量。造成这种现象的可能原因是：在培养细胞和再生植株中，与氨基酸生物合成有关的各种同功酶在表达能力上有所不同。

15.11.4.2 抗病性选择

对于多数植物病害来说，抗性都不是由单基因控制的，而且在组织培养中可能不易察觉。不过，在有些情况下，植物毒素对组织、细胞或原生质体的毒害作用与对整体植株的作用一致。此外，如果植物毒素又是致病的唯一因素，那么就应当有可能用植物毒素在离体条件下对抗病性进行直接选择。这个假设得到了Carlson(1973)实验结果的支持。他由经过化学诱变剂甲基磺酸乙酯(EMS)处理过的烟草原生质体中,选出抗甲硫氨酸磺肟(MSO)的细胞系,从中再生的植株提高了对烟草野火病的抗性。虽然现在已不再把 MSO 当成烟草野火病病原菌毒素的类似物,但这些研究指出了在离体培养中选择抗植物毒素的细胞或植株的可能性。在玉米中,T-型细胞质雄性不育系对玉米长蠕孢菌小种 T 的毒素是敏感的,在未成熟胚愈伤组织中,通过逐步提高 T-毒素的浓度,进行反复选择的结果,得到了抗毒素的愈伤组织和抗毒素的植株。这些结果后来得到了证实,只是在产生对毒素抗性的同时也恢复了雄性的育性。这两个性状都是细胞质遗传的,由线粒体基因组控制。以后,由未加 T-毒素的 T-型细胞质雄性不育玉米的组织培养中,也同样得到了抗 T-毒素的不育植株。

Behnke(1979)在马铃薯中由抗马铃薯晚疫病菌培养物有毒滤液的愈伤组织,获得了再生植株,其中凡能抗病原菌滤液的小叶片,病原菌在其上生长速度也较慢。由抗尖镰孢菌培养物滤液的愈伤组织再生的马铃薯植株也保持了这种抗性,由这些植株形成的新愈伤组织亦然。

15.11.4.3 对除草剂抗性的选择

若要在田间条件下进行抗除草剂表现型的选择,就必须施加高强度而又均匀一致的选择压,这常常是不易做到的。在细胞水平、组织水平和植株水平上,对除草剂作用所做的比较表明,有可能在组织培养中进行对除草剂抗性的选择。Chaleff 和 Parsons(1978)由组织培养中选出了烟草抗“毒莠定”(Picloram)突变体,即充分说明了这种可能性。在某些由抗性细胞系再生的植株中,对除草剂的抗性是由核的几个不同单基因的显性或半显性等位基因控制的,分属于 3 个连锁群。在烟草中还已分离出抗“杀草强”(Amitrole)的细胞系。在它们的选择过程中,或是先对生长能力进行选择,然后再对抗褪绿能力进行选择;或是顺序相反。由于组织培养独具的绿色异养生长能力,因此才有可能进行这种类型的两步选择,若是在田间条件下,由于生长依赖于光合作用,不可能进行这种类型的选择。此外,抗 2,4-D 的细胞系现在也已有报道。

为了充分发挥利用组织培养技术分离抗除草剂突变体的潜力,对于除草剂对细胞和植株的作用机制,还需要做进一步的研究。

15.11.4.4 抗逆性选择

环境因子,如土壤含盐量过高和低温等,常常是某一作物分布地区的主要限制因素。近年来已经做了很多努力，以期由组织培养中分离出抗逆表现型，并能在再生植株中稳定表达。Nabors 等(1975，1980)已经分离出能耐高浓度 NaCl (0.88%)的烟草细胞系。再生植株经过连续两个有性世代之后，仍然保持着这种耐性。在林生烟草的再生植株中，耐盐性的有性传递情况也正在研究之中。苜蓿和柑橘的耐盐细胞系只有当存在 NaCl 时才能正常生长，这表明可能已转向盐生型。必须严格区分细胞对高水平盐分的适应性和真正的耐盐性。

在番茄中已经分离出稳定的抗铝变异细胞系，但对它们的鉴定结果尚未报道。

15.11.5 离体入选的变异性状在再生植株中的表达和遗传

在有些情况下，一个在细胞水平上入选的突变性状能否在再生植株中表达是无关紧要的，例如，假若选择的目的只是为了获得一个标记性状，以便用于以后的细胞杂交实验，那么只要这个性状能在培养的细胞中表达就足够了。在另外一些情况下，虽然要求突变性状必须能在再生植株中稳定地表达，但是能否通过有性过程传递则无关紧要，例如在营养繁殖植物中情况就是这样。不过在大多数情况下，都要求入选的性状不但能在再生植株中表达，而且还必须能通过有性过程传递给后代。那么，什么样的入选性状才能符合这两项要求呢？为了说明这个问题，必须讲一下变异体和突变体的区别，以及后生遗传和遗传的区别。

15.11.5.1 变异体和突变体

在一项离体选择实验中，如果我们还没有足够的根据把入选的一种新的表现型确认为一种新的基因型，在这种情况下，应当把具有这种新的表现型的细胞或个体称为变异体(variant)，而不应当称为突变体(mutant)。因为严格地说，突变体只限于由真正的遗传事件所造成的变异体。这些事件包括核苷酸的取代、插入、缺失、染色体节段的重复、倒位、易位以及染色体数目的增加或减少等。而一个变异体则也有可能是由后生遗传事件造成的，在植物育种中并没有实用价值。

15.11.5.2 后生遗传和遗传

后生遗传变异也译作外遗传变异(epigenetic variation)，是指在细胞的发育和分化过程中，对基因表达的调控上所发生的变化，而不涉及基因结构的变化。这些变化在诱发条件不复存在以后，还能通过细胞分裂在一定时间内继续存在，即表现所谓“驯化现象”(habituation)。后生遗传变异由于具有这种特殊的稳定性，因此不同于生理上的变化。生理变化是作为对刺激的反应而出现的，刺激一停止，变化也就消失。在培养的植物组织中，最早发现的后生遗传变异是细胞增殖时对激素要求的改变。Gautheret(1946)发现，在正常情况下，鸦葱属植物的组织必须有外加生长素才能在离体条件下生长。但在偶然情况下，有的组织经过几次继代培养之后，获得了一种没有外源生长素也能够生长的能力，即生长素自养的能力。这时即使在培养基中再加入生长素，这些生长素自养细胞的培养物也不再对生长素发生反应，说明驯化状态是很稳定的，后代细胞能表现出与前代细胞同样的表现型。但是，在一般情况下，后生遗传变异不能通过再生过程而传给植株，因而也就不能继续表现在由再生植株的组织所产生的二次培养物中。但在某些情况下，如果在表达方式上发生了改变的基因具有比较一般的细胞学功能，因而在分化的组织中也很活跃的时候，那么这种后生遗传变异也有可能通过分化和脱分化的过程，而继续保持在二次培养物中。因此鉴别遗传变异和后生遗传变异的唯一标准，就是看一个变异了的性状能否通过有性过程而传递给后代。凡是能够通过配子而传递的性状，必然是一个能够通过减数分裂和有丝分裂而稳定延续的性状，因而也就是一个由 DNA 结构变异造成的遗传变异性状。

这里还须指出的一点是，有些不能在再生植株中表达却可在二次培养物中重现的变异并非后生遗传变异，它们也有可能属于真正的遗传变异。这是因为有些基因可能只在未分化的培养细胞中才能表达，而在成株中则是不活跃的。例如由耐冷细胞系再生的烟草植株虽然并不耐冷，但由这些植株的有性后代所建立起来的组织培养物仍表现耐冷的特性，这说明耐冷性是真实遗传的，但它只表现在培养物中，而不表现在植株上。这正如 Wardlaw(1970)所说的："所有的基因在某个时候都能发挥作用，某些基因在所有的时候都能发挥作用，但并非所有的基因在所有的时候都能发挥作用。"

15.12 结束语

当利用一个组织培养系统进行植物育种、繁殖或生化遗传研究的时候，所用的细胞群体必须是同质的，在遗传上和生理上是稳定的。遗憾的是，细胞的变异性和不稳定性正是愈伤组织和细胞培养物的特征。这就成了实用上的一大障碍。迄今我们只知道有少数几种因素能促进培养细胞的稳定性，如高浓度的生长激素以及对愈伤组织或悬浮细胞进行频繁的继代等，但这些知识是远远不够的。为了搞清影响培养细胞核不稳定性的因素，并找到克服不稳定性的方法，还需要做大量的工作。由此看来，驾驭变异和稳定遗传就成了植物体细胞遗传学研究的重要任务。

在找到能够适当保持长期培养物在细胞遗传学上的稳定性的方法之前，要想对植物进行离体无性繁殖，只能使用促进腋芽生枝的方法(第13章)，而不能使用愈伤组织培养物。若要利用不定芽进行繁殖，首先必须使所用的培养系统能保持细胞学上的同质性，因为在小麦中已经发现，由中胚轴节段直接产生的芽是嵌合性的。若为了进行体细胞遗传研究而必须使用愈伤组织或悬浮细胞时，它们所曾经历的离体培养时间以短为好。实现这个目的的途径之一是采用植物细胞的超低温保存技术。通过这种方法，不但可以长期保存植物细胞而不损害它们的生活力，同时可以缩短细胞受到培养条件有害影响的时间，因此可以减少细胞学上的异常现象。

第 2 部分

植物组织培养实验

实验 1　MS 培养基贮备液的配制和保存

1.　MS 基本培养基贮备液的配制

按实验 1/表 1 所示数据分别配制：①大量元素贮备液，②微量元素贮备液，③铁盐贮备液和④除蔗糖之外的有机物质贮备液。在制备这 4 种贮备液的时候，应将称量出来的各种成分分别放入一个烧杯，加少量蒸馏水使之溶解，然后再依次混合，以蒸馏水定容。对于铁盐贮备液来说，在定容之后须将其装入棕色细口瓶中，盖严瓶塞，用力振荡 1～2 min，以防在保存过程中沉淀。

实验 1/表 1　MS 培养基的贮备液

成分	浓缩倍数	贮备液浓度(mg/L)	配 1 L 培养基的用量(mL)
贮备液Ⅰ			
NH_4NO_3	20	33 000	50
KNO_3		38 000	
$CaCl_2 \cdot 2H_2O$		8 800	
$MgSO_4 \cdot 7H_2O$		7 400	
KH_2PO_4		3 400	
贮备液Ⅱ			
KI	200	166	5
H_3BO_3		1 240	
$MnSO_4 \cdot 4H_2O$		4 460	
$ZnSO_4 \cdot 7H_2O$		1 720	
$Na_2 \cdot MoO_4 \cdot 2H_2O$		50	
$CuSO_4 \cdot 5H_2O$		5	
$CoCl_2 \cdot 6H_2O$		5	
贮备液Ⅲ①			
$FeSO_4 \cdot 7H_2O$	200	5 560	5
$Na_2 \cdot EDTA \cdot 2H_2O$		7 460	
贮备液Ⅳ			
肌醇	200	20 000	5
烟酸		100	
盐酸吡哆醇		100	
盐酸硫胺素		20	
甘氨酸		400	

①把 $FeSO_4 \cdot 7H_2O$ 和 $Na_2 \cdot EDTA \cdot 2H_2O$ 分别置于 450 mL 蒸馏水中，加热并不断搅拌使之溶解，然后将 2 种溶液混合，把 pH 调到 5.5，加蒸馏水到最终容积 1 L，置于细口瓶中，用力振荡 1～2 min，避光保存。

2. 生长调节物质贮备液的配制

各种生长调节物质的贮备液应当分别配制。如果它们是不溶于水的，则应先把它们溶解在很少量的适当溶剂中（见第 2.2.4 节及附录 2.4），然后再加蒸馏水到最终容积。取决于所要求的生长调节物质的水平，其贮备液的浓度可以是 0.1 mg/mL，也可以是 0.5 或 1.0 mg/mL。

3. 贮备液的保存

上述各种贮备液都应装在适当的玻璃瓶或塑料瓶中，贴上标签，注明贮备液的名称，浓缩倍数或配制 1 L 培养基的需用量，以及配制日期等，然后置冰箱中保存。在贮备椰子汁（液体胚乳）的时候，要先把由果实中采集到的汁液加热煮沸以除去其中的蛋白质，过滤，然后置塑料瓶中贮存于－20℃的低温冰箱内。

经过保存的贮备液在每次使用之前必须轻轻摇动瓶子，如果发现其中有沉淀悬浮物或微生物污染，必须立即将其淘汰。

实验 2 MS 培养基的配制和灭菌

MS 培养基的配制和灭菌的步骤如下：

1. 称出规定数量的琼脂，置于一个不锈钢锅中，加入蒸馏水直到培养基最终容积的 3/4，在电炉上加热使之溶解。待琼脂溶解之后，加入规定数量的蔗糖，用玻棒搅拌均匀。若是要配制液体培养基，则不加琼脂，也无须加热，因为蔗糖甚至在微温的水中也能溶解。

2. 分别加入一定量的各种贮备液，包括生长调节物质和其他的特殊补加物。如果由于特殊原因有必要在高温灭菌之后再加入维生素和生长素，那么在调节了 pH 值之后，可使这些物质的溶液通过孔径为 0.45 μm 的微孔滤器消毒（见 1.3.2 节）。

3. 加蒸馏水直到培养基的最终容积。

4. 充分混合之后，用 1.0 或 0.1 mol/L NaOH 或 HCl 调节培养基的 pH。pH 通常可采用精密 pH 试纸（pH 5.4～7.0）进行测定。

1.0 mol/L NaOH 的配制方法是：称取 NaOH 4.0 g，溶解于 100 mL 蒸馏水中。1.0 mol/L HCl 的配制方法是：量取比重约为 1.2 的浓 HCl（12 mol/L）8.4 mL，加蒸馏水定容至 100 mL。

5. 把培养基分装到所选用的培养容器中，每个 25 mm×150 mm 的试管约装培养基 15 mL；每个 150 mL 的三角瓶约装 50 mL。

如果在步骤 2～5 期间培养基开始凝固，应将装培养基的三角瓶置水浴中加热，只有当培养基为均匀的液态时才能分装。

6. 用包在纱布中的棉塞（它能阻止微生物污染，但可使气体自由交换），或其他适宜的材料如铝箔或牛皮纸封住瓶口。

7. 把已装入了培养基的培养容器置于铁丝篮子里，外面包上一层铝箔以防止棉塞在高温灭菌时吸湿，或是将培养容器直接装入内锅，上面盖几张报纸吸湿。灭菌锅有各种不同类型，但无论所用的是哪种类型，在开始加热前必须注水至吃水线，防止干烧。接通电源升温后，首先要排净锅内冷空气，然后在 121℃（1.06 kg/cm^2 或 0.105 MPa）下灭菌 15～20 min。灭菌结束后，切断电源，让锅内气压自然下降，待压力表指针回零后，再打开放汽阀，排出剩余蒸汽，打开锅盖取出培养基。过早开阀放汽会造成锅内气压骤降，引起培养基沸腾外溢，切须注意，不可为之。

如果所用的是已经灭过菌的不耐高温的塑料培养容器，培养基可装在

250 mL 或 500 mL 的三角瓶中，以铝箔或牛皮纸封住瓶口，进行高温灭菌。灭菌后使培养基冷却到大约 60℃，然后在无菌条件下将其分装到塑料容器中。

当用试管制备琼脂固化培养基时，最好把培养基做成斜面，这只要在冷却期间将试管斜置即可。斜面培养基可为组织的生长提供一个较大的表面积，同时，拍照长在斜面上的培养物也比较容易。

8. 使培养基在室温下冷却后，置于温度较低且无强光照射的防尘橱内暂时保存。

经验表明，在实验中由培养基制备上的错误所造成的问题比由任何其他技术过失所造成的要多。为了尽量减少人为误差，必须严格按上列各个步骤进行操作。应当把培养基中的各种成分都写在纸上，加进去一个以后即划掉一个。所有装着培养基的试管、玻璃罐、玻璃瓶和培养皿等都应当清楚地做上标记，这样即使经过高温灭菌和长期贮藏之后也不难识别它们。

实验 3　胡萝卜肉质根愈伤组织的诱导和增殖

在胡萝卜组织培养的早期工作中，肉质根是一种常用的外植体来源，但由于肉质根在培养初期反应较慢，现在则多采用无菌实生苗的茎段或根段做外植体（实验 6）。不过做为愈伤组织培养的入门实习，肉质根仍不失为一种方便的材料。

材料：胡萝卜（*Daucus carota*）肉质根。

培养基：MS＋IAA（10 mg/L）＋KT（0.1 mg/L）＋蔗糖 3%＋琼脂 0.7%，pH5.7；其中 IAA 和 KT 也可由单独一种 2,4-D（1.0 mg/L）取代。

方法和步骤：

1. 取健壮的胡萝卜肉质根 1 个，在流水中彻底洗净，用刮皮刀削去外层组织（1～2 mm）后，将肉质根横向切成大约 10 mm 厚的切片，置于装有自来水的烧杯中。此后各步骤都须在无菌条件下进行。

2. 将胡萝卜切片转入 1 个灭过菌的烧杯中，倾入浓度为 2% 的次氯酸钠溶液，消毒 10 min。

3. 无菌水漂洗 3 次，每次 20～30 s。

4. 在 1 个无菌培养皿底部，用镊子按牢胡萝卜切片，在其形成层区域，用一把无菌的孔径为 5 mm 的打孔器垂直钻取 1 个圆柱体（实验 3/图 1），投入无菌蒸馏水中。重复此项操作，直到获得数量足够的圆柱体。

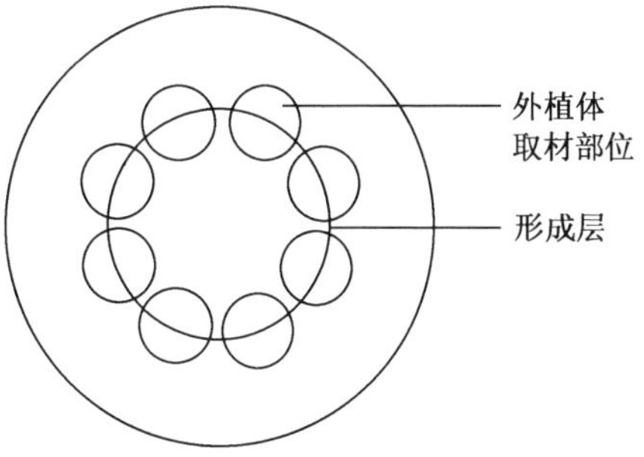

实验 3/图 1　由胡萝卜肉质根形成层区域制备外植体方法的示意图

5. 由于柱形组织的上下两端在先前的灭菌过程中可能受到伤害，这时须将每端各削去 2 mm 左右，然后将削剩的组织切成 3 片，最终即得到厚约 2 mm，直径 5 mm 的外植体，置于无菌蒸馏水中。

6. 把外植体由水中取出，置于无菌滤纸上，吸掉其表面的多余水分，接种在其成分如前所述的愈伤组织诱导培养基表面。

7. 把接种好的材料置于 25℃ 下暗培养。

8. 数天后，外植体表面变得粗糙而有光泽，表明已开始形成愈伤组织。取决于培养物的生长速度，在培养 3～4 周后，可以把愈伤组织切成小块，转移到成分相同的新鲜培养基上，这称作继代（subculture）。继代时只能选用生长旺盛的健康组织，由局部坏死造成的褐化组织应予淘汰。继代可以反复进行。随着继代次数的增加，愈伤组织的数量可以不断扩大。

实验4 胡萝卜愈伤组织鲜重和干重的测定

本实验所采用的植物材料、培养基和培养方法与实验3相同,可与实验3结合进行。

愈伤组织鲜重的测定

1. 制备胡萝卜外植体诱导愈伤组织。须注意,测定鲜重和测定干重可用同一批外植体,即在测定了每个外植体的鲜重之后,可再把同一个外植体置于烘箱中烘干,测定干重。若在培养7 d,14 d和21 d后各取样10个外植体,则先后共需测定30个外植体。

2. 在离体培养开始之前或之后,再额外制备至少10~15个与进行培养的外植体一模一样的外植体。对这些外植体不进行培养,因此制备时不要求无菌条件。

3. 在蒸馏水中稍许漂洗之后,将这些非培养用的外植体置于培养皿中双层滤纸之上。将培养皿盖上,以防这些外植体过度失水。

4. 待这些外植体的表面水分被滤纸吸净之后,将它们置于铝箔称量皿中,用精密分析天平逐个称重。

5. 在用于诱导愈伤组织的外植体中,每经过一定时间(例如7 d,14 d和21 d)培养之后,取出10个已愈伤化的外植体逐个称重。注意,在把它们置入称量皿之前,应先把愈伤组织样本由培养基转到铺有滤纸的培养皿内,去掉可能黏着在每块愈伤组织底部的少量琼脂培养基。在每次称重之后要仔细擦净称量皿的表面以去掉任何残留的水分。要用镊子而不要用手取放称量皿,因为手指上的汗液会使它的重量发生改变。

6. 取得这10个样本鲜重的平均值之后,从中减去未经过培养的外植体鲜重的平均值,即为经过一定时间培养后鲜重的增加值。

7. 比较培养7 d,14 d和21 d之后鲜重的增加值,并做图表示鲜重增加值与时间的函数关系。

愈伤组织干重的测定

1. 干重测定可与鲜重测定使用同一批材料结合进行。取在愈伤组织诱导培养基上经过7 d,14 d和21 d培养的外植体每期10个,测定鲜重之后,把每块愈伤组织置于一个重量已知的铝箔称量皿中,然后把称量皿和样本一起置于一个培养皿中，在60℃下烘干12 h。在一个装有硅胶的干燥器中将样本冷却到室温，称量样本(包括称量皿)的重量。把样本放回到烘箱中再烘干4 h，并重复这个过程。当样本烘干到恒重时，前后两次称量结果将会完全相等。由以上称量值中减去称量皿的重量，即可得到样本的干重。据此可算出每期取材的10个样本的平均干重。

2.将在鲜重测定实验中制备的未经培养的外植体置于烘箱中，以用于愈伤组织样本同样的方法反复烘干和称重，直至得到恒重。测定这10个未经过培养的外植体的平均干重。由每次取材的愈伤组织样本的平均干重减去未经培养的外植体的平均干重，即是经过7 d、14 d和21 d生长之后干重的增加值。

3.在绘有鲜重增长曲线的同一张图上，绘出干重增加值与时间的函数关系。注意在一定培养期间鲜重增长曲线和干重增长曲线是否平行。

实验5 胡萝卜肉质根细胞的悬浮培养和体细胞胚胎发生

材料：在实验3中建立的胡萝卜肉质根愈伤组织

培养基：①细胞悬浮培养基：MS+2,4-D(1 mg/L)+蔗糖(30 g/L)

②体细胞胚诱导培养基：MS+ZT(0.2 mg/L)+蔗糖2%+琼脂0.7%

方法和步骤：

1. 在无菌条件下，用镊子夹取胡萝卜肉质根愈伤组织(实验3)，置于1个皿底铺有无菌滤纸的培养皿内，用解剖刀挑取愈伤组织上活跃生长的部分用于接种。

2. 在每个装有20 mL培养基①的100 mL三角瓶内，接种大约500 mg愈伤组织。

3. 接种后将三角瓶置于摇床上，转速设定在100 r/min，在25～27℃下振荡培养。在培养的最初几天中，若培养液出现乳状混浊，说明在接种过程中发生了污染，应予淘汰。

4. 培养7～10 d之后进行第1次继代。方法是：先用孔径100 μm的无菌尼龙滤网将培养物过滤，除去滤网上的愈伤组织碎块和大细胞团，然后用一支注射器配以大孔径针头，由滤下的细胞悬浮液中吸取少量样品，测定其中的细胞密度(具体方法见5.3.5.1和附录10.3)。

5. 通过加入成分相同的新鲜培养基，将细胞密度调节到0.5～2.5×10^5细胞/mL，然后重新置于摇床上培养。

6. 此后每7 d左右重复继代1次。

7. 若要诱导胚状体发生，取已经过4～5次继代的悬浮细胞2 mL，加在培养皿中培养基②的表面，注意其中不含任何生长素。培养皿封口后置于25℃下暗培养。2～3周后，由琼脂培养基表面取少量培养物，在蒸馏水中轻轻搅散，然后在这个装蒸馏水的培养皿底下垫上一张黑底白格坐标纸，用肉眼即可数出胚状体数目。但要清晰地分辨出各个胚状体的发育时期，尚须在体视显微镜下观察(实验5/图1)。

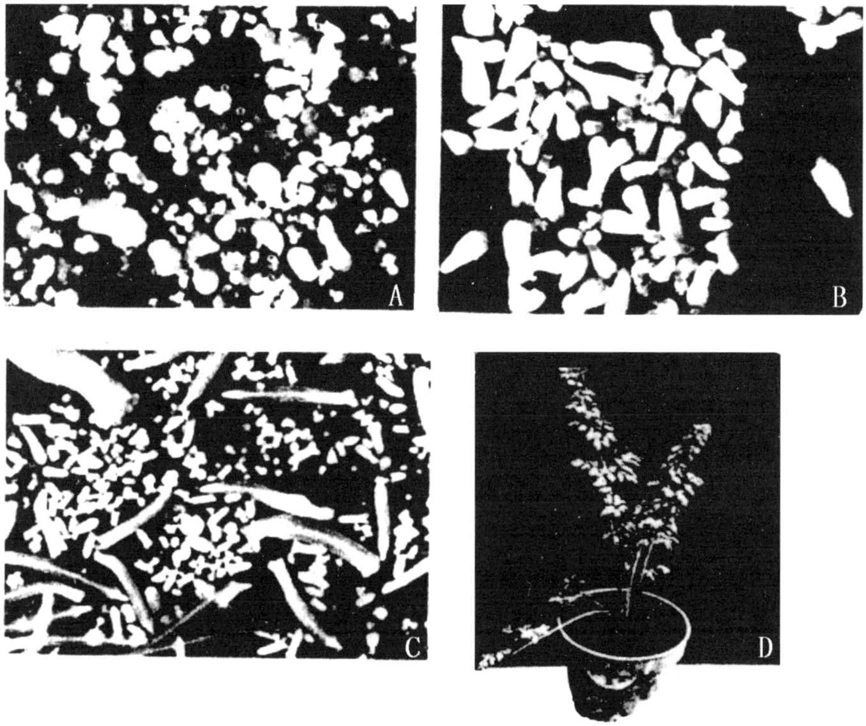

实验 5/图 1　胡萝卜(*Daucus carota*)胚状体发育的各个时期
A. 球形胚时期；B. 心形胚时期；C. 鱼雷形胚时期；
D. 由胚状体长成的胡萝卜植株(引自 L. A. Withers)

实验6 胡萝卜无菌苗根段细胞的悬浮培养和体细胞胚胎发生

材料：胡萝卜（*Daucus carota*）种子

培养基：①愈伤组织诱导培养基：MS无机盐＋White有机成分＋肌醇（100 mg/L）＋2，4-D（0.1 mg/L）＋蔗糖2%＋琼脂0.8%

②悬浮细胞培养基：同①但不加琼脂

③体细胞胚诱导培养基：同①但不加2，4-D

方法和步骤：

1. 种子以2%次氯酸钠溶液表面消毒15 min，用无菌蒸馏水洗3次，置于培养皿内无菌的湿润滤纸上，于25℃下暗处萌发。

2. 由7日龄幼苗切取根段，长约1 cm，单个地置于培养基①上，暗培养。

3. 6～8周之后，将根愈伤组织小块（鲜重约0.2 g）转移到与原来成分相同的新鲜培养基上，于25℃下光照培养。若以类似方式每4周继代1次，可对组织进行繁殖。

4. 经过几个培养周期之后，愈伤组织变得松散易碎。这时可启动悬浮培养：将大约0.2 g愈伤组织转移到一个200 mL的三角瓶中，瓶内装有20～25 mL培养基②。将三角瓶置于摇床上，转速100 r/min，25℃下光照培养。

5. 每隔4周将悬浮培养物继代1次，方法是把经尼龙网过滤后的培养物5 mL转移到65 mL新鲜培养基中（1∶13）。

6. 诱导体细胞胚胎发生：方法是把小块愈伤组织或部分悬浮培养物转移到不含2，4-D的培养基③中。

7. 培养3～4周后，将出现大量体细胞胚，各处在不同的发育阶段。

实验 7　由胡萝卜细胞培养建立花色素高产无性系

花色素(anthocyanin pigment)是一种次生代谢产物。通过细胞培养和定向选择,有可能获得花色素高产的愈伤组织无性系。

材料:胡萝卜肉质根愈伤组织(取自实验 3)

培养基:同实验 3

方法和步骤:

1. 取胡萝卜肉质根愈伤组织若干,培养在 26～28℃下,人工光照有无皆可。

2. 3 周后,用成分相同的新鲜培养基对愈伤组织进行继代。

3. 随着愈伤组织的不断增殖,其上有些区域表现白色,另一些区域表现橙黄色。将表现深浅不同橙黄色的部分仔细地从愈伤组织块上切离,分别转接到新鲜培养基上,结果就可以建立起若干个愈伤组织无性系,各具不同的花色素特征,其中有些具有更丰富的花色素含量。不过这一选择过程很费时间,为了建立一批这样的无性系,至少需要几个月。

实验 8　大麦细胞悬浮培养和植株再生①

材料：大麦（*Hordeum vulgare*）授粉后 10～15 d 的未成熟种子，其中胚长 0.5～1.0 mm。

培养基：见实验 8/表 1

方法和步骤：

愈伤组织的诱导

1. 将大麦未成熟种子先用 70%酒精消毒 30 s，再用 2%次氯酸钠溶液消毒 1～3 min，最后用无菌蒸馏水洗 3 次。

2. 在体视显微镜下由种子中剖取 0.5～1.0 mm 长的未成熟胚，接种在 60 mm 培养皿中的改良 L2 培养基上（见实验 8/表 1）。每个培养皿装培养基 10 mL，接种未成熟胚 1～3 个，盾片朝上。大于 1.0 mm 的胚容易萌发。接种前将胚的根端和茎端分生组织去掉可以阻止萌发，促进愈伤组织的形成。接种后将培养皿置于 25℃弱光（50～100 lx）下培养。

悬浮培养的建立

3. 愈伤组织诱导开始 3～4 周后，把形成的愈伤组织转到装有 5 mL 改良 AA 培养基的 100 mL 三角瓶中，置摇床上（100～120 r/min）在 25℃每天 16 h 弱光下培养。

4. 14 d 后进行第一次继代培养，以后继代间隔时间缩短为 9～11 d。每次继代时增加培养基容积 0.3～0.5 mL，直至最大容积 12 mL。

5. 转入液体培养基中 1 个月之后，悬浮细胞中既有长形空细胞，也有胞质致密的活细胞。最少 2 个月、最多 6 个月之后，胞质致密的细胞开始形成小细胞团。在此之前，每次继代时要以新鲜培养基换掉 2/3～3/4 旧培养基，并使悬浮培养物保持较高的愈伤组织：培养基的比率。开始释放小细胞团之后，可以逐渐减小培养物的密度。细胞的最终密度可以是 4～6 细胞/10～12 mL 液体培养基。

6. 每次继代时，淘汰长形空细胞或褐变细胞，只保留胞质浓密的黄色或白色的细胞。用改良 L1 培养基继代的悬浮细胞常常长成均匀的浅黄色小细胞团，而用改良 AA 培养基继代的悬浮细胞常常长成白色较大，但不均匀的细胞团。

---

① 引自 Kihara *et al*.，1999。

实验 8/表 1　几种用于建立大麦悬浮培养的培养基

	改良 L1	改良 L2	改良 L3	改良 AA
大量元素(mg/L)				
NH_4NO_3	700	1 500	200	
KNO_3	1 750	1 750	1 750	
KH_2PO_4	200	200	200	
$MgSO_4 \cdot 7H_2O$	350	350	350	252
$CaCl_2 \cdot 2H_2O$	450	450	450	150
$NaH_2PO_4 \cdot 2H_2O$				150
KCl				2 960
微量元素(mg/L)				
$MnSO_4 \cdot 4H_2O$	15	15	15	10
H_3BO_3	5	5	5	3
$ZnSO_4 \cdot 7H_2O$	13.4	7.5	7.5	2
KI	0.75	0.75	0.75	0.8
$Na_2MoO_4 \cdot 2H_2O$	0.25	0.25	0.25	0.25
$CuSO_4 \cdot 5H_2O$	0.025	0.025	0.025	0.025
$CoCl_2 \cdot 6H_2O$	0.025	0.025	0.025	0.025
FeNaEDTA(mg/L)				
Na_2EDTA	37	37	37	37
$FeSO_4 \cdot 7H_2O$	28	28	28	28
维生素(mg/L)				
肌-肌醇	100	100	100	100
盐酸硫胺素	10	10	10	10
盐酸吡哆醇	1	1	1	1
烟酸	1	1	1	1
抗坏血酸	2		2	2
泛酸钙	1		1	1
氯化胆碱	1		1	1
叶酸	0.4		0.4	0.4
核黄素	0.2		0.2	0.2
P-氨基苯甲酸	0.02		0.02	0.02
生物素	0.01		0.01	0.01
氨基酸(mg/L)	谷氨酰胺 750	谷氨酰胺 750	谷氨酰胺 750	谷氨酰胺 876
	脯氨酸 150	脯氨酸 150	脯氨酸 150	天冬氨酸 266
	天冬酰胺 100	天冬酰胺 100	天冬酰胺 100	盐酸精氨酸 216
				甘氨酸 7.5
糖类(g/L)	麦芽糖 50	麦芽糖 30	麦芽糖 30	蔗糖 30
激素(mg/L)	2,4-D 2.0	2,4-D 2.5	BAP 1.0	2,4-D 2.0
琼脂糖(g/L)		4	4	
pH	5.6	5.6	5.6	5.8

注：以上培养基皆过滤灭菌。

植株再生

7.过滤后弃掉悬浮培养液，将小细胞团直接植板于装在 90 mm 培养皿中的 25 mL 改良 L3 再生培养基上。

8. 3～4 周后，把在体视显微镜下能看到的胚性结构转到新鲜的再生培养基上，置于 25℃弱光下培养，直到长出绿色茎芽。

9.把绿色茎芽(约 10 mm 长)置于 25℃每天 16 h 光照条件下培养，光强 2 500～3 000 lx(白色荧光灯管)。照光 2～3 周后，把绿色茎芽(20～30 mm 长)转到装在 90 mm 培养皿中的无激素改良 L3 培养基上培养，以诱导生根。

10.生根后栽入盆土中。

实验 9　非洲紫罗兰叶片的离体培养和器官发生

材料：非洲紫罗兰（*Saintpaulia ionantha*）成年植株。

茎芽诱导培养基：MS＋BA（1.0 mg/L）＋NAA（0.1 mg/L）＋蔗糖 3%＋琼脂 0.7%，pH5.7。

生根培养基：MS＋蔗糖 1.6%＋琼脂 0.7%，pH5.7。

方法和步骤：

1. 由非洲紫罗兰成年植株上采集健康叶片，保留叶柄。把叶片在凉肥皂水中涮洗片刻，然后流水冲洗干净。以下各步骤皆须在无菌条件下进行。

2. 把叶片在 70%酒精中浸蘸数秒，然后用无菌蒸馏水洗净，最后再用 0.5%次氯酸钠溶液消毒 10 min，用无菌蒸馏水冲洗 3 次。

3. 将叶片置于皿底铺有滤纸的无菌培养皿中，以吸掉叶片上多余水分。对器官发生来说，最有效的叶片组织处于叶片的中央区域，外缘和叶尖则鲜见器官发生。用镊子和解剖刀将叶片切成 10～12 mm 见方的外植体，注意每个外植体应包含一部分中脉；叶柄则切成 10 mm 一段（实验 9/图 1）。将一部分外植体垂直插于培养基中，插入的部分应占外植体的 1/4；另一部分外植体则平置于培养基上，下表面朝下，接触培养基。

4. 接种后置于 25℃下培养，每天光照 16 h，光照强度 1 000～1 500 lx。

5. 培养 2～4 周后开始出现茎芽，它们多与叶片近轴表面内的叶脉断口相连。6～8 周后茎芽大量增殖，这时可以在无菌条件下将苗丛拆分，转移到生根培养基中诱导生根。生根培养基的基本成分与茎芽诱导培养基的相同，但不加任何植物激素，并把蔗糖浓度降到大约 1.6%（*W/V*）。试管内的生根幼苗经过炼苗后即可栽到无菌土壤中，但也可尝试不经生根培养而将无菌苗直接栽入灭过菌的土壤中，令其在试管外生根。移栽后的最初几天须注意保湿，并避免阳光直射。

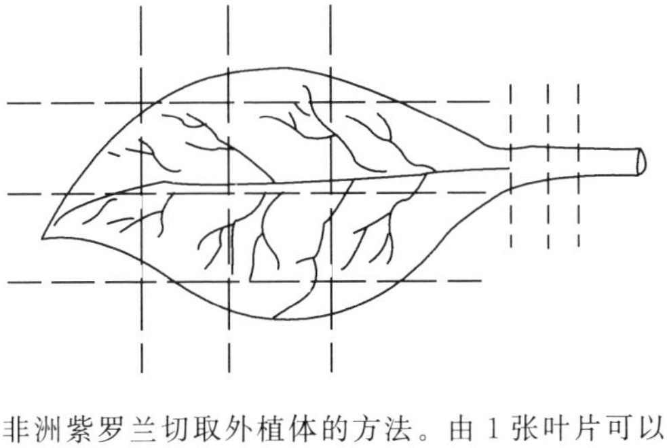

实验 9/图 1　由非洲紫罗兰切取外植体的方法。由 1 张叶片可以切取 4 片 1 cm 见方的叶片外植体和 2 个 1 cm 长的叶柄切段（引自 R. S. Smith，2000）

实验 10　烟草花药培养①

材料：烟草（*Nicotiana tabacum*）的蕾期植株。

培养基：MS＋蔗糖 2%＋琼脂 0.6%～0.8%；若是进行漂浮培养，则不加琼脂。

方法和步骤：

1. 摘取花冠长度为 21～23 mm 的花蕾（此时单核花粉行将完成第 1 次有丝分裂），置于 7～8℃ 低温下预处理大约 12 d。

2. 将花蕾用次氯酸钠溶液消毒 10 min，用无菌蒸馏水漂洗数次。然后在体视显微镜下用镊子和解剖针仔细地剥开花蕾，取出花药。由不同花蕾取出的花药各为一组分别置放。

3. 由每组中取出 1 个花药，用醋酸洋红压片以确定花粉发育时期。如果在用于压片的花药中花粉正处于适当的发育时期，即花粉第 1 次有丝分裂期，则将该花蕾中的所有其余花药进行培养。但在接种到培养基上之前必须将花丝去掉，否则它们将在切口上形成愈伤组织。花药接种程序如实验 10/图 1 所示。

4. 花药可以在琼脂固化培养基上培养，也可以采用液体培养基进行漂浮培养。在前一种情况下，可用 MS 培养基补加 2%蔗糖，以 0.6%～0.8%琼脂固化。在后一种情况下，可采用同一种培养基但不加琼脂。

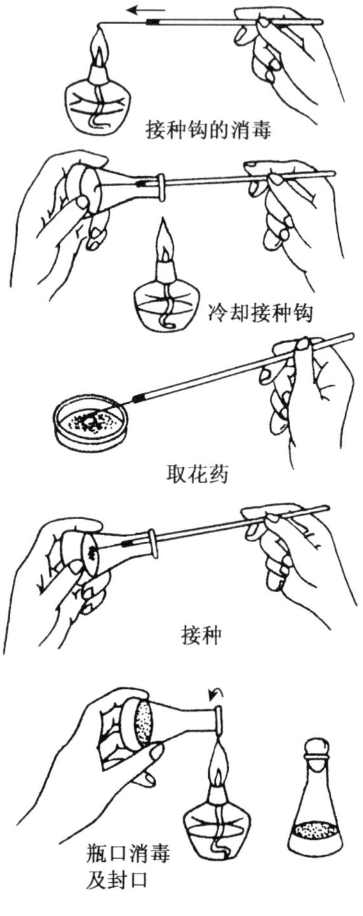

实验 10/图 1　花药接种程序
（引自桂耀林等，1985）

① 引自 Dodds 和 Roberts，1995。

5. 接种后放在 25℃下培养，光照有无皆可。2～3 周后，在载玻片上加一滴醋酸洋红，在其中仔细地剖开培养的花药，即可看到幼龄的花粉胚。4～5 周后，花粉胚形成小植株，这时须转入光下培养。用白色冷源日光灯连续光照(300 lx)即可产生令人满意的结果。

6. 用镊子取下小植株，将其余的花药组织丢掉。为了促进小植株的发育，在长到大约 3 mm 高以后，将它们转入到生根培养基中。生根培养基与花药培养基成分相同，但强度减半，琼脂减到 0.5%。此后每天应给 12 h 光照，光照强度 5 000 lx。

7. 当小植株长到适当大小时，取根尖用醋酸洋红或 Feulgen 试剂染色，以证实它们的单倍体染色体数。

8. 当需要进行染色体加倍时，可将刚长出小植株不久的花药浸入灭过菌的浓度为 0.5%的秋水仙素溶液中 24～48 h，然后用无菌蒸馏水洗净，再依步骤 6 中的方法继续培养。如果通过镜检发现细胞尚未二倍化，可将秋水仙素处理的时间延长到 96 h。

实验 11　小麦花药培养①

材料：小麦（*Triticum aestivum*）孕穗期植株

培养基：①愈伤组织诱导：N_6＋2，4-D（2 mg/L）＋KT（0.5 mg/L）＋蔗糖10％＋琼脂 0.7％

②分化：N_6＋NAA（0.5 mg/L）＋KT（0.5 mg/L）＋蔗糖 3％＋琼脂 0.7％。

③壮苗：MS＋NAA（0.5 mg/L）＋KT（0.5 mg/L）＋多效唑（3 mg/L）＋蔗糖 8％＋琼脂 0.7％

方法和步骤：

1. 取材：用醋酸洋红涂片镜检，选取小孢子处于单核中期（图 6.1）的麦穗，此时其外部形态是，旗叶叶耳与其下一叶的叶耳距为 5～15 cm（因品种和气候而异）。

2. 预处理：将穗子用湿纱布包好，套在塑料袋内，或将穗子插入水中，置于 3～5℃冰箱中预处理 3～5 d。

3. 接种：经 70％酒精喷洒或擦拭后，将叶鞘剥除，在无菌条件下，先用剪刀将颖壳上端 1/3 剪掉，再用镊子轻轻夹取花药，接种到愈伤组织诱导培养基上。接种后将材料置于 28～30℃下培养，不照光。

4. 分化：当愈伤组织长到 1～2 mm 大小时，将其转到分化培养基上诱导芽和根的分化。培养温度 25℃，每天光照 10 h。

5. 2 周后可见愈伤组织分化出芽和根。当花粉植株长到 2～3 片真叶时，可将其转入壮苗培养基，在 22～25℃下培养。

6. 低温弱光蹲苗越夏后于秋季移栽室外。

① 引自孙敬三，桂耀林（1995），颜昌敬（1990）。

实验 12　水稻花药培养①

材料：水稻(*Oryza sativa*)孕穗期植株。

培养基：①愈伤组织诱导：N_6＋2，4-D(2 mg/L)＋NAA(1.5 mg/L)＋蔗糖5％＋琼脂 0.8％。

②分化：MS＋NAA(1 mg/L)＋IAA(0.5 mg/L)＋KT(2 mg/L)＋蔗糖 3％＋琼脂 0.8％。

③壮苗：1/2MS 大量元素＋全量铁盐和 MS 其他成分＋IAA(0.2 mg/L)。

方法和步骤：

1. 取材：经显微镜检后，选取主茎或第 1 分蘖小孢子处于单核中期的稻穗，此时其颖片已达到最后大小，颜色黄绿，面对光源透视颖壳，花药顶部正长到颖壳长度的 1/2～2/3，花药淡黄绿色。

2. 预处理：将稻穗用湿纱布包好，套在塑料袋内，置于 7～10℃冰箱中，低温预处理 10～15 d。

3. 接种：经 70％酒精喷洒或擦拭后，将叶鞘剥除，取出穗子进行花药接种，或再将穗子浸于饱和漂白粉上清液中 8～10 min，用无菌水冲洗干净，然后接种。接种时用镊子小心地将花药取出，或者是先放在无菌纸上，再倒入培养瓶中，或是边取花药边接种在愈伤组织诱导培养基上。接种后将材料置于 27℃下暗培养，诱导愈伤组织。

4. 分化：愈伤组织出现后 10 d 左右即可长到小米粒大小，这时应把它们及时转入分化培养基上诱导植株分化。分化培养的最初 3～5 d 在暗中进行，然后转入光强 1 000～2 000 lx，每天 14 h 光照条件下培养，温度 27℃左右。

5. 壮苗培养和移栽：将在分化培养基上陆续出现的绿苗分批转至壮苗培养基上。当试管苗长到 3 片叶以上，并有发达的根系时，炼苗移栽。

---

① 引自孙敬三，桂耀林(1995)，颜昌敬(1990)。

实验 13 小麦未成熟胚愈伤组织培养

材料：种在田间或温室授粉后 10～14 d 的小麦（*Triticum aestivum*）

培养基：基本培养基为 MS 固体培养基。添加的植物激素为 2,4-D，添加量因培养阶段而异，在愈伤组织诱导培养基中是 1～2 mg/L，继代培养基中 0.5～1 mg/L，分化培养基中 0～0.2 mg/L；壮苗培养基不含 2,4-D，但添加了 3 mg/L 多效唑。

方法和步骤：

1. 由麦穗中部小花授粉后 10～14 d 的小麦植株上剪下麦穗，带回实验室。

2. 将发育中的麦粒从颖壳中逐粒剥出，置于培养皿中；将其中过于幼嫩的乳白色麦粒和授粉后时间过长的翠绿色麦粒淘汰，只保留授粉后 10～14 d 刚刚由白转绿的麦粒（其中幼胚约 1 mm 长）。

3. 将培养皿中的供试麦粒在超净台上用 70%酒精消毒数秒，再用 0.1% $HgCl_2$ 或 1%次氯酸钠溶液消毒 5 min，然后用无菌蒸馏水冲洗 3 次。

4. 在超净台上用无菌镊子由种子的一端挑出未成熟胚，以盾片一面朝上，接种在愈伤组织诱导培养基（MS+2,4-D 1～2 mg/L）表面，并用镊子轻压幼胚，使之与培养基紧密接触。接种后将三角瓶瓶口用无菌聚丙烯塑料膜封严，用橡皮圈箍紧。

5. 将已接种未成熟胚的三角瓶置于培养箱中，温度设定在 25℃左右，光照可有可无。

6. 1 周后观察接种的幼胚，可见盾片上已开始形成少量的愈伤组织。

7. 3 周后再观察，愈伤组织已很明显，在光照培养条件下，个别愈伤组织上还可能已出现绿斑。此时可进行第一次继代培养，方法是在无菌条件下将初生愈伤组织取出，淘汰掉其上白色松软的部分，将鹅黄色致密的部分切割成小块后转移到新配制的继代培养基（MS+2,4-D 0.5 mg/L）上。继代培养可反复进行，每 3 周 1 次。

8. 当需要时，将愈伤组织转接到分化培养基（MS+2,4-D 0.2 mg/L）上，置于每天 10 h 黑暗/14 h 光照条件下培养。光照强度为 1 500～2 000 lx。

9. 2～3 周后可见原来愈伤组织上的绿斑已长成茎叶，茎的基部长出白色的不定根。然而，这时的再生植株还很弱小，移栽后容易死亡，故须先将它们转入不含 2,4-D 但添加了 3 mg/L 多效唑（PP_{333}）的培养基中，继代 2～3 次，进行壮苗。

10. 开瓶炼苗 3～5 d，然后洗净试管苗根上附着的培养基，栽于土中，栽后第 1 周应避免阳光直晒。

实验 14　小麦幼穗愈伤组织培养①

材料：护颖分化期或其前后（二棱后期和小花分化期）的小麦（*Triticum aestivum*）幼穗。

培养基：①愈伤组织诱导：N_6＋2,4-D(2.0 mg/L)＋蔗糖 6%＋琼脂 0.7% 或 MS＋KT(1.0 mg/L)＋2,4-D(0.5 mg/L)＋蔗糖 6%＋琼脂 0.7%。

②植株分化：MS（无激素）＋蔗糖 3%＋琼脂 0.7%或 MS＋KT (1.5～2.0 mg/L)＋IBA(0.3～0.5 mg/L)＋蔗糖 3%＋琼脂 0.7%。

方法和步骤：

幼穗的采集和解剖

1. 选取健壮的小麦植株，将含有 0.5～1.0 cm（处于护颖分化期）幼穗的部分从穗节下方剪下，修整成 8～10 cm 长，用蜡膜包严切口，以防在灭菌过程中消毒液渗入。

2. 以 70%酒精消毒 5 min，再以 2%次氯酸钠溶液消毒 20 min，最后用无菌蒸馏水洗 3 次。

3. 在无菌条件下用镊子和解剖刀剥掉幼穗周围轮生的叶片，剖出幼穗，将其横切成大约 1 mm 长的切段作为外植体（在小麦中小于 1 mm 的外植体不易再生）。

幼穗培养

4. 将幼穗外植体置于愈伤组织诱导培养基上。每个 9 cm 培养皿接种大约 10～15 个外植体。

5. 接种后将材料置于 25℃下暗培养。数天后外植体开始膨大，约 10 d 后陆续产生乳白色颗粒状愈伤组织。

6. 3～4 周后，将愈伤组织转到再生培养基上，在 25℃下每天光照 16 h。愈伤组织上出现绿斑，随后分化出绿苗。

7. 几次继代之后，一旦形成了良好的根系，经炼苗后就可将再生植株移栽到土和珍珠岩（2∶1）的混合基质中。

---

① 据舒理慧（1982）和 S. Rasco-Gaunt 等（1999）。

实验 15 水稻成熟种子盾片愈伤组织培养①

材料：水稻(*Oryza sativa*)成熟种子。

培养基：①种子萌发：MS 基本培养基，以 8 g/L 琼脂固化。pH 5.8，高温灭菌。

②愈伤组织诱导和继代：LS 2.5 培养基，即 LS 培养基(MS 培养基中略去烟酸、盐酸吡哆醇和甘氨酸)中添加 2,4-D 2.5 mg/L，以 8 g 琼脂固化，pH 5.8，高温灭菌。

③分化：MS+BAP(2.0 mg/L)+蔗糖 3%+琼脂 0.8%，pH 5.8，高温灭菌。

④生根：MS+NAA(1.5 mg/L)+蔗糖 3%+琼脂 0.8%，pH 5.8。

方法和步骤：

1.将 100 粒水稻种子去掉颖壳。

2.在室温下将种子置于大约 2%次氯酸钠溶液中浸泡 1 h 进行消毒。

3.用无菌水将种子漂洗 3 次。

4.将消毒后的种子置于直径 9 cm 培养皿中的 MS 基本培养基(20 mL/皿)表面，令其发芽。每皿 9 粒种子，封口后置于(28±1)℃，暗培养。

5.14 d 后，去掉胚芽鞘和胚根，将外植体转接到直径 9 cm 培养皿中的 LS 2.5 培养基(20 mL/皿)上，每皿 9 个外植体，封口后置于与上项相同的条件下培养。

6.形成愈伤组织后，每 14～28 d 继代 1 次(通过对盾片愈伤组织进行定期的继代培养，可以得到快速生长的、有乳头状突起的愈伤组织；14 d 是两次继代之间的最适时间间隔，但最长不要超过 28 d)，方法是选择胚性最好的愈伤，即非水渍状且结构松脆的愈伤，转到与上项相同的培养基上，每个培养皿 1～5 块愈伤组织，每块愈伤组织直径约 5 mm。

7.将愈伤组织转到装有 20 mL 分化培养基的直径 9 cm 培养皿中，每皿 12 块愈伤组织。封口后置于(27±2)℃，暗培养 14 d，然后转入光下，每天光照 16 h。每 7 d 检查一次茎和根的再生情况。

8.茎芽出现以后，把每个茎芽，以及与其相连的一块约 3 mm 直径的母体愈伤组织一起，转到生根培养基上(1～8 个茎芽/皿)。封口后置于 27℃±2℃照光培养。

---

① 引自 N. W. Blackhall *et al.*，1999。

9. 将生根苗栽到直径 7.5 cm 的塑料盆中，盆中的移栽介质为泥炭土和珍珠岩 12∶1 混合物，用 1 个 20 cm×20 cm 透明塑料袋将苗罩住。将花盘置于温室中，自然光照，最高温度白天 28℃±2℃，夜间 24℃±2℃。

10. 3 d 后用针在塑料袋顶部扎 5 个小孔。

11. 再过 4 d，用剪刀把每个塑料袋剪掉一角。

12. 又过 4 d，把每个塑料袋的另一角也剪掉。

13. 以后每 2 d 把塑料袋上部剪掉 1 cm，直到移栽苗的最上部叶片露出塑料袋以后，把袋拿掉。

实验 16　烟草叶肉细胞原生质体的分离和培养

材料：种在温室的 7～8 周龄的烟草（*Nicotiana tabacum*）植株。

酶混合液：果胶酶 Macerozyme R-10（0.5% *W/V*），纤维素酶 Onozuka R-10（2.0% *W/V*），溶解在甘露醇溶液（13% *W/V*）中，pH 5.4，经 0.45 μm 滤膜过滤。

培养基：①悬浮培养基：MS＋NAA（3 mg/L）＋6-BA（1 mg/L）＋甘露醇（13% *W/V*），pH 5.7。

②琼脂培养基：MS＋NAA（3 mg/L）＋6-BA（1 mg/L）＋甘露醇（13% *W/V*）＋琼脂 1.5%，pH 5.7，温度 40℃。

方法和步骤：

取材和表面消毒

1. 由烟草植株上摘取充分展开的叶片，用自来水洗净。以后各步骤皆须在无菌条件下进行。

2. 将叶片浸于 70%酒精中 30 s，再以 2%的次氯酸钠溶液消毒 30 min。

3. 用无菌蒸馏水彻底洗净残存的次氯酸钠。

原生质体的分离

4. 撕去叶片的下表皮。方法是：将叶片下表皮朝上置于一块白磁板上，用一把镊子按住主脉与支脉的交汇部位，再用另一把尖头镊子由这个部位夹起下表皮往外撕。如果撕不下来，可待叶片稍许萎蔫后再撕，或是用解剖刀在下表皮上反复刻痕以利酶液渗入。

5. 将叶片切成 3～5 mm 见方的小块，取其 1 g 左右置于一个装有 10 mL 酶混合液的培养皿（100 mm×15 mm）中。

6. 将培养皿用封口膜封口，用铝箔包严，置于 25℃下过夜（12～18 h），或置于 36℃下 2 h。原则上叶肉细胞与酶混合液接触的时间越短越好。

7. 用镊子轻轻挑动和压挤叶片，以释放出原生质体。

原生质体的纯化

8. 将含有原生质体的酶混合液用一个孔径为 45 μm 的尼龙网过滤，以去掉未消化的组织、成团的细胞和细胞壁碎片。

9. 用移液管将滤出液转入到一个离心管中，以 75 *g* 离心 5 min，使原生质体在离心管底部凝聚成团。用移液管仔细地吸去上清液。

10. 将原生质体重新悬浮于悬浮培养基中，再离心，以清洗和纯化。这个过程重复 2 次。重新悬浮原生质体时必须十分当心，应使用一支管嘴较大的移液管(10 mL)，以避免原生质体损伤。

原生质体密度和活力的测定

11. 在对游离原生质体进行培养之前，必须用荧光素双醋酸酯法或伊凡蓝法(见 5.3.6.3 和 5.3.6.4 节)测定原生质体的活力，用血球计数板(附录 10.3)或特制的细胞计数板确定原生质体的密度。烟草原生质体最适的植板密度约为 5×10^4 原生质体/mL。由于原生质体悬浮液还要用等量的融有琼脂的培养基稀释，因此这时应先把它的密度调节到 1×10^5 原生质体/mL。

原生质体植板

12. 通过加入悬浮培养基，将原生质体密度调节到 1×10^5 原生质体/mL。将这种原生质体悬浮液 5 mL 加到一个培养皿(100 mm×15 mm)中。

13. 然后，在这个培养皿中再加入 5 mL 含有 1.5%(*W*/*V*)琼脂的培养基，温度为 40℃(不能超过 45℃)。

14. 盖上盖子后，转动培养皿，使这 2 种等量的液体充分混合，最终结果是在 10 mL 培养基中含有的原生质体密度为 5×10^4 原生质体/mL。

15. 冷却凝固后形成平板，原生质体即被包埋在培养基中。

原生质体培养和植株再生

16. 将包埋后的原生质体置于 25℃、黑暗或弱光条件下培养。

17. 3～4 d 之后，部分重新形成了细胞壁的原生质体开始进行分裂。这时可把它们转入正常的光照条件下培养，光照强度 2 000 lx，每天光照 16 h。反复进行细胞分裂的结果就会形成细胞团。

18. 3～4 周后，由细胞团长成了肉眼可见的愈伤组织，这时可把它们转到甘露醇降为 4%的培养基上。

19. 愈伤组织长到适当大小后，再把它们转到不含甘露醇和生长素的培养基上，诱导形成胚状体，并进而长成小植株。

实验 17　烟草叶片和矮牵牛花瓣原生质体的融合

材料：烟草（*Nicotiana tabacum*）叶片和矮牵牛（*Petunia hybrida*）花瓣

融合剂：PEG 3000 溶液（20% *W/V*）

培养基：同实验 16

方法和步骤：

1. 依照实验 16 中介绍的方法，分别由烟草成熟叶片和矮牵牛花瓣制备原生质体悬浮液。叶片原生质体（A）因含有叶绿体所以是绿色的，花瓣原生质体（B）因其中的液泡含有花色素所以是红色的。于是叶绿体和含有花色素的液泡就成了融合处理后的选择标志。

2. 在一个装有 PEG 溶液（20% *W/V*）的离心管中，将数量相当的两种原生质体 A 和 B 混合，然后以 75～100 *g* 离心 10 min，促使原生质体密切接触，发生融合。

3. 把经过离心后沉积在离心管底部的成团的原生质体仔细地重新悬浮，测定它们的活力和密度，然后以实验 16 中介绍的方法植板培养。

4. 植板后一旦琼脂凝固，就可把培养皿置于倒置显微镜下，对融合处理的产物进行鉴别。凡是其中既存在叶绿体又存在内含花色素的液泡的，即为异核体。此外，融合处理的产物还可能包括各种其他组合，如同核体和多核异核体等，应尝试尽可能多地进行鉴别。

实验 18　通过热处理和茎尖培养脱除马铃薯病毒

材料：已染病毒的马铃薯（*Solanum tuberosum*）块茎。

培养基：①茎尖培养：MS＋KT（0.04 mg/L）＋IAA（0.5 mg/L）＋GA_3（0.1 mg/L）＋蔗糖 2%，加或不加琼脂（0.7%），pH 5.6。

②生根培养：MS 无激素。

方法和步骤：

1. 在正常的温度和光照条件下，在土中种一块单芽眼块茎，当芽长到约 15 cm 高时，将顶梢切下 6～8 cm 长，去掉下面的 2 个叶片，在切口处涂上生根激素，植入一个内装消毒土壤的花盆中，然后用玻璃烧杯罩上，保持 10 d 后将烧杯拿掉。

2. 植入花盆 3～4 周后，将其移入生长箱中，其中光照强度为 3 000～4 000 lx，光照时间每天 16 h，气温白天约为 36℃，夜间约为 33℃，以通过热处理杀灭病毒。

3. 2 周后打掉幼株的茎尖，以促使腋芽的生长。

4. 经过总共 6 周的热处理之后，折下 1 个腋生枝以从其上取芽，在植株上至少留下 2 个叶片以促其进一步生长。由折下的腋生枝上剪去叶片，但要把一小段基部叶柄留在枝上，把这个腋生枝包在湿纸内以防枯萎。以下各项皆须在无菌条件下进行。

5. 在体视显微镜（50×）下，把茎尖解剖出来（枝条一般不必消毒，或只作简单的表面消毒）。剥取茎尖的方法是：把残留的叶柄向后拉，使芽暴露出来，然后用一根解剖针剥掉芽上的幼叶。这项操作必须迅速，以免超净台的气流风干茎尖。

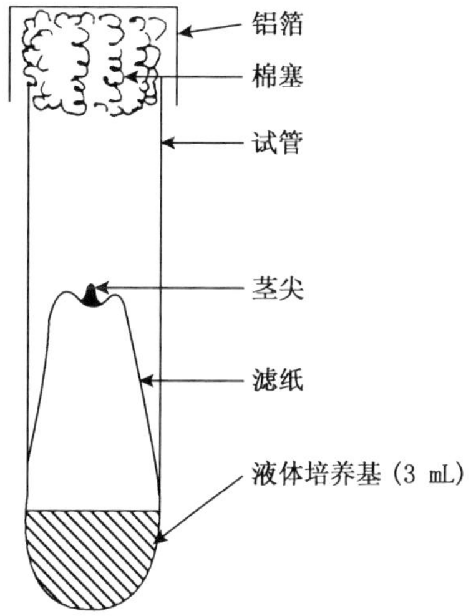

实验 18/图 1　应用纸桥法培养离体茎尖

（Dodds 和 Roberts，1985）

6. 当只剩下 2 个最幼小的叶原基时，用一把锋利的解剖刀切下茎尖（300～500 μm 长），直立向上接种到琼脂固化培养基上，或是管内加有液体培养基的纸桥上（实验 18/图 1）。

7. 培养条件是：温度23℃，每天光照16 h，光照强度1 000 lx。在有些品种中，经1～2周培养后，茎尖即开始变绿、伸长、基部变粗，1个月后，茎伸长明显，原来的叶原基发育成小叶片。这时若把它们转入生根培养基，就会逐渐长出根系，最后形成完整的小植株。

8. 当茎长到3 cm或更长并已生根时，即可移入土壤。起初要把植株保持在高湿度的环境中。若有些品种茎不生根，可以把他们嫁接到无病的砧木上去。

9. 移入土壤后，立即对植株进行第一次带病毒情况的检查，数周后再进行一次。马铃薯病毒的指示植物是千日红（*Gomphren globosa*）和苋色藜（*Chenopodium amaranticolor*）等。

实验 19 马铃薯脱毒苗的快繁和微型薯的诱导

微型薯是指通过组织培养方法在试管中生产的马铃薯块茎，它的体积小、重量轻，一般只有 1～5 g，从而为马铃薯优良种质的保存和跨国交换提供了一条理想的途径。

材料：马铃薯(*Solanum tuberosum*)脱毒试管苗(实验 18)。

培养基：①单节茎段繁殖：MS+蔗糖 2.5%+琼脂 0.8%。

②液体振荡培养：MS+BAP(0.5 mg/L)+GA_3(0.4 mg/L)+蔗糖 2%。

③微型薯诱导：MS+BAP(5 mg/L)+CCC(500 mg/L)+蔗糖 8%(或是以香豆素 50～100 mg/L 代替 BAP 和 CCC—冉毅东等，1993)。

④微型薯保存：MS+蔗糖 2.5%+甘露醇 4%+琼脂 0.8%。

方法和步骤：微型薯的生产过程可以分为以下 3 个阶段(实验 19/图 1)：

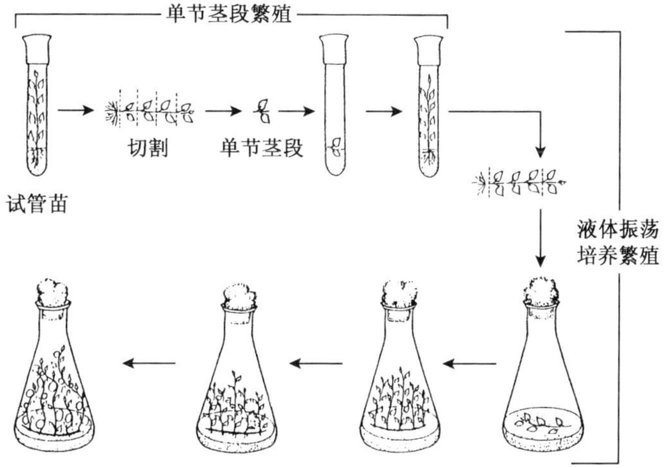

实验 19/图 1 微型马铃薯的诱导过程(据 Estrada 等，1986，有改动)

阶段 1 单节茎段繁殖

1. 在无菌条件下，将由茎尖培养得到的脱毒小植株从试管中取出，放在无菌培养皿中。

2. 将小植株切成单节茎段，每段只带1～2个叶片和腋芽。将茎段植入装有4 mL单节茎段繁殖培养基的试管(18 mm×150 mm)中，每管4个茎段。

3. 将试管置于培养室中培养。培养条件是：18～22℃，每天光照16 h，光强1 000 lx。

4. 2～3个月后，每个茎段都能长出十来个叶片，为开始液体振荡培养提供了足够的材料。

阶段2 液体振荡培养

5. 把由单节茎段培养得到的小植株打顶去根后，整个投入液体振荡繁殖培养基中。每个250 mL三角瓶装20 mL培养基，接种5个茎条。每个茎条长约4 cm，沿其全长着生6个腋芽。

6. 接种后将三角瓶置于摇床上，摇床转速60 r/min，每天光照16 h，光强1 000 lx。

7. 在这种液体培养基中，腋芽长得很快，2～3周后，三角瓶中就可长满小植株。微型薯就是由这些正在快速增殖的小植株上诱导的。

阶段3 微型薯诱导

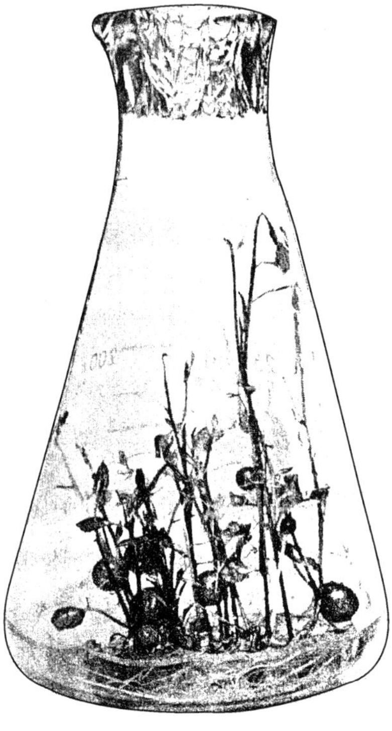

实验19/图2 在离体条件下形成的微型马铃薯(R. Estrada等，1986)

8. 诱导微型薯可采用液体培养基，也可采用琼脂固化培养基。在前一种情况下，弃掉瓶中原有的液体振荡繁殖培养基后，注入微型薯诱导液体培养基。这种培养基的特点是其中加入了矮壮素(CCC)，并提高了蔗糖和BAP的浓度。

9. 更换培养基后，将三角瓶放在18～22℃完全黑暗的条件下静置培养，不需要搅动或摇动。

10. 40 d后，当小块茎长成圆球状，直径达5 mm左右时(实验19/图2)，即可在无菌条件下采收。采收后的微型薯可以置于底上铺有湿滤纸的无菌容器中保存，也可插在保存培养基中保存。以这种方式，微型薯在4℃黑暗条件下可保存6周到10个月之久。

实验 20　草莓的脱毒与快繁

材料：草莓(*fragaria ananassa*)茎尖。

培养基：见实验 20/表 1。

实验 20/表 1　草莓快繁培养基成分①

成分	培养基(mg/L)		
	启动	茎芽增殖②	生根
无机物			
KNO_3	250	250	250
$MgSO_4 \cdot 7H_2O$	250	250	250
KH_2PO_4	250	250	250
$Ca(NO_3)_2 \cdot 4H_2O$	1 000	1 000	1 000
KI	0.83	0.83	0.83
H_3BO_3	6.2	6.2	6.2
$MnSO_4 \cdot 4H_2O$	16.9	16.9	16.9
$ZnSO_4 \cdot 7H_2O$	8.6	8.6	8.6
$Na_2MoO_4 \cdot 2H_2O$	0.25	0.25	0.25
$CuSO_4 \cdot 5H_2O$	0.025	0.025	0.025
$CoCl_2 \cdot 6H_2O$	0.025	0.025	0.025
$FeSO_4 \cdot 7H_2O$	27.8	27.8	27.8
$Na_2 \cdot EDTA$	37.3	37.3	37.3
有机物			
肌醇	100	100	100
烟酸	0.5	0.5	0.5
盐酸吡哆醇	0.5	0.5	0.5
盐酸硫胺素	0.1	0.1	0.1
甘氨酸	2	2	2
激素			
BAP	0.1	0.5	—
IBA	1	1	1
GA_3	0.1	0.1	—
活性炭			500
葡萄糖	4%	4%	4%
琼脂	0.8%	0.8%	0.8%

①引自 Boxus，1999；外植体：茎尖；②茎芽增殖方式：增强腋芽生枝能力。

方法和步骤：

茎尖培养的启动

1.由田间生长的优良母株上采集尚未形成根和叶的幼嫩匍匐茎，流水冲洗干净后，在无菌条件下先用 70%酒精消毒数秒，再以 2%次氯酸钠溶液消毒 10～20 min，最后以无菌蒸馏水洗净。

2.在体视显微镜下切取茎尖。在事先未经过热处理的情况下，用作外植体的茎尖大小不应超过 0.3 mm。将切下的茎尖接种在装有 2.5 mL 启动培养基的试管(16 mm×75 mm)中，每个试管接种 1 个茎尖。

3.接种后将试管置于培养室中培养，温度 22～25℃，光照每天 16 h，光强 1 500～2 000 lx。

4.大约 1 个月后，由茎尖分生组织长出一丛小叶，这时须把它们转到增殖培养基上进行增殖。若 1 个月后茎尖分生组织还没长出小叶，则应将外植体仍用启动培养基继代，再培养 1 个月。

茎芽增殖

5.当最早出现的一丛小叶长到几毫米大小时，把它们转入装有 15 mL 增殖培养基的试管(25 mm×150 mm)中。在每个试管上注明编号，以防此后各分生组织无性系彼此错乱。将试管置于和启动阶段相同的培养条件下培养。

6.转管后 3～4 周内，由最先长出的叶片的叶柄基部长出 2～3 个腋芽，它们长得很快。继而又长出新的腋芽。6～8 周之后，腋芽将挤满试管，最初的每个小植株就变成了一个芽丛，每个芽丛可能包含 15～25 个小芽，每个小芽上长着几个短叶柄，上面各顶着一片很小的单叶。这些芽上无根。

7.在这一阶段，可将芽丛中包含的每个芽在无菌条件下逐一分开，转入新鲜培养基上继续无性繁殖。每 6～8 周，由 1 个芽可以产生 15～25 个新的腋芽。

8.用上项方法转接 1～2 次之后，为了省时省事，此后可以把芽丛只是粗分成 4～5 个一簇，成簇转入新鲜的增殖培养基上。每个 500 mL 培养瓶可接种 7 簇。

9.把培养瓶置于培养室中照光培养，4 周后又形成新的芽丛，可再分芽。

10.为了保持高速增殖，一见长根就必须立即转管。这样做的结果，繁殖率可达到每月 4～5 倍，即在 1 年内由 1 个茎尖的分生组织可以产生几百万个植株。不过必须注意的是，为了避免出现严重的无性系变异，继代增殖应只进行到 10 代为止，而不应无限继续。

诱导生根

11. 为了得到生根小植株，把芽分成 3 个一簇，转接到生根培养基上。每个 500 mL 培养瓶中接入 15 簇芽。

12. 在培养室中照光培养，7～10 d 后开始发根，并随之长出真叶（三出复叶）。

13. 经过 5～6 周，具有良好根系的小苗长满整个培养瓶，苗高 4～8 cm，根长 3～7 cm，这时可以准备炼苗移栽。

驯化和移栽

14. 由培养瓶中取出生根试管苗，流水洗净根上的琼脂。

15. 用镊子将成丛的试管苗分成单株。一般情况下，每个 500 mL 培养瓶可以产出 45～60 株生根试管苗，然而有些品种芽很细小，每瓶产出的生根试管苗数目更多，不过这些苗通常都很细弱，最好把它们分成 2～3 株一簇，以利驯化。

16. 分级和计数之后，把这些单株小苗置于塑料盒中，存放在 2℃ 低温下，直到移栽。

17. 将生根苗栽植于装有砂土和草炭混合基质的育苗盘中，株行距各 5 cm，上面罩以乳白色塑料膜。最适的环境温度是 22℃/15℃。

18. 栽苗之后，要立即用含有广谱杀菌剂的水喷洒，以免受到真菌危害。浇水后用塑料膜罩严。

19. 对植株生长状况进行检查，每 2～3 d 一次。一旦需要，立刻再做杀菌处理。

20. 2～3 周后，当植株长出了新叶，塑料膜可以逐步揭开。

21. 一般来说，栽入育苗盘后 4 周，匍匐茎开始生长，驯化过程完成，这时就可以把小苗作为原种苗移栽到苗圃中去。

种质保存

在茎芽增殖阶段由第 2 次或第 3 次继代得到的芽丛中，可取其一部分做为种质长期贮存起来。具体做法是：把芽丛分成单芽，接种在装有生根培养基的 25×150 mm 的试管中，封口后置于光下培养 4～5 周，待长出良好的根系后，转入完全黑暗的 2℃ 冷室内，以这种方式可把它们保存 2～3 年。需要时，可用这些冷藏苗再启动一个新的繁殖过程。

病毒检测

在茎芽增殖的最初几个周期中，由每个茎尖外植体的无性繁殖后代至少还应当取出2～3株，诱导生根后进行病毒检测。若发现病毒感染，则应把这个无性系的所有小植株销毁。

实验 21　用叶盘法进行烟草或矮牵牛的遗传转化

材料：烟草（*Nicotiana tabacum*）或矮牵牛（*Petunia hybrida*）种子。

培养基：见“方法和步骤”各项。

方法和步骤：

1. 烟草或矮牵牛种子经表面消毒后，单粒播种在以下培养基上：MS 无机盐＋盐酸硫胺素（0.4 mg/L）＋肌醇（100 mg/L）＋蔗糖 3%＋琼脂 0.7%。25℃下光照培养。

2. 4 周后，取无菌苗上部幼叶约 500 mg（鲜重），避开中脉，在无菌条件下用打孔器钻取直径 1 cm 的叶圆盘，或用解剖刀将叶片切成 1 cm 见方的小块。

3. 在第 2 项操作的 2 d 之前，将携有重组质粒的根癌农杆菌（*Agrobacterium tumefaciens*）划线接种在加有 50 mg/L 卡那霉素的 LA 培养基上。重组质粒中包含启动子 CaMV35SRNA、用作选择标记的卡那霉素抗性基因 NPTⅡ和目的基因。LA 培养基的组成是：胰蛋白胨 1%，酵母浸出物 0.5%，NaCl 1%和琼脂 1 g/L。在 28℃下过夜后，挑选单个菌落接种在含有卡那霉素（50 mg/L）的 LB 培养基（胰蛋白胨 1%，酵母浸出物 0.5%，和 NaCl 1%）中，在 28℃下保温过夜。将培养物在 100 *g* 下离心 10 min，重新悬浮于 100 mL 培养基（MS 培养基，蔗糖 3%，pH 5.9）中，然后取其 20 mL，加在 5 个 9 cm 培养皿中。

4. 将烟草或矮牵牛叶盘置于根癌农杆菌溶液中 20 min，之后转入加有愈伤组织诱导培养基（MS＋BAP 1 mg/L＋NAA 0.1 mg/L＋蔗糖 3%＋琼脂 0.7%，pH 5.9）的培养皿中，在 25℃培养 24 h。

5. 将外植体转到玻璃或透明塑料容器中的选择培养基上，其成分与上项愈伤组织诱导培养基相同，但加入了卡那霉素（100 mg/L）以选择转化细胞，还加入了羧苄青霉素（500 mg/L）以杀死根癌农杆菌。在 25℃下经过 6 周照光培养后，愈伤组织将分化出茎芽。

6. 将茎芽转到含卡那霉素（100 mg/L）和羧苄青霉素（200 mg/L）的 1/2 MS 生根培养基上。3 周后将生根苗转入成分相同的新鲜培养基上，再培养 1 个周期。

7. 将生根苗栽入 13 cm 的盆土中。最初几天用 1 个大塑料袋罩住花盆，以免植物过度蒸腾，并促进角质层的发育。

8. 长到开花期后，套袋自交，将自交结实的种子进行表面消毒后，接种在 9 cm 培养皿内的选择培养基上，培养基的组成是：1/2 MS，蔗糖 2%，琼脂 0.7%，卡那霉素（100 mg/L）。接种后置于 25℃低光强下培养 3 周。不携有重组 T-DNA 的植株由于对卡那霉素敏感，长成黄苗，而生长旺盛的绿苗即为转化体。

附注 用叶盘法转化烟草和矮牵牛的另一种接种方法是，先用愈伤组织诱导培养基对叶盘进行预培养，2 d 后，挑选已肿涨的叶盘置入并使之整个浸没在农杆菌溶液中，15 s 到 1 min 后，将叶盘取出，放在底部垫有 2 张无菌滤纸的培养皿中，再用第 3 张滤纸盖在叶盘上面。轻压滤纸以吸净多余的农杆菌。这项操作的理想结果是，接种后叶盘外缘 1 mm 变成暗绿。若是整个叶盘都变成暗绿，说明农杆菌浸染过度，外植体将不能成活。接种后把叶盘再置于愈伤组织诱导培养基上培养。

参考文献

中国科学院上海植物生理研究所细胞室.植物组织和细胞培养.上海:上海科学技术出版社,1978

孙静三,桂耀林.植物细胞工程实验技术.北京:科学出版社,1995

崔凯荣,戴若兰.植物体细胞胚发生的分子生物学.北京:科学出版社,2000

曹孜义,刘国民.实用植物组织培养技术教程.兰州:甘肃科学技术出版社,2001

许智宏,卫志明.植物原生质体培养和遗传操作.上海:上海科学技术出版社,1997

孙勇如,安锡培.植物原生质体培养.北京:科学出版社,1991

谭文澄,戴策刚.观赏植物组织培养技术.北京:中国林业出版社,1991

张自立,俞新大.植物细胞和体细胞遗传学技术与原理.北京:高等教育出版社,1990

桂耀林,马诚.植物组织培养.北京:科学出版社,1985

陈正华,K Redenbaugh.人工种子.北京:高等教育出版社,1990

李云.林果花菜组织培养快速育苗技术.北京:中国林业出版社,2001

颜昌敬.植物组织培养手册.上海:上海科学技术出版社,1990

胡含,陈英.植物体细胞遗传与作物改良.北京:北京大学出版社,1988

胡琳.植物脱毒技术.北京:中国农业大学出版社,2000

孙勇如.遗传学手册.长沙:湖南科学技术出版社,1989

王连清.植物组织培养.北京:中国农业出版社,2002

潘瑞炽.植物组织培养.3版.广州:广东高等教育出版社,2003

Bhojwani S S. Plant Tissue Culture:Applications and Limitations. Elsevier,1990.

Bonga J M,P von Aderkas. In Vitro Culture of Trees. Kluwer Academic Publishers,1992

Dixon R A. Plant Cell Culture. IRL Press,1985

Dodds J H,Roberts L W. Experiments in Plant Tissue Culture (3rd edition). Cambridge Univ. Press,1995

Gamborg O L,Phillips G C. Plant Cell,Tissue and Organ Culture. Springer-Verlag,1995

Hall R D. Plant Cell Culture Protocols. Humana Press,1999

Pierik R L M. In Vitro Culture of Higher Plants. Martinus Nijhoff Publishers,1987

Razdan M K. Introduction to Plant Tissue Culture. 2nd ed. Science Publishers, Inc. ,2003

Reinert J,Bajaj Y P S. Plant Cell,Tissue and Organ Culture. Springer-Verlag,1977

Smith R H. Plant Tissue Culture: Techniques and Experiments, 2nd, ed. , Academic Press, 2000